Gesundheitsforschung. Interdisziplinäre Perspektiven

herausgegeben von

Prof. Dr. Elisabeth André
Prof. Dr. Ulrich M. Gassner
Dr. Julia von Hayek
Prof. Dr. Alexandra Manzei
Prof. Dr. Claudia Traidl-Hoffmann

Band 2

Jens Soentgen | Ulrich M. Gassner
Julia von Hayek | Alexandra Manzei [Hrsg.]

# Umwelt und Gesundheit

Nomos

Die Reihe ist assoziiert mit dem Zentrum für Interdisziplinäre Gesundheitsforschung der Universität Augsburg.

Universität Augsburg
Zentrum für Interdisziplinäre
Gesundheitsforschung

**Redaktion:**
Ann Kristin Augst, M.A.

**Gestaltung des Covers einschl. ZIG-Visual:**
Waldmann & Weinold Kommunikationsdesign

**Die Deutsche Nationalbibliothek** verzeichnet diese Publikation in der Deutschen Nationalbibliografie; detaillierte bibliografische Daten sind im Internet über http://dnb.d-nb.de abrufbar.

ISBN 978-3-8487-5511-0 (Print)

ISBN 978-3-8452-9695-1 (ePDF)

Onlineversion
Nomos eLibrary

1. Auflage 2020

# Editorial

Wissenschaftliches Wissen zu Gesundheit und Krankheit vermehrt und vervielfältigt sich heute in zunehmend kürzeren Zeitabständen. Die ebenso rasante Entwicklung digitaler Medien trägt zudem dazu bei, dass für immer mehr Menschen immer mehr Informationen zu Gesundheits- und Krankheitsthemen, zu Prävention, Diagnostik und Therapie immer schneller verfügbar sind. Nicht nur für Betroffene, sondern gerade auch für Expertinnen und Experten im Gesundheitswesen stellt sich mit diesem quantitativen Zuwachs die Frage nach der Qualität: Wie gelingt es, aus der Vielfalt an Informationen qualitativ hochwertiges, fundiertes Wissen über Gesundheit und Krankheit herauszufiltern? Diese Frage wird umso drängender, als zwar heute hinreichend belegt und weitgehend unbestritten ist, dass soziale und natürliche Umwelt, Verhalten und Veranlagung des Menschen untrennbar verbunden sind. Gleichwohl bedarf es nicht nur zwischen den verschiedenen wissenschaftlichen Fächern, sondern auch zwischen der Forschung und den vielfältigen Multiplikatoren im Gesundheitswesen (wie bspw. Bildungseinrichtungen, Krankenkassen, Ärzte- und Pflegeverbänden) einer guten, bereichsübergreifenden Vermittlung.

Hierzu will die Reihe *Gesundheitsforschung. Interdisziplinäre Perspektiven (G.IP)* einen fundierten Beitrag leisten. In einmal jährlich erscheinenden Schwerpunktbänden sollen aktuelle und gesellschaftlich brisante Gesundheits- und Krankheitsthemen disziplinübergreifend aufgegriffen und aus wissenschaftlicher Perspektive beleuchtet werden. International renommierte Expertinnen und Experten aus verschiedenen Gesundheitsdisziplinen und der Medizin sollen diesen Transfer wissenschaftlichen Wissens leisten. Ziel ist es, neueste Forschungsergebnisse zu aktuellen Themen aus der Gesundheitsforschung über einzelne Fächer hinweg zur Verfügung zu stellen.

Herausgegeben wird die Reihe von einem interdisziplinären Kreis von Wissenschaftlerinnen und Wissenschaftlern, die seit Jahren am *Zentrum für Interdisziplinäre Gesundheitsforschung (ZIG)* der Universität Augsburg zusammenarbeiten: Elisabeth André (Informatik), Ulrich M. Gassner (Rechtswissenschaft, u. a. Direktor des Instituts für Bio-, Gesundheits- und Medizinrecht), Julia von Hayek (Soziologie und wissenschaftliche Geschäftsführerin des ZIG), Alexandra Manzei (Gesundheitssoziologie) und Claudia Traidl-Hoffmann (Umweltmedizin am Universitären Zentrum für Gesundheitswissenschaften am Klinikum Augsburg UNIKA-T; Technische

Universität München).[1] Mit dem Format der G.IP soll ein hohes wissenschaftliches Niveau der Beiträge mit einem breiten interdisziplinären und multiprofessionellen Anspruch verbunden werden. Dabei generieren sich die Themen für die Schwerpunktbände aus dem Interesse der Forscherinnen und Forscher vor Ort sowie aus aktuellen wissenschaftlichen und gesellschaftsrelevanten Diskursen.

In diesem Sinne freuen wir uns sehr, die Reihe mit dem vorliegenden Band zu eröffnen, in dem wir das zunehmend wichtigere, und als solches auch wahrgenommene, Thema *Geschlecht und Gesundheit* aus verschiedenen Perspektiven beleuchten. Der dritte Band der G.IP erscheint im Jahr 2021 zum Thema *Digitalisierung und Gesundheit.*

Augsburg, den 16. Dezember 2019

Prof. Dr. Elisabeth André
Prof. Dr. Ulrich M. Gassner
Dr. Julia von Hayek
Prof. Dr. Alexandra Manzei
Prof. Dr. Claudia Traidl-Hoffmann

1 Weitere Informationen zum Zentrum für Interdisziplinäre Gesundheitsforschung und zur G.IP siehe S. 381.

# Vorwort

Gegenwärtig erlebt das Thema Umwelt weltweit einen ungeheuren Hype. Die gewaltige mediale Präsenz der Schülerbewegung *Fridays for Future* (FFF) vermittelt den Eindruck, als gäbe es aktuell kein politisches Themenfeld, das als gesellschaftlich brisanter und für die Menschheit bedrohlicher eingeschätzt wird als Klimawandel und Umweltverschmutzung. Dabei wird die politische Auseinandersetzung um dieses Thema extrem polarisierend geführt. Einerseits legitimieren politische Gruppen, wie *Extinction Rebellion*, ihre Aktionen zivilen Ungehorsams mit der Warnung vor dem klimabedingten Aussterben der Menschheit und bringen damit tausende junger Menschen (nicht nur in Deutschland) auf die Straße. Andererseits haben auch jene politischen Gruppen oder Parteien, die den menschengemachten Klimawandel gänzlich oder zumindest weitgehend leugnen (wie die AfD oder die Social-Media-Gruppe *Fridays for Hubraum*), enormen Zulauf. Moderate und differenzierte Argumentationen kommen in dieser polarisierten politischen Umwelt-Debatte kaum noch vor.

Das ist insofern irritierend, als die Berufung auf ‚die' Wissenschaft in dieser Auseinandersetzung eine zentrale Rolle spielt. Nicht nur haben die wissenschaftlichen Berichte zu diesem Thema insgesamt zugenommen, wie der Wissenschaftsforscher Reiner Grundmann schreibt, auch treten in dieser Debatte besonders viele Wissenschaftler*innen als mediale Akteure auf.[1] Folge ist, dass in den Medien zwar zu Recht von einem breiten Konsens der Wissenschaften bezüglich eines menschengemachten Klimawandels und dessen Folgen (wie extreme Wetterereignisse, Hitzewellen oder tropische Stürme) berichtet wird. Für die Interpretation dieses Prozesses als unmittelbar bevorstehender oder gar schon eingetretener ‚Klimakatastrophe' ist die Datenlage jedoch keineswegs so eindeutig, wie es auf den ersten Blick scheint: So stellt es bezüglich sicherer Prognosen einen gravierenden Unterschied dar, ob für die durchschnittliche Temperaturerhöhung der Erderwärmung ein Grad mehr oder weniger für einen bestimmten Zeitpunkt prognostiziert wird.

Eine Publikation zum Thema *Umwelt und Gesundheit* ist vor diesem gesellschaftlichen Problemhorizont mit besonderen Herausforderungen konfrontiert, ist es doch die Aufgabe der Wissenschaft zu differenzieren und

---

1 Grundmann 2019.

der Komplexität der Wirklichkeit Rechnung zu tragen – auch und gerade dann, wenn politische Vereindeutigungen Konjunktur haben. In diesem Sinne verfolgt der vorliegende Band II der Buchreihe *Gesundheitsforschung. Interdisziplinäre Perspektiven* das Anliegen, mit dem Thema *Umwelt und Gesundheit* ein hoch aktuelles und gesellschaftlich relevantes Gesundheitsthema disziplinübergreifend in den Blick zu nehmen und damit zu dessen differenzierter Diskussion beizutragen. Dabei gehen wir davon aus, dass der Forschungsgegenstand *Umwelt und Gesundheit* selbst hochkomplex verfasst ist, weshalb es interdisziplinärer Perspektiven und professionsübergreifender Zusammenarbeit bedarf, wenn fachliche Verkürzungen und blinde Flecken vermieden werden sollen. Wir beabsichtigen nicht nur, neueste Forschungsergebnisse zu präsentieren, sondern wollen vielmehr auch grundlegenden erkenntnistheoretischen und normativen Fragen Raum geben, für die im wissenschaftlichen Alltagsgeschäft oft keine Zeit bleibt, obwohl sie für eine reflektierte Analyse gleichwohl unerlässlich sind.

Forschungspraktischen Rückhalt erhält dieses Vorgehen nicht zuletzt aus den interdisziplinären Kooperationserfahrungen, die an den Forschungszentren der Universität Augsburg gemacht wurden und vor deren Hintergrund dieser Band entstanden ist. Schon seit vielen Jahren wird am *Wissenschaftszentrum Umwelt* (WZU), dem *Institut für Bio-, Gesundheits- und Medizinrecht* (IBGM) und dem *Zentrum für Interdisziplinäre Gesundheitsforschung* (ZIG) disziplin- und fakultätsübergreifend zum Thema Umwelt und Gesundheit geforscht.[2] Darüber hinaus geht die Universität Augsburg mit dem Forschungsschwerpunkt *Environmental Health Sciences* (EHS), der aktuell an der neu gegründeten medizinischen Fakultät etabliert wird, auch umweltmedizinisch neue Wege. Im Rahmen eines interdisziplinären Ansatzes wird hier eine integrierte Sicht auf *Umwelt und Gesundheit* angestrebt, die auch Lebensstilfaktoren und gesellschaftliche Bedingungen in der Prävention und Therapie umweltbedingter Erkrankungen mit einbezieht. Dafür werden umwelt- und sozialwissenschaftliche Erkenntnisse systematisch mit epidemiologischen Forschungsarbeiten vernetzt. Praktische Relevanz erhält diese Forschung nicht nur über gesundheitsrelevante Präventionsmaßnahmen, sondern auch durch die medizinische Anwendung in den jeweiligen medizinischen Kliniken, nicht nur, aber auch in der umweltmedizinischen Praxis der klinischen Umweltambulanz.

---

2 Weitere Informationen zu den Einrichtungen siehe S. 381 und die dort aufgeführten Links. Vgl. zusätzlich bspw. die Monographie von *Jens Soentgen/Knut Völzke* (Hg.) (2004): Staub – Spiegel der Umwelt, Bd. 1 der Reihe Stoffgeschichten. München: oekom Verlag.

## *Umwelt und Gesundheit aus interdisziplinärer Perspektive*

Für eine differenzierte Auseinandersetzung mit dem Thema ‚Umwelt und Gesundheit' stellt sich vor aller Empirie die Frage, wovon eigentlich die Rede ist, wenn wir von Umwelt und Gesundheit bzw. Krankheit sprechen. Ist Umwelt nur das, was uns Menschen in nächster Nähe umgibt? Oder gehört das globale Klima auch dazu? Und wie verhält es sich dann mit ‚der Natur'? Ist ‚Umwelt' und ‚Natur' das Gleiche oder sollte der Umweltbegriff auch gesellschaftliche Bedingungen einbeziehen? Doch nicht nur der Umweltbegriff erfordert eine differenzierte Reflexion. Auch abgeleitete und sekundäre Begriffe, wie etwa der des *Schadstoffs*, bedürfen der Reflexion, wenn sie nicht zu bloßen Schlagworten verkommen sollen. Wie wird ein Schadstoff definiert? Was macht einen lebenswichtigen Stoff, wie Kohlendioxid, zu einem problematischen Stoff? Kann Kohlendioxid auch ein Schadstoff sein?

Zudem sind auch die Begriffe Gesundheit und Krankheit keineswegs selbsterklärend. Was als krank und gesund gilt, wird nicht nur in verschiedenen historischen und zeitgenössischen Gesellschaften unterschiedlich verstanden, wie das sich wandelnde Verständnis von Homosexualität oder des Down-Syndroms exemplarisch zeigt. Gerade für die Ausprägung umweltbedingter Erkrankungen spielen auch soziale Ungleichheiten und geschlechtsspezifische Verhaltensweisen eine nicht unerhebliche Rolle: Zum Beispiel beeinflussen biologische Faktoren, wie der höhere prozentuale Körperfettanteil bei Frauen, deren Vulnerabilität durch Schadstoffe, weshalb Frauen als anfälliger für Atemwegserkrankungen gelten.[3] Andererseits sind bspw. Männer in einfachen Industrieberufen oft über eine lange Dauer besonders hohen Expositionen von Schadstoffen ausgesetzt, die ihre Gesundheit nachhaltig schädigen. Nicht zuletzt lässt sich die Bedeutung sozialer Ungleichheit für das Verständnis von Umwelterkrankungen am Beispiel von jenen Kindern in nicht industrialisierten Staaten veranschaulichen, die den importierten, oftmals toxischen Wohlstandsmüll der westlichen Länder sortieren und weiterverwerten, um damit ihren Lebensunterhalt zu verdienen.

Nicht übersehen werden darf zudem, dass auch die unterschiedlichen klimatischen und landschaftlichen Bedingungen in den verschiedenen Regionen der Welt für das Verständnis von Krankheit und Gesundheit eine zentrale Rolle spielen, wie das Beispiel der Sichelzellanämie verdeutlicht: Als Sichelzellanämie wird eine erbliche Erkrankung bezeichnet, bei der

---

3 Vgl. dazu auch den Beitrag von Pösl et al. in diesem Band.

die Verformung der roten Blutkörperchen zu eklatantem Sauerstoffmangel im Körper führt. Auf die Dauer und ohne regelmäßigen Blutaustausch werden dadurch die Organe geschädigt und der betroffene Mensch hat keine hohe Lebenserwartung. Belegt ist jedoch auch, dass eine bestimmte Form der Sichelzellanämie besonders in Gebieten mit hohem Aufkommen von Malaria verbreitet ist und dass Menschen, die ein gewisses Maß jener genetischen Veränderung aufweisen, die der Sichelzellanämie zugrunde liegt, wiederum resistenter gegen Malaria sind als Menschen, die diese ‚Störung' nicht aufweisen.

Eine differenzierte wissenschaftliche Reflexion auf interdisziplinärer Basis bedeutet jedoch keineswegs, dass sich nur ganz allgemeine und wenig gesicherte Erkenntnisse formulieren ließen. Tatsächlich hat sich das Spektrum der Erkrankungen, bei denen ein deutlicher Umwelteinfluss nachgewiesen wurde, in den letzten Jahrzehnten kontinuierlich erweitert. Standen ursprünglich vor allem Lungen- und Hautkrankheiten, bestimmte Tumorerkrankungen sowie Erkrankungen des Magen-Darm-Traktes im Fokus, so ist heute nachgewiesen, dass auch bei vielen sogenannten *Noncommunicable Diseases* (NCDs), wie Herz-Kreislauferkrankungen, Schlaganfällen oder Krebs, Umweltfaktoren eine erhebliche und bisher oft unterschätzte Rolle spielen. Wie genau die Wirkmechanismen hier aussehen, ist zwar bisher häufig noch ungeklärt. Es lässt sich jedoch belegen, dass viele dieser Erkrankungen mit diversen Formen der Umweltverschmutzung und -zerstörung in Zusammenhang stehen, wie sie vor allem in der industriellen Landwirtschaft und industriellen Produktion entstehen, die zur Verschmutzung von Wasser, Luft und Boden führt, oder durch Abgase im Verkehr oder auch durch den privaten Konsum, der immer größere Ressourcennutzung und schnellere Stofftrajektorien nach sich zieht und die Entsorgung von Müll zu einem globalen Problem macht.

Neben diesen Einflüssen, die durch Umweltverschmutzung im engeren Sinne verursacht werden, lässt sich mittlerweile auch ein Zusammenhang durch globale Veränderungen der Umwelt, wie Klimawandel und politische und ökonomische Globalisierungsprozesse, nachweisen: Hitzewellen, Stürme, Dürren und Fluten ziehen Nahrungsmittelknappheiten und veränderte Gesundheitsrisiken nach sich oder führen zu steigenden Todesraten. Ein aktuelles Beispiel hierfür wird mit der geografischen Veränderung der Malaria diskutiert: Durch den klimatisch bedingten Temperaturanstieg in Verbindung mit globalisierten Produktions- und Transportbedingungen überträgt die Anophelesmücke nun auch zunehmend in nördlichen Breitengraden jene Mikroorganismen, die Malaria auslösen. Darüber hinaus führen insbesondere in den nicht industrialisierten Staaten infrastrukturelle Mängel, wie fehlende oder schlechte Wasserversorgung bzw. mangelhafte sanitäre Einrichtungen, aber auch schlicht Armut zu lebensbedrohlichen intestinalen Erkrankungen, Diarrhö und Infektionen.[4]

*Zu den Beiträgen des Bandes:*

*Teil I: Mensch, Umwelt, Natur – Konzeptionelle Bestimmungen*

Vor diesem Hintergrund stellen die Beiträge von Teil I grundlegende Fragen, etwa danach, was die Rede von ‚umweltbedingten Erkrankungen' genau bezeichnet und wie sich die zugehörigen Fachdisziplinen historisch entwickelt haben. Was gehört zur Umwelt dazu, auch der Straßenverkehr mit seinen Verletzungsrisiken? Oder doch nur die Luft, die durch Autoabgase kontaminiert ist? Wo liegen die Grenzen dessen, was als ‚umweltbedingte Erkrankungen' verstanden werden kann? Neben der erkenntnistheoretischen Dimension ist diese Frage für die Umweltwissenschaften auch politisch bedeutsam. Denn je nachdem, wie man Umwelt definiert, lässt sich eine verschieden große Zahl umweltbedingter Erkrankungen und Todesfälle feststellen. Insbesondere für jene wissenschaftlichen Disziplinen, die ihre Ergebnisse empirisch gewinnen, wie die natur- und sozialwissenschaftlichen Fächer der Umwelt- und Gesundheitsforschung, ist es also unerlässlich, sich zunächst auf eine Arbeitsdefinition dessen zu einigen, was als ‚umweltbedingte Erkrankung' verstanden werden soll.

In diesem Sinne starten wir den ersten Teil des Buches mit einem einführenden Überblick zur Institutionalisierung der Umweltmedizin in Deutschland und Österreich. Als ausgewiesene Experten in diesem Bereich problematisieren *Felix Tretter* (Psychologe, Mediziner und Pionier der Umweltmedizin) und *Jens Soentgen* (Chemiker, Philosoph und Umweltforscher) in ihrem einführenden Beitrag zunächst den Umweltbegriff, um dann in einer historischen Rückschau den Kontext und die Stationen der Institutionalisierung der Umweltmedizin in Mitteleuropa nachzuzeichnen. Dabei werden historische Verengungen der Perspektiven diskutiert sowie aktuelle Tendenzen benannt und ein Blick in die Zukunft geworfen.

Mit einer übergreifenden, philosophischen Perspektive auf Mensch, Umwelt und Gesundheit befasst sich der folgende Beitrag von *Jens Soentgen*. Der Chemiker und Philosoph zeigt, dass es besonders die Nebenwirkungen von Verbrennungsprozessen sind, die in der Vergangenheit, aber auch aktuell und wohl auch künftig die Umweltmedizin und Umwelthy-

4 Siehe WHO 2019.

giene beschäftigen. Feuer oder allgemeiner Verbrennungsprozesse sind die zentralen Antreiber der künstlichen Welten, in denen Menschen leben. Zwar sind Menschen aufgrund sehr langer kontinuierlicher Feuernutzung angepasst an die Nebenprodukte von Verbrennungsprozessen. Dennoch zählen Rauchpartikel und Stickoxide weltweit auch heute noch zu den wichtigsten gesundheitsrelevanten Luftschadstoffen. Hinzu kommen die gesundheitlichen und ökologischen Auswirkungen des Klimawandels, der ebenfalls durch Verbrennungsprozesse ausgelöst wird, denn das Treibhausgas Kohlendioxid ist gewissermaßen die Asche aller Feuer, das, was bei allen Feuern am Ende entsteht.

In einer phänomenologisch-ökologischen Perspektive fokussiert der Psychiater und Philosoph *Thomas Fuchs* das „Gehirn als Umweltorgan". Kritisch hinterfragt er zunächst die Dominanz der Neurowissenschaften in der gegenwärtigen Psychologie, die zu einer zerebrozentristischen Konzeption des Bewusstseins führe, die die zentrale Bedeutung des Organismus und des leiblichen (Umwelt-)Erlebens des Menschen für psychische wie physische Erkrankungen außer Acht lasse. Die systemische Interaktion zwischen Gehirn, Organismus und Umwelt (Personen wie auch Dinge) sei vielmehr Grundlage der Wahrnehmung und eröffne für die Diagnostik von Umwelterkrankungen neue Perspektiven.

Für den Juristen *Jens Kersten* evoziert die Heraufkunft des Anthropozän eine spezifische Verfassungsfrage: Es gilt, das Verhältnis zwischen Mensch und Natur normativ neu zu vermessen und zu verorten. So ist es dem Autor zufolge geboten, von überkommenden Deutungskonzepten, wie zum Beispiel demjenigen der Risikogesellschaft, auch in ihrer gesundheitspolitischen Dimension Abschied zu nehmen. Namentlich müsse das den westlichen Gesellschaftstyp prägende Freiheitsparadigma neu justiert werden. Für den Autor liegt die Lösung der Verfassungsfrage des Anthropozän in der Anerkennung der Rechte der Natur und damit im ökologischen Liberalismus. Die anthropozäne Verfassung müsste die zentrale Stellung, die der Mensch im Anthropozän gewonnen hat, normativ durch die Anerkennung von Tieren, Pflanzen und Landschaften, von Wasser, Luft und Klima als Rechtssubjekte wieder relativieren, um seine Existenz und seine Gesundheit zu schützen.

## *Teil II: Gesundheits- und sozialwissenschaftliche Perspektiven*

Der zweite Teil des Bandes versammelt interdisziplinäre Beiträge aus sozial- und gesundheitswissenschaftlicher Perspektive, die sich mit anwendungsorientierten Fragen, wie beispielsweise gesundheitspolitischen und rechtlichen Regelungen, auseinandersetzen.

In ihrem Beitrag „Geschlecht, Umwelt und Gesundheit. Eine intersektionale Perspektive" thematisieren die Bielefelder Gesundheitswissenschaftlerinnen *Claudia Hornberg*, *Andrea Pauli*, *Nora Feline Pösl* und *Pia Sophie Sperlich* die Verflechtung von Geschlecht und Umwelt mit subjektiven und objektiven Gesundheitsbelastungen. Dafür bestimmen sie zunächst die Konstrukte Gesundheit, Geschlecht und Umwelt aus einer interdisziplinären Perspektive und zeigen dabei auf, dass alle drei Konstrukte in engem Zusammenhang mit sozialer Ungleichheit betrachtet werden müssen. Um diese Zusammenhänge auch messen und abbilden zu können, hat sich in der Geschlechterforschung das Paradigma der *Intersektionalität* herausgebildet, welches die Autorinnen in die Public-Health-Forschung übertragen wollen. Nach der intensiven Diskussion von Forschungs- und Methodenfragen wenden sich die Autorinnen in den letzten beiden Abschnitten anwendungsorientierten Fragen zu und diskutieren anhand der Konzepte *Umweltgerechtigkeit* und *Diversity-Mainstreaming* die gesundheitspolitische Umsetzung der Erkenntnisse zur Verflechtung von Umwelt, Gesundheit und Geschlecht.

Der Geograf und Klimawissenschaftler *Joachim Rathmann* geht in seinem Beitrag der Frage nach dem gesundheitsförderlichen Potential von Landschaften für den Menschen nach. Ausgehend von der Feststellung, dass psychische Erkrankungen, wie bspw. Depressionen, in der EU deutlich zunehmen, werden in dem Beitrag die vielfältigen positiven Einflüsse von Natur und Landschaften auf das menschliche Wohlbefinden, die Lebensqualität und damit eng zusammenhängend auf die Gesundheit beschrieben. Indem der Autor den pathogenetischen Ansatz im Verhältnis zum salutogenetischen Ansatz diskutiert und ergänzt und anschließend ‚Natur' und ‚Landschaften' durch Konzepte wie ‚Ökosystemleistungen' und ‚One Health', ‚Planetary Health' beschreibt, geht er ebenso von einem weiten Gesundheits- wie von einem umfassenden Landschafts- und Naturbegriff aus. Dies ermöglicht ihm einen Zugang zu den positiven Einflüssen von Natur und Landschaften auf das menschliche Wohlbefinden und seine Gesundheit, die sich dergestalt sowohl belegen als auch quantifizieren lassen.

Der Jurist *Ulrich M. Gassner* befasst sich mit dem umweltrechtlichen Instrument der Luftreinhalteplanung und untersucht ihre Leistungsfähigkeit zur Realisierung gesundheitspolitischer Ziele. In einem ersten Schritt stellt er die komplexen Grundstrukturen der Luftreinhalteplanung im Mehrebenensystem der Europäischen Union dar. Er betont in diesem Zusammenhang, dass bereits die Überschreitung eines Grenzwerts an einer korrekt eingerichteten Messstation ausreicht, um die Pflicht der zuständigen nationalen Behörde zur Erstellung eines Luftqualitätsplans auszulösen. Der Autor fokussiert sich in einem zweiten Schritt auf die Frage, ob und inwieweit in Luftreinhaltepläne Verkehrsverbote (z. B. für Dieselfahrzeuge) festgesetzt werden können. Er legt dar, dass die unionsrechtlichen Luftqualitätsziele in der verwaltungsgerichtlichen Spruchpraxis häufig das Grundrecht auf Mobilität übertrumpfen, obwohl isolierte Fahrverbote vor dem Hintergrund alternativer Instrumente zur Luftreinhaltung zu den gesundheitlich wenig sinnvollen Maßnahmen zählen. Er sieht hierin einen Dieselskandal zweiter Ordnung und plädiert für einen alternativen intelligenten Maßnahmenmix. Ferner weist der Autor auf den auch unter Gesundheitsaspekten relevanten innerökologischen Zielkonflikt zwischen Klimaschutz- und Luftreinhaltepolitik hin. Diese der Umwelt- und Gesundheitspolitik inhärente Aporie lässt sich dem Autor zufolge nur durch eine Optimierung der widerstreitenden Politikziele im Wege praktischer Konkordanz auflösen.

In ihrem Beitrag „Saubere Luft als Menschenrecht" stellen die Umweltmedizinerin *Claudia Traidl-Hoffmann* und der Volkswirt *Clemens Heuson* die Luftverschmutzung ins Zentrum. Sie identifizieren Luftverschmutzung als eine zentrale, allerdings bislang kaum beachtete Ursache für sogenannte *Noncommunicable Diseases*, wie bspw. Krebs, Herz-Kreislauferkrankungen, Diabetes oder Atemwegserkrankungen. Nachdem sie zunächst den Stand der Wissenschaft hinsichtlich Klimawandel und Luftverschmutzung skizzieren und die Notwendigkeit eines integrierten Lösungsansatzes dargelegt haben, formulieren sie auf der Grundlage des Konzepts der ‚doppelten Dividende' die Forderung einer menschenrechtsbasierten Luftreinhaltepolitik. Diese müsse in einer integrierten und international abgestimmten politischen Agenda münden und auch den begrenzteren Möglichkeiten der Umsetzung in ärmeren Ländern und Regionen Rechnung tragen. Das so geforderte Recht auf eine saubere Luft könne demnach nur durch ein global einheitliches institutionelles Fundament gewährleistet werden, das jedoch bislang fehle.

## *Teil III: Aktuelle Forschungsfelder*

In den allesamt interdisziplinären Beiträgen des dritten Teils werden aktuelle Forschungsfelder aus den Umweltwissenschaften vorgestellt und diskutiert. Ein zentraler Fokus liegt dabei auf jenen Umweltphänomenen, die landläufig als ‚natürliche' Umweltfaktoren wahrgenommen werden, wie beispielsweise Gewitter, Hitzewellen oder Stürme. Aufgrund der historisch beispiellosen globalen Umwelttransformation unterliegen auch solche ursprünglich nicht menschengemachten Umweltfaktoren einer anthropogenen Modifikation, durch die sie eine veränderte Ausprägung erhalten.

Aus Schlaganfall-Ambulanzen berichten Ärzt*innen oft, dass es zu besonderen Häufungen von Schlaganfall-Neuaufnahmen kommt. Liegt hier ein versteckter Umweltfaktor zugrunde? Dieser Frage geht ein von dem Geografen und Klimaforscher *Christoph Beck* und dem Neurologen *Michael Ertl* geleitetes exploratives Forschungsprojekt nach, von dem der erste Beitrag berichtet. Das Projekt wurde und wird am Universitätsklinikum Augsburg in disziplinübergreifender Zusammenarbeit von Mediziner*innen und Umweltforscher*innen durchgeführt. Es konnte nachgewiesen werden, dass tatsächlich bestimmte Wetterlagen einen Einfluss auf das Auftreten bestimmter Schlaganfalltypen haben – eine Einsicht, die helfen kann, die Versorgung von Risikopatient*innen zu verbessern.

Ein Aspekt des Klimawandels, der in der öffentlichen Debatte bislang wenig Beachtung fand, ist die Ausbreitung so genannter vektorübertragener Krankheiten, also von Krankheiten, die von einem Erreger tragenden Organismus übertragen werden. Dazu zählt zum Beispiel die Malaria, die von *Anopheles*, einer Stechmücken-Gattung, übertragen wird. Die Verstärkung *Anopheles*-freundlicher klimatischer Bedingungen könnte zu einer Ausbreitung dieser Stechmücken und infolgedessen zu einem Erstarken von Malaria in Europa und dem Mittelmeerraum führen. Die Geografin *Elke Hertig*, die seit 2019 die europaweit erste Professur für Regionalen Klimawandel und Gesundheit an der Medizinischen Fakultät der Universität Augsburg innehat, untersucht in ihrem Beitrag, wie genau diese Ausbreitung aussehen und in welchem Tempo sie vor sich gehen könnte. Das Ergebnis ist, dass Veränderungen in Temperatur und Niederschlag zu einem deutlichen Ausbreiten von Malariamücken in Richtung Norden führen werden. Günstig für die Insekten sind vor allem die zu erwartenden wärmeren Frühlingstemperaturen und die kräftigeren Niederschläge in Sommer und Herbst.

Ozon ist ein Gas, das verwirrende Eigenschaften hat. In der Stratosphäre ist es ein entscheidender Schutzfaktor, denn es schirmt hochenergetische Strahlung, insbesondere harte UV-Strahlung wirksam ab. Deshalb war der

Schwund dieser Ozonschicht auch ein wichtiges umweltpolitisches Thema. Doch neben dem stratosphärischen gibt es auch das bodennahe Ozon. Es bildet sich besonders an sommerlichen Tagen in Städten und hat in Bodennähe vor allem für den Menschen problematische gesundheitliche Auswirkungen. Der Beitrag eines Autor*innenkollektivs aus den Fächern Geografie, Medizin, Biologie und Epidemiologie unter der Leitung von *Elke Hertig* untersucht, inwieweit meteorologische Faktoren die Ozonkonzentration beeinflussen und wie sich diese wiederum auf kardiovaskuläre Erkrankungen auswirken.

Wenige gesundheitsrelevante Substanzen haben im Jahr 2019 für so viel Wirbel gesorgt wie die Stickoxide. Dass die für sie gesetzten Grenzwerte vielerorts nicht eingehalten werden und dass in der Folge Maßnahmen, darunter auch Fahrverbote, diskutiert werden, hat eine breite Diskussion erzeugt.[5] In ihrem Beitrag „Stickoxide in der Umgebungsluft und ihre gesundheitliche Bedeutung“ liefern der Chemiker und Expositionsforscher *Josef Cyrys* und die Umweltmedizinerin *Barbara Hoffmann* ausführliche und empiriebasierte Einschätzungen zur gesundheitlichen Bewertung von Stickoxiden und nehmen abschließend zur aktuellen politischen Diskussion um die Höhe der Grenzwerte für Stickoxide Stellung.

Wenn es regnet, so könnte man meinen, wird die Luft gereinigt. Die Erfahrung zeigt bisweilen jedoch einen gegenteiligen Effekt: Bei Gewitterstürmen kann es sogar zu einer Häufung akuter Asthmaanfälle kommen. Weshalb dies so ist und wie man geeignet vorsorgen kann, wird in dem interdisziplinären Forschungsprojekt TARA (Thunderstorm Asthma in der Region Augsburg) untersucht. Anhand von neuen Daten weist der Beitrag von *Annette Straub* u. a. Zusammenhänge zwischen bestimmten Sturmwetterlagen und Asthmabeschwerden nach, versucht diese Zusammenhänge zu erklären und skizziert zugleich Folgerungen für die ärztliche Versorgung und Vorsorge. Wie der Beitrag zeigt, konnten bereits leichte, jedoch überzufällige Zusammenhänge zwischen Asthmanotfällen und dem Auftreten von Gewittern identifiziert werden.

Die Beiträge in unserem Band zeigen ein aktuelles Bild der Forschung im Bereich Umwelt und Gesundheit. Um die Breite der aktuellen Diskussion abzubilden, haben wir dafür auch kontroverse Thesen aufgenommen. Insgesamt zeigt sich ein hochgradig innovatives, interdisziplinäres Forschungsfeld. Der Leib ist „die Natur, die wir selbst sind“, schrieb der Philosoph Gernot Böhme.[6] Trotz unseres vermeintlich abgesicherten und abge-

5 Vgl. dazu auch den Beitrag des Juristen Gassner in diesem Band.
6 Böhme 2019.

schotteten Lebens in technischen Umwelten bleiben auch wir verwachsen mit der natürlichen Umwelt. Der rapide Umweltwandel, wie er durch die Stichworte Klimawandel, Artensterben, globaler Bevölkerungsanstieg bezeichnet wird, sorgt daher dafür, dass die Forschung in den *Environmental Health Sciences* täglich an Aktualität gewinnt.

Augsburg im Dezember 2019

Alexandra Manzei
Jens Soentgen
Ulrich M. Gassner
Julia von Hayek

## *Literatur*

*Böhme, G* (2019): Leib. Die Natur, die wir selbst sind. Frankfurt am Main: Suhrkamp Verlag.

*Grundmann, R* (2019): Die Wissenschaften in der Klimadebatte. In: APuZ – Aus Politik und Zeitgeschichte, 69: 47-48, 30-34.

*WHO – World Health Organization* (2019): Environmental Impacts on Health. What Is the Big Picture? URL: https://www.who.int/quantifying_ehimpacts/publications/PHE-prevention-diseases-infographic-EN.pdf; 18.11.2019.

# Inhalt


*Teil I Mensch, Umwelt, Natur – Konzeptionelle Bestimmungen* 21

Die Institutionalisierung der Umweltmedizin 23
*Jens Soentgen und Felix Tretter*

Wir Feuermacher 41
*Jens Soentgen*

Das Gehirn als Umweltorgan.
Eine phänomenologisch-ökologische Perspektive 69
*Thomas Fuchs*

Die Rechte der Natur und die Verfassungsfrage des Anthropozän 87
*Jens Kersten*

*Teil II Gesundheits- und sozialwissenschaftliche Perspektiven* 121

Geschlecht, Umwelt und Gesundheit: Eine intersektionale Perspektive 123
*Nora Feline Pösl, Pia Sophie Sperlich, Andrea Pauli und Claudia Hornberg*

Gesundheitsressource Landschaft 165
*Joachim Rathmann*

Gesundheitsschutz durch Umweltrecht am Beispiel der Luftreinhalteplanung 197
*Ulrich M. Gassner*

Saubere Luft als Menschenrecht? Wie durch positive Gesundheitseffekte einer ambitionierten Luftreinhaltepolitik der Weg aus der klimapolitischen Krise gelingen kann 245
*Claudia Traidl-Hoffmann und Clemens Heuson*

***Teil III Aktuelle Forschungsfelder*** 277

Luftmassen, Wetterlagen und Schlaganfälle in der Region Augsburg 279
*Christoph Beck et al.*

Verbreitung von *Anopheles*-Vektoren der Malaria im europäischen und mediterranen Raum bis Ende des 21. Jahrhunderts 293
*Elke Hertig*

Meteorologische Faktoren gesundheitsrelevanter troposphärischer Ozonkonzentrationen am Bespiel täglicher Herzinfarktfälle in der Region Augsburg 305
*Elke Hertig et al.*

Stickoxide in der Umgebungsluft und ihre gesundheitliche Bedeutung 323
*Josef Cyrys und Barbara Hoffmann*

Thunderstorm Asthma in der Region Augsburg 345
*Annette Straub et al.*

Autor*innen- und Herausgeber*innenverzeichnis 367

G.IP – ZIG – WZU 381

# Teil I
# Mensch, Umwelt, Natur – Konzeptionelle Bestimmungen

# Die Institutionalisierung der Umweltmedizin

*Jens Soentgen und Felix Tretter*

## *Inhaltsübersicht*

0. Einleitung 23

1. Umwelt und Gesundheit 24

   1.1 Was ist Umwelt? Probleme eines vermeintlich selbstverständlichen Begriffs 25

2. Institutionalisierung der Umweltmedizin in Deutschland 27

   2.1 Die politische Dimension der Umweltproblematik 28

   2.2 Neuere Ansätze der Umweltmedizin 29

3. Erfolge und Perspektiven 36

Literatur 39

## *0. Einleitung*

Schon Hippokrates hat die Bedeutung der natürlichen Umgebung für Krankheit und Gesundung erkannt. Diese Spur hat die heutige Umweltmedizin in ihren Methoden und Begriffen aufgenommen. Ihre Institutionalisierung erfolgte stoffzentriert und problemorientiert, beispielsweise anknüpfend an Chemieunfällen und Kernreaktorproblemen oder auch Luftverschmutzung und Atemwegsproblemen. Sie versucht, über Expositionsforschung, Tierexperimente und Epidemiologie Risikofaktoren zu identifizieren und präventive Maßnahmen zu entwickeln. Allerdings zeigte sich auch, dass psychosoziale Faktoren in Kombination mit niedrigdosierten Noxen klinische Syndrome erzeugen können. Der historische Blick zeigt, dass der Umweltbegriff nicht zu eng gefasst werden darf. Zugleich muss der Kontakt zur Ökologie, insbesondere zur Ökologie des Menschen (Humanökologie) aufrechterhalten werden. Eine so verstandene ökologische Gesundheitswissenschaft kann die aktuellen Problemzusammenhänge von Klima und Gesundheit integrativ erfassen und Lösungsvorschläge anbieten.

## 1. Umwelt und Gesundheit

„Gesundheit" bedeutet im Sinne der WHO das gute bio-psycho-soziale Funktionieren, wobei sich Krankheit gewissermaßen als Gegenpol vor allem durch die Abweichung von dem individuellen und/oder kollektiven Mittelwert dieser Funktionen ergibt.[1] Gesundheit/Krankheit wird subjektiv und/oder objektiv bestimmt, manche Krankheit wird subjektiv nicht bemerkt, manches erlebte Funktionsdefizit[2] lässt sich nicht objektivieren. Bezieht man das Soziale auf die „Umwelt" im ökologischen Sinn, dann ist die Umwelt des Menschen sowohl eine wesentliche Bedingung der Möglichkeit des *Lebens*, der *Gesundheit* wie auch des *Krankwerdens* und *Sterbens*. Pointiert gesagt gäbe es nämlich ohne Licht, Luft, Wasser, Boden, Mikroben, Pflanzen, Tiere keine Menschen. Die zweite Bedingung von Gesundheit und Krankheit liegt allerdings beim Menschen selbst, nämlich neben seinen Genen vor allem in seinem Lebensstil.

Beide Bereiche – Umwelt und Mensch – und ihr Verhältnis zueinander sind, wenn auch anders begrifflich gefasst, traditioneller Gegenstand der Medizin. Auch die moderne Medizin ist sich klar darüber, dass Umweltfaktoren neben den genetischen Faktoren universelle Bedingungen von Krankheit und Gesundheit sind, also nicht nur für ganz spezifische sogenannte „Umwelt"-Krankheiten relevant sind, die durch starke und/oder anhaltende Noxen-Exposition bedingt sind, sondern prinzipiell für jede Erkrankung. Zudem wird anerkannt, dass die Umwelt oft beeinflussbar ist, was für die praktische Relevanz der Forschung wesentlich ist. In der konkreten Forschung jedoch sucht man allerdings die Ursachen von Krankheit überwiegend in den Strukturen des Körpers und hier vor allem auf der molekularen Ebene, insbesondere jener des Genoms. So hat die Medizin des 20. Jahrhundert bis heute die Anlage-Umwelt-Frage mit den Mitteln der (molekularen) Genetik untersucht, um den inneren Anteil der Krankheitsursachen identifizieren zu können. Es zeigte sich aber, dass viele Krankheiten Produkt komplizierter Wechselverhältnisse, des Zusammenspiels von Mensch und Umwelt sind. Zudem sind Umwelt und Genom über die Epigenetik verbunden. Für unser Thema ergibt sich dabei vor allem die Aufgabe, den Bedeutungsumfang des Ausdrucks *Umwelt* zu bestimmen.

---

1 WHO 1948/2018; Horn 2002.

2 Horn 2002: 142.

## 1.1 *Was ist Umwelt? Probleme eines vermeintlich selbstverständlichen Begriffs*

Umwelt ist ein relationaler Begriff, gemeint ist immer die Umwelt eines Lebewesens. Beide sind eng aufeinander bezogen, bestimmte Lebewesen können nur in bestimmten Umwelten existieren, umgekehrt wird jede Umwelt auch von Organismen beeinflusst. Der Begriff ist vor allem durch die sehr einflussreiche Publikation „Umwelt und Innenwelten der Tiere“ des Biologen Jakob von Uexküll popularisiert worden, das bereits 1909 erschien.[3] Uexküll betonte, dass jede Tiergattung, ja jedes individuelle Tier eine eigene Umwelt hat, und zwar nicht nur, weil jede Tiergattung einen eigenen Biotop, einen eigenen Lebensraum hat, sondern auch, weil jede Tierart die Umwelt auch anders wahrnimmt. Dieser Begriff von Umwelt ist eigentlich psychologisch und könnte durch den Begriff der Eigenwelt ersetzt werden. Er ist weiterhin von besonderer Bedeutung für die Tier-Verhaltensforschung.

Im Gegensatz dazu ist der heute übliche Umweltbegriff, der auch der Umweltmedizin zugrunde liegt, meist ökologisch geprägt. Umwelt meint dann meist die Existenzbedingungen eines Lebewesens oder einer Population, diejenigen Faktoren der Außenwelt, die für sein Überleben und sein Wohlergehen bedeutsam sind.[4]

Betonen möchten wir, dass die so verstandene Umwelt ein wissenschaftliches Konstrukt ist, das unmittelbarer klingt, als es eigentlich ist. Denn unmittelbar erlebbar ist lediglich die Umgebung, die Situation, das also, was in einem bestimmten Moment um ein Lebewesen herum ist. Umwelt hingegen ist eine wissenschaftliche Abstraktion, die das umfasst, was durchschnittlich um eine bestimmte Gruppe von Lebewesen oder um einzelne Individuen herum ist und für dessen biologischen Prozesse kausal relevant ist, sei es, dass es sie erhält, fördert oder sie schädigt.

Der Naturforscher Ernst Haeckel, der den Begriff Ökologie einführte, sprach noch nicht von Umwelt, aber er stellte den von ihm geschaffenen Begriff der Ökologie – eine der produktivsten Begriffserfindungen des 19. Jahrhundert – von vorn herein in den Kontext der biologischen Existenzbedingungen. So schreibt er in seinem Werk „Generelle Morphologie“: „Unter Oecologie verstehen wir die gesammte Wissenschaft von den Beziehungen des Organismus zur umgebenden Aussenwelt, wohin wir im wei-

3 Uexküll 1909.
4 Haber o. J.

teren Sinne alle ‚Existenz-Bedingungen' rechnen können."[5] Diese Existenzbedingungen sind, wie er weiter ausführt, sowohl anorganischer wie auch organischer Natur. Von Existenzbedingungen spricht Haeckel, um die Bedeutung für die Aufrechterhaltung der biologischen Funktionen des Lebewesens zu unterstreichen, also für seinen Stoffwechsel, seine Reproduktion und seine Ernährung. Sie sind für jede Art von Lebewesen andere. Zur so verstandenen Umwelt zählen etwa Luft, Wasser, Licht (Strahlung), Klima, die Nahrung, der Soundscape – also die akustische Umwelt, die oft vernachlässigt wird –, gebaute oder natürlich vorhandene Strukturen (Landschaften, Städte), sowie andere Lebewesen, Mikroorganismen ebenso wie höhere Pflanzen, Tiere und Pilze. Es sind im Wesentlichen diejenigen Existenzbedingungen, denen das Lebewesen ausgesetzt ist. Deshalb ist der Begriff der Exposition ein Schlüsselbegriff der Forschung im Bereich Umwelt und Gesundheit. Das System dieser Existenzbedingungen ist im Wesentlichen das, was die Ökologie unter Umwelt versteht. Und wie die Umwelt für Sein oder Nichtsein von Lebewesen entscheidend ist, für die Existenz, so auch für die Gesundheit. Der ökologische Umweltbegriff ist schon allein deshalb für die Medizin relevant, weil die Biologie insgesamt die zentrale Grundlagendisziplin der Medizin darstellt, und in allen ihren Entwicklungen, von der Zellbiologie über die Genetik bis hin zur vergleichenden Anatomie und zur Evolutionsbiologie, medizinisch unmittelbar anschlussfähig ist.

Freilich ergibt sich bei der Übertragung des ökologischen Umweltbegriffs auf den Menschen sofort die Schwierigkeit, dass der Mensch, anders als alle anderen Lebewesen, zum einen nicht nur in biologischen Umwelten, sondern auch technisch gebauten, zudem in sprachlich organisierten Welten lebt. Auch diese haben ihre Auswirkungen. Aber handelt es sich hier um Umwelterkrankungen? Sind etwa Sehstörungen, die durch die Arbeit an Bildschirmen oder in Bibliotheken bzw. Büros entstehen können, Umwelterkrankungen? Sind Verletzungen bei Verkehrsunfällen Umwelterkrankungen? Oder sind nur diejenigen Erkrankungen, die durch die Autoabgase entstehen, Umwelterkrankungen? Für beides lassen sich gute Gründe finden.

Oftmals werden die sprachlich organisierten Welten, werden Kultur und Gesellschaft aus der Umweltmedizin ausgeschlossen. Von manchen Vertretern der Humanökologie werden sie aber auch ausdrücklich einbezogen. Es handelt sich hier keinesfalls um spitzfindige Fragen, denn je nachdem, wie weit oder eng man den Kreis der Umwelt zieht, wächst die Zahl der

5 Haeckel 1866: 286f.

umweltbedingten Erkrankungen. Wir plädieren in der Frage für Offenheit, glauben aber auch, dass ein naturwissenschaftlicher Fokus für die weitere Entwicklung der Umweltmedizin bzw. *Environmental Health Sciences* – hierzu später mehr – von erheblicher Bedeutung bleiben wird.

## 2. *Institutionalisierung der Umweltmedizin in Deutschland*

Die skizzierten Fragen wurden bei der Institutionalisierung der *Umweltmedizin* als Spezialität der Medizin in den 1980er und 1990er Jahren heftig diskutiert, denn damals wurde vor allem durch Offenbarwerden der Risiken der Kerntechnik und der chemischen Industrie durch Unfälle die Bedeutung des Themas Umwelt und Gesundheit deutlich. Es gab Mediziner, die zu diesem Themengebiet einen differenzierten, aber weiter gefassten Umweltbegriff bevorzugten[6] und Mediziner, die Umwelt auf die anthropogenen Faktoren fokussierten[7]. Dabei wurde auch eine ganzheitlich-systemische und in der Forschung auch „feldorientierte" Perspektive skizziert, die sich an der akademischen Ökologie orientierte und als „ökologische Medizin" bezeichnet wurde.[8]

Die Konzeption einer Umwelt im weiteren Sinne wurde bereits in den 1970er Jahren in der Studienordnung für Mediziner als „ökologischer Fächerkreis" implementiert, unter dem die gesundheitsrelevanten Bereiche *Arbeit*, *Soziales*, *Hygiene*, *Verkehr*, usw. mit den speziell dafür implementierten medizinischen Disziplinen zum Lehr- und Prüfungsgegenstand erklärt wurden. Nahezu im Gegensatz dazu wurde eine stoffzentrierte und laborwissenschaftlich basierte Perspektive als „Umweltmedizin" definiert, die sich an der *Toxikologie* und *Hygiene* orientierte und sich bis heute im akademischen Bereich durchsetzte.[9] Dabei wird auch von der naturwissenschaftlich fassbaren Umwelt oft nur ein kleiner Teil beachtet, jener nämlich, der sich potentiell verändern lässt, auf den sich also expositionsmindernde Handlungen richten können. Es geht dann zum Beispiel um Bau- und Wohngifte, Haushaltschemikalien, belastete Nahrungsmittel, Feinstaub, Strahlung, Lärm, Mikroplastik und andere Faktoren. Sie werden untersucht als Teil dessen, was im englischen Sprachraum „built environment" genannt wird, die artifizielle Umwelt, die Menschen sich selbst schaffen,

6 Schaefer/Blohmke 1974.
7 Fülgraff 1992: Kap. II.2.
8 Paul 1974; Graul 1974; Tretter 1986.
9 Reichl 2011.

seit sie mithilfe der Feuernutzung ihr eigenes Mikroklima[10] schaffen (und indirekt heute auch das globale Klima beeinflussen), seit Menschen Hütten, Häuser und Städte bauen und sich von einem selbstgeschaffenen Biotop namens Landwirtschaft ernähren.

Zur Geschichte der heutigen institutionalisierten Umweltmedizin gibt es verhältnismäßig wenig Studien.[11] Wir wollen kurz wichtige Stationen skizzieren. Die Entwicklung der Umweltmedizin ist, wie bereits gezeigt wurde, eng mit dem Aufkommen der Umweltprobleme einer technischen Welt, die die natürlichen Anteile der Umwelt zurückdrängt, und die zugleich immer tiefer in natürliche Prozesse und Systeme eingreift, verknüpft. Gegenwärtig richtet sie sich in ihrer inhaltlichen Ausgestaltung an den aktuellen Umweltproblemen aus, die etwa mit dem Klimawandel verbunden sind.

### *2.1 Die politische Dimension der Umweltproblematik*

Die zunehmende Bedeutung der technogenen Umweltfaktoren für die menschliche Gesundheit, wie radioaktive Strahlung durch kerntechnische Anlagen, ubiquitäre Belastung der Umweltmedien wie Luft, Wasser und Boden durch Chemikalien und vor allem entsprechende Industrieunfälle führten in den 1960er und 1970er Jahren zu einer breiten öffentlichen Verunsicherung, was die umweltbedingten Gesundheitsrisiken betrifft. Dies wurde durch Medienberichte verstärkt. Vor allem die Krisen und Katastrophen – Chemieunfälle wie Seveso und Reaktorunfälle wie Tschernobyl – sind seit den 1970er Jahren ein weltweites und gesamtgesellschaftliches Problem.[12] Nicht nur Schädigungen der Menschen bei akuten Hoch-Dosis-Expositionen, sondern auch die möglichen Schädigungen bei chronischen Niedrig-Dosis-Expositionen verweisen auf umweltbedingte Gesundheitsrisiken. Fragen wie „Asthma durch Holzschutzmittel?", „Lungenkrebs durch Asbest?", „Gift am Esstisch?", „Gehirntumore durch Elektrosmog?", „Kindliche Leukämie durch Kernkraftwerke?" oder „Alzheimer durch Nanopartikel?" prägten und prägen die öffentliche Diskussion bis heute.

Die Antworten der umweltinteressierten Mediziner und der Behörden sind seither allerdings sehr konträr: Es finden sich *Bagatellisierungen* von Gesundheitsrisiken von Seiten der Industrie und von Behörden („Risiken

---

10 Vgl. dazu auch Soentgen in diesem Band.
11 Locher/Unschuld 1999; Nasterlack 2017 a. a. O.
12 Vgl. Reichl 2011.

sind nicht bewiesen!") ebenso wie *Dramatisierungen* der Risiken („Risiken sind nicht ausgeschlossen!") von problemsensitiven Bevölkerungsgruppen. Diese Extreme kreisen um die Frage, wie ‚wissenschaftlich' die Umweltmedizin ist und sein kann. Die Grundfrage lautet folglich: „Wie gesundheitsbelastend sind einzelne Faktoren unserer technisierten Umwelt *wirklich*?"[13]

Zudem stellte sich die Frage, was Umweltmedizin an Therapie und Prävention bieten kann. Noch 1970 gingen immerhin 90 Prozent der Bürgerinnen und Bürger Bayerns davon aus, dass man die Luftqualität nicht weiter verbessern könne. Doch es gab auch andere Stimmen. „Zu deutlich wurden gravierende Missstände sichtbar, wie das Fischsterben im Rhein oder das Waldsterben. Unfälle wie in Seveso 1976, eine der größten Umweltkatastrophen in Europa, trieben den Bewusstseinswandel voran."[14] In diesem Problemfeld entwickelte sich allmählich die Umweltschutzbewegung, die zwar zunächst den Schutz der Natur zum Ziel hatte, aber auch zunehmend die Gesundheit der Menschen als gefährdet ansah. Ende der 1980er Jahre hatte die WHO als Europa-Programm die „Europäische Charta Umwelt und Gesundheit" formuliert: „Jeder Mensch hat Anspruch auf eine Umwelt, die ein höchstmögliches Maß an Gesundheit und Wohlbefinden ermöglicht."[15]

## *2.2 Neuere Ansätze der Umweltmedizin*

Diese politischen Entwicklungen führten zu einem Aufschwung der Umweltmedizin. In dieser Diskussion waren seit den 1970er Jahren die Mediziner als Allgemeinärzte und Kinderärzte zunehmend gefordert, diese Gesundheitssorgen der Bevölkerung zu beantworten, die ebenso wie ihre Kollegen mit spezialisierter Fachexpertise, vor allem als *Radiologen* und *Toxikologen,* der Politik beratend zur Seite standen. Dabei wurde zunehmend deutlich, dass es einer spezialisierten Disziplin der Medizin bedarf, die diese Fragen wissenschaftlich in Forschung und Praxis untersucht, nämlich Umweltmedizin. Dieser Bedarf wurde vor allem von Professoren, wie dem Mediziner Herbert Graul[16], der im Deutschen Ärzteblatt redaktionell eingebunden war und eine „Medizinische Environtologie" forderte, und dem

13 Tretter 1992; Tretter 1996; Tretter 2017.
14 StMUV 2018.
15 WHO 1989.
16 Graul 1974.

Physiker Karl Aurand[17], der dem Berliner Institut für Wasser-, Boden- und Lufthygiene vorstand, formuliert.

Wegen dieser gesundheitspolitischen Bedeutung wurde in den späten 1980er und frühen 1990er Jahren in Industrieländern die „Umweltmedizin“ (*Environmental Medicine*) als eigenes universitäres Fach institutionalisiert und mit der wissenschaftlichen Klärung solcher Fragen betraut.[18] In Deutschland wurde 1992 die Zusatzbezeichnung „Umweltmedizin“ von der Bundesärztekammer eingeführt, die es jedem Mediziner erlaubte, eine qualifizierte Zusatzausbildung zu absolvieren. Es waren insbesondere Allgemeinärzte und auch Klinikärzte, vor allem aus dem Bereich der Inneren Medizin, die diese Qualifikation anstrebten.

Als universitäre Disziplin wurde die Umweltmedizin unter diesem Titel etwa in den 1970er Jahren konstituiert. Zunächst kam aus dem Bereich der Strahlenmedizin im Hinblick auf die vermuteten Gesundheitsrisiken von Kernkraftwerken die Forderung nach einer umfassenden, aber an den konkreten Umweltproblemen ausgerichteten Umweltmedizin.[19] Neben der Strahlenbelastung standen Chemikalien in Luft, Wasser, Boden und Nahrung im Zentrum des Interesses. Von besonderer Bedeutung waren Fragen der Bewertung der anhaltenden Niedrig-Dosis-Exposition gegenüber Stoffen, die in hohen Dosen definitiv Schadstoffe sind. Es ging dabei im Sinne eines *Stimulus-Response-Modells* der Toxikologie um die Erforschung der Dosis-Wirkungsbeziehungen, die Ermittlung tolerabler Grenzwerte und deren Kontrolle, also um einen Bereich, der vor allem der Hygiene oblag.

Als zentraler Gegenstand der Umweltmedizin gelten in diesem Ansatz also Expositionen gegenüber *einzelnen* Umweltfaktoren und deren Auswirkungen auf die menschliche Gesundheit.[20] Mögliche Kombinationen dieser Umweltfaktoren blieben außer Betracht. Dabei soll die Untersuchung, Erkennung, Behandlung und Prävention von Gesundheitsstörungen, die vor allem mit Faktoren der technischen Umwelt des Menschen zu tun haben, gewährleistet sein.[21] Es war folglich naheliegend, dass sich die *Fachverbände* und *Fachjournale* der *Toxikologie* und *Pharmakologie* dieses Themas annahmen. Es wurde nunmehr auch der korrespondierende Bereich der *Umweltchemie* begründet, der beispielsweise am heutigen Helmholtz Zentrum für Umwelt und Gesundheit in Neuherberg bei München institutio-

17 Aurand 1972.
18 Tretter 1986.
19 Graul 1974; Aurand 1972; Kaul 1988.
20 Eis 1996.
21 Reichl 2011.

nalisiert wurde. Nachdem dort zunächst hochkarätige Umweltforschung zu strahlungsbiologischen Problemen von Wiederaufbereitungsanlagen und Endlagerstätten betrieben worden war, wurde mit der politischen Absage an Wackersdorf als Endlager für Atommüll Ende der 1980er Jahre eine Umwidmung nötig.[22] Nachdem die seit 1960 eigenständig mit dem Strahlenschutz befasste Institution 1971 als „Gesellschaft für Strahlen- und Umweltforschung“ (GSF) benannt wurde, erfolgte 1990 eine erneute Umbenennung in das „GSF-Forschungszentrum für Umwelt und Gesundheit“. 2008 fand schließlich die Umorganisation und Umbenennung in „Helmholtz Zentrum München – Deutsches Forschungszentrum für Gesundheit und Umwelt“ statt. Bemerkenswert für die Umweltmedizin ist auch das dortige wichtige Institut für ökologische Chemie, das von dem Chemiker Friedhelm Korte gegründet und von Helmut Greim weitergeführt wurde und das zu Fragen der Umwelttoxikologie sehr einflussreich war und noch immer ist.

Ähnliche Änderungen der Forschungsziele fanden auch in dem „Forschungszentrum für Umwelt und Gesundheit“ in Jülich statt, das 1956 gegründet wurde, ursprünglich um wissenschaftliche Fragen rund um die friedliche Nutzung der Kernenergie zu untersuchen. Mit dem wachsenden Widerstand der Bevölkerung gegen Kernkraftanlagen, vor allem nach dem schweren Unfall des Kernkraftwerkes in Tschernobyl und nach dem politischen Ausstieg aus der Wiederaufbereitung bzw. Endlager-Ökonomie in den späten 1980er Jahren erfolgte eine Änderung der wissenschaftlichen Ausrichtung und damit 1990 die Umbenennung in „Forschungszentrum Jülich“, das sich heute auf die Themen Energie und Umwelt, Informationstechnologie und Neurowissenschaften fokussiert.[23]

Die ersten *Lehrbücher zur Umweltmedizin* wurden in Deutschland insbesondere von dem Public-Health-Experten Georges Fülgraff publiziert, gemeinsam mit dem Epidemiologen Heinz-Erich Wichmann und dem Lufthygiene-Experten Hans-Werner Schlipköter. Von Füllgraff wurde auch die „Zeitschrift für Umweltmedizin in Forschung und Praxis“ im Ecomed Verlag herausgegeben (2012 umbenannt in „Umweltmedizin – Hygiene – Arbeitsmedizin“). Die zunehmend verbindlichen Definitionen des Faches wurden ebenfalls von Füllgraff formuliert[24]: Umweltmedizin befasse sich mit Umweltkrankheiten, die aufgrund der „durch menschliches Handeln entstandenen physikalischen und chemischen Faktoren, Stoffe und ande-

22 Helmholtz Zentrum München 2018.
23 FZ Jülich 2018.
24 Fülgraff 1992.

ren Einflüsse, die aus der natürlichen und kultürlichen Umgebung direkt oder indirekt auf den Menschen einwirken [entstehen]."[25] Ähnlich sieht dies Dieter Eis.[26]

Hier ist die für die Umweltmedizin typische Verengung des eigentlichen ökologischen Umweltbegriffs zu konstatieren. Denn nicht die Existenzbedingungen schlechthin des Menschen qua Organismus werden thematisiert, sondern nur eine kleine Auswahl, die nämlich, die durch menschliches Handeln modifiziert sind. Dieser verengte Begriff ist aus pragmatischen Gründen sinnvoll, weil mit Blick auf die Anwendbarkeit vor allem die durch menschliches Handeln veränderten oder veränderbaren Faktoren im Fokus des medizinischen Interesses stehen sollten. Geforscht wird ja mit dem Ziel, sinnvolle Präventionsmaßnahmen bzw. Maßnahmen der therapeutischen Intervention zu entwickeln. Zum anderen ist die Konzeption auch deshalb zu verteidigen, weil in den modernen Umwelten immer größere Anteile menschlich beeinflusst sind. Allerdings sollte die Abstraktion, die hier vorgenommen wird, bewusst bleiben, damit es nicht zu einer zu starken Verengung der Sicht und in der Folge zu einem selbstgemachten Schwund der Forschungsthemen und der bearbeiteten Probleme kommt. Zu den typischen Umwelterkrankungen zählen schließlich auch die Pollenallergien, die nur indirekt mit menschlichem Handeln zusammenhängen. Zudem ist zu bemerken, dass Umweltfaktoren auch positiv wirken können, neben der Pathogenese ist also auch die Salutogenese zu beachten.

Die Umweltmedizin war lange ein wenig abgegrenztes Fachterritorium, in das verschiedene medizinische Spezialdisziplinen hineinwuchsen, mit unterschiedlichen Begriffen vom Gegenstand der Umweltmedizin, mit ihren spezifischen Methodiken, Hintergrundtheorien und Anwendungsinteressen. Bereits in den 1990er Jahren ließ sich fachlich eine innere Struktur der Umweltmedizin ausmachen:

> „Konkret geht es [...] um die Verbindung zwischen mehreren unterschiedlichen Komponenten (und damit: Unterbereichen) einer Umweltmedizin, [nämlich]:
>
> - *Umwelttoxikologie* als Repräsentanz der ‚(labor)experimentellen' Umweltmedizin
> - *Umweltepidemiologie* als Repräsentanz der ‚statistischen' Umweltmedizin
> - *Umwelthygiene* als Repräsentanz der ‚praktischen' Umweltmedizin

25 Fülgraff 1992.
26 Eis 1996.

- *Arbeitsmedizin* als Repräsentanz der ‚speziellen' Umweltmedizin
- *Innere Medizin* (Pulmonologie, Hepatologie, Gastroenterologie, Nephrologie), HNO, Dermatologie, Pädiatrie, Gynäkologie, Neurologie, Psychosomatik und Psychiatrie als (noch isolierte) Repräsentanzen einer ‚klinischen' Umweltmedizin.
  Es ist ernsthaft zu überlegen, welche weiteren Fächer eingebunden werden müssten, wie etwa ‚Umweltpathologie', ‚Wohnmedizin' oder ‚Verkehrsmedizin', ohne aber dabei zu einem utopischen Programm eines ‚totalen' Querschnittsfachs zu kommen."[27]

Diese Gliederung ist auch heute als Orientierung weiterhin wertvoll, wobei immer stärker die Expositionsforschung hinzugekommen ist, die sich mit der Erfassung und Modellierung konkreter gesundheitsrelevanter Umweltfaktoren – zum Beispiel Feinstaub – befasst, und die gesamte Kette von der Emission bis hin zur Dosis und den körperlichen Reaktionen beschreiben will. Auch die sozialwissenschaftlich orientierte Risikobewertung, die die Daten zusammenfasst und Maßnahmen ableitet, ist heute oft funktional ausdifferenziert. Nicht zuletzt ist die Risikokommunikation ein wichtiger Bereich.

Hinzuweisen ist auf die besondere Situation der *klinischen Umweltmedizin*, die sich nicht mit Kollektiven befasst, sondern mit einzelnen Patienten. Ihre Rolle wird gelegentlich als problematisch angesehen, weil von Umweltkranken nicht selten polysymptomatische Syndrome präsentiert werden, deren Ursachen schwer wissenschaftlich objektivierbar sind und nicht ohne weiteres in übliche Diagnosesystematik passen.[28] Es handelt sich dabei um Störungsbilder wie die *Multiple Chemical Sensitivity* (MCS), *Chronic Fatigue Syndrome* (CFS), Fibromyalgie (FMS), *Sick Building Syndrome* (SBS) etc.[29] Mit solchen Syndromen kommen nicht wenige Kranke in die Umweltambulanzen der Krankenhäuser, wo auch nach bestem Wissen versucht wird, ihnen zu helfen, nicht selten mit Erfolg. Gleichwohl sind die Erkrankungen aus medizinischer Sicht, wie bereits betont, schwierig, weil bei diesen Syndromen nicht nur Umweltfaktoren eine Rolle spielen, sondern auch psychosoziale Faktoren. Oft kommt man hier auch mit psychotherapeutischen Ansätzen weiter.

Was die Konsolidierung der Umweltmedizin in *Fachverbänden* betrifft, hat zwar anfänglich das Fach Hygiene in den einschlägigen Diskussionen eine Zuständigkeit reklamiert. Allerdings hat die Deutsche Gesellschaft für Hygiene und Mikrobiologie die Umweltmedizin letztlich nicht ausdrück-

27 Tretter 1992: 89.
28 Reichl 2011.
29 Nasterlack 2017.

lich in ihr Arbeitsgebiet aufgenommen[30]. Es wurde vielmehr die *Gesellschaft für Hygiene, Umweltmedizin und Präventivmedizin* (GHUP), die 2008 aus der Verschmelzung der *Gesellschaft für Hygiene* und der *International Society of Environmental Medicine* (ISEM) hervorging, als Hauptmotor der Umweltmedizin kreiert, eine Aktivität, die vor allem auf den jahrzehntelangen unermüdlichen Einsatz des Hygienikers Thomas Eikmann zurückgeht, der sich besonders prominent für die Umweltmedizin als Fachgebiet engagiert hat. Die *Deutsche Gesellschaft für Arbeitsmedizin* wurde 1992 um den Begriff Umweltmedizin erweitert.[31] Allerdings haben aktuell nur wenige der bestehenden Lehrstühle für Arbeitsmedizin an deutschen medizinischen Universitäten auch den Schwerpunkt Umweltmedizin implementiert.

Im Gegensatz zur universitären forschungsorientierten Umweltmedizin und ihren Fachverbänden steht der Berufsverband der klinischen Umweltmediziner, die von den umfangreichen Praxiserfahrungen mit umweltbezogenen Krankheiten ausgehen.[32]

Neuere Entwicklungen werden stark von der internationalen Weiterentwicklung des Forschungsfeldes geprägt. In den USA hat sich – insbesondere an den Eliteuniversitäten wie Yale und Harvard – die Umweltmedizin zu einem umfassenderen Forschungsansatz weiterentwickelt, der *Environmental Health Sciences* genannt wird und im Deutschen meist mit Umwelt und Gesundheit wiedergegeben wird. Bereits 1969 wurde in den USA das *National Institute for Environmental Health Sciences* gegründet. Es ist heute angesiedelt in Durham, North Carolina. 1994 wurde einer der Biochemiker des NIEHS, Martin Rodbell, mit dem Nobelpreis für Medizin ausgezeichnet.

Der Forschungsansatz *Environmental Health Sciences* zeichnet sich durch eine hohe Interdisziplinarität aus. Es handelt sich um ein geordnetes und logisch strukturiertes Zusammenspiel von Messen, Modellieren, Experiment, epidemiologischen Studien, Risikobewertung und klinischer Translation. Ziel ist insbesondere die Erfassung von umweltbezogenen Gesundheitsrisiken ausgewählter Populationen und das Ausarbeiten von wirksamen Maßnahmen. Es werden einerseits Umweltfaktoren gemessen (*Environmental Chemistry, Aerosol Chemistry* etc.), in der Regel mit naturwissenschaftlicher Methodik, deren körperliche Wirkung bis hin zu den molekularen Mechanismen durch toxikologische und medizinische Studien er-

30 DGHM 2019.

31 DGAUM: https://www.dgaum.de/wir-ueber-uns/geschichte/.

32 DBU: https://www.dbu-online.de.

forscht wird (*Environmental Toxicology*, *Environmental Immunology*) und es wird die Exposition von Populationen und Individuen erhoben (*Environmental Exposure Science*). Zentral ist nach wie vor die Epidemiologie in Gestalt der *Environmental Epidemiology*, die in großen Studien prüft, inwiefern bestimmte Expositionen mit bestimmten Erkrankungen oder Mortalität verbunden sind. Die epidemiologischen Studien ergänzen die Laboruntersuchungen und tragen zu einem belastbaren Befund bei. Klinische Mediziner sind überall in leitender Funktion in die Forschungsprojekte einbezogen, sie sorgen für die Translation in die medizinische Forschung und Praxis. Schließlich ist aber auch eine Risikobewertung und Abwägung durchzuführen, die Prioritäten setzt und Maßnahmen empfiehlt (*Risk Assessment*). Auch eher sozialwissenschaftliche Themen spielen eine zunehmende Rolle, so werden etwa Themen wie *Environmental Justice* einbezogen, weil Umweltbelastungen nicht immer und nicht einmal meistens eine ganze Population gleichmäßig betreffen, sondern oft gerade ärmere und benachteiligte Gruppen. Ein Beispiel hierfür ist die Bleiexposition durch die heute nicht mehr im Handel befindlichen Bleifarben (Bleiweiss); hiervon sind in den USA vor allem ärmere Menschen und deren Kinder betroffen, die in alten, nicht renovierten Häusern leben. Auch Genderthematiken werden in der modernen Forschung im Bereich *Environmental Health Sciences* diskutiert, denn die Exposition von Frauen und Männern unterscheidet sich deutlich; zudem gibt es auch Erkrankungen, die nur oder weit überwiegend bei Frauen bzw. Männern vorkommen. Zudem ist deutlich geworden, dass sich nur ein Teil der gesundheitlich erheblichen Gesundheitsfaktoren mit rein naturwissenschaftlichen Mitteln objektivieren und quantifizieren lassen. Der Lärm ist ein Beispiel, denn ihn kann man mit rein physikalischen Mitteln nicht hinreichend objektivieren, sozialwissenschaftliche Erhebungen müssen hinzukommen.

Der interdisziplinäre Forschungsbereich *Environmental Health Sciences* hat auch auf die Forschung in Deutschland erheblichen Einfluss. Wegweisend für die moderne Forschung hierzulande wurden die Studien des amerikanischen Umweltepidemiologen Douglas Dockery, der besonders in seiner berühmten *Six-Cities-Study* maßgeblich dazu beitrug, Feinstaub als Gesundheitsproblem zu identifizieren.[33] In Deutschland wurde in der Folge besonders von Erich-Heinz Wichmann und seinen Schülerinnen und Schülern – hier ist insbesondere die Epidemiologin Annette Peters zu nennen – große Studien betrieben. Solche Studien, die nicht nur Umweltfaktoren, sondern zugleich lebensstilbezogene Risikofaktoren (beides ist

33 Dockery et al. 1993.

manchmal schwer voneinander zu trennen), etwa für Diabetes, in den Blick nehmen, sind sie in vielfacher Hinsicht vorbildlich für die Forschung im Bereich Umwelt und Gesundheit – nicht nur in Deutschland, sondern in Europa.

Nicht nur waren die in den USA durchgeführten, großen Vergleichsstudien wegweisend. Insgesamt wurde die entschlossene Ausweitung der Forschung weg von den Symptomen und hin zu den Ursachen adaptiert. In Deutschland wird das medizinische Forschungsgebiet *Environmental Health Sciences* derzeit als Forschungsschwerpunkt der Medizinischen Fakultät der Universität Augsburg aufgebaut.

## 3. *Erfolge und Perspektiven*

Die Forschung im Bereich Umwelt und Gesundheit hat in Mitteleuropa und in vielen weiteren Industrieländern eindrucksvolle wissenschaftliche und praktische Erfolge aufzuweisen. In der Grundlagenforschung hat die Beschäftigung mit bestimmten Schadstoffen, insbesondere mit dem Dioxin, zu fundamentalen physiologischen Erkenntnissen geführt. Auch praktisch sind die Erfolge erheblich, wie sich schon allein an der Steigerung der durchschnittlichen Lebenserwartung in Mitteleuropa ablesen lässt, die zu einem erheblichen Teil auf umwelthygienische und Public-Health-Maßnahmen zurückzuführen ist. Nennen kann man die Zurückdrängung des Strumas durch Verabreichung von Jod (etwa in Gestalt von Jodsalz) in Jodmangelgebieten, die fortschreitenden Maßnahmen zur Luftverbesserung seit den 1960er Jahren und die bereits im 19. Jahrhundert einsetzenden Bemühungen zur Förderung der Hygiene, die vor allem an die Choleraepidemien anschlossen, aber auch andere Gebiete, insbesondere die Krankenhaushygiene, wie etwa die Einführung der Chlorkalkwaschung der Chirurgenhände bereits in der Mitte des 19. Jahrhunderts durch Ignaz Semmelweiß in Wien, die das Kindbettfieber zurückdrängte. Heute sind viele Erkrankungen, die auf mangelhafte Hygiene zurückgehen, wie die Cholera, das Kindbettfieber oder der Typhus, in Europa weitgehend ausgerottet oder doch stark zurückgedrängt, was nicht heißt, dass sie nicht wiederkehren könnten. Auch die umweltbezogenen Spezialfächer, wie die Flug- und Raumfahrtmedizin, die Krankenhaushygiene und insbesondere die Arbeitsmedizin, haben enorme Erfolge zu verzeichnen, vom Verbot der Fertigung von Phosphorzündhölzern bis hin zum Asbestverbot.

Leicht ließe sich die Liste der Erfolge verlängern. Sie könnte allerdings den Eindruck erwecken, dass doch nunmehr schon das Wichtigste erreicht sei und man sich anderen Feldern zuwenden könne. Im Gegenteil sprechen zwei Argumente für eine künftig immer größer werdende gesellschaftliche Bedeutung umweltmedizinischer Fragestellungen. Zum einen die demographische Entwicklung; ein immer größerer Anteil der Gesamtbevölkerung erreicht ein hohes Alter, das aber gegenüber Umweltfaktoren, wie beispielsweise gegenüber Wetterextremen, eine erhöhte Empfänglichkeit aufweist.

Das zweite, noch wichtigere Argument ist die immer umfassendere Umgestaltung der natürlichen Umwelt durch den Menschen und deren ungewollten Nebenwirkungen, die im Kontext der Globalisierung, des anhaltenden globalen Bevölkerungswachstums und der steigenden Ansprüche, ein Leben nach westlichem Modell zu führen, zunehmen werden. In Mitteleuropa ist die ursprüngliche Natur immer weiter zu einer für die hier lebenden Menschen möglichst optimalen, und für ihre Nutztiere und Nutzpflanzen erträglichen Umwelt transformiert worden. Zahlreiche ursprünglich vorhandene Ökosysteme (z. B. Feuchtgebiete) wurden dabei vernichtet oder transformiert, zahlreiche Arten eliminiert. Womit wir heute oft ringen, sind die ungewollten Nebeneffekte der Maßnahmen zur Umweltkontrolle. Solche ungewollten Nebeneffekte werden in der Forschung verstärkt seit den 1960er Jahren thematisiert. Der Philosoph und Pädagoge Eduard Spranger formulierte als Erster 1962 das „Gesetz" oder „Prinzip" der ungewollten Nebenwirkung, die er als „Unsicherheitsrelation"[34] verstanden wissen will, weil „immer und notwendig ein Inkongruenzverhältnis eintritt zwischen einem klar umgrenzten Wollen und seinem realen Ergebnis."[35] Noch vor Rachel Carsons „Silent Spring" schreibt er, nachdem er die ökologischen Nebenwirkungen von modernen Fabriken in Gestalt der von ihnen in Flüsse geleiteten Abwässern thematisiert hat: „Wir haben noch keine ausreichende Vorstellung von dem vollen Umfang der ungewollten Nebenwirkungen, die die Industrialisierung mit sich bringt und künftig mit sich bringen wird."[36] Parallel zu Sprangers Überlegungen gab es erste Publikationen zur ökologischen Ökonomik, die in eine ähnliche Richtung wiesen. In den 1950er Jahren werden die sogenannten externen Effekte, die in den Kostenrechnungen der Privatwirtschaft und auch in den Plänen der Planwirtschaft nicht auftauchen, Gegenstand der politischen Ökonomie, diese damit zur Ökologischen Ökonomie. Der Nationalökonom Karl William Kapp, hat diese Externalitäten als erster als „volkswirt-

---

34 Spranger 1962: 14f.
35 Ebd.: 9.
36 Ebd.: 19.

schaftliche Kosten“ definiert und erklärt, damit meine er „alle direkten und indirekten Verluste, die Drittpersonen oder die Gesamtheit als Folge der privaten Wirtschaftstätigkeit erleiden.“[37] Seine Beispiele sind unter anderem die Luft- und die Wasserverschmutzung, sowie die Plünderung und Vernichtung der Tierwelt.[38] Typischerweise handelt es sich oft um Schäden, die lange unsichtbar bleiben und erst nach einiger Zeit deutlich werden. In den späten 1980er Jahren wurde der Begriff der Nebenfolgen dann durch den Soziologen Ulrich Beck international bekannt gemacht, seither ist er fest etabliert.

Zu den Nebenfolgen unserer wirtschaftlichen und technischen Entwicklung zählen insbesondere der Klimawandel, das Ozonloch, die Vermüllung der Ozeane mit Plastik und Mikroplastik und die Verbreitung von Parasiten und Krankheiten durch die ökonomische Globalisierung, sowie die Ausbildung resistenter Krankheitserreger. Auch die Luft- und Wasserverschmutzung ist hierher zu rechnen; und es ließen sich weitere Beispiele aufzählen. Künftig ist mit zahlreichen weiteren Belastungen zu rechnen, und wir werden Mühe haben, die erreichten Erfolge der Umweltkontrolle zu verteidigen. Der Umweltmedizin werden die Themen nicht ausgehen, im Gegenteil ist von einer immer weiter steigenden Bedeutung von Forschung im Bereich Umwelt und Gesundheit auszugehen. Hat doch der Klimawandel eine ganze Kaskade von Effekten, von denen zahlreiche, etwa die Zunahme von Hitzetagen, gesundheitlich hochrelevant sind.

Die moderne Forschung im Bereich Umwelt und Gesundheit hat in erster Linie einen präventiven Fokus, auch wenn Umweltmediziner selbstverständlich auch therapeutisch tätig sind. Sie behandelt durch ihre Maßnahmen (etwa zur Lufthygiene) in erster Linie Populationen, nicht Individuen. Dieser präventive Ansatz hat sich aber, wie schon betont, auch bewährt. In den USA hat sich die Lebenserwartung bei Geburt zwischen 1900 und 1999 um fast 30 Jahre verlängert. Hiervon werden 5 Jahre auf Fortschritte der kurativen Medizin zurückgeführt, 25 Jahre dagegen auf Erfolge, die auf Präventionsstrategien zurückzuführen sind.[39] Die großen Erfolge der kurativen Medizin in den letzten Jahrzehnten haben wohl dazu geführt, dass die Bedeutung präventiver Maßnahmen etwas in den Schatten getreten ist. Doch die Umwelthygiene und die Sozialhygiene haben gerade im Zeichen rasanter Umweltveränderungen eine eher noch höhere Bedeutung.

---

37 Kapp 1958: 12.

38 Ebd.: 58-92.

39 Kistemann et al. 2002: 7.

Für die weitere Entwicklung bleibt es wichtig, aktuelle Entwicklungen immer wieder neu zu beobachten, auch, den Blick von der eigenen Spezialisierung zu befreien und weitere, globale Zusammenhänge im Kontext von *Global Health* einzubeziehen. Zudem ist der Bezug zur Grundlagenforschung in der Ökologie und in der Humanökologie von Bedeutung.

Weiter werden künftig die komplexen Beziehungen zwischen den einzelnen Umweltfaktoren stärker in den Blick rücken. Während die Umweltmedizin bislang eher einen isolationistischen Ansatz verfolgte, also einzelne Umweltfaktoren, die für bestimmte Erkrankungen verantwortlich sind, isolierte (am liebsten bestimmte Stoffe), geht die moderne Forschung im Bereich *Environmental Health Sciences* dahin, die Wechselwirkungen zwischen verschiedenen Faktoren und dann den kombinierten Einfluss auf die Gesundheit zu untersuchen. Auch die weiter verstärkte interdisziplinäre Zusammenarbeit mit Sozialwissenschaftlern wird bei Themen wie *Environmental Justice*, Risikobewertung und -kommunikation sowie bei Themen wie Lärm und Stress künftig an Bedeutung gewinnen.

## *Literatur*


*Aurand, K* (1972): Umweltschutz und Gesundheit. In: Friedrichs, G (Hg.): Aufgabe Zukunft: Qualität des Lebens. Band 4: Umwelt. Frankfurt am Main: Europäische Verlagsanstalt, 37-60.

*DGHM – Deutsche Gesellschaft für Hygiene und Mikrobiologie* (2019): Fachgruppen. URL: https://www.dghm.org/startseite/fachgruppen; 31.8.2019.

*Dockery D W/Pope C A/Xu X/Pengler J D/Ware J H/Fay M E/Ferris B G/Speizer F E* (1993): An Association between Air Pollution and Mortality in Six U.S. Cities. In: New England Journal of Medicine, 1993: 329, 1753-1759.

*Eis, D* (1996): Definition „Umweltmedizin“. In: Umweltmedizin in Forschung und Praxis, 1996: 1 (2), 65-70.

*Fülgraff, G* (Hg.) (1992): Handbuch der Umweltmedizin. Landsberg: Ecomed.

*FZ Jülich* (2018): Historie des Forschungszentrums. URL: http://historie.fz-juelich.de/60jahre/DE/Geschichte/Ausblick/_node.html; 1.9.2019.

*Graul, E H* (1974): Mensch und Umwelt – medizinische Environtologie. Lövenich: Deutscher Ärzteverlag.

*Haber, W*(o. J.): Ökologie. In: Handbuch der Stadt- und Raumentwicklung. Hannover.

*Haeckel, E* (1866): Generelle Morphologie der Organismen. Berlin: Reimer.

*Helmholtz Zentrum München* (2018): Geschichte des Helmholtz Zentrums München. URL: https://www.helmholtz-muenchen.de/ueber-uns/profil/geschichte/index.html; 15.7.2019.

*Horn, C* (2002): „Krankheit“. In: Höffe, O (Hg.): Lexikon der Ethik. München.

*Kapp K W* (1958): Volkswirtschaftliche Kosten der Privatwirtschaft. Tübingen: J.C.B Mohr (Paul Siebeck), Tübingen/Zürich: Polyhgraphischer Verlag.

*Kaul, A* (1988): Ionisierende Strahlung, Quellen der Exposition, Dosen, Risiken, rechtliche Regelungen des Schutzes. München: MMV Medizin Verlag.

*Kistemann, T/Engelhardt, S/Exner, M* (2002): Standortbestimmung: Umweltmedizin, Hygiene und Öffentliche Gesundheit. In: Dott, W/Merk, H/Neuser, J/Osieka, R (Hg.): Lehrbuch der Umweltmedizin. Grundlagen, Untersuchungsmethoden, Krankheitsbilder, Prävention. Stuttgart: Wissenschaftliche Verlagsgesellschaft mbH, 7-13.

*Locher, W/Unschuld, P U* (1999): Geschichtliches zur Umweltmedizin. In: Wichmann, H E/Schlipköter H-W/Fülgraff, G (Hg.): Handbuch der Umweltmedizin. Landsberg: Ecomed, Kap. II.1, 17. Erg. Lieferung.

*Nasterlack, M* (2017): Geschichte der Umweltmedizin. In: Schmitz-Spanke S/Nesseler T/Letzel S/Nowak D (Hg.): Umweltmedizin: Neue Erkenntnisse aus Wissenschaft und Praxis. Landsberg: Ecomed: Landsberg, 13-23.

*Paul, H* (1974): Über den Begriff medizinische Ökologie. In: Huma nosologische Blätter, 1974: 3, 139-145.

*Reichl, F X* (2011): Moderne Umweltmedizin: Umweltbelastungen – Diagnostik – Therapie. Köln: Lehmanns.

*Schaefer, H/Blohmke, M* (1974): Sozialmedizin. Stuttgart: Thieme.

*Spranger E* (1962): Das Gesetz der ungewollten Nebenwirkungen in der Erziehung. Heidelberg: Quelle & Meyer.

*StMUV – Bayerisches Staatsminiserium für Umwelt und Verbraucherschutz* (2018): Fast ein halbes Jahrhundert Bewahrung unserer Lebensgrundlagen: das Bayerische Umweltministerium. URL: https://www.stmuv.bayern.de/ministerium/aufgaben/geschichte_umweltministerium.htm; 15.7.2019.

*Tretter, F* (1986): Umwelt und Gesundheit: Ansätze einer ökologischen Medizin. In: Deutsches Ärzteblatt, 1986: 17, 1192-1196.

*Tretter, F* (1992): Wissenschaftstheoretische Probleme der Umweltmedizin. In: Deutsches Ärzteblatt, 89: 1-2, A31-A32.

*Tretter, F* (1996): Umweltmedizin: Beschreibungen sind derzeit wichtiger als Erklärungen. In: Deutsches Ärzteblatt, 93: 34-35, A2136-A2139.

*Tretter, F* (2017): Wissenschaftstheoretische Aspekte der Umweltmedizin. In: Schmitz-Spanke, S/Nesseler, T/Letzel, S/Nowak, D (Hg.): Umweltmedizin: Neue Erkenntnisse aus Wissenschaft und Praxis. Landsberg: Ecom Verlag, 24-39.

*Uexküll, J von* (1909): Umwelt und Innenwelten der Tiere.

# Wir Feuermacher

*Jens Soentgen*

## *Inhaltsübersicht*

| | |
|---|---|
| 0. Einleitung | 41 |
| 1. Die Lehre vom Mängelwesen und ihre Kritik | 42 |
| 2. Künstliche Umwelten | 44 |
| 3. Die Bedeutung des Feuers | 51 |
| 4. Moderne Feuer | 55 |
| 5. Die ungewollten Nebenprodukte des Feuers und ihre Gesundheitsrelevanz | 57 |
| 6. Kohlendioxid | 59 |
| 7. Nach dem Feuer | 61 |
| Literatur | 64 |

## *0. Einleitung*

Die philosophische Anthropologie ist eine Disziplin, die von der quantitativen Thematik der *Environmental Health Sciences* recht weit entfernt zu sein scheint. Sie fragt, von erfahrungswissenschaftlichen Erkenntnissen ausgehend, was den Menschen eigentlich ausmacht und ihn vom Tier unterscheidet. Ihre Antworten sind Versuche, die *conditio humana* zu bestimmen. Dabei greift sie in ihren modernen Ausprägungen vor allem auf Forschungsergebnisse der Biologie und der Ethnologie zurück. Ihr Forschungsinteresse ist dem Trend zu immer weiterer Spezialisierung entgegengerichtet, denn die philosophische Anthropologie versucht, durch die Verbindung isolierter Fakten das Ganze in den Blick zu nehmen, und vereinzelte und isolierte Ergebnisse durch Verallgemeinerung und durch verbindende Ideen zu einer Gesamtschau zu verbinden. Diese Gesamtschau kann auch für ein stark quantitativ orientiertes Fach wie die *Environmental Health Sciences* von Bedeutung sein, weil sie es ermöglicht, einen Überblick zu gewinnen über Themen, welche sonst allzu oft nur additiv und unverbunden aufgezählt werden, so dass der Eindruck eines verwirrenden Puzzles vieler Schadstoffe und Effekte entsteht, in dem man keine Orientierung findet.

Zentral für die folgenden Ausführungen ist das anthropologische Faktum, dass Menschen nicht wie andere Lebewesen in einer nur geringfügig modifizierten natürlichen Umwelt leben, sondern dass sie diese Umwelt weitgehend umgestalten. Diese Umgestaltung erfolgt in der Regel mit dem Ziel, die Existenzgrundlagen bestimmter Kollektive zu optimieren und erträgliche Bedingungen für Nutzpflanzen und Nutztiere zu schaffen. Oft geschieht dies auf Kosten der Existenzgrundlagen anderer menschlicher Kollektive und immer auf Kosten der Entfaltungsmöglichkeiten nichtmenschlicher Lebewesen. Menschen erschaffen sich künstliche Welten, deren Bausteine und deren Betrieb sie seit alter Zeit bis in die Gegenwart vor allem mit Verbrennungsprozessen realisieren. Diese künstlichen Umwelten sind Produkte des Feuers. Doch jedes Feuer hat auch Nebenprodukte, die zwar unscheinbar wirken, aber in der Summe unverkennbare Auswirkungen haben. Im Folgenden sollen einige Thesen der philosophischen Anthropologie zunächst vorgestellt und anschließend ihre Bedeutung für die großen modernen Themen der Umweltmedizin vorgestellt werden.

## *1. Die Lehre vom Mängelwesen und ihre Kritik*

Schon in der Antike war die Frage, ob der Mensch, im Vergleich zu den Tieren, als Mängelwesen zu bezeichnen sei, oder ob er diesen in seiner organischen Ausstattung nicht vielmehr überlegen wäre, ein Thema der philosophischen Anthropologie und wurde etwa im 5. Buch des Lehrgedichts *De natura rerum* von Lukrez thematisiert.

Die Mängelwesen-Theorie wurde dann von Johann Gottfried Herder[1] aufgegriffen und später besonders von Arnold Gehlen[2] vertreten. Danach verfügt der Mensch, verglichen mit den Tieren, weder über ein übermächtiges Gebiss wie die Raubkatzen, noch über Krallen oder Hörner, mit denen er angreifen oder sich wirksam verteidigen könnte, noch hat er auch nur ein Fell, das ihn vor der Kälte schützt. Er ist daher darauf angewiesen,

1 So besonders in Herders (1772) Abhandlung über den Ursprung der Sprache, mit welcher dieser einen von der Königlichen Academie der Wissenschaften für das Jahr 1770 ausgelobten Preis gewonnen hat: 31-54.

2 Vgl. Gehlen 1966; siehe die gute, wenn auch sehr kritische Darstellung in Schnädelbach 1983: 264-281, ferner Habermas 1973: 89-111; sowie Hartung 2018: 65-68 und Thies 2018: 11-42.

dass er sich, um diese „Mängel“[3], wie Gehlen sagt, zu kompensieren, Geräte und ganze Umwelten schafft, die ihm gleichwohl sein Überleben sichern.

Dagegen wies schon Aristoteles darauf hin, dass der Mensch sehr wohl ein Organ hat, das ihn allen anderen Tieren überlegen macht, und dies ist die menschliche Hand.[4] Sie ist das Werkzeug der Werkzeuge, und ihr Gebrauch ist es, der ihn befähigt, die Tiere zu besiegen. Mit seiner Hand schafft er alle jene Gebilde, die für den Menschen charakteristisch sind, Werkzeuge, Schriften, Häuser und Städte. Die aristotelische Position war einflussreich, ihre Spuren finden sich unter anderem bei Giordano Bruno[5], und, indirekt, dann auch bei Martin Heidegger, der die ganze menschengeschaffene Dingwelt als ‚Zeug‘ interpretiert, und für dieses ‚Zeug‘ ist dessen ‚Zuhandenheit‘ konstitutiv. Auch der Mediziner und Anthropologe Paul Alsberg hat die Hand „als Hebel der Menschwerdung“[6] hervorgehoben. Detaillierter hat dann der Archäologe und Anthropologe André Leroi-Gourhan[7] die Besonderheiten der menschlichen Hand herausgearbeitet. In jüngerer Zeit hat der Soziologe und Philosoph Heinrich Popitz[8] seine Anthropologie und Technikphilosophie auf eine Analyse der Hand gestützt. Heute scheint die Mängelwesentheorie in ihrer ursprünglichen Form kaum mehr vertreten zu werden, jedenfalls hören wir inzwischen auch von Neurowissenschaftlern ein Lob der Hand[9].

In der Schlussfolgerung jedoch sind jene Philosophen, die in der Hand eine singuläre Ausstattung des Menschen sehen, von denen, die glauben, der Mensch müsse organische Mängel kompensieren, kaum unterschieden. Beide weisen darauf hin, dass Menschen sich ihre eigenen Umwelten schaffen. Für sie gilt das Gesetz der „natürlichen Künstlichkeit“, das Helmuth Plessner erstmals formuliert[10], das dann Heinrich Popitz in seinen kurzen, intensiven Essays zur Anthropologie der Technik, in denen er auch an Gehlen anknüpft, erläutert und erweitert hat[11].

---

3 Gehlen 1966: 33 und öfter.
4 Ricklin 2010: 23-42, 32-34.
5 Siehe Kodera 2010.
6 Alsfeld 1937: 150, vgl. auch 155.
7 Leroi-Gourhan 1987: 35-83.
8 Popitz 1995.
9 Tallis 2003.
10 Plessner 1975: 309-321; zu Plessners Anthropologie siehe auch Manzei 2005.
11 Zu Popitz und zur Geschichte des Umweltbegriffs – leider nur von von Uexküll ausgehend, dessen Umweltbegriff eigentlich psychologisch ist und mit Eigenwelt übersetzt werden kann – Kraemer 2008: 69-74.

## 2. *Künstliche Umwelten*

Der Umweltbegriff ist durch den Gebrauch in der politischen Arena vieldeutig geworden. Bisweilen wird er so weit ausgedehnt, dass er gleichbedeutend mit ‚Alles' wird. Das aber ist wissenschaftlich wenig ergiebig. Umwelt ist ein ökologischer Begriff, der nicht gleichbedeutend ist mit der räumlichen Umgebung und auch nicht dasselbe bedeutet wie ‚Welt'[12]. Grundlegend für den ökologischen Umweltbegriff ist vielmehr die Erkenntnis der modernen Biologie, dass jeder Organismus, nicht nur die Pflanzen, sondern auch die Tiere, auf ganz spezifische Umgebungsfaktoren angewiesen ist, um zu überleben[13]. Der Chemiker Lawrence Henderson hat dies in seiner grundlegenden Untersuchung „Die Umwelt des Lebens" schon 1914 klar auf den Punkt gebracht: „Der Organismus und seine Umwelt sind in weiten Grenzen harmonisch miteinander verknüpft und dieses Verhältnis der Gegenseitigkeit ist es, das man im Sinne Darwins Eignung (Fitness) nennen kann; ihre wesentlichen Komponenten sind einerseits die physikalisch-chemischen Eigenschaften der Umgebung, andererseits jene Anpassung, welche sich im Laufe der organischen Entwicklung ergeben hat."[14]

Der ökologische Umweltbegriff wurde im 19. Jahrhundert geprägt, er findet sich zuerst bei Auguste Comte (als „milieu correspondant"[15]) und dann auch, mit Bezug zu Comte, bei Herbert Spencer (als „environment"[16]). In Deutschland wurde der Umweltbegriff durch die Arbeiten des Biologen Jakob von Uexküll bekannt gemacht[17], auf den sich fast alle Darstellungen der Geschichte des Umweltbegriffs zentral beziehen, obwohl von Uexküll gerade nicht den modernen ökologischen Umweltbegriff vertreten hat, sondern einen psychologischen, den man mit Eigenwelt übersetzen kann[18]. Dieser Umweltbegriff ist besonders in der Ethologie, der

---

12 Bermes 2004.

13 Immer noch grundlegend und vorbildlich klar ist Karl Friedrichs (1943) Abhandlung „Über den Begriff der ‚Umwelt' in der Biologie"; Sprenger 2014.

14 Henderson 1914: XV.

15 Comte 1838: 225. Comte betont an derselben Stelle: „Une telle harmonie entre l'être vivant et le milieu correspondant caractérise évidamment la condition fondamental de la vie."

16 Spencer 1864: 82. Spencer spricht auch von „surrounding circumstances" (ebd.: 73).

17 Siehe v. Uexküll 1934. Zu Uexkülls Leben, seinem Umweltverständnis und der Wirkungsgeschichte seiner Ideen siehe die Habilitationsschrift von Mildenberger 2007.

18 So schon Friedrichs 1943: 147.

biologischen Verhaltensforschung weiterhin von Bedeutung, aber weniger in dem hier betrachteten Kontext.

Die Tatsache der Einpassung jedes Lebewesens in ganz spezifische Umwelten ist jedem, der Tieren oder Pflanzen pflegt, wohlvertraut. Jeder Aquarianer weiß z. B., dass das Wasser in seinem Aquarium einen ganz bestimmten pH-Wert haben muss, eine ganz bestimmte Temperatur, einen ganz bestimmten Salz- und Mineralgehalt, einen bestimmten Sauerstoffgehalt, und dass schon kleine Abweichungen von den optimalen Umweltbedingungen rasch zu Erkrankung und Tod führen.

Alle Lebewesen auf diesem Planeten kommen nur dort vor, wo sie möglichst optimale oder zumindest erträgliche Umweltbedingungen vorfinden. Auf diese Existenzbedingungen sind sie so elementar angewiesen, dass sie mit ihren Umwelten geradezu verwachsen zu sein scheinen. Zu diesen Existenzbedingungen zählen bei Landlebewesen ein bestimmtes Klima (Temperatur, Luftfeuchtigkeit, Luftdruck usw.), Luft einer ganz bestimmten Zusammensetzung, Wasser einer bestimmten Qualität, aber auch bestimmte Böden, das Vorkommen ganz bestimmter Nahrung bzw. Nährstoffe, nicht zuviel und nicht zuwenig Sonnenlicht, der Wechsel von Tag und Nacht, ganz bestimmte andere Organismen, mit denen sie in Symbiose leben, die Abwesenheit schädigender Agentien (Gifte, bestimmte Mikroorganismen, schädliche Strahlung, Lärm) usw. Dieser oft überraschend weitläufige und feingliedrige Komplex von Faktoren, der nicht nur eine unstrukturierte Summe ist, sondern innerlich zusammenhängt, ist das, was man im Deutschen ‚Umwelt' (und im Englischen unschärfer ‚environment') nennt. Umwelt ist also ein relationaler Begriff, er bezieht sich immer auf ganz bestimmte Lebewesen oder auf bestimmte Populationen dieser Lebewesen. Wenn von „Umweltschutz" die Rede ist, meint man meist die Umwelt „des" Menschen, genauer, bestimmter menschlicher Kollektive. Man möchte die Lebensgrundlagen bestimmter Menschen schützen, indem man Maßnahmen zur Verbesserung der Luftqualität ergreift, Abfall- und Abwasserentsorgung organisiert, für eine Verbesserung der Gewässerqualität sorgt, das Trinkwasser schützt, Lärm bekämpft usw. Naturschutz und Umweltschutz sind daher nicht identisch. Wollte man auch für die vielen nichtmenschlichen Lebewesen optimale Lebensbedingungen herstellen, müsste man nicht nur Umweltschutz, sondern Umwelt*en*schutz betreiben.

Nun gibt es wichtige, eng zusammenhängende Umweltfaktoren, die alle oder doch die meisten Lebewesen benötigen – es gibt tatsächlich eine Umwelt ‚des' Lebens, zu der unsere Atmosphäre mit einer sehr spezifischen Gaszusammensetzung Zusammensetzung und das Vorkommen reichlicher Mengen flüssigen Wassers gehört, ferner die Rhythmen von Tag und

Nacht. Der Erforschung dieser Umwelt ‚des' Lebens hat der Chemiker Henderson sein schon zitiertes Buch gewidmet, das zahlreiche weitere Forschungsarbeiten inspiriert hat[19] und zuvor schon hat der Biologe und erste Entdecker des Prinzips der Evolution Alfred Wallace der allgemeinen Umwelt ‚des Lebens' auf noch breiterer Grundlage eine eingehende Studie gewidmet, die bereits erwiesen hat, dass die damals breit geteilte Annahme, es gebe auch auf vielen anderen Planeten Leben wie auf der Erde, keinerlei Grundlage hat. Nur auf der Erde sind die notwendigen, äußerst spezifischen Voraussetzungen für die Entstehung höheren Lebens gegeben. Und von diesen sind die Menschen, bei aller vermeintlichen Umweltunabhängigkeit, dann doch genauso abhängig wie alle anderen höheren Lebewesen. In gewisser Weise sitzen wir also mit allen nicht-menschlichen Lebewesen in einem Boot, weshalb auch die Vorstellung ein gewisses Recht hat, dass wir immer auch in wohlverstandenem Eigeninteresse handeln, wenn wir ökologische Maßnahmen umsetzen. Und dennoch ist die weitverbreitete Meinung falsch, eine für den Menschen ‚gesunde' oder besser optimale Umwelt sei auch für alle nicht-menschlichen Lebewesen optimal, schon allein deshalb, weil Menschen bestrebt sind, bestimmte krankmachende Organismen aus ihrer Umwelt zu entfernen, indem sie *deren* Umwelt vernichten, so wurden und werden z. B. die Anopheles-Mücken, welche Malaria übertragen können, durch Pestizide oder Trockenlegen von Sümpfen bekämpft.

Etwas weniger anspruchsvoll kann man statt von Umwelt von biologischen Lebensgrundlagen sprechen. Man betont dann nicht die zusammenhängende Einheit, sondern eher die Vielheit. Diese Lebensgrundlagen sind immer nur ein Teil der in einem bestimmten Biotop vorkommenden Phänomene, eine Abstraktion. Gemeint ist alles das, was für ein bestimmtes Lebewesen oder einen Verband von Lebewesen von greifbarer biologischer Bedeutung ist.[20] Schon logisch ist der Begriff der Umwelt mit dem Begriff der Gesundheit verbunden, denn die Lebensgrundlagen können in optimaler Weise gegeben sein – dann entwickelt sich das betreffende Lebewesen, die betreffende Population prächtig, erreicht ein hohes (Durchschnitts-) Alter. Andererseits können schon winzige, vermeintlich vernachlässigbare Veränderungen der Lebensgrundlagen dazu führen, dass Populationen dahinwelken und kränkeln.

Wenn Umwelten sich wandeln, dann reagieren ihre Bewohner: Tiere wandern, um Biotope, die für ihr Überleben keine geeignete Umwelt mehr

---

19 Siehe nur Blum 1968: 60-86.

20 Auch hier wieder nach wie vor am klarsten Friedrichs 1943: 156.

darstellen (z. B. aufgrund von Klimaveränderungen oder menschlicher Aktivitäten) zu verlassen und sich auf die Suche nach besser geeigneten Lebensräumen zu machen. Auch Pflanzen sind in der Lage, sich zu ‚ver-pflanzen', solange die Umweltveränderungen nicht zu schnell vor sich gehen.

Umwelten kann man künstlich reproduzieren, und diese Möglichkeit ist für die Tierhaltung und die Pflanzenzucht von elementarer Bedeutung. Sie setzt ökologisches Wissen voraus: Wer Lebewesen aus ihrem Lebensraum entnehmen und außerhalb ihrer natürlichen Umgebung erhalten will, muss genau wissen, welche Umweltbedingungen sie benötigen, und muss in der Lage sein, diese gewissermaßen nachzubauen. Manchmal gelingt dies nur dann, wenn gleichzeitig die Tiere oder Pflanzen durch Züchtung so verändert werden, dass sie mit den künstlich für sie geschaffenen Umwelten halbwegs zurechtkommen.

Insbesondere der Mensch scheint gerade darin eine Ausnahme in der Tierwelt zu sein, dass er keinerlei spezifischen Umweltanforderungen hat, sondern sich in ganz unterschiedlichen Umwelten behaupten kann; Menschen leben bekanntlich in der Arktis ebenso wie in der Wüste, in den Niederungen genauso wie auf 4.000 Meter Höhe, ja, sie können sogar ins Weltall fliegen. Doch diese Weltoffenheit und Umweltunabhängigkeit täuscht. Biologisch sind die Menschen weiterhin auf ganz bestimmte, eng eingestellte Umweltfaktoren angewiesen, wo sie auch sind, sie benötigen Luft und Wasser, auch Licht und ein bestimmtes Klima, selbst die Schwerkraft können sie nicht dauerhaft entbehren, ohne gesundheitliche Probleme davonzutragen, wie die Raumfahrtmedizin weiß: Ihre vermeintliche Umweltunabhängigkeit ist ein Schein, der ihren technischen Fähigkeiten zu verdanken ist, die für sie optimalen (oder zumindest gerade noch erträglichen) Umweltbedingungen an fast jedem Ort, zumindest eine Zeitlang künstlich herzustellen.

Mithilfe von Kleidung, Behausungen, Feuer überleben Menschen auch in kalten Klimaten und besiedelt sogar die Arktis. Andererseits hält der Mensch es auch in sehr heißen Klimaten, sogar in Wüsten aus und neuerdings sogar in der Tiefsee oder im All. Die Luft, die er braucht, füllt er in Stahlflaschen und nimmt sie mit, ebenso seine Nahrung. Und so dringt er nicht nur in Regionen vor, in denen er ohne diese Zurüstung sofort sterben würde. Er optimiert alle vorhandenen Umwelten und formt sie so um, dass sie für ihn und seine Nutzpflanzen bzw. Nutztiere zumindest erträglich werden. Kaum ein Quadratmeter bei uns in Deutschland ist noch so, wie er von Natur aus, d. h. ohne menschliche Eingriffe, sein würde. Alles ist so umgestaltet, dass es zur gedeihlichen Umwelt für menschliche Kollektive und die von diesen genutzten Lebewesen wird und entweder der Ernährung, der Behausung, der wirtschaftlichen Tätigkeit oder der Erholung dient. Diese künstlich optimierten Umwelten sind allesamt Schöpfungen der menschlichen Hand, Produkt menschlicher Handlungen, mit denen Menschen sich erst die Produktionsmittel, die Geräte schaffen, dann die Umwelt selbst umwandeln und von Grund auf neu erschaffen.

Mit den Händen, nicht mit den Füßen, so schreibt Heinrich Popitz, entflieht der Mensch dem Biotop, in das er hineingeboren wird.[21] In der Natur baut sich der Mensch eine zweite Natur, wie bereits Cicero in einem seiner Dialoge schreibt.[22] Der Mensch wird geboren und bleibt sterblich wie alle Lebewesen, immer bleibt er in die natürlichen Kreisläufe eingebunden; nie kann er sich vollständig emanzipieren[23], von einer totalen Befreiung von seinen natürlichen Existenzbedingungen kann nie und nirgends die Rede sein[24], wohl aber distanziert er die urwüchsige Natur, transformiert sie und lichtet sie aus, wenn er sie nicht gleich durch Feuer vernichtet. Er beseitigt die natürliche Pflanzenbedeckung seiner Umgebung und setzt ein künstliches Biotop, die Landwirtschaft, an seine Stelle. Um seinen Nutzpflanzen optimale Umweltbedingungen zu schaffen, rodet und brennt er, er jätet, pflügt und jagt Tiere, die seine Pflanzungen verwüsten oder sich an dem von ihm gepflanzten Korn gütlich tun.

Dabei spielt von Anfang der Menschheitsgeschichte an die Schaffung von günstigen Mikroklimabereichen eine Rolle; Menschen können mithilfe des Feuers und mithilfe von Hütten und Kleidung auch in Umwelten überleben, in denen sie ohne diese technische Zurüstung krank würden oder sterben müssten. Sie bauen sich ihre eigenen Umwelten, die genau auf ihre Bedürfnisse abgestimmt sind: Hütten und Häuser, dann Dörfer und ganze Städte.

Und die Möglichkeiten der Umweltoptimierung und Umweltkontrolle haben sich seit der neolithischen Revolution unabsehbar gesteigert: Allein in unseren deutschen Haushalten fließt der größte Anteil, nämlich drei Viertel, der Energie in die Aufrechterhaltung optimaler klimatischer Umweltbedingungen durch Heizung. Global gesehen ist das Problem der Kühlung, die Senkung der Umgebungstemperatur auf ein für Menschen optimales Niveau, beträchtlicher: Für Klimaanlagen werden heute schon

---

21 Popitz 1995: 74.

22 Cicero 1990 [45 v. Chr.]: 325–327: „Wir versuchen mit unseren Händen inmitten der Natur gleichsam eine zweite Natur zu schaffen." (Nostris denique manibus in rerum natura quasi alteram naturam efficere conamur.).

23 Auf die fortdauernde Abhängigkeit von Naturbedingungen trotz Kultur und Technik hat etwa Alfred Hettner mit gründlicher Einbeziehung der geographischen und philosophischen Literatur hingewiesen, vgl. Hettner 1977: 35-50.

24 Hettner 1977: 56-57.

weltweit 20 Prozent des in Haushalten verbrauchten Stroms verwandt. Bis 2050 könnte sich diese Zahl verdreifachen und erreicht dann in der Summe den derzeitigen Elektrizitätsverbrauch Chinas.[25]

Diese erfolgreiche Optimierung der Umwelt erklärt, weshalb Menschen in entwickelten Ländern heute eine weitaus höhere Lebenserwartung haben als zu Beginn des 19. Jahrhunderts und wesentlich gesünder sind. Für weibliche Neugeborene in Deutschland liegt die statistische Lebenserwartung heute bei über 88 Jahren, bei männlichen Neugeborenen beträgt sie 83 Jahre. Dies ist mehr als das Doppelte der durchschnittlichen Lebenserwartung von männlichen bzw. weiblichen Neugeborenen im damaligen Deutschen Reich im Jahre 1871.[26] Auch wenn es sich nur um Durchschnittswerte handelt, zeigt sich: Menschen in Mitteleuropa werden deutlich seltener Opfer gefährlicher Mikroorganismen, sie profitieren von verbesserter medizinischer Versorgung, sie können sich besser gegen Naturkatastrophen schützen und Raubtiere müssen sie auch nicht mehr fürchten. Und auch in anderen Industrieländern ist es ähnlich: In den USA hat sich die Lebenserwartung bei Geburt zwischen 1900 und 1999 um fast 30 Jahre verlängert. Hiervon werden 5 Jahre auf Fortschritte der kurativen Medizin zurückgeführt, 25 Jahre dagegen auf Erfolge, die durch Umweltoptimierung wie insbesondere die Sicherung der Versorgung mit Wasser einwandfreier Qualität, die gesicherte Entsorgung von Abwasser und Abfall und andere Präventionsstrategien zurückzuführen sind.[27] Das Projekt der menschgemachten und für Menschen optimierten künstlichen Umwelt ist, zumindest für einen Teil der gegenwärtig lebenden Menschen, äußerst erfolgreich. Wir kontrollieren in Mitteleuropa ein breites Spektrum potentiell gefährlicher Organismen: Tollwut, Malaria und viele andere ansteckenden Krankheiten sind ausgerottet oder jedenfalls unter Kontrolle; wir überwachen das Wasser und die Luft, ersetzen natürliche Biotope durch biologische Produktionsanlagen, in denen wir unsere Nahrungsmittel und Werkstoffe, zunehmend auch die von uns benötigte Energie herstellen. Diese künstliche Umwelt ist zwar nicht für die ursprünglich bei uns heimischen wildlebenden Tiere und Pflanzen optimal – diese kränkeln und sterben aus – aber eben für uns Menschen. Die weitaus meisten Menschen in Mitteleuropa und insgesamt in den entwickelten Industrieländern haben eine deutlich gesteigerte Lebenserwartung als vor einhundert Jahren, sie leben länger und sind insgesamt gesünder.

---

25 IEA/OECD o. J.: 13.
26 Siehe Renn 2014: 44-47.
27 Kistemann et al. 2002: 7.

Und gerade dies führt sofort auf ein Paradox: Warum wird, wenn es sich so verhält, trotzdem über die krankmachende Umwelt gesprochen? Moderne Probleme, mit denen sich Umweltmediziner beschäftigen, sind sehr oft sekundäre, ungewollte Nebenwirkungen der primären technologischen Umweltbeherrschung und Umweltoptimierung. Der Smog in den Städten kommt nicht nur, aber auch aus den Hausfeuerungsanlagen, die Zunahme der Allergien hängt, wie eindeutig nachgewiesen wurde, auch damit zusammen, dass Mikroorganismen in unserer Umwelt durch Hygienemaßnahmen zurückgedrängt wurden, multiresistente Keime sind im Grunde ungewollte Züchtungserfolge, sie gibt es, weil in Kliniken seit vielen Jahrzehnten Krankheiten mit Antibiotika behandelt werden; die Mobilisierung von Arsen in Bangladesch ist ein ungewollter Nebeneffekt der Versuche, Trinkwasser reichlicher bereitzustellen, und Nitratvergiftungen von Kleinkindern im *Corn Belt* der USA sind ungewollte Nebenwirkungen der Bemühungen, in der Landwirtschaft optimale Umweltbedingungen für das Wachstum von Mais und Weizen herzustellen. Jede zielgerichtete Handlung hat, so stellte der Pädagoge und Philosoph Eduard Spranger schon 1962 fest, ungewollte und oft ungeahnte Nebenwirkungen, die nicht selten negativ und die kaum je vollständig eliminierbar sind[28]. Weil Menschen Getreide anbauen und aus diesem ein vollkommen künstliches Lebensmittel, das Brot, backen, sind sie für alle Erkrankungen, die sich in diese selbstgemachte Nahrungskette einschleichen, anfällig. Ein Beispiel ist das Antoniusfeuer, der sogenannte Ergotismus, die Vergiftung des Getreides mit Mutterkorn.[29] Diese Erkrankung war besonders in der frühen Neuzeit in Europa verbreitet und wurde erst zurückgedrängt, als die Ursache, der Befall durch den Pilz *claviceps purpurea*, ausgeschaltet oder doch minimiert wurde.

Die ungewollten Nebenwirkungen der Umweltoptimierung und Umweltumgestaltung sind es also vielfach, womit sich Forscherinnen und Forscher im Bereich Umwelt und Gesundheit auseinandersetzen. Es handelt sich oft um Sekundäreffekte von Versuchen, menschliche Umwelten zu optimieren. Natürlich spielt als Ursache von Umweltbelastungen sehr oft auch das Bemühen, Gewinne zu maximieren und wirtschaftliche Kosten zu externalisieren, eine erhebliche Rolle. Trotzdem scheint es mir sinnvoll, eine übergreifende Perspektive aufzuzeigen, um Zusammenhänge, die über einzelne Skandale hinausgehen, sichtbar zu machen.

---

28 Vgl. zu Spranger Soentgen 2019: 45-51.
29 Vgl. Bauer 1973; auch Soentgen 2017: 278-289.

Unter den umweltbedingten Erkrankungen, mit denen sich die moderne Forschung beschäftigt, sind manche bakteriellen Ursprungs und hängen mit dem engen Zusammenleben der Menschen in ihren selbsterbauten Biotopen, den Städten, zusammen. Andere wieder, wie die stark zunehmenden Allergien, hängen eng mit der verstärkten Hygiene zusammen, die ihrerseits eine Reaktion auf die Ausbreitung bestimmter bakteriell übertragener Krankheiten wie Cholera oder Ruhr war. Zentral aber sind für sehr viele umweltbezogenen Erkrankungen, und zwar von der menschlichen Frühzeit bis in die Gegenwart, die Gesundheitsprobleme, die durch den Gebrauch des Feuers entstehen. Und das ist auch kein Zufall.

## *3. Die Bedeutung des Feuers*

Nach modernem Wissen ist das Feuer ein Phänomen, das nur auf der Erde vorkommt, und zwar Feuer im Sinne der Verbrennung organischer, kohlenstoffhaltiger Materie in sauerstoffhaltiger Luft. Eine Planetenatmosphäre, die erhebliche Mengen Sauerstoff enthält, fehlt auf den anderen Planeten unseres Sonnensystems und sie ist auch sonst im Universum bislang nicht sicher nachgewiesen worden. Auch die Erde hat erst mit der Evolution des Lebens eine sauerstoffhaltige Atmosphäre entwickelt, unsere Atmosphäre ist in ihrer Zusammensetzung biogen. Ohne eine solche Atmosphäre kann es zwar Blitze, Vulkanausbrüche und zahlreiche andere sehr heiße Ereignisse geben, aber keine Verbrennungsprozesse, keine Flammen und kein Feuer wie wir es auf Erden kennen, daher ist das Feuer ein Evolutionsprodukt, auch wenn es kein Lebewesen ist.

Seit dem mittleren Pleistozän, seit etwa zwei Millionen Jahren, ist die Beherrschung des Feuers durch Menschen belegt.[30] Für die menschliche Technologie ist die Zähmung des Feuers von größter und universeller Bedeutung. Denn das Feuer ist im Bereich der Technik das, was die Hand als Organ ist. Es ist das universellste Hilfsmittel des Menschen, ähnlich wie die Hand kann es für ganz gegensätzliche Zwecke verwandt werden, als Waffe ebenso wie als Erkenntnisinstrument. Mit dem Feuer erleuchtet er die Welt, erkennt sie, bemächtigt sich ihrer und macht sie sichtbar, brauchbar, bewohnbar – und essbar.

Dieses Faktum wird in der antiken Philosophie zwar selten hervorgehoben, die sich lieber dem Lob des Geistes und der Sprache widmet. Ganz übersehen wurde es aber nicht. So schreibt etwa der ältere Plinius in seiner

30 Glikson/Groves 2016: 98.

Naturgeschichte: „Nahezu nichts [gibt es], das nicht vom Feuer vervollkommnet wird. Es nimmt Sand und schmilzt daraus hier Glas, dort Silber, Zinnober, Farbstoffe, Medikamente. Es ist ein riesiger, unerlässlicher Teil der Natur bei dem man zweifeln kann, ob es mehr verzehrt oder mehr gebärt."[31] Dieser hymnische Text ist kaum übertrieben; auch in der modernen Welt gibt es unter den Dingen, die wir täglich nutzen, gebrauchen oder verzehren kaum eines, das nicht durchs Feuer gewandert wäre: Angefangen beim Frühstücksbrot, bei Messer, Löffel und Gabel, Teller und Schüssel, über die Back-steine oder den Beton der Gebäude, das Fensterglas bis hin zum Fahrrad oder Auto oder Smartphone und schließlich bis zum Whisky, zum Bier oder zur Schokolade. Diese Dinge bestehen alle aus Materialien, die gekocht, gebacken oder gebrannt wurden. Und auch alles das, was über die Bildschirme flimmert, hängt an Verbrennungsprozessen: nicht nur, weil die Batterien allesamt aus Materialien gemacht sind, die aus dem Feuer stammen, sondern weil der größte Teil unseres Stroms auch heute noch durch Verbrennungsprozesse erzeugt wird. Bereits im antiken Mythos wurde die Bedeutung des Feuers schon durch den Umstand hervorgehoben, dass es den Göttern von einem Heroen, dem Prometheus, entwendet wurde, eine Erzählung, der sich zahlreiche ähnliche aus anderen Kulturkreisen an die Seite stellen lassen.[32]

Die Beherrschung des Feuers unterscheidet den Menschen vom Tier, sie gilt innerhalb der Ethnologie seit dem 19. Jahrhundert als universell[33]. Alle Menschen, weltweit, und nur sie nutzen Feuer. So schrieb bereits der Ethnologe und Geograph Karl Weule: „Sowohl bei der Sprache wie auch beim Werkzeug kann man höchstens von einem Grenzsaum zwischen Mensch und Tier sprechen; hier endlich finden wir eine scharfe Linie. Die Fertigkeit der Feuererzeugung ist keinem Tier eigen…"[34] Durch die Feuernutzung wird der Mensch den Tieren überlegen; auch Charles Darwin betont geradezu feierlich die Bedeutung dieser Erfindung: „This discovery of fire, probably the greatest ever made by man, excepting language, dates from

---

31 C. Plinii Secundi Nat.Hist. XXXVI, 68 (Zitiert nach: C. Plinii Secundi Naturalis Historia, D. Detlefsen (1873) recensuit, Berlin: Weidmann, Vol. V: 194). (Nihil paene non igni perfici. Accipit harenas ex quibus aliubi vitrum, aliubi argentum, aliubi minium, aliubi plumbi genera, aliubi pigmenta, aliubi medicamenta fundit. (…) immensa, inproba rerum naturae portio et in qua dubium sit plura absumat an pariat.).

32 Kuhn 1859; umfassend Frazer 1931.

33 Siehe Darwin 1989: 186 (180); vgl. auch Brown 1991: 136.

34 Weule 1910: 60; Gusinde 1962: 199-230; vgl. Hough 1928.

before the dawn of history."[35] Auf unterschiedlichen Skalen nutzt der Mensch das Feuer, als kleine Kerze oder Lampe, als Herdfeuer, doch auch als systematisch angelegten Großbrand, etwa für Zwecke der Jagd, oder auch um Waldgebiete in Ackerbauflächen umzuwandeln. Auch im Krieg wird Feuer, bis in die Gegenwart, als wichtigste Waffe verwandt. Feuerwaffen (Gewehre, Handfeuerwaffen, Artillerie, Minen), die zunächst mit Schwarzpulver, dann mit vollsynthetischen Schießpulvern geladen wurden, waren für die europäische Expansion seit 1500 und sind bis in die Gegenwart von zentraler Bedeutung, übrigens als Destruktionsmittel auch für die Naturbeherrschung beziehungsweise -zerstörung.[36]

Mit dem Feuer gart der Mensch seine Speisen, er kocht, backt, grillt und räuchert[37] und stellt Speisen her, die die Natur nicht kennt, insbesondere das Brot. Speisen, die durchs Feuer gegangen sind, werden nicht nur besser verdaulich,[38] sie sind auch haltbarer.[39] Mit dem Feuer stellt er auch Materialien her, Kunststoffe wie Glas, Zement, Keramik, Metalle und, später, Kunststoffe, Pharmazeutika und Chemikalien aller Art: „[U]m die Handwerke des Feuers kristallisiert sich [...] der technische Fortschritt", wie André Leroi-Gourhan richtig feststellt.[40] In der Dunkelheit schafft das Feuer dem Menschen Licht, er emanzipiert sich von den natürlichen kosmischen Zyklen und kann die Nacht zum Tag machen. Mit Feuer erzeugt der Mensch zudem sein eigenes, transportfähiges Mikroklima, es ermöglicht ihm, auch kalte und kälteste Regionen zu bereisen oder gar zu besiedeln. Es ist eine wirksame Waffe gegen Raubtiere, die er mit dem Feuer aus ihren Höhlen hervorholt oder gegen die er sich mit Feuer verteidigt, später sind Feuerwaffen bedeutend für die Dezimierung der Tiere an Land und auch im Wasser.[41] Feuer ist zudem ein Erkenntnismittel; es wird in der Alchemie und der Chemie verwandt, um systematisch die Natur zu erforschen[42]. Sein Einfluss auch auf die soziale Evolution ist immer wieder hervorgehoben worden, denn es befördert soziale Differenzierung,[43] seine

35 Darwin 1989: 52 (49).
36 Soentgen 2019: 67-84.
37 Vgl. Lévi-Strauss 1976: 504-532.
38 Wrangham 2009: 115-138.
39 Glikson/Groves 2016: 105; Steinen 1897: 212.
40 Leroi-Gourhan 1987: 220, 223-227.
41 Soentgen 2018: 73-107.
42 Rosotti 1993.
43 Schmiede, Glasbläser, Alchemisten und andere waren Feuerexperten, die sich u. a. auch ihre eigenen Öfen bauten, um neue Prozesse ermöglichen zu können, vgl. Eliade 1960.

Pflege stellte Ansprüche, die denen der Pflege eines Haustieres in nichts nachstanden, denn jedes Feuer braucht Nahrung und seine Schlacken, seine Asche muss entfernt werden.[44]

Schon in der frühneuzeitlichen Philosophie etwa eines Paracelsus und später dann der Paracelsisten spielt das Feuer daher eine zentrale Rolle. Mit seiner Hilfe reift der Mensch, wie Paracelsus erläutert, die Dinge der Natur, beschleunigt Naturprozesse, wie die Paracelsisten meinten.[45] Das Feuer ist die Sonne in der Hand des Menschen; die Sonne, die der Mensch beherrscht, die er nach Belieben auf- und untergehen lassen kann, die Sonne, die ihm gehorcht.

So eng ist das Feuer mit den Menschen verbunden, dass es oftmals ein eindeutiges Zeichen dafür ist, dass irgendwo, vielleicht auch versteckt, Menschen sich aufhalten. Am Licht in der Nacht erkennt man, dass in der Ferne Menschen sind: In ungezählten Erzählungen und Märchen taucht dieses Motiv auf. Der Rauch, der aus dem Schornstein einer Hütte aufsteigt, zeigt, dass sie bewohnt ist.[46] Der sichtbare Rauch eines Lagerfeuers zeigt die Anwesenheit von Menschen in dichtbewaldeten Gegenden an. Die Asche von Lagerfeuern ist für Fährtenleser ebenso wie für Archäologen eine eindeutige Spur von Menschen.

Anthropologisch aufschlussreich für die Tiefe, in der der Mensch vom Feuer geprägt wird, ist das Ergebnis einer jüngst veröffentlichten biowissenschaftliche Studie, die zeigt, dass der Mensch genetisch an die Schadstoffe, die das Feuer mit sich bringt, angepasst ist und von ihnen weniger geschädigt wird als andere Lebewesen.[47] Dies zeigt, dass das selbstgemachte und selbsterhaltene Feuer Teil seines Biotops ist, zu jener künstlichen Umwelt gehört, die er sich geschaffen hat und an die er, bei aller Weltoffenheit, angepasst ist. Jenes Lebewesen, das im Feuer lebt, über das die spätmittelalterlichen Gelehrten spekulierten, ist der Mensch selbst.[48] Denn

---

44 So Goudsblom 1995; die These findet sich schon bei Weule 1910: 94-99.

45 Bergengruen 2007.

46 Wie Bert Brecht in seinem Gedicht „Der Rauch“ (eine der Buckower Elegien) formuliert:
„Das kleine Haus unter Bäumen am See.
Vom Dach steigt Rauch.
Fehlte er
Wie trostlos dann wären
Haus, Bäume und See.“
(Brecht 1973: 398).

47 Hubbard et al. 2016: 2648-2658.

48 Büttner 2004: 82-88.

tatsächlich: So wie es Lebewesen gibt, die im Wasser leben, andere, die im Boden leben oder in der Savanne, so lebt der Mensch zwar nicht direkt im Feuer, aber doch inmitten von Feuern; Feuer sind stets in seiner Nähe.

## *4. Moderne Feuer*

Nun klingt diese Behauptung vielleicht befremdlich, denn die Beobachtung scheint eher nahezulegen, dass der moderne Mensch allenfalls noch in der Grillsaison oder beim Flambieren mit Feuern konfrontiert sei. Selbst das Rauchen ist im öffentlichen Raum stark zurückgedrängt. Doch diese Einschätzung verkennt zum einen, dass die Hälfte der Menschheit auch heute noch mit Holz, Dung oder Kohle ihre einfachen Öfen oder offenen Herdfeuer heizt und den dabei entstehenden Substanzen ungeschützt ausgesetzt ist, was eines der größten Probleme im Bereich *Global Health* ist.[49]

Und andererseits sind auch die modernen Menschen in den Industriestaaten echte Feuermacher.[50] Verglichen mit den Feuern, die in den modernen Großstädten entzündet und unterhalten werden, sind die Feuer der Steinzeitmenschen idyllisch. Wir brennen und verbrennen in einem Ausmaß, das historisch einzigartig ist. Denn es sind Feuer – „Verbrennungsprozesse", die unser Auto fahren lassen, das Flugzeug in die Luft heben, die Maschinen in der Fabrik laufen lassen und den berühmten ‚Strom aus der Steckdose' produzieren. Es sind keine freien, offenen Feuer mehr, sondern mechanisierte Knopfdruckfeuer. Nur am tiefen Brummen und an den rotleuchtenden LEDs sieht man, dass es brennt. Unsere Feuer brennen eingekapselt in Gussstahl oder inmitten meterdicker Betonmauern – in Boilern, Motoren oder Kraftwerken. Alles das hat gute Gründe – Brandschutz und auch Energiesparen – aber es hat auch den Nebeneffekt, dass gar nicht mehr wirklich klar ist, woher das, was wir Energie nennen, eigentlich kommt.

Und auch die Sprache, mit der bei uns von den Bränden gesprochen wird, die uns überall umgeben, verdeckt das brennende Feuer, sie ist so abstrakt, dass man gar nicht mehr erkennt, dass da irgendwo etwas brennt. Diese Fachsprache ist zwar aus guten Gründen so konstruiert – aber sie hat den Nebeneffekt, dass der Grundvorgang der Energieversorgung, die Verbrennung, unsichtbar gemacht wird oder doch in seiner Quantität ver-

49 Vgl. WHO 2009: 23.
50 Glikson/Groves 2016.

schleiert wird. Würden die Feuer, die unsere Gesellschaft unterhalten, die dafür sorgen, dass das Handy funktioniert, der Backofen backt und der Fernseher läuft, offen und frei brennen, dann würden sie uns Angst einjagen, ja Panik verbreiten.

Über die Feuer unserer Gesellschaft spricht man in schwer verständlichen Worten, man spricht von Watt, Kilowatt oder Gigawatt. Aber was sind Megawatt, was sind Kilowatt? Diese Fachbegriffe bezeichnen für den Physiker die Leistung, eigentlich den Energiestrom. Für den Laien bezeichnen sie normalerweise nichts. Man kann das, was das Kraftwerk durch sein Feuer an Energie erzeugt, nicht mehr in menschliche Maße übersetzen.

Was auch immer unsere künstlichen Welten aufbaut oder in Bewegung setzt und in Bewegung hält, es verdankt sich realen Feuern. Denn selbst wenn unsere Maschinen mit elektrischem Strom, und nicht durch Verbrennungsmotoren, betrieben werden, dieser Strom wird in Deutschland auch heute noch in aller Regel durch Verbrennungsprozesse hergestellt. Und daran wird auch in absehbarer Zukunft, in den nächsten zwei Jahrzehnten kein ‚Kohleausstieg' etwas ändern.[51] Wir verbrennen heute nicht mehr nur lebende Biomasse, nicht mehr nur Holz, das kurz zuvor aus den Wäldern geholt wurde, sondern auch vergrabenes und mumifiziertes Holz, die sogenannte Braunkohle, oder Steinkohle oder Erdöl und Erdgas, die beide umgewandelte Reste von tierischen und pflanzlichen Massengräbern sind.

Der Historiker Rolf Peter Sieferle hat in seiner zurecht berühmten Studie „Der unterirdische Wald: Energiekrise und Industrielle Revolution" herausgearbeitet, dass der Übergang von nachwachsender Biomasse zu fossilen Energieträgern der limitierende Faktor war, der die Industrielle Revolution und damit die Moderne erst möglich machte: „Man ging zum ersten Mal in der Geschichte der Menschheit dazu über, Energieträger zu nutzen, die nicht permanent in ungefähr gleichem Umfang erneuert werden. Die energetische Grundlage und Voraussetzung der Industriellen Revolution ist der Gebrauch fossiler Energieträger."[52] Aufgrund dieser Energiebasis, sagt Sieferle, ist die Industrielle Revolution weltgeschichtlich ein einmaliger Vorgang.

---

51 Vgl. mit Zahlen und Nachweisen Soentgen 2019: 182-207.

52 Stieferle 1982: 61.

## *5. Die ungewollten Nebenprodukte des Feuers und ihre Gesundheitsrelevanz*

Auch und gerade die avanciertesten Technologien also werden durch Feuer betrieben. Diese Feuer aber haben, wie alles, was Menschen in die Welt setzen, nicht nur gewollte Produkte. Sie erzeugen nicht nur Wärme, verrichten Arbeit, bringen neue Stoffe hervor. Sie haben auch ungewollte, oft ungesehene, sogar ungeahnte Nebenwirkungen. Jedes noch so kleine Feuer kann, wenn man nicht aufpasst, rasch größer werden, und auch heute noch gibt es in Deutschland jedes Jahr, trotz Rauchmeldern und hochtechnisierter Feuerwehren rund 600 Todesfälle durch Brände. Doch neben diesen akuten Katastrophen gibt es auch die weniger sichtbaren chronischen Nebenwirkungen.

Wo ein Feuer brennt, da ist Rauch, soweit, so klar. Dieser Rauch brennt in den Augen, ihn einzuatmen vermeidet man instinktiv. Mit gutem Grund: Rauch von Feuern enthält zahlreiche Verbindungen, die in hohem Maße gesundheitsschädlich, vielfach krebserregend sind.[53] Wohlgemerkt, keineswegs nur der Rauch von industriellen Feuern, sondern gerade auch der duftende Holzfeuerrauch. Dass es tatsächlich so ist, erkennt man nicht nur an der instinktiven Reaktion unseres Körpers, Rauch zu meiden, sondern auch an der Tatsache, dass man den Rauch von Holzfeuern zum Konservieren verwenden kann: Fleisch und Fisch etwa werden durch Räuchern vor Verwesung geschützt.[54] Rauch ist ein Biozid. Hierzu werden oft ganz besondere Feuer entfacht, Schwelfeuer, die unvollständig verbrennen. Dies aber bedeutet nichts anderes, als dass die toxischen Kohlenstoffverbindungen, die im Feuerrauch enthalten sind, Mikroorganismen, die sich sonst in diesen Lebensmitteln rasch vermehren würden – Schimmelpilze oder Bakterien – abtöten. Es sind besonders die sogenannten polyzyklischen aromatischen Verbindungen, die toxisch und zugleich krebserregend sind, die der Feuerrauch enthält. Zwar hat der Mensch, wie schon erwähnt, in den mehreren Jahrhundertausenden der aktiven Nutzung des Feuers eine erhebliche Toleranz gegen die Inhaltsstoffe des Feuerrauches entwickelt, die ihn von anderen Lebewesen unterscheidet.[55] Anders wäre kaum erklärlich, dass Raucher so lange ihre Sucht überleben können. Gleichwohl wirken die Inhaltsstoffe des Rauchs auch auf Menschen toxisch.

---

53 Für einen kurzen Überblick über die enthaltenen Substanzen (nicht mehr ganz aktuell, aber für eine Orientierung immer noch sehr brauchbar) siehe: Tóth et al. 1985: 57f.

54 Ebd.; Tóth 1983.

55 Hubbard et al. 2016: 2648-2658.

Neben den als Rauch sichtbaren Produkten der Verbrennung gibt es zahlreiche unsichtbare, die vielfach erst in den letzten zwei- oder dreihundert Jahren nachgewiesen wurden. So entstehen bei den meisten Feuern Stickoxide und Feinstaub[56], nicht selten auch Schwefeldioxid. Alle diese Nebenprodukte des Feuers sind zugleich Nebenprodukte der künstlichen Welten, die die Menschen sich schaffen und in denen sie leben. Sie zählen deshalb zu den wichtigsten Themen der umweltmedizinischen Forschung und das dürfte auch in den nächsten Jahrzehnten so bleiben, wenn sich auch die lokalen Zentren, in denen Smog und Stickoxide den Menschen das Atmen schwer machen, verschieben dürften. Heute sind es insbesondere Städte in Mittel- und Südostasien, in Afrika und Lateinamerika, die unter schlechter Luftqualität leiden.

Bei uns sorgen aufwändige Filtertechnologien, aber auch der Gebrauch hochwertiger, gereinigter Brennstoffe dafür, dass die Abgase der Verbrennungsprozesse möglichst schadstoffarm sind. Anderswo kann man sich so hochwertige Brennstoffe nicht leisten, schon gar keine technisch aufwendige Reinigung des Rauchs und der Abgase mithilfe von Filteranlagen oder Katalysatoren.

Viele Großstädte umhüllt daher eine riesige Dunsthaube[57]. Diese rührt wesentlich von den Feuern her, die in einer Stadt unterhalten werden, und von der Art der Brennstoffe. Die Dunsthaube mindert die Sonneneinstrahlung bei Tag, insbesondere kurzwellige Strahlen werden aufgehalten, was zu vielfältigen Gesundheitseffekten führt. Die Dunsthaube mindert aber auch die Abkühlung in der Nacht, weil sie die Wärmestrahlen wie eine Decke aufhält.[58] Bereits hier zeigt sich ein unintendierter Effekt der von Menschen erzeugten Feuer. Für den Meteorologen Albert Kratzer, der sich als erster Wissenschaftler umfassend mit dem Stadtklima und seinen Gesundheitseffekten befasste, sind Großstädte daher ein „Vulkan“[59].

Auch wenn sich seine Schilderungen auf Städte der 1930er Jahre beziehen, und, wie eben erwähnt, nicht ohne weiteres auf unsere modernen mitteleuropäischen Großstädte übertragen werden können, gelten die Ausführungen im Wesentlichen auch heute noch, insbesondere, wenn man an die Megastädte Lateinamerikas, Afrikas und Asiens denkt. Kratzer sei daher etwas ausführlicher zitiert:

---

56 Peters 2006: 152-156.

57 Erstmals ausführlich beschrieben bei Kratzer 1937: 14-24.

58 Ebd.: 55.

59 Ebd.: 123.

„Ungeheure Mengen an Gasen, flüssigen und festen Stoffen werden Tag für Tag von der Großstadt, ihrer Industrie, dem Herdfeuer und dem Verkehr in den Luftraum befördert. Es ist nicht zu gewagt, sie mit einem Vulkan zu vergleichen, aus dem ständig Wolken von Gasen, Staub und Asche aufsteigen. Wer öfters aus der Vorstadt in die Stadtmitte fahren muß, dem wird es nicht entgehen, welch ein Unterschied zwischen dem Klima in der Stadt und auf dem Lande besteht. Draußen lacht der blaue Himmel über der Landschaft, in der Stadt dagegen ist alles in Grau gehüllt und die Sonne scheint nur in schwachem gelblich-rötlichem Lichte. Draußen kann man kilometerweit entfernte Kirchtürme noch sehen, drinnen verschwinden die Häuser langer Straßen bald in undurchdringlichem Grau. Je größer die Stadt, um so dichter und dicker, um so widerstandsfähiger ist ihre Dunsthaube."[60]

Rauch kann zu chronischen Augen- und Hauterkrankungen führen, besonders aber auch zu Lungenproblemen. Die gesundheitlichen Effekte, die von den ungezählten Verbrennungsprozessen in großen Städten ausgehen, sind seit langem bekannt und waren Ausgangspunkt erster gezielter umweltpolitischer Maßnahmen, die schon im 19. Jahrhundert unternommen wurden und das Ziel einer Minderung von Rauch und Smog sowie allgemein einer Verbesserung der Luftqualität hatten und die sowohl in England (London)[61] als auch in Deutschland ins Werk gesetzt wurden. Nicht nur mindert der Dunst die Sonneneinstrahlung, was, wie bereits erwähnt, gesundheitliche Effekte hat (denn es kann zu Vitamin D-Mangelerkrankungen führen), er verhindert auch den Abtransport der Gase und des Rauches, der Kohlendioxidgehalt kann z. B. von 0,04 Prozent auf 0,14 Prozent ansteigen.[62]

## 6. *Kohlendioxid*

Bei jeder vollständigen Verbrennung entsteht als Hauptprodukt Kohlendioxid ($CO_2$) ganz gleich, ob Papier, Erdgas, Erdöl oder Holz verbrannt wird. *Kohlendioxid ist die Asche aller Feuer.*[63] Seine Konzentration in der Luft steigt nicht nur lokal an, auch global, in der gesamten Atmosphäre wächst die Kohlendioxidkonzentration stetig seit dem Beginn der Industrialisierung im frühen 19. Jahrhundert, und dies ist ein unmissverständliches In-

60 Kratzer 1937: 121.

61 Zur gesundheitlichen Wirkung des Stadtnebels mit zahlreichen Literaturverweisen vgl. Kratzer 1937: 99-105.

62 Ebd.: 104.

63 Soentgen 2019: 151-207.

diz dafür, dass die Feuer weltweit immer größere Ausmaße annehmen und immer riesiger werden.Und verbrannt werden, wie schon gesagt, nicht nur lebende Bäume, wie es am Amazonas, aber auch in Afrika und Südostasien jeden Tag in unvorstellbarem Ausmaß geschieht, sondern zusätzlich auch ausgegrabene Brennstoffe, Erdöl, Erdgas, Braun- und Steinkohle. Diese sogenannten fossilen Energieträger waren eigentlich dem Kohlenstoffkreislauf entzogen; sie lagerten still tief unter der Erde. Nun aber werden sie mit Pumpen und Baggern herausbefördert und in Öfen oder Motoren gesteckt. Der Effekt ist, dass der Atmosphäre immer weiteres Kohlendioxid hinzugefügt wird. Allein in Deutschland ist es soviel, dass man mit den Kohlendioxidmengen, die bei uns jedes Jahr freigesetzt werden, den Bodensee leicht füllen könnte, und den Starnberger See gleich mit.[64]

Und weltweit brennen noch viel mehr Feuer – in den USA, in Brasilien, in Indonesien, in China, in Saudi-Arabien und anderswo. Waren es in der Zeit vor der Industrialisierung noch 280 ppm (also 0,028 Prozent) in der Luft, so sind es nun bereits über 400ppm (0,04 Prozent), und die Tendenz steigt monoton, aller Bemühungen der Politik zum Trotz, den weiteren Anstieg zu stoppen.

Dieses Kohlendioxid ist ein leicht säuerlich riechendes Gas, es ist kaum sichtbar, hat keine Farbe, ist etwas schwerer als Luft und doch weitgehend unauffällig. Ich habe es deshalb die Asche aller Feuer genannt, weil thermodynamisch betrachtet Holz, Erdöl, Erdgas brennen, um Kohlendioxid zu erzeugen. Kohlendioxid kann lokal zu Gesundheitsproblemen führen, etwa in geschlossenen Räumen, in denen viele Menschen sind oder viele Kerzen brennen. Schon Konzentrationen von unter einem Prozent können zu Kopfschmerzen führen.

Doch die indirekten gesundheitlichen Folgen des Kohlendioxids sind beträchtlicher. Zwar ist Kohlendioxid ein natürlich vorkommendes Gas, das zudem die Hauptnahrung der Pflanzen ist.[65] Doch zugleich ist es auch die Ursache für den anthropogenen Klimawandel, für die globale Erwärmung. Diese entfaltet sich unübersehbar und führt zu einer ganzen Kaskade von Effekten, von denen viele nicht nur ökologisch, sondern auch für die menschliche Gesundheit relevant sind. Hierher zählen etwa Temperatureffekte: Hitzeperioden dürften künftig vielerorts zunehmen, was, wie der Hitzesommer 2003 gezeigt hat[66], drastische Gesundheitsrisiken mit sich bringen kann. Insgesamt transformiert die Erwärmung die Ökosyste-

64 Soentgen 2010: 189-193.
65 Glikson/Groves 2016: 137-154.
66 Robine et al. 2008.

me weltweit, und damit auch die menschlichen Lebensgrundlagen. Nicht alle Effekte sind negativ; es wird in der Forschung aber von einem deutlich überwiegend negativen Gesamteffekt ausgegangen. Die Weltgesundheitsorganisation hat 2018 geschätzt, dass aufgrund von Umweltverschlechterungen in vielen Regionen Ernährungsprobleme auftreten oder sich verschärfen werden, sich die Trinkwasserqualität vielerorts verschlechtert, andererseits aufgrund der Erwärmung die Malaria und andere vektorübertragene Krankheiten zunehmen. Alles dies führt zu deutlichen Gesundheitsrisiken: insgesamt nimmt die WHO für 2030-2050 250.000 zusätzliche Todesfälle pro Jahr aufgrund der globalen Erwärmung an.[67] Dies betrifft besonders schwach entwickelte Länder, die sich gegen die Folgen des Klimawandels kaum schützen können. Doch auch in Mitteleuropa werden Auswirkungen zu spüren sein. Das Risiko für Herzinfarkte wird in Augsburg, wie eine aktuelle Abschätzung zeigt, bei einer Zunahme der globalen Durchschnittstemperatur um 2-3 Grad, zunehmen[68], ebenso das Risiko für Wundinfektionen[69]. Doch auch bestimmte Insekten, die Krankheiten übertragen, wie die Anopheles-Mücke oder Zecken, werden ihr Ausbreitungsgebiet verlagern, wie der Beitrag von Elke Hertig in diesem Band nahelegt. Auch wenn es nur selten der Klimawandel allein ist, der diese oder jene gesundheitsrelevante Wirkung zeitigt, ist er doch Teil der Gesamtursache.

## 7. *Nach dem Feuer*

Der Klimawandel fügt zu den bekannten Nebenwirkungen des Feuers weitere hinzu, und wir können davon ausgehen, dass wir von diesen nur einen kleinen Teil wirklich vorhersehen können. Die Erderwärmung, die sich weiter entfalten wird – es ist trotz vieler Absichtsbekundungen seit 1988 nicht ersichtlich, dass die umfassenden Maßnahmen, die sie aufhalten könnten, umgesetzt werden – wird zu gravierenden Veränderungen der menschlichen Umwelt führen, die wiederum Gesundheitseffekte nach sich ziehen werden. Doch ebenso besorgniserregend sind andere Nebenwirkungen des Feuers, jene nämlich, die unmittelbar die Luftqualität betreffen. Wo Feuer brennen, da gibt es eben nicht nur reines Kohlendioxid als Endprodukt, sondern Ruß, beizenden Rauch und bisweilen sogar Qualm.

67 WHO 2018.
68 Siehe Chen et al. 2019.
69 Aghdassi et al. 2019.

Dafür ist es ganz einerlei, ob Braunkohle, Erdöl, Erdgas oder Holz verbrannt wird.

Verbrennungsprozesse sind heute in industrialisierten Städten die Hauptquelle gesundheitsrelevanter Luftverschmutzungen, ob sie nun in Industrieanlagen, in häuslichen Heizanlagen oder Öfen oder in Diesel- oder Otto-Motoren stattfinden. Und auch die vermeintlich romantischen offenen Feuerstellen, an denen auch heute noch sehr viele Menschen ihre Speisen bereiten, sind hochgefährlich.

Weltweit, so schätzt eine aktuelle Studie, die schon zitiert wurde, sind 3 Milliarden Menschen betroffen von Luftverschmutzung in Innenräumen, die von der Verbrennung von Kohle oder Holz und anderer Biomasse herrühren. Sie entwickeln Augen- und Hauterkrankungen, besonders aber Lungenerkrankungen.[70] Diese haben nicht selten gravierende Verläufe mit tödlichem Ausgang, zu ihnen zählen etwa die Chronisch Obstruktive Lungenerkrankung (COPD) oder auch Lungenkrebs.[71] Besonders Kinder und Frauen, die meist mit der Pflege der Herdfeuer betraut sind, und hier insbesondere die Frauen und Kinder in Ländern mit niedrigen Einkommen, sind betroffen. Global gesehen sind also Feuer weiterhin noch sehr bedeutende krankmachende Umweltfaktoren.

Entsprechend ist eines der Hauptziele der Weltgesundheitsorganisation eine Verminderung kohlenstoffbasierter Verbrennungsprozesse.[72] Die *Sustainable Energy for All*-Initiative (SEforAll)[73] möchte, in Umsetzung eines UN-Ziels, bis 2030 die weltweite Versorgung aller Menschen mit nachhaltiger Energieversorgung sicherstellen.

Auch hierzulande scheinen die klassischen Feuer auf dem Rückzug zu sein: Die Rede ist von einer Dekarbonisierung der Wirtschaft, Elektromobilität scheint auf dem Vormarsch zu sein, Dieselautos sind unter Druck, in vielen Ländern wird ein ‚Kohleausstieg' diskutiert oder ist sogar, wie in Deutschland, auf den Weg gebracht.

Dies könnte man so interpretieren, als nähme die Menschheit, nach rund 1,7 Millionen Jahren mit dem Feuer, schon in den nächsten zwei Dekaden Abschied von ihrem wichtigsten Freund und Helfer, und würde mit Windrädern, Wasserkraftwerken und anderen Formen erneuerbarer Energie bald in eine frohe, feuer-, CO2- und rauchfreie Zukunft eintreten, die nicht nur das Klimaproblem löst, sondern auch die gesundheitlichen Ne-

70 Martin et al. 2013.
71 WHO 2009: 23.
72 WHO o. J.
73 Sustainable Energy for All 2017.

benwirkungen der Verbrennung von Materialien aller Art hinter sich lässt, ob Paraffin, Erdgas, Erdöl, Diesel, Braunkohle, Steinkohle, Brennholz oder Müll.

Wie ich in anderem Zusammenhang[74] dargestellt habe, gibt es aber keinen Anlass, mit einem so raschen Abschied vom Feuer zu rechnen.[75] Viel zu tief ist unsere Gesellschaft mit Verbrennungsprozessen verbunden und viel zu groß sind die Vorteile, die insbesondere die Verbrennung fossiler Energieträger bietet, mögen die damit verbundenen, auch gesundheitlichen Nachteile auch noch so erheblich sein. Das bedeutet nicht, dass ich daran zweifele, dass das Energiesystem sich allmählich umstellen wird und von der Verbrennung fossiler Energieträger auf andere Formen der Energieerzeugung ausweichen wird. Dieser Übergang ist nicht nur aus klima- und gesundheitspolitischen Erwägungen wünschenswert, er ist auch unvermeidlich, weil die fossilen Brennstoffe endlich sind. Die Vorräte an Erdgas, Erdöl und Kohle werden eines Tages in nicht allzu ferner Zukunft verbraucht sein. Doch schon zuvor müssen wir das Energiesystem umstellen, und diese Umstellung ist auch im Gang. Sie wird aber nicht, wie es vielerorts mit guten Gründen gefordert oder gar erwartet wird, schon in den nächsten zwei Jahrzehnten vonstatten gehen. Es ist eher damit zu rechnen, dass es sich um ein Jahrhundertprojekt handelt.

Trotz dieser Einschränkung muss und wird es ein wichtiges Ziel bleiben, die Nebenwirkungen der, wie Darwin zurecht meinte, wohl bedeutendsten Entdeckung der Menschen, der Kunst, das Feuer zu beherrschen, immer weiter zu reduzieren – durch sparsameren Energieverbrauch, Filteranlagen, Gebrauch von Öfen anstelle offener Herdfeuer, das Zurückdrängen des Rauchens, den Ersatz fossiler Brennstoffe durch regenerative Energien und zahlreiche weitere Maßnahmen.

Ein Beitrag dazu sind jene Forschungen im Bereich der *Environmental Health Sciences*, die sich mit Luftqualität in Städten einerseits, den gesundheitlichen Bedeutungen des Klimawandels andererseits befassen, Forschungen also, denen mehrere Beiträge in diesem Band gewidmet sind. Denn die dabei gewonnenen Erkenntnisse ermöglichen gezielte Gegenmaßnahmen, die zum einen präventiv, zum anderen kurativ sind oder die Versorgung verbessern, die also zum einen die Ursache bekämpfen, die

---

74 Soentgen 2019: 197-207.

75 Smil 2010: 105-153. Smil verweist u. a. darauf, dass bislang keine Vorhersage, die einen baldigen Wechsel zu erneuerbaren Energien voraussagte, eingetroffen sei. Energiesysteme ließen sich, so sein Resumée, nicht innerhalb weniger Jahrzehnte vollständig umkrempeln, dazu seien sie zu komplex.

schädlichen Wirkungen mindern oder ganz abstellen, und zum anderen die aus diesen resultierenden Krankheiten heilen oder wenigstens lindern.

## Literatur


*Aghdassi, SJS/Schwab, F/Hoffmann, P/Gastmeier, P* (2019): Assoziation von Klimafaktoren mit Wundinfektionsraten: Daten aus 17 Jahren Krankenhaus-Infektions-Surveillance. In: Deutsches Ärzteblatt, 116: 31-32, 529-536.

*Alsfeld, P* (1937): Das Menschheitsrätsel. Versuch einer biologischen Lösung. Neue, völlig umgearbeitete Ausgabe. Leipzig: Sensen-Verlag.

*Bauer, VH* (1973): Das Antonius-Feuer in Kunst und Medizin. Berlin: Springer.

*Bermes, Chr.* (2004): ‚Welt' als Thema der Philosophie. Vom metaphysischen zum natürlichen Weltbegriff. Hamburg: Felix Meiner Verlag. (= Beiheft 1 zu: Phänomenologische Forschungen, hg. von Ernst Wolfgang Orth und Karl-Heinz Lembeck.)

*Bergengruen, M* (2007): Nachfolge Christi – Nachahmung der Natur. Himmlische und natürliche Magie bei Paracelsus, im Paracelsismus und in der Barockliteratur (Scheffler, Zesen, Grimmelshausen). Hamburg: Meiner.

*Blum, H* (1968): Time's arrow and Evolution, 3rd edition. Princeton, New Jersey: Princeton University Press.

*Brecht, B* (1973) [1947]: Der Rauch. In: Bertolt Brecht: Gedichte. Berlin: Aufbau Verlag, 398.

*Brown, D* (1991): Human Universals. Philadelphia, PA: Temple University Press.

*Büttner, J* (2004): Asbest in der Vormoderne. Vom Mythos zur Wissenschaft. Münster: Waxmann.

*Chen, K/Breitner, S/Wolf, K/Rai, M/Meisinger, C/Heier, M/Kuch, B/Peters, A/Schneider, A* (2019): Zukünftige Häufigkeit temperaturbedingter Herzinfarkte in der Region Augsburg. Eine Hochrechnung auf der Grundlage der Zielwerte der Pariser UN-Klimakonferenz. In: Deutsches Ärzteblatt, 116 (31-32), 521-527.

*Cicero* (1990) [45 v. Chr.]: Vom Wesen der Götter. Drei Bücher/De natura deorum. Libri III (lat./dt.), II, 60, 152. Hrsg., übersetzt und erläutert von W. Gerlach und K. Bayer (Slg. Tusculum). München: Tusculum.

*Comte, A* (1838): Cours de Philosophie Positive. Tome Troisième, Paris: Bachelier.

*Darwin, C* (1989): The Descent of Man. In: Barrett, PH/Freemann, RB (Hg.): The Works of Charles Darwin. London: William Pickering.

*Eliade, M* (1960): Schmiede und Alchemisten. Stuttgart: Klett.

*Frazer, G* (1931): Myths sur l'origine du feu. Paris: Payot.

*Friedrich, K* (1943): Über den Begriff der „Umwelt" in der Biologie. In: Acta biotheoretica, 1943: 7, 147-162.

*Gehlen, A.* (1966): Der Mensch. Seine Natur und seine Stellung in der Welt. Achte Auflage, unveränderter Nachdruck der siebenten, durchgesehenen Auflage. Frankfurt am Main: Athenäum Verlag.

*Glikson, A/Groves, C* (2016): Climate, Fire and Human Evolution. The Deep Time Dimensions of the Anthropocene. Heidelberg: Springer.

*Goudsblom, J* (1995): Feuer und Zivilisation. Frankfurt am Main: Suhrkamp Verlag.

*Gusinde, M* (1962): Feuer war und ist unentbehrlich. In: Zeitschrift für Morphologie und Anthropologie, 1962: 2, 199-230.

*Habermas, J* (1973): Philosophische Anthropologie. In: Habermans, J (Hg.): Kultur und Kritik. Verstreute Aufsätze. Frankfurt am Main: Suhrkamp Verlag, 89-111.

*Hartung, G* (2018): Philosophische Anthropologie, 2. Auflage. Stuttgart: Reclam.

*Henderson, L* (1914): Die Umwelt des Lebens. Eine Physikalisch-Chemische Untersuchung über die Eignung des Anorganischen für die Bedürfnisse des Organischen. Wiesbaden: Verlag von J.F. Bergmann 1914.

*Herder, JG* (1772): Abhandlung über den Ursprung der Sprache. Auf Befehl der Academie herausgegeben. Berlin, bey Christian Friedrich Voß.

*Herrmann, S* (2012): Tödliches Herdfeuer. In: Süddeutsche Zeitung, 13. Februar 2012.

*Hettner, A* (1977): Allgemeine Geographie des Menschen. Herausgegeben von Heinrich Schmitthenner. Band I: Die Menschheit. Grundlegung der Geographie des Menschen. Darmstadt: Wissenschaftliche Buchgesellschaft.

*Hough, W* (1928): The Story of Fire. New York: Doubleday, Doran & Co.

*Hubbard, T/Murray, I/Bisson, W/Sullivan, A/Sebastian, A/Perry, G/Jablonski, N/Perdew, G* (2016): Divergent Ah Receptor Ligand Selectivity during Hominin Evolution. In: *Molecular Biology and Evolution*, 33: 10, 2648-2658.

*IEA – International Energy Agency/OECD – Organisation for Economic Co-operation and Development* (o. J.): The Future of Cooling, o. O.

*Kistemann, T/Engelhardt, S/Exner,* M (2002): Standortbestimmung: Umweltmedizin, Hygiene und Öffentliche Gesundheit. In: Dott, W/Merk, H/Neuser, J./Osieka, R (Hg.): Lehrbuch der Umweltmedizin. Grundlagen, Untersuchungsmethoden, Krankheitsbilder, Prävention. Stuttgart: Wissenschaftlicche Verlagsgesellschaft mbH, 7-13.

*Kodera, S* (2010): Giordano Brunos (1548-1600) Lob der Hand: eine Philosophie der Transgression. In: Gadebusch Bondio, M (Hg.): Die Hand. Elemente einer Medizin- und Kulturgeschichte. Münster: Lit Verlag, 63-78.

*Kratzer, A* (1937): Das Stadtklima (Dissertation). Braunschweig: Viehweg.

*Kraemer, K* (2008): Die soziale Konstitution der Umwelt. Wiesbaden: VS Verlag für Sozialwissenschaften.

*Kuhn, A* (1859): Die Herabkunft des Feuers und des Göttertranks. Berlin: Dümmlers Verlagsbuchhandlung.

*Manzei, A* (2005): Umkämpfte Deutungen – Gesellschaftstheorie und die Kritik szientifischer Bestimmungen menschlicher Existenz. In: Gamm, G/Gutmann, M/ Manzei, A (Hg.): Gesellschaftstheorie und Anthropologie. Zur Renaissance Helmuth Plessners im Kontext der modernen Lebenswissenschaften. Bielefeld: transcript Verlag, 53-80.

*Martin, WJ II/Glass, RI/Araj, H/Balbus, J/Collins, FS/Curtis S et al.* (2013): Household Air Pollution in Low- and Middle-Income Countries: Health Risks and Research Priorities. In: PLoS Med, 10: 6, e1001455, DOI: https://doi.org/10.1371/journal.pmed.1001455; 4.3.2019.

*Mildenberger*, F (2007): Umwelt als Vision. Leben und Werk Jakob von Uexkülls (1864-1944). Wiesbaden: Steiner.

*Leroi-Gourhan, A* (1987): Hand und Wort. Die Evolution von Technik, Sprache und Kunst. Frankfurt am Main: Suhrkamp Verlag.

*Lévi-Strauss, C* (1976): Mythologica III. Der Ursprung der Tischsitten. Frankfurt am Main: Suhrkamp Verlag.

*Peters, A* (2006): Krank durch Feinstaub? Auswirkungen der Luftverschmutzung auf die Gesundheit. In: Soentgen, J/Völzke, K (Hg.): Staub. Spiegel der Umwelt. München: Oekom Verlag, 152-156.

*Plessner, H* (1975): Die Stufen des Organischen und der Mensch. Berlin: Walter de Gruyter.

*Popitz, H* (1995): Der Aufbruch zur artifiziellen Gesellschaft. Zur Anthropologie der Technik. Tübingen: J.C.B. Mohr (Paul Siebeck).

*Renn, O* (2014): Das Risikoparadox. Warum wir uns vor dem Falschen fürchten. Frankfurt am Main: Fischer.

*Ricklin, T* (2010): Die Hände des Diogenes von Sinope und der Hahn des Pamigianino. In: Gadebusch Bondio, M (Hg.): Die Hand: Elemente einer Medizin- und Kulturgeschichte. Münster: Lit Verlag, 23-42.

*Robine, JM/Cheung, SL/Le Roy, S/van Oyen, H/Griffiths, C/Michel, JP/Herrmann, FR* (2008): Death toll exceeded 70,000 in Europe during the summer of 2003. In: Comtes rendues biologie, 331: 2, 171-178.

*Rosotti, H* (1993): Fire. Oxford: Oxford University Press.

*Sieferle, R* (1982): Der unterirdische Wald. Energiekrise und Industrielle Revolution. München: C.H. Beck.

*Smil, V* (2010): Energy Transitions. History, Requirements, Prospects. Santa Barbara: Praeger, ABC-Clio.

*Schnädelbach, H* (1983): Philosophie in Deutschland 1831-1933. Frankfurt am Main: Suhrkamp Verlag.

*Soentgen, J* (2010): Von den Sternen bis zum Tau. Eine Entdeckungsreise durch die Natur. Wuppertal: Peter Hammer Verlag.

*Soentgen, J* (2017): Wie man mit dem Feuer philosophiert. Chemie und Alchemie für Furchtlose. Wuppertal: Peter Hammer Verlag.

*Soentgen, J* (2018): Ökologie der Angst. Berlin: Matthes und Seitz.

*Soentgen, J* (2019): Konfliktstoffe. Über Heroin, Kohlendioxid und andere strittige Substanzen. München: Oekom Verlag.

*Spencer, H* (1864): The Principles of Biology. Vol. I, London & Edinburgh: Williams and Norgate.

*Sprenger, F* (2014): Zwischen Umwelt und Milieu – Zur Begriffsgeschichte von Environment in der Evolutionstheorie. In: Forum interdisziplinäre Begriffsgeschichte, 2014: 3, 7-18.

*Steinen, K von den* (1897): Unter den Naturvölkern Zentral-Brasiliens, 2. Auflage. Berlin: Geographische Verlagshandlung Dietrich Reimer.

*Sustainable Energy for All* (2017): Going Further, Faster-Together (2017 Annual Report). URL: https://www.seforall.org/sites/default/files/SEforALL-2017-Annual-Report.pdf; 4.3.2019.

*Tallis, R* (2003): The Hand. A Philosophical Inquiry into Human Being. Edinburgh: Edinburgh University Press.

*Thies, C* (2018): Philosophische Anthropologie auf neuen Wegen. Weilerswist: Velbrück Wissenschaft.

*Tóth, L* (1983): Chemie der Räucherung. Wissenschaftliche Arbeitspapiere der Senatskommission zur Prüfung von Lebensmittelzusatz- und -inhaltsstoffen. Weinheim: Verlag Chemie.

*Tóth, L/Wittkowski, R* (1985): Das Räuchern – aus der Sicht der Chemie. In: Chemie in unserer Zeit, 19: 2, 48-58.

*von Uexküll, J* (1934): Streifzüge durch die Umwelten von Menschen und Tieren. Berlin: Springer Verlag.

*Weule, K* (1910): Die Kultur der Kulturlosen. Ein Blick in die Anfänge menschlicher Geistesbetätigung. Stuttgart: Kosmos.

*WHO – World Health Organization* (2009): Global Health Risk Report. Genf: WHO Press.

*WHO – World Health Organization* (2016): Environmental Impacts on Health. What is the Big Picture? URL: https://www.who.int/quantifying_ehimpacts/publications/PHE-prevention-diseases-infographic-EN.pdf?ua=1; 4.3.2019

*WHO – World Health Organization* (2018): Climate Change and Health. Key Facts. URL: https://www.who.int/en/news-room/fact-sheets/detail/climate-change-and-health; 30.8.2019.

*Wrangham, R* (2009): Feuer fangen. Wie uns das Kochen zum Menschen machte – eine neue Theorie der menschlichen Evolution. München: Deutsche Verlags Anstalt.

# Das Gehirn als Umweltorgan. Eine phänomenologisch-ökologische Perspektive

*Thomas Fuchs*

*Inhaltsübersicht*

0. Einleitung 69
1. Ökologie des Gehirns 71
   1.1 Interaktion von Gehirn und Körper 72
   1.2 Interaktion von Gehirn, Körper und Umwelt 73
   1.3 Interaktion von Personen 74
2. Eine ökologische Sicht psychischer Krankheit 77
   2.1 Sind psychische Krankheiten Gehirnkrankheiten? 78
   2.2 Psychisches Kranksein als zirkuläres Geschehen 80
3. Resümee 83
Literatur 84

## *0. Einleitung*

Die Dominanz der Neurowissenschaften in der gegenwärtigen Psychologie und Psychiatrie erfordert es, sich mit ihrem zugrundeliegenden Paradigma auseinanderzusetzen. Bislang gehen die Neurowissenschaften davon aus, dass sich Geist und Bewusstsein am besten erforschen lassen, wenn man ihre neuronalen Grundlagen im Gehirn selbst untersucht. Denn der Geist gilt als ein System von Repräsentationen, durch die das Gehirn die Außenwelt abbildet. Der Organismus als ganzer ebenso wie seine Umwelt sind dafür nur sekundär relevant. Der Körper bleibt ein Trägerapparat für das Gehirn, das die unkörperliche Innenwelt des Bewusstseins erzeugt. Es genügt, dass er ihm die dazu erforderlichen Signale zuleitet oder seine Befehle ausführt.

Das Gehirn wird also so konzipiert, als könnte es selbst in einer Nährlösung ohne Körper noch Bewusstsein erzeugen, wenn man ihm nur geeignete Reize zuführt – illustriert durch die beliebten Gedankenexperimente vom ‚Gehirn im Tank' *(brain in a vat)*. Das subjektive Erleben wird auf diese Weise zu einem neuronal erzeugten Innenraum, zu einem „Kino im Kopf" oder „Ego-Tunnel" – so die Konzeption des Neurophilosophen Thomas Metzinger:

> „Bewusstes Erleben gleicht einem Tunnel. Die moderne Neurowissenschaft hat gezeigt, dass der Inhalt unseres bewussten Erlebens nicht nur ein inneres Konstrukt, sondern auch eine höchst selektive Form der Darstellung von Information ist. [...] Wir stehen also nicht in direktem Kontakt mit der Wirklichkeit oder mit uns selbst [...]. Wir leben unser bewusstes Leben im Ego-Tunnel."[1]

Eine solche reduktionistische Konzeption trennt das Gehirn nicht nur vom lebendigen Organismus, sondern auch von dessen Interaktionen mit der Umwelt. Für die Erforschung des Bewusstseins genügt es dann, nach seinen neuronalen Grundlagen im Gehirn zu suchen.

Es ist unschwer zu erkennen, welche Konsequenzen dieser Zerebrozentrismus für die Konzeption und Behandlung psychischer Störungen haben muss. *Psychische Störungen sind Gehirnkrankheiten* – dieser schon von Wilhelm Griesinger im Jahr 1861 formulierte Satz ist heute damit zum Leitparadigma der Psychiatrie geworden: „Mental disorders are brain disorders."[2] Wenn Angst, Depression oder Schizophrenie eigentlich neurobiochemische Störungen sind, dann wird die Psychiatrie zu einer Form der Organmedizin, zu einer ‚Enzephaliatrie'. Wenn wir einmal wissen, wo im Gehirn Angst, Zwang oder Depressivität entstehen, können wir sie, so scheint es, auch immer wirksamer *lokal* behandeln, sei es pharmakologisch oder durch Tiefenhirnstimulation, und damit den Zeitaufwand für das Verstehen von seelischen Konflikten und die Verbesserung der sozialen Beziehungen der Patienten einsparen.

Offensichtlich ist es von zentraler Bedeutung, welche Rolle wir dem Gehirn für die Erklärung von Geist und Bewusstsein zuschreiben. Ist es wirklich der Produzent unserer Welt – oder nur ein *Vermittlungsorgan* für unsere Beziehungen zur Welt, also ein Umweltorgan? Die alternative Sichtweise, die ich skizzieren möchte, lässt sich zunächst negativ in drei Thesen formulieren:

---

1 Metzinger 2009: 21ff.
2 Insel/Quirion 2005.

1. *Die Welt ist nicht im Kopf.*
2. *Das Selbst ist nicht im Gehirn.*
3. *Psychische Krankheiten sind keine Gehirnkrankheiten.*

Mit anderen Worten: Die Neurobiologie sucht am falschen Ort. Nicht, dass die neuronalen Prozesse für das bewusste Erleben verzichtbar wären, im Gegenteil. Aber sie sind nicht der Ort, an dem wir Subjektivität oder Bewusstsein vorfinden. Sie sind auch nicht der Ort, an dem sich psychisches Kranksein abspielt. Wo dann?

## *1. Ökologie des Gehirns*

Eine alternative, ökologische Auffassung von Gehirn und Bewusstsein, die ich im Folgenden vorstelle, basiert auf den Konzepten der Verkörperung (*embodiment*) und des „Enaktivismus".[3] Danach sind geistige Prozesse immer *verkörpert* im lebendigen Organismus und seiner sensomotorischen *Interaktion* mit der Umwelt. Bewusstsein ist aus dieser Sicht kein Innenraum, kein mentaler Zustand im Kopf, es ist überhaupt nicht irgendwo lokalisierbar, sondern ein dynamischer, interaktiver Prozess – etwas, das wir als leibliche Wesen wahrnehmend und handelnd *vollziehen*. Es spielt sich *zwischen* uns und der Welt ab, *zwischen* uns und den anderen, nicht in unserem Schädel.

Damit erhalten die *verkörperten Interaktionen* eines Lebewesens mit seiner Umwelt eine entscheidende Rolle für die kognitiven Prozesse. Das Gehirn lässt sich dann nicht mehr für sich betrachten; es ist ein Organ des lebendigen, beweglichen und wahrnehmenden Organismus, und nur dadurch wird es zu einem Organ des Geistes. Es dient auch nicht dazu, die Welt durch Repräsentationen in seinem Inneren abzubilden oder zu simulieren, sondern in erster Linie dazu, dem Organismus Handlungsmöglichkeiten in seiner Umwelt zu eröffnen. Es ist nur *beteiligt* an den Interaktionskreisläufen, in denen Bewusstsein entsteht.

So wie die Atmung nicht auf die Lunge begrenzbar ist, sondern in einem aktiven Austausch mit der Umwelt besteht, so lassen sich Geist und Bewusstsein nicht im Gehirn lokalisieren – auch sie sind dynamische Austauschprozesse. Es ist also keine bloße Sprachkonvention, wenn wir sagen, ein *Mensch* fühlt, sieht oder denkt – und nicht das Gehirn. Denn diese Tätigkeiten vollzieht nur ein verkörpertes, lebendiges und in seiner Umwelt

---

3 Varela et al. 1991; Thompson 2007; Stewart et al. 2010.

handelndes Wesen. Drei Dimensionen dieser ökologischen Sicht will ich kurz näher skizzieren, nämlich (1) die Interaktion von Gehirn und *Körper*, (2) die Interaktion von Gehirn, Körper und *Umwelt*, und (3) die Interaktion von *Personen*.

### *1.1 Interaktion von Gehirn und Körper*

Verkörperung beginnt mit dem Körper selbst. Ohne ihn hätten wir kein Bewusstsein – nicht nur, weil das Gehirn Blut, Sauerstoff und Glukose benötigt, sondern auch, weil jedem bewussten Erleben ein *leibliches Hintergrundempfinden* zugrunde liegt. Der Leib selbst ist gewissermaßen das Ursubjekt, wie Maurice Merleau-Ponty[4] es aus phänomenologischer Perspektive formulierte. Das lässt sich in eine organismische Neurobiologie übersetzen: Nach den Konzeptionen etwa von António Damasio[5] oder Jaak Panksepp[6] beruht das leibliche ‚Kernbewusstsein' auf der fortlaufenden Interaktion zwischen Körper und Gehirn, genauer zwischen somatischen Afferenzen und somatosensorischen Arealen im Kortex, vermittelt vor allem über die vegetativen Hirnstamm- und Zwischenhirnzentren. Diese Interaktion dient der Aufrechterhaltung des inneren Milieus, also der Homöostase des Organismus. Mit anderen Worten: Alles Erleben entsteht aus Prozessen des Lebens, die den gesamten Organismus einbeziehen.

In gleicher Weise sind *Befinden, Stimmungen und Affekte* an die Interaktion von Gehirn und Körper gebunden: an die Beteiligung des autonomen Nervensystems, des hormonellen Systems, des Herzrhythmus, der Atmung und der Ausdrucksmuskulatur (Mimik, Gestik und Haltung). Kein Befinden oder Gefühl entsteht ohne Resonanzen in dieser Körperlandschaft. Basales Bewusstsein beruht daher keineswegs nur auf Aktivitäten im Neokortex, sondern ebenso auf vitalen Regulationsprozessen, die den gesamten Organismus einbeziehen. Der lebendige Organismus ist nicht nur der Träger des Gehirns, sondern das primäre Feld des subjektiven Erlebens; weder das Gehirn noch das Bewusstsein lassen sich getrennt von ihm begreifen.

4 Merleau-Ponty 1966.
5 Damasio 1995, 2000.
6 Panskepp 1998.

## *1.2 Interaktion von Gehirn, Körper und Umwelt*

Gehen wir weiter zur Interaktion von Gehirn, Körper und Umwelt – zu Kognition und Aktion. Das traditionelle Konzept der Kognition beruht auf der Vorstellung einer vorgegebenen Außenwelt, die vom Organismus in Form interner Landkarten, Modelle oder Repräsentationen abgebildet werden muss, damit er sich in der Welt zurechtfindet. Solche internalistischen Konzepte trennen psychische Vorgänge jedoch von der Umwelt ab. Aus einer ‚enaktiven', also handlungsbezogenen Sicht hingegen sind Kognition und Aktion, Wahrnehmen und Handeln gar nicht zu trennen.[7] Organismen nehmen nicht passiv Informationen aus ihrer Umgebung auf, um sie in innere Repräsentationen zu übersetzen. Sie nehmen vielmehr durch eigene Aktivität am Aufbau ihrer wahrgenommenen Welt teil – wie dies bereits in Jakob von Uexkülls sensomotorischem *Funktionskreis* oder Viktor von Weizsäckers *Gestaltkreis* konzipiert war.[8] Was ein Lebewesen wahrnimmt, ist abhängig von seiner Bewegung, und umgekehrt. Das gilt für die Bewegungen der Hand, die ein Objekt ertastet, ebenso wie für das Abtasten von Gegenständen mit dem Blick. Wahrnehmung ist demnach kein bloßer Innenzustand des Gehirns, sondern eine fortlaufende Interaktion mit der Umwelt. Die erlebte Welt entsteht für uns im Verlauf lebendiger Interaktionen mit ihr.

Das enaktive oder interaktive Prinzip gilt natürlich erst recht für alle Handlungen: Wenn ich spreche, beruht dies nicht nur auf einem sich abspulenden Bewegungsprogramm in meinem Gehirn, sondern auch auf den ständigen Rückmeldungen meiner Kehlkopfmuskulatur, auf dem Hören meiner eigenen Stimme ebenso wie auf den Personen, mit denen ich spreche. Sprechen ist offensichtlich keine Fähigkeit des Gehirns, sondern die Fähigkeit eines verkörperten Subjekts. Allgemein gilt: Das Gehirn stellt mit seinen Netzwerken gewissermaßen *offene Schleifen* bereit, die erst durch den Körper und durch passende Situationen und Gegenstände der Umwelt zum jeweiligen Funktionskreis geschlossen werden, und das heißt: zu unserem bewussten Erleben und Handeln.[9] Das Gehirn wirkt also in erster Linie als Organ der *Vermittlung*, der passenden Verknüpfung von Wahrnehmung und Bewegung.

Die systemische Einheit von Gehirn, Organismus und Umwelt zeigt sich auch in der subjektiven Erfahrung. Beim geschickten Werkzeuggebrauch,

---

7 Varela et al. 1991; Varela 1997.
8 Uexküll 1920; Weizsäcker 1940.
9 Fuchs 2010: 114, 127f.

etwa beim Schreiben, Klavierspielen oder Autofahren, schließen sich die Instrumente dem gespürten eigenen Leib an. Schreibe ich einen Brief, so wäre es sinnlos, diese Tätigkeit dualistisch aufzuteilen und sie entweder meiner Hand, meinem Gehirn oder aber meinem Bewusstsein zuzuschreiben. Papier, Stift, Körper, Hand und Gehirn, Wahrnehmung und Bewegung bilden eine Einheit. Es ist gar nicht möglich, hier eine Grenze zwischen ‚Innen' und ‚Außen', ‚Selbst' und ‚Nicht-Selbst' zu ziehen. Einen Brief schreiben zu können, ist offenbar nicht etwa ein Vermögen des Gehirns (obwohl es dazu natürlich maßgeblich erforderlich ist), sondern Vermögen eines verkörperten Subjekts. Ich bin also kein reines Bewusstsein, getrennt von meinem Schreiben, sondern ein verkörpertes, ja ein ‚ökologisches Selbst', dessen Grenzen nicht einmal an der Haut enden: Ich empfinde die Oberfläche des Papiers an der Spitze des Bleistifts, nicht in meiner Hand. Ebenso ist der Billardspieler leiblich in der Spitze seines Queues, und der geübte Autofahrer empfindet die Qualität der Straßenoberfläche unter den Reifen seines Wagens. Die Grenzen des gespürten Leibes sind da, wo die maßgebliche Interaktion mit der Umwelt stattfindet; wir sind immer schon ein Stück über unseren Körper hinaus.

Diese spezifische Organismus-Umwelt-Interaktion gilt auch für Erkrankungen, in denen Individuen eine besondere Vulnerabilität für Umweltreize aufweisen, die andere gar nicht bemerken. So entsteht beim *Multiple Chemical Sensitivity*-Syndrom eine Überempfindlichkeit gegenüber flüchtigen Chemikalien, auf die der Organismus mit vielfältigen Symptomen von Reizung reagiert; das Gleiche gilt für spezifische Allergien. Psychisch Kranke weisen ebenfalls häufig eine besondere Sensitivität und Vulnerabilität auf, nämlich für Situationen, in denen latente Ängste oder frühere traumatische Erfahrungen reaktiviert werden.[10] Auch ihre Umweltwahrnehmung resultiert also aus der Interaktion von spezifischer Disposition und aktueller Situation.

### *1.3 Interaktion von Personen*

Wenn Kognition die Aktivität eines verkörperten Subjekts ist, gilt dies erst recht für die soziale Kognition: Auch sie bedeutet primär *verkörperte Intersubjektivität* oder mit einem Begriff Merleau-Pontys: „*Zwischenleiblich-*

10 Fuchs 2008.

*keit*"[11]. Wir verstehen andere, indem wir non-verbal, leiblich mit ihnen interagieren.

Gegenwärtig beruht die soziale Neurowissenschaft noch weitgehend auf repräsentationalen Konzepten: Soziale Kognition wird danach im Gehirn mittels spezieller neuronaler Module erzeugt und scheint in jeweils einer Person bzw. ihrem Gehirn lokalisierbar. Konzepte wie „Theory of Mind", Simulationstheorie, Mentalisierung oder *Mind-Reading* haben alle gemeinsam, dass sie soziale Wahrnehmung als eine Art innerer Modellierung der mutmaßlichen Bewusstseinszustände anderer auffassen, die wir dann auf sie zurückprojizieren. Die Grundannahme ist, dass uns die Zustände und Gefühle anderer grundsätzlich verschlossen sind; daher müssen wir sie uns aus bestimmten äußeren Zeichen erschließen oder simulieren.

Doch unsere primären und alltäglichen Begegnungen mit anderen sind nicht Beobachtungen von außen, sondern verkörperte Interaktionen, in denen die Beteiligten durch wechselseitige Blicke, Gesten und Handlungsrichtungen miteinander verkoppelt sind. Dafür benötigen wir keine Simulationen, Schlussfolgerungen oder Theorien – vielmehr nehmen wir die Intentionen und Gefühle des anderen unmittelbar in seinem Ausdruck und seinem Verhalten wahr, so wie es sich auf den Kontext der gemeinsamen Situation bezieht. Ich sehe die Freude in seiner Begeisterung, die Scham in seiner Röte, die Trauer in seinen Tränen, und ich spüre sie zugleich an den Resonanzen, Reaktionen und Handlungsimpulsen, die er in mir auslöst.[12] Kurz: Andere wahrzunehmen und zu verstehen heißt *mit ihnen umzugehen* – und dies spielt sich nicht allein im Gehirn ab.

Natürlich sind an diesen sozialen Wahrnehmungen auch entsprechende Gehirnprozesse beteiligt. So stellt das System der sogenannten Spiegelneuronen[13] eine spezifische sensomotorische Verknüpfung zwischen der Wahrnehmung anderer und eigenen körperlichen Regungen oder Bewegungen her. Andere z. B. nach etwas zu greifen oder zu treten zu sehen, ihren Schmerz-, Ekel- oder anderen Gefühlsausdruck wahrzunehmen usw., geht daher mit entsprechenden Mitempfindungen oder Bewegungsanmutungen im eigenen Körper einher. Doch dazu bedarf es keiner inneren Repräsentation oder Simulation – die entsprechenden neuronalen Systeme sind nur *Komponenten* des Interaktionskreises, nicht etwa der Ort, an dem die Wahrnehmung anderer stattfindet.

---

11 Merleau-Ponty 2003.

12 Fuchs/De Jaegher 2009.

13 Iacoboni et al. 2005.

Die interaktiven Fähigkeiten, die der sozialen Wahrnehmung zugrunde liegen, haben natürlich ihre Vorgeschichte. So wie sich Kognition allgemein aus Handlungserfahrungen entwickelt, so beruht die Entwicklung der sozialen Kognition in erster Linie auf den *frühen Interaktionen*. Dieses zwischenleibliche Lernen beginnt mit dem Tag der Geburt. Bereits mit 6-8 Wochen zeigen sich in Mutter-Kind-Dyaden sogenannte Proto-Konversationen, fein abgestimmte Koordinationen von Bewegung, Gestik, Vokalisierungen und Affekten.[14] In ihrem Verlauf erwirbt das Kind spezifische affektiv-interaktive Schemata, von Daniel Stern *„schemes of being-with"* oder auch „implizites Beziehungswissen" genannt.[15] Es ist ein zeitlich organisiertes, ‚musikalisches' Gedächtnis für den Rhythmus, die Dynamik und die Affekte der Interaktion.[16] Man kann es auch als *zwischenleibliches Gedächtnis* ansehen, das die jeweils aktuelle Interaktion leitet und strukturiert.[17]

Die frühe Zwischenleiblichkeit ist damit auch prägend für die Entwicklung des Gehirns. Von Geburt an werden Strukturen der verkörperten Erfahrung dem Gehirn eingeprägt; Lernen geschieht durch Handeln, durch gemeinsame Praxis. Das Gehirn wirkt dabei als eine plastische Matrix, die die sensomotorischen und sozialen Erfahrungen in bleibende Bereitschaften und Fähigkeiten umwandelt. Wir haben bereits gesehen, dass die Entwicklung der visuellen Raumwahrnehmung auf der aktiven Bewegung des Organismus beruht. Mit anderen Worten: *Das Auge und der bewegliche Körper formen gemeinsam das zu ihnen passende Gehirnzentrum*.

Allgemeiner formuliert: *Die Funktion schafft sich ihr zerebrales Organ.* Daher auch die erstaunlichen Heilungsfähigkeiten des Gehirns: Selbst nach großräumigen Hirnläsionen können Sprach-, Gedächtnis- und Orientierungsfunktionen von der anderen Hemisphäre wieder übernommen werden, einfach *indem der Patient diese Funktionen ausübt.* Nicht nur in der Kindheit, sondern auch später noch bilden sich durch die sensorische, motorische ebenso wie durch geistige Tätigkeit im Gehirn die *offenen Schleifen* neuer Funktionen. Und sie werden jedes Mal zum vollständigen Funktionskreis geschlossen, wenn die Person wieder auf eine gleichartige Situation trifft. Pointiert gesagt: Nicht das Gehirn produziert den Geist, sondern der – subjektive und intersubjektive – Geist bildet das Gehirn.

---

14 Trevarthen 2001.

15 Stern 1998.

16 Malloch/Trevarthen 2009.

17 Fuchs 2011.

Ich fasse das Bisherige zusammen: Geist und Subjektivität finden sich nicht im Gehirn, sondern sie sind lebendig und verkörpert:

- als leibliches oder *basales Selbsterleben*, das auf der Interaktion von Gehirn und Körper beruht,
- als sensomotorische Interaktion von Gehirn, Körper und Umwelt, entsprechend dem *ökologischen Selbsterleben*, und
- als zwischenleibliche Intersubjektivität, in der sich das *soziale und personale Selbst* entwickelt.

Zweifellos ist das Gehirn das Zentralorgan geistiger Prozesse, keineswegs aber der Ort, an dem sie zu lokalisieren wären – es enthält als solches nicht mehr Bewusstsein als etwa die Hände oder die Füße. Selbsterleben und Bewusstsein entstehen nicht als Ego-Tunnel in einem isoliert betrachtbaren Gehirn, sondern nur in einem lebendigen, mit der Umwelt vernetzten Organismus.

Zentral notwendig für die Entstehung von Bewusstsein ist das Gehirn, weil in ihm alle Kreisprozesse zusammenlaufen und verknüpft werden. Man könnte insofern die Bewusstseinstätigkeit mit dem Zugverkehr auf einem Gleisnetz vergleichen, das im Gehirn wie in einem Hauptbahnhof zusammenläuft. Wird der Hauptbahnhof zerstört, dann bricht der Verkehr freilich zusammen. Doch *der Zugverkehr insgesamt wird weder vom Bahnhof erzeugt noch ist er dort zu lokalisieren.* Er bedient sich vielmehr umgekehrt des Gleissystems mit seinen vielfältigen Wegen, Weichen und natürlich seiner zentralen Koordinationsstelle im Hauptbahnhof, damit die Transportprozesse möglichst reibungslos ablaufen und Menschen ihre Ziele erreichen. Auch wenn sich also im Hauptbahnhof zweifellos eine hochgradige Gleisvernetzung und Zugdichte feststellen lässt (dies entspräche den im Gehirn messbaren neuronalen Aktivierungen bei bestimmten Tätigkeiten) – der Zugverkehr bleibt an das gesamte Streckensystem gebunden. Analog stellt die Bewusstseinstätigkeit das Integral der gesamten, je aktuellen Beziehungen zwischen Gehirn, Organismus und Umwelt dar.

## 2. *Eine ökologische Sicht psychischer Krankheit*

Damit habe ich ein ökologisches oder systemisches Verständnis des Gehirns skizziert. Wenn Geist und Bewusstsein demnach nicht im Kopf zu finden sind, was folgt nun daraus für psychische und umweltbezogene Krankheiten? Sind sie doch Gehirnkrankheiten oder müssen wir sie vielmehr als interaktive Störungen ansehen?

### 2.1 Sind psychische Krankheiten Gehirnkrankheiten?

Die Alltagsintuitionen führen hier leicht in die Irre, liegen sie doch scheinbar gar nicht so weit von Griesingers Leitsatz entfernt. Wer sich unverständlich oder bizarr verhält, wer die Wirklichkeit neurotisch oder wahnhaft verzerrt erlebt, der muss, so scheint es, irgendeine Störung ‚im Kopf' haben. Doch gerade die Anlässe zu solchen Zuschreibungen sind, genau besehen, gar nicht individueller, sondern *interaktionaler* Natur: Was im Kontakt mit dem psychisch Kranken häufig misslingt, ist nämlich die sonst selbstverständliche „konsensuelle Situationsdefinition"[18], der Abgleich der Perspektiven, der auch bei unterschiedlichen Voreinstellungen und Sichtweisen eine Verständigung erlaubt.

Die phänomenologische Psychopathologie hat in zahlreichen Analysen herausgearbeitet, wie psychisches Kranksein sich in Abwandlungen der Leiblichkeit, des gelebten Raumes, der Intersubjektivität und damit im gesamten In-der-Welt-Sein des Kranken manifestiert.[19] Der Raum von Möglichkeiten und Handlungsangeboten schrumpft, die Dinge rücken außer Reichweite oder auch in bedrohliche Nähe, die vertraute Welt entfremdet sich, die Beziehungen zu den anderen sind gestört usw. „The patient is ill, that means, his world is ill" – so fasst Jan Hendrik van den Berg[20] es zusammen. In diesem Sinne ist ‚die Krankheit nicht im Kranken, sondern der Kranke *in der Krankheit*' – auch wenn ihre somatischen Anteile innerhalb der Körpergrenzen zu verorten sind.

Welche Argumente lassen sich anführen, um gleichwohl die These zu stützen, psychische Krankheiten seien Gehirnkrankheiten?

(1) Man könnte darauf verweisen, dass jede psychische Störung an ein zugrunde liegendes *neuronales Substrat* gebunden sei. Doch das wäre trivial, denn in diesem Sinn kann man nicht nur alle Krankheiten, sondern auch normale Zustände als Hirnstoffwechselprozesse ansehen, etwa Trauer, Scham oder Freude. Zu allen Erlebnissen, Gefühlen, Stimmungen, ob gesund oder krank, werden wir irgendwelche neuronalen Korrelate finden – doch was besagt das schon? *Auf der Ebene der Bildgebung allein lässt sich zwischen normal und pathologisch überhaupt nicht unterscheiden.* Erst die Klinik, das Leiden und Verhalten des Patienten entscheiden darüber, was wir im Gehirn als auffällig ansehen wollen und was nicht.

---

18 Glatzel 1978.

19 Binswanger 1947; Blankenburg 1970; Fuchs 2000, 2006.

20 van den Berg 1972: 46.

(2) Man könnte aber noch weitergehen und sagen, psychische Krankheiten seien Gehirnkrankheiten, weil sie immer auf zerebrale Defekte oder Funktionsstörungen zurückgehen, also ihre eigentlichen *Ursachen* in Gehirnprozessen haben. Doch gerade das lässt sich, sieht man einmal von organischen Hirnläsionen und entsprechenden Ausfällen ab, durch bloße Querschnittsuntersuchungen des Gehirns gar nicht nachweisen. Abweichungen des Stoffwechsels in bestimmten Hirnregionen besagen nämlich noch gar nichts über die eigentlichen Ursachen; es kann sich dabei ebenso gut um Begleiterscheinungen oder sekundäre Veränderungen handeln. Auch die Ursache einer Trauer ist ja nicht etwa ein Transmitter-Ungleichgewicht im limbischen System, sondern ein als schmerzlich empfundener Verlust. Ebenso wenig wird die Angststörung von der Amygdala oder die Zwangsstörung vom Nucleus caudatus verursacht, auch wenn sich dort regelhaft Hyperaktivitäten nachweisen lassen.

Lokale Abweichungen verführen also leicht zu lokalisatorischen Fehlschlüssen.[21] Ich will dies durch einen Vergleich illustrieren: Die Lunge ist zweifellos das Zentralorgan der Atmungstätigkeit. Betrachten wir jedoch eine respiratorische Störung, z. B. eine *Dyspnoe*, dann finden wir eine Fülle von möglichen Ursachen, die gar nichts mit der Lunge zu tun haben müssen: mangelnder Sauerstoffgehalt der Umgebungsluft, Verlegung der Atemwege, Hyperventilation (z. B. bei Angststörungen), Anämie, Herzinsuffizienz, natürlich auch obstruktive Lungenerkrankungen usw. Damit wird klar: Atmung ist ein umfassender Austauschprozess zwischen Organismus und Umwelt, der nicht an ein einzelnes Organ gebunden ist, sondern an ein komplexes Ineinandergreifen verschiedenster Funktionen und Abläufe im und um den Organismus. Daher können auch unterschiedlichste Störungen der Atmung auftreten. Würden wir nun einem Pulmonologen glauben, der behauptet: „Alle Dyspnoen sind Lungenkrankheiten", und uns zum Beweis neue, bahnbrechende Bilder vorführt, auf denen bunte Felder anzeigen, wie der Sauerstoffgehalt in bestimmten Lungenarealen reduziert ist?

Freilich ist das Gehirn arbeitsteiliger organisiert als die Lunge, insofern sind lokale Abweichungen hier auch zu erwarten. Dennoch gilt: Zur direkten Ursache für eine psychische Störung wird das Gehirn nur durch den *Ausfall* eines bestimmten Areals (durch einen Tumor, einen epileptischen Herd, einen demenziellen Abbau etc.). Bei den meisten psychiatrischen

21 Fuchs 2010: 68ff.

Krankheiten jedoch verhält es sich wie bei der Dyspnoe – wir müssen nicht nur das Gehirn, sondern eine Vielzahl möglicher Einflüsse in der Person und in der Umwelt des Kranken in Betracht ziehen. Dabei haben wir es jedoch nicht mehr mit einem monokausalen Geschehen zu tun. Der ökologischen Sicht entspricht vielmehr ein Konzept von psychischer Krankheit als einem *zirkulären Geschehen*, in dem biologische, psychologische und soziale Einflüsse miteinander interagieren, sich hemmen oder verstärken. In diesen Wechsel- und Kreisbeziehungen fungiert das Gehirn jeweils als Transformationsorgan, das die verschiedenen Einflüsse verknüpft und ineinander umwandelt.

### 2.2 *Psychisches Kranksein als zirkuläres Geschehen*

Betrachten wir dies am Beispiel einer klassischen psychiatrischen Krankheit, der Depression. Sie wird zumeist durch eine persönliche Situation ausgelöst, in der sich der Betroffene als insuffizient, hilflos, schuldig oder gescheitert erlebt, und für die ihm die notwendigen Bewältigungsressourcen fehlen. Die Wahrnehmung und Bewertung dieser persönlichen Situation geht nun auf biologischer Ebene mit einer Stressreaktion des Organismus einher. Die Eigenwahrnehmung dieses Zustandes als vitale Angst, leibliche Inhibition und Insuffizienz verstärkt im Sinne einer negativen Rückkopplung die physiologischen Stresssymptome. Im Ergebnis verselbstständigt sich die Reaktion des Organismus und wird zu einer massiven Regelkreisstörung.
Daran können wir zwei wesentliche Dinge erkennen:

(1) Schon für die Entstehung der depressiven Störung spielt das subjektive Erleben eine entscheidende Rolle. Sie geht zurück auf eine spezifische Situationswahrnehmung, die sich nicht auf neuronale Prozesse reduzieren lässt. Nicht objektive Merkmale der Situation, sondern ihre subjektive Bewertung als eine nicht zu bewältigende ist zudem ausschlaggebend für die depressive Reaktion. Damit aber gewinnen biographisch erworbene Wahrnehmungs- und Verhaltensbereitschaften (Selbstkonzept, Selbstwerterleben, Selbstwirksamkeit u. a.) eine zentrale Bedeutung für die Pathogenese.

(2) Auch wenn die Depression einmal ausgelöst ist, wird sie nicht zu einer rein biologischen, sondern bleibt eine *personale Erkrankung*, denn sie betrifft den Menschen in seinem *Selbsterleben*. Die subjektive Seite der Erkrankung besteht nicht nur in einer sekundären Reaktion auf physiologische Funktionsstörungen, wie dies bei körperlichen Krankhei-

> ten der Fall ist. Vielmehr stellt das veränderte Selbsterleben und Selbstverhältnis des Patienten das eigentliche Krankheitsgeschehen dar und beeinflusst als solches auch den Verlauf. Es schließt z. B. negative Selbstbewertungen und typische depressive Denkmuster ein, die ihrerseits – als *self-fulfilling prophecies* – die Wahrscheinlichkeit weiterer Versagenssituationen erhöhen und so zusätzlich zur Depressivität beitragen.

Ähnliche Teufelskreise sind auch bei den Angststörungen gut bekannt, nach dem Muster: Auftreten physiologischer Stresssymptome (Sympathicus-Aktivierung, Pulsfrequenzerhöhung etc.) → Wahrnehmung der körperlichen Symptome als ‚bedrohlich' → katastrophisierende Kognitionen und Situationsbewertungen → erhöhter physiologischer Stress, usw. In gleicher Weise lassen sich auch umweltbezogene Gesundheitsstörungen als zirkuläre Interaktionen von individueller Prädisposition, erhöhter Sensitivität für Umweltreize, funktionellen körperlichen Beschwerden, dysfunktionaler subjektiver Verarbeitung und gesteigerter physiologischer Stressreaktion verstehen.[22] Das heißt: Die Subjektivität des Erlebens wird *als Selbstverhältnis*, als Stellungnahme zur eigenen Verfassung zu einer maßgeblichen Komponente des Krankheitsgeschehens. Sie verbietet es, psychische Krankheiten nur als ‚biologische Störungen' zu betrachten, und schränkt übrigens auch die Übertragbarkeit von Tiermodellen immer auf umgrenzte Teilkomponenten der Krankheit ein.

Lässt sich eine psychische Krankheit also nicht rein neurobiologisch beschreiben, so kann sie ebenso wenig als rein individuelle Störung, also ohne ihren *interpersonalen* Aspekt betrachtet werden. Psychische Erkrankungen sind grundsätzlich immer *Beziehungsstörungen*. Sie gehen mit unterschiedlichen Beeinträchtigungen der Freiheit einher, auf die Situationen und Anforderungen der sozialen Mitwelt in einer flexiblen und selbstbestimmten Weise antworten zu können. So kommt es in der Depression meist zu einer erheblichen Beeinträchtigung der sozialen Resonanz mit anderen. Angehörige reagieren zuerst mit vermehrter Zuwendung, im weiteren Verlauf jedoch mit zunehmender Hilflosigkeit, Schuldgefühlen sowie mit latenter oder offener Verärgerung. Das wiederum verstärkt die depressive Selbstwahrnehmung der Patienten, und es kommt zu einem *Circulus vitiosus*. Der maßgebliche Einfluss der Partner-Interaktion auf den Krankheitsverlauf der Depression ist wiederholt nachgewiesen worden. Weitere krankheitsfördernde Faktoren sind etwa nachteilige Auswirkungen am Ar-

---

22 Hausteiner et al. 2007.

beitsplatz, die Stigmatisierung der Patienten usw. Alle diese Einflüsse gehen natürlich auch in die neurobiologischen Stoffwechselprozesse ein, doch sie werden vom Gehirn nur aufgenommen, nicht etwa erzeugt; ebenso wenig lassen sie sich rein biologisch beschreiben, sondern erfordern eine psychosoziale Perspektive.

Fassen wir zusammen: Die Depression erweist sich als ein *komplexes zirkuläres Geschehen*, und zwar sowohl in individueller als auch in interpersoneller Hinsicht. Auf der *individuellen* Ebene ist sie durch negative Rückkoppelungen von psychologisch und biologisch zu beschreibenden Prozessen charakterisiert. Auf der *interpersonellen* Ebene kommt es zu ungünstigen (bzw. im Fall der Therapie günstigen) psychosozialen Kreisprozessen, in denen die Krankheit wesentlich besteht.

Wir können das Paradigma der Depression nun verallgemeinern: Auch wenn wir bei verschiedenen psychiatrischen Störungen zweifellos unterschiedliche Gewichtungen der beteiligten Prozesse finden (mit abnehmender biologischer bzw. zunehmender psychosozialer Komponente in der Reihe: organische – psychotische – neurotische Persönlichkeitsstörungen), so ist ihnen die beschriebene doppelt zirkuläre Struktur doch allen gemeinsam. Mit anderen Worten: Keine psychische Erkrankung lässt sich rein biologisch bzw. rein individuell beschreiben. Subjektivität und Intersubjektivität sind die zentralen Domänen, in denen sich psychische Krankheiten abspielen.

Das Gehirn fungiert in den genannten internen und externen Kreisprozessen jeweils als Organ der Vermittlung und der Umwandlung der verschiedenen Einflüsse ineinander. Es wird in seiner Funktion und Struktur seinerseits durch die biologischen und psychosozialen Interaktionen fortlaufend verändert. Die subjektiven und intersubjektiven Prozesse werden also vom neuronalen Substrat getragen und ermöglicht, haben aber selbst einen strukturierenden und umformenden Einfluss auf das Substrat. Statt monokausaler und damit reduktionistischer Paradigmen benötigen wir zur adäquaten Erfassung psychischer Krankheit daher *zirkuläre Ursachebegriffe*, die insbesondere *bottom-up-* und *top-down-*Wirkungen zwischen Makro- und Mikroebenen des Organismus einschließen.[23]

Betrachten wir dies schließlich noch anhand der Therapie. Wir sagen, ein Psychopharmakon wirke z. B. ‚angstlösend'. Genau genommen wirkt es natürlich nur auf lokale biochemische Zustände des Gehirns, die über viele Zwischenstufen mit der Erfahrung von Angst verknüpft sind. Angsterleben gehört einer hochstufigen Integrationsebene des Systems Gehirn-Orga-

23 Fuchs 2010: 121ff.

nismus-Umwelt an, die als solche von Psychopharmaka gar nicht erreicht wird. Im Gehirn wird jedoch die lokale pharmakologische Wirkung *bottom-up* transformiert und erreicht so das subjektive Erleben. Umgekehrt würden wir nach einem beruhigenden Gespräch mit einem ängstlichen Patienten kaum sagen, unsere Worte hätten auf Synapsen in seinem limbischen System gewirkt. Wir haben mit *ihm* gesprochen, nicht mit seinen Synapsen. Das Gehirn hat jedoch sein intentionales Erleben von menschlicher Nähe und bestimmten Wortbedeutungen, entsprechend einem hochstufigen Systemzustand u. a. in kortikalen Hirnzentren, *top-down* transformiert, nämlich z. B. in veränderte Rezeptorbindungen im limbischen System. Auch so lässt sich die Angst beeinflussen.

Dass eine erfolgreiche Psychotherapie die Mikrostruktur des Gehirns verändert, ist daher an sich nicht überraschend – auch psychische Wirkungen müssen sich freilich verkörpert, also vermittelt durch physiologische Prozesse vollziehen.[24] Die Transformation verläuft nur bei der Psychotherapie *top-down*, sozusagen vom Verstehen zur Biochemie, beim Psychopharmakon hingegen *bottom-up*, von der Biochemie zum Erleben. Auf diese Weise greifen also psychosoziale und biologische Prozesse ineinander. Den irreführenden Begriff einer ‚Wechselwirkung' von Psychischem und Körperlichem, so als wären dies zwei eigenständige Entitäten, können wir dann getrost verabschieden.

## *3. Resümee*

Soweit die Skizze einer ökologischen Konzeption von Gehirn und psychischer Krankheit. Das Resümee sei abschließend in einigen pointierten Thesen formuliert:

(1) *Die erlebte Welt ist nicht im Kopf.* Sie ist vielmehr die Welt, die wir als lebendige, verkörperte Wesen mit anderen teilen. Das Gehirn konstruiert keine virtuellen Welten, sondern es vermittelt die Wahrnehmung der Welt und der anderen – als ein *Beziehungsorgan.*

(2) *Das Selbst ist nicht im Gehirn.* Subjektivität ist keine Innenwelt, kein „Ego-Tunnel", der sich mit Hirnzuständen identifizieren ließe. Subjektives Erleben entsteht nur im dynamischen Zusammenspiel von Gehirn, Organismus und Umwelt, das fortwährend die Grenzen des Gehirns und des Körpers überschreitet.

---

24 Fuchs 2004.

(3) *Psychische Krankheiten sind mehr als Gehirnkrankheiten.* Das Erleben, das Selbstverhältnis, das Verhalten und die Beziehungen eines psychisch kranken Menschen zu seiner Mitwelt stellen die zentralen Komponenten des Krankheitsgeschehens dar. Daher gibt die Beschreibung oder Abbildung der neuronalen Substratprozesse nur ein Teilstück des übergreifenden Krankheitsprozesses wieder, auch dann, wenn neuronale Fehlfunktionen einen wesentlichen Anteil an der Pathogenese haben.

Keine psychische Erkrankung kann unter Absehung von der Subjektivität und den interpersonalen Beziehungen des Patienten diagnostiziert, beschrieben oder behandelt werden. Psychische Krankheiten sind immer Krankheiten der Person in ihrer Beziehung zu anderen Personen. Daher lassen sie sich ohne die intersubjektive Beziehung auch nicht diagnostizieren – es gibt bislang keine diagnostisch validen Bio- oder Bildgebungsmarker für psychische Krankheiten – geschweige denn behandeln. Wie der amerikanische Psychiater John Nemiah einmal treffend formulierte, sind Psychiater und Psychotherapeuten „[…] selbst das Instrument, das die Tiefen der Seele des Patienten sondiert, das mit seinen Gefühlen mitschwingt, seine verborgenen Konflikte entdeckt und die Gestalt seiner wiederkehrenden Verhaltensmuster erkennt.“[25] Kein Biomarker oder Hirn-Scanner wird diesem Instrument jemals überlegen sein.

## *Literatur*

*Damasio, A* (1995): Descartes' Irrtum. Fühlen, Denken und das menschliche Gehirn. München: List.

*Damasio, A* (2000): Ich fühle, also bin ich. Die Entschlüsselung des Bewusstseins. München List.

*Fuchs, T* (2000): Psychopathologie von Leib und Raum. Darmstadt: Steinkopff.

*Fuchs, T* (2004): Neurobiology and Psychotherapy: An Emerging Dialogue. In: Current Opinions in Psychiatry, 2004: 17, 479-485.

*Fuchs, T* (2006): Psychotherapie des »gelebten Raums«. Eine phänomenologisch-ökologische Konzeption. In: psycho-logik. Jahrbuch für Psychotherapie, Philosophie und Kultur, 2006: 1, 286-303.

*Fuchs, T* (2007): Psychotherapy of the Lived Space. A Phenomenological and Ecological Concept. In: Am. J. Psychotherapy, 2007: 61, 432-439.

25 Nemiah 1989.

*Fuchs, T* (2008): Existenzielle Vulnerabilität. Ansätze zu einer Psychopathologie der Grenzsituationen. In: Rinofner-Kreidl, S/Wiltsche, H (Hg.): Karl Jaspers' ‚Allgemeine Psychopathologie' zwischen Wissenschaft, Philosophie und Praxis. Würzburg: Königshausen & Neumann, 95-104.

*Fuchs, T* (2010): Das Gehirn – ein Beziehungsorgan. Eine phänomenologisch-ökologische Konzeption. 3. Aufl. Stuttgart: Kohlhammer.

*Fuchs, T* (2011): The Phenomenology of Body Memory. In: Koch S/Summa M/ Fuchs, T (Hg.): Body Memory: Phenomenology and Therapy. Amsterdam: John Benjamins, 9-22.

*Fuchs, T/De Jaegher, H* (2009): Enactive Intersubjectivity: Participatory Sense-Making and Mutual Incorporation. In: Phenomenology and the Cognitive Sciences, 2009: 8, 465-486.

*Hausteiner, C/Bornschein, S/Nowak, D/Henningsen, P* (2007): Psychosomatik der umweltbezogenen Gesundheitsstörungen. In: Psychotherapeut, 2007: 52, 373-385.

*Iacoboni, M/Molnar-Szakacs, I/Gallese, V/Buccino, G/Mazziotta, JC/Rizzolatti, G* (2005): Grasping the intentions of others with one's own mirror neuron system. In: PLoS Biology, 2005: 3, e79.

*Insel, TR/Quirion, R* (2005): Psychiatry as a Clinical Neuroscience Discipline. In: JAMA, 2005: 294 (17), 2221-2224.

*Merleau-Ponty, M* (1966): Phänomenologie der Wahrnehmung. Berlin: de Gruyter.

*Merleau-Ponty, M* (2003): Der Philosoph und sein Schatten. In: Merleau-Ponty, M: Das Auge und der Geist. Philosophische Essays. Hamburg: Meiner, 243-274.

*Metzinger, T* (2009): Der Ego-Tunnel. Eine neue Philosophie des Selbst: Von der Hirnforschung zur Bewusstseinsethik. Berlin: Berlin Verlag.

*Nemiah, JC* (1989): The varieties of human experience. In: Brit. J. Psychiatry, 1989: 154, 459-466.

*Panksepp, J* (1998) The Periconscious Substrates of Consciousness: Affective States and the Evolutionary Origins of the Self. In: Journal of Consciousness Studies, 1998: 5, 566-582.

*Stern, DN* (1998): The Process of Therapeutic Change Involving Implicit Knowledge: Some Implications of Developmental Observations for Adult Psychotherapy. In: Infant Mental Health Journal, 1998: 19, 300-308.

*Stewart, J/Gapenne, O/Di Paolo, EA* (2010): Enaction. Toward a New Paradigm for Cognitive Science. Cambridge, MA: MIT Press.

*Thompson, E* (2007): Mind in Life. Biology, Phenomenology, and the Sciences of the Mind. Cambridge, MA: Harvard Univ. Press.

*Trevarthen, C* (2001): The Neurobiology of Early Communication: Intersubjective Regulations in Human Brain Development. In: Kalverboer, AF/Gramsberg, A (Hg.): Handbook of Brain and Behaviour in Human Development. Dordrecht: Kluwer Academic Publishers, 841-881.

*van den Berg, J* (1972): A Different Existence. Principles of Phenomenological Psychopathology. Pittsburgh: Duquesne University Press.

*Varela, FJ* (1997): Patterns of Life: Intertwining Identity and Cognition. In: Brain and Cognition, 1997: 34, 72-87.

*Varela, F/Thompson, E/Rosch, E* (1991): The Embodied Mind: Cognitive Science and Human Experience. Cambridge, MA: MIT Press.

*von Uexküll, J* (1920): Theoretische Biologie. Frankfurt am Main: Suhrkamp Verlag.

*Weizsäcker, V von* (1940): Der Gestaltkreis. Theorie der Einheit von Wahrnehmen und Bewegen. 5. Aufl. Stuttgart: Thieme.

# Die Rechte der Natur und die Verfassungsfrage des Anthropozän

*Jens Kersten*

## *Inhaltsübersicht*

0. Der anthropozäne Wandel der Welt 87
1. Die anthropozäne Verfassungsfrage 90
   1.1 Der Abschied von der Risikogesellschaft 91
   1.2 Was kommt nach der Nachhaltigkeit? 94
   1.3 Das „Verfassungsrecht der Erde"? 97
   1.4 Ökologischer Liberalismus 101
2. Die Rechte der Natur 105
   2.1 Rechtssubjektivität 106
   2.2 Anerkennung 109
   2.3 Rechtsentfaltung 111
      2.3.1 Rechte 111
      2.3.2 Vertretung 113
   2.4 Abwägungsregeln 114
3. Fazit 116
Literatur 117

## *0. Der anthropozäne Wandel der Welt*[1]

Die Menschen haben das Holozän verlassen und leben nun im Anthropozän. Das ist die These von Paul Crutzen, die weit über die Geologie hinaus-

1 Anmerkung der Redaktion: Abweichend von den (meisten) anderen Beiträgen in diesem Band folgt die Zitation in diesem Beitrag den fachspezifischen Konventionen der Rechtswissenschaften.

wirkt.[2] Mit dem Anthropozän-Konzept lässt sich das Verständnis von Natur und Kultur neu bestimmen.[3] Wir Menschen haben schon immer versucht, unsere Umwelt zu gestalten. Doch seit der Industrialisierung verfügen wir über die Technik, die Erde global auszubeuten. So sind wir selbst zu einer Naturgewalt geworden. Diese Entwicklung hat sich nach dem Ende des Zweiten Weltkriegs mit der Entstehung der Wohlfahrtsstaaten des Globalen Nordens noch einmal beschleunigt. Diese „Great Acceleration"[4] hat bereits den unwiederbringlichen Verlust von Biodiversität und den menschengemachten Klimawandel verursacht. Sie hat zur Transformation und Verwüstung ganzer Landschaften und Regionen geführt. Sie hat die Welt und insbesondere die Meere vermüllt. Sie hinterlässt der Erde atomare Katastrophen und Abfälle. Dieser Müll der Menschheit wird von unserer Existenz noch ein strahlendes Zeugnis ablegen, wenn die Erde längst in ihr posthumanes Zeitalter eingetreten sein wird. Wir Menschen reagieren sehr unterschiedlich auf diesen anthropozänen Wandel der Welt.[5] Die einen halten das alles für *Fake News*. Sie investieren viel Geld in Wissenschaft, Forschungsinstitute und Universitäten, um die menschliche Transformation der Erde und des Klimas zu widerlegen. „Die Ignoranz des Publikums ist" – so Bruno Latour – „ein so kostbares Gut, dass es selbst exorbitante Investitionen rechtfertigt."[6] Die anderen leben bereits nach dem Grundsatz: „Nach uns die Sintflut!" Doch dieses Motto aktiver Ignoranz[7] hat sich angesichts von Klimawandel und Erderwärmung längst in eine *self-fulfilling prophecy* verwandelt. Sicherlich, nicht alle denken so:[8] Schüler/innen demonstrieren jeden Freitag gegen unsere verfehlte Klimapolitik. Doch unsere Antwort lautet: Schulpflicht für Schülerinnen und Schüler, statt Klimapflichtigkeit für unsere Autos und Flüge. Wir spielen auf Zeit und wissen zugleich: Je länger wir warten, desto radikaler werden die klimatischen Einschnitte in unsere Freiheiten ausfallen und desto krasser

---

2 Vgl. Crutzen, Nature 415 (3.1.2002), S. 23; ders./Stoermer, Global Change Newsletter 41 (2000), S. 17 f.

3 Vgl. Kersten, Das Anthropozän-Konzept. Kontrakt – Komposition – Konflikt, 2014.

4 Steffen/Grinevald/Crutzen/McNeill, Philosophical Transactions of the Royal Society 369 (2011), S. 842 (849 ff.).

5 Vgl. für eine umfassende Analyse und Kritik Latour, Das terrestrische Manifest, 2018, S. 9 ff.

6 Latour (Fn. 5), S. 94.

7 Vgl. Sloterdijk, Die schrecklichen Kinder der Neuzeit. Über das anti-genealogische Experiment der Moderne, 2014, S. 31 ff.

8 Vgl. hierzu und zum Folgenden Kersten, Der Tagesspiegel, 22.4.2019.

wird sich mit der ökologischen zugleich die soziale Ungleichheit global weiter zuspitzen. Je länger wir warten, desto mehr wird sich das Artensterben dynamisieren, desto mehr die Meere vermüllen. Die „normative Kraft des Faktischen“[9] hat im Anthropozän vor allem eine ökologische Dimension mit vollkommen absehbaren individuellen, sozialen und wirtschaftlichen Folgen.

Aber tun wir nicht schon genug? Stehen denn nicht ‚überall‘ Windräder? Verbieten wir nicht gerade Plastiktüten? Siedeln wir nicht wieder Wölfe an? Bieten wir nicht bedrohten Tier- und Pflanzenarten Asyl in unseren Städten? Schützen wir nicht Bienenvölker durch Volksbegehren? Wir arbeiten doch nicht nur an der Energie-, sondern inzwischen auch an der Verkehrswende! Und ‚entsorgen‘ wir etwa nicht unseren Atommüll, der aus fünfzig Jahren der „Erzeugung und Nutzung der Kernenergie zu friedlichen Zwecken“ (Art. 73 Abs. 1 Nr. 14 GG) stammt, für einen „Zeitraum von einer Million Jahren“ (§ 1 Abs. 2 S. 2 StandAG)? Ja, das stimmt (teilweise). Aber wir sollten uns offen eingestehen: Das alles wird nicht reichen. Wir müssen die bequemen Gewohnheiten unseres individuellen und gesellschaftlichen Lebens aufgeben. Zu lange haben wir schon nach dem Grundsatz „Natur hat man zu haben“ gelebt. Doch zugleich wissen wir, dass es kaum eine größere individuelle und soziale Herausforderung als den scheinbar einfachen Satz gibt: „Du musst Dein Leben ändern!“. Schon dieses Ansinnen begreifen wir Bürger/innen der Wohlfahrtsstaaten des Globalen Nordens als eine Zumutung, obwohl vor allem unsere Lebensführung für die große Beschleunigung des ökologisch desaströsen Wandels der Welt verantwortlich ist. So ist es die Autorität der von uns selbst verschuldeten globalen Krisen, die diesen „absoluten Imperativ“[10] formuliert.[11] Wir werden aber unser Leben auf Kosten der Umwelt und unser naturvernichtendes Wirtschaften nicht freiwillig einschränken, geschweige denn aufgeben. Die entsprechende Einsicht hat bereits Max Weber zu Beginn des 20. Jahrhunderts formuliert: „Als ich einmal“ – so berichtet Werner Sombart – „mit Max Weber über die Zukunftsaussichten sprach und wir die Frage aufwarfen: wann wohl der Hexensabbat ein Ende nehmen würde, den die Menschheit in den kapitalistischen Ländern seit dem Beginne des 19. Jahrhunderts aufführt, antworte er: ‚Wenn die letzte Tonne

9 Jellinek, Allgemeine Staatslehre, 3. Aufl. 1914, S. 338.
10 Sloterdijk, Du mußt dein Leben ändern. Über Anthropotechnik, 2009, S. 699.
11 Vgl. Sloterdijk (Fn. 10), S. 701 f.

Erz mit der letzten Tonne Kohle verhüttet sein wird.'"[12] Diesen Gedanken hat Bruno Latour noch weiter zugespitzt: Wir können uns das Ende der Natur und der Welt vorstellen, nicht aber das Ende unser kapitalistischen Wirtschaftsweise,[13] mit der unsere wohlstandsgesellschaftliche Lebensweise untrennbar verbunden ist.

Deshalb ist es notwendig, dass wir uns selbst verfassungsrechtliche Grenzen setzen; und das heißt im Anthropozän – im wahrsten Sinne des Wortes – „Dämme gegen die Selbstzerstörung" zu errichten.[14] Nur dann können wir auch unsere eigene, menschliche Existenz und Gesundheit effektiv bewahren und schützen. Dies wird jedoch nur dann gelingen, wenn wir der Natur Rechte gegenüber uns selbst einräumen. Dies kann die selbstzerstörerische Kraft unserer sozialen und wirtschaftlichen Interessen effektiv einschränken. Nur indem wir dem intrinsischen Eigenwert von Tieren, Pflanzen und Landschaften, von Wasser, Luft und Klima in Form von subjektiven Rechten Ausdruck verleihen, können wir uns zugleich vor uns selbst schützen. Mit der rechtlichen Ausdifferenzierung der Rechte der Natur erkennen wir an, dass es neben menschlichen, sozialen und wirtschaftlichen auch ökologische Rechtssubjekte gibt, die aufgrund ihrer subjektiven Rechte in der Lage sind, die Rechtsordnung im eigenen Interesse in Bewegung zu setzen.[15] Zu diesen neuen ökologischen Personen gehören nicht nur Tiere, Pflanzen und Landschaften, sondern auch Wasser, Luft und Klima, deren Rechte sich im ökologischen Liberalismus der anthropozänen Verfassungsordnung entfalten werden.

## *1. Die anthropozäne Verfassungsfrage*

Die anthropozäne Verfassungsfrage, die wir stellen und beantworten müssen, ergibt sich bereits aus dem Begriff des „Anthropozän". Auch wenn dieser in eine wissenschaftliche Beschreibung gekleidet ist, führt er automatisch zu der individuellen, sozialen und politischen, ethischen und rechtli-

---

12 Sombart, Der moderne Kapitalismus, III/2, 1928, S. 1010; vgl. ferner Weber, Die protestantische Ethik und der Geist des Kapitalismus, in: ders., gesammelte Aufsätze zur Religionssoziologie I, 9. Aufl. 1988, S. 17 (203).

13 Vgl. Latour, The Affects of Capitalism, 2014.

14 Krockow, Politik und menschlichen Natur. Dämme gegen die Selbstzerstörung, 1987, S. 122.

15 Vgl. Jellinek, System der subjektiven öffentlichen Rechte, 2. Aufl. 1905, S. 51, 56 f.

chen Frage: Was tun?[16] Wenn wir Menschen zu einer Naturgewalt geworden sind, müssen wir mit dieser Verantwortung umgehen; und weil es inzwischen schlicht unsere Lebensweise ist, die die Erde verändert, lässt sich der Beantwortung dieser Frage auch nicht ausweichen. Wir können uns nicht mehr nicht zum Anthropozän verhalten. Deshalb handelt es sich bei dem Anthropozän auch weniger um einen einfach deskriptiven Begriff, als vielmehr um ein komplexes Konzept:[17] Wer „Anthropozän" sagt, muss zugleich erläutern, wie wir Menschen mit unserer Erdverantwortung umgehen sollen. Diese Frage steckt in jedem Aspekt des Anthropozän-Konzepts. So führt bereits die kontroverse Diskussion, ob das Anthropozän mit der ersten Höhlenmalerei, der Kolonialisierung, der Industrialisierung oder mit der ‚großen Beschleunigung' begonnen hat, zu einer Verantwortungszurechnung, die nicht nur ethische, sondern auch rechtliche Folgen zeitigt.[18] Denn wenn das Anthropozän eigentlich erst mit der ‚großen Beschleunigung', in die es mit der Expansion der Wohlfahrtsgesellschaften des Globalen Nordens eingetreten ist, beginnt, dann ist keineswegs ‚die' Menschheit für die bereits heute katastrophalen ökologischen Folgen verantwortlich, sondern vor allem die letzten drei Generationen des Globalen Nordens. Dies muss sich dann beispielsweise auch unmittelbar in der Herstellung von globaler Klimagerechtigkeit auswirken, also der Übernahme von Verantwortung für die Reduzierung von $CO_2$-Belastungen. Dieser Verantwortung wird der Globale Norden gegenwärtig klimapolitisch und klimarechtlich nicht gerecht: teils aus aktiver Ignoranz, teils aus träger Gewohnheit. Aus diesem Grund ist der Begriff und das Konzept des „Anthropozän" zu dem „Symptom einer Repolitisierung aller den Planeten betreffenden Fragen"[19] geworden – einer ökologischen Politisierung, die auch im Anthropozän eines verfassungsrechtlichen Rahmens bedarf.

## *1.1 Der Abschied von der Risikogesellschaft*

Um diesen verfassungsrechtlichen Rahmen auszufüllen, können wir zunächst nicht mehr an das Paradigma der Risikogesellschaft anknüpfen, mit dem wir nicht nur die atomare und ökologische, sondern auch die gesund-

---

16 Vgl. Sloterdijk, Das Anthropozän – Ein Prozess-Zustand am Rande der Erd-Geschichte?, in: Renn/Scherer (Hg.), Das Anthropozän. Zum Stand der Dinge, 2015, S. 25 ff.

17 Vgl. Kersten (Fn. 3), S. 19 ff.

18 Vgl. Kersten, EurUP 2016, S. 312 (313 f.).

19 Latour (Fn. 5), S. 99.

heits-, finanz- und sicherheitspolitische Entwicklung unserer Gesellschaft beschrieben und begriffen haben.[20] Nach der Reaktorkatastrophe von Tschernobyl im Jahr 1986 hat das von Ulrich Beck profilierte Konzept der „Risikogesellschaft" seinen kometenhaften Aufstieg genommen.[21] Risikogesellschaften entstehen – so Beck – immer dann, wenn das Eingehen von Risiken nicht mehr sozial kompensiert werden kann, beispielsweise durch den Abschluss einer Versicherung. In diesem Fall werden Risiken gesamtgesellschaftlich riskant. Die „Erzeugung und Nutzung der Kernenergie zu friedlichen Zwecken" (Art. 73 Abs. 1 Nr. 14 GG) war und ist bis heute das anschaulichste Beispiel für diese „neue Riskantheit des Risikos"[22]. Dies veranlasst Risikogesellschaften, die Präventionsschwelle immer weiter vorzuverlegen und verfahrensrechtlich abzusichern. Dabei ist der Grundrechtsschutz durch Verfahren bei Akzeptanz eines Restrisikos, dessen Realisation wiederum praktisch ausgeschlossen sein soll,[23] jedoch letztlich nichts anderes als ein neuer Ausweis „der auf Verfahren gestützten Weltfremdheit von Juristen."[24] Insbesondere unter dem Eindruck des Klimawandels hat Beck sein Konzept der Risikogesellschaft zu einer Theorie der Weltrisikogesellschaft fortentwickelt:[25] Der Klimawandel setzt nach Beck ein „kosmopolitisches Moment"[26] frei. Es verschmelzen soziale und natürliche Ungleichheit, die sich zugleich demokratisieren, weil niemand der Erderwärmung entgehen kann.[27] Deshalb kosmopolisiert sich der menschliche All-

20 Vgl. in rechtlicher Perspektive Marques, Der Rechtsstaat der Risikovorsorge, 2018.

21 Vgl. hierzu und zum Folgenden Beck, Risikogesellschaft, Auf dem Weg in eine andere Moderne, 1986, S. 7 ff., 25 ff., 67 ff., 300 ff.; ders., Weltrisikogesellschaft. Auf der Suche nach der verlorenen Sicherheit, 2007, S. 19 ff., 24 ff.; ders., Die Neuvermessung der Ungleichheit unter den Menschen: Soziologische Aufklärung im 21. Jahrhundert, 2008, S. 55 f.; hierzu Marques (Fn. 20), S. 52 ff.

22 Beck, Weltrisikogesellschaft (Fn. 21), S. 24.

23 Vgl. BVerfGE 49, 89 (129 ff.) – Kalkar; 53, 30 (59) – Mülheim-Kärlich; BVerfG, NVwZ 2010, S. 702 (703) – CERN: „Ein Schadenseintritt apokalyptischen Ausmaßes muss als mögliche Konsequenz eines wissenschaftlichen Vorhabens nach dem Stand von Wissenschaft und Technik praktisch ausgeschlossen sein."; vgl. hierzu Kersten, A Farewell to Residual Risk? A Legal Perspective on the Risk of Nuclear Power after Fukushima, in: ders./Uekötter/Vogt, Europe after Fukushima. German Perspectives on the Future of Nuclear Power, Rachel Carson Center Perspectives 1/2012, S. 51 (53 f.).

24 Sloterdijk (Fn. 7), S. 31 Fn. 1.

25 Vgl. Beck, Weltrisikogesellschaft (Fn. 21), S. 94 ff.

26 Beck, Weltrisikogesellschaft (Fn. 21), S. 109 ff.; ders., Neuvermessung (Fn. 21), S. 39.

27 Vgl. Beck, Neuvermessung (Fn. 21), S. 25, 39.

tag:[28] Angesichts der globalen Risiken wird jedermann mit den eigenen Handlungsfolgen für andere, scheinbar ferne Menschen und künftige Generationen konfrontiert. Hieraus ergibt sich ein „kosmopolitischer Imperativ“[29], nach dem sich grenzübergreifende Lebens- und Überlebensbedingungen nur (noch) in einer kosmopolitischen Perspektive erschließen.

Auf den ersten Blick scheint Becks Fortschreibung der Risikogesellschaft zur Weltrisikogesellschaft ideal zu sein, um über die Reflexivität jedes menschlichen Handelns eine anthropozäne Verantwortungs- und Verfassungsgemeinschaft zu begründen. Doch die Aporien der (Welt-)Risikogesellschaft schlagen sich in zwei gegenläufigen Tendenzen nieder.[30] Einerseits verhindert die soziale und politische Allgegenwart des Begriffs der „Risikogesellschaft“ eine angemessene Gefahrenwahrnehmung:[31] Die Bürger/innen halten Gefahren für Risiken, die über eine Kombination aus technischer Vorsorge und praktisch ausgeschlossenem Restrisiko sozial akzeptabel erscheinen. Die Wahrnehmung der Atomkraft und die Frage der ‚Entsorgung‘ des Atommülls sind die besten Beispiele dafür. Sie werden überhaupt nicht (mehr) als die Gefahren wahrgenommen, die sie sind. Andererseits löst die Risikogesellschaft Regulierungsreflexe aus, die je nach sozial und politisch divergierender Risikowahrnehmung zu einer unangemessenen Einschränkung von riskanten Freiheitsrechten führen.[32] Ein paradigmatisches Beispiel hierfür ist – jedenfalls in Deutschland – die Regulierung der grünen Gentechnik. Auf diese Weise changiert die (Welt-)Risikogesellschaft zwischen defensiver Gefahrenignoranz auf der einen und einer überschießenden Bewertung von Worst-Case-Szenarien auf der anderen Seite.[33] Zugespitzt formuliert: Eine holistische Risikosoziologie ist sowohl für die Sicherheit als auch für die Freiheit der anthropozänen Gesellschaften letztlich selbst zu risikoreich. Dies bedeutet: Die Risikogesellschaft und – in juristischer Perspektive – das Risikoverfassungs- und Risikoverwaltungsrecht werden sicherlich einen ganz zentralen Baustein in einer anthropozänen Rechtsordnung bilden. Das Risiko kann aber nicht das Paradigma darstellen, mit dem die anthropozäne Verfassungsfrage zu beantworten ist. Mit dem Anthropozän ist zugleich der Zeitpunkt gekom-

28 Vgl. hierzu und zum Folgenden Beck, Neuvermessung (Fn. 21), S. 31, 40 f., 50 f.; ders., Weltrisikogesellschaft (Fn. 21), S. 118 ff., 170 ff.

29 Beck, Neuvermessung (Fn. 21), S. 49.

30 Vgl. hierzu und zum Folgenden Kersten (Fn. 3), S. 68.

31 Vgl. zum Wechsel vom Gefahren- zum Risikoparadigma Marques (Fn. 20), S. 109 ff.

32 Vgl. Sunstein, Gesetze der Angst. Jenseits des Vorsorgeprinzips, 2007, S. 25 ff.

33 Vgl. Sunstein (Fn. 32), S. 97 ff.; ders., Worst-Case Scenarios, 2007, S. 1 ff.

men, von ‚der' Risikogesellschaft als ‚dem' umfassendem sozialen, ökologischen, politischen und rechtlichen Erklärungs- und Handlungsmodell Abschied zu nehmen.

### *1.2 Was kommt nach der Nachhaltigkeit?*

Sollen wir nun – nach dem Abschied von der Risikogesellschaft – auf das Nachhaltigkeitsprinzip setzen, um unserer ökologischen Verantwortung im Anthropozän einen angemessenen verfassungsrechtlichen Rahmen zu geben?

Es ist zweifellos revolutionär, dass sich das Nachhaltigkeitsprinzip aus einem Konzept der Ressourcenbewirtschaftung des 16. und 17. Jahrhunderts zu einer Art ethischem und rechtlichem Weltprinzip entwickelt hat.[34] Es beherrscht das nationale, europäische und internationale Umweltrecht. Darüber hinaus strahlt der Nachhaltigkeitsgrundsatz auch auf nahezu alle anderen Subsysteme der Gesellschaft aus: von der Gesundheits- und Energieversorgung über öffentliche Organisation, Planung und Haushaltsführung bis in das Wirtschafts-, Finanz- und Unternehmensrecht.[35] Den Ausgangspunkt für die globale Entfaltung des Nachhaltigkeitsprinzips bildet nach wie vor der Brundtland-Bericht „Our Common Future" von 1987: „Sustainable Development seeks to meet the needs and aspirations of the present without compromising the ability to meet those of the future."[36] Zugleich darf man jedoch mit Blick auf die Bewältigung anthropozäner Herausforderungen nicht aus den Augen verlieren, dass es sich bei dem Nachhaltigkeitsprinzip um einen nicht nur sehr nachgiebigen, sondern auch konservativen Grundsatz handelt:[37] Der Grund für die Nachgiebig-

34 Vgl. Beaucamp, Das Konzept der zukunftsfähigen Entwicklung im Recht. Untersuchungen zur völkerrechtlichen, europarechtlichen, verfassungsrechtlichen und verwaltungsrechtlichen Relevanz eines neuen politischen Leitbildes, 2002, S. 18 ff.; kritisch: Appel, Staatliche Zukunfts- und Entwicklungsvorsorge. Zum Wandel der Dogmatik des Öffentlichen Rechts am Beispiel des Konzepts der nachhaltigen Entwicklung im Umweltrecht, 2005, S. 339 ff.

35 Vgl. programmatisch Kahl (Hg.), Nachhaltigkeit als Verbundbegriff, 2008, m. umf. N.

36 World Commission on Environment and Development, Our Common future, 1987, S. 40 f.; vgl. hierzu Kahl, Einleitung, in: ders. (Fn. 35), S. 6 ff.

37 Vgl. hierzu und zum Folgenden Kersten (Fn. 3), S. 46 ff.; ders., The Enjoyment of Complexity: A New Political Anthropology of the Anthropocene?, in: Trischler (Hg.), Anthropocene. Envisioning the Future of the Age of Humans,

keit des Nachhaltigkeitsgrundsatzes liegt in dessen normativer Struktur. Nach dem dreidimensionalen Nachhaltigkeitsmodell sollen soziale, ökonomische und ökologische Interessen zu einem angemessenen Ausgleich gebracht werden.[38] Gerade mit Blick auf die Gewährleistung ökologischer Belange haben Michael Krautzberger und Bernhard Stüer die ‚theatralische Sendung' des Nachhaltigkeitsprinzips veranschaulicht: Ökologische Belange sind im Verhältnis zu sozialen und wirtschaftlichen Interessen problemlos wegwägbar, solange die dabei vergossenen Krokodilstränen nur groß genug sind.[39] Angesichts der zunehmenden Ökonomisierung der Welt spitzt sich dieser Einwand der normativen Nachgiebigkeit für die Bewältigung der anthropozänen Herausforderungen noch weiter zu. Doch bei dem Nachhaltigkeitsprinzip handelt es sich nicht nur um einen normativ nachgiebigen Grundsatz. Es handelt sich zugleich auch um ein auf bewahrenden Interessenausgleich gerichtetes Prinzip.[40] Aufgrund dieses konservativen Moments muss das Nachhaltigkeitsprinzip aber in all den Fällen versagen, in denen die Entwicklung eine abwägende Steuerung längst hinter sich gelassen hat:[41] So lässt sich beispielsweise über den weltweiten Kollaps von Biodiversität nichts Nachhaltiges sagen. Nach der Studie des Weltbiodiversitätsrats vom Mai 2019 steht zu befürchten, dass wir in den kommenden Jahrzehnten eine Million Arten vernichten.[42] Aufgrund der Beschleunigung des Artensterben werden bis zum Jahr 2100 die Hälfte der derzeit noch existierenden Arten vernichtet sein.[43] Mit Blick auf die Biodiversität leben wir längst in einer nach-nachhaltigen „Gesellschaft des Verschwindens"[44]. Auch hinsichtlich unserer globalen Erfahrung mit atomaren Katastrophen vermag der Nachhaltigkeitsgrundsatz keine normative Steuerungswirkung zu entfalten. Die Reaktorunfälle von Three Miles Island, Tschernobyl und Fukushima sind ja keineswegs schlicht ‚vorbei'. Sie

Rachel Carson Center Perspectives 3/2013, S. 39 (44); ders., Anthropozän-Konzept, S. 46 ff.

38 Vgl. Kersten, Baurecht, in: Schoch (Hg.), Besonderes Verwaltungsrecht, 2018, 3. Kap., Rn. 81 m. w. N.

39 Vgl. Krautzberger/Stüer, DVBl. 2004, S. 914 (924).

40 Vgl. Sloterdijk, Zeilen und Tage. Notizen 2008-2011, 2012, S. 490 f.

41 Vgl. Kersten (Fn. 37), S. 44; ders. (Fn. 3), S. 47 f.

42 Vgl. Schwägerl/Müller-Jung, FAZ, 8.5.2019, S. N1.

43 Vgl. Kersten, UPR 2012, S. 15 ff.; Heise, Nach der Natur. Das Artensterben und die moderne Kultur, 2010, S. 9.

44 Breuer, Die Gesellschaft des Verschwindens. Von der Selbstzerstörung der technischen Zivilisation, 1995.

sind nach wie vor und auch zukünftig präsent:[45] „Some nuclear wastes and part of Chernobyl's fallout will be lethal for 24,000 years – easily the most lasting insignia of the twentieth century and the longest lien on the future that any generation of humanity has yet imposed."[46] Entsprechendes gilt für die ‚Entsorgung' des Atommülls:[47] Die Regelung des § 1 Abs. 1 S. 2 StandAG gibt das Ziel vor, einen Standort für die Lagerung des Atommülls zu finden, der „die bestmögliche Sicherheit für den dauerhaften Schutz von Mensch und Umwelt vor ionisierender Strahlung und sonstigen schädlichen Wirkungen dieser Abfälle für einen Zeitraum von einer Millionen Jahren gewährleistet." Schon die anthropozäne Zeitdimension von einer Million Jahre verdeutlicht, dass wir längst nicht mehr über Nachhaltigkeit, sondern über die „Metaphysik der Endlagerung"[48] von atomaren Abfällen sprechen; und dies gilt selbst dann, wenn § 1 Abs. 1 S. 3 StandAG unterstreicht, dass „auch die Vermeidung unzumutbarer Lasten und Verpflichtungen für künftige Generationen" die Standortauswahlentscheidungen bestimmen soll.

Sicherlich ist es einfacher, den Nachhaltigkeitsgrundsatz zu kritisieren, als konstruktiv mit ihm umzugehen. Die Kritik am Nachhaltigkeitsbegriff falle – so Christof Mauch – nicht schwer; denn „'sustainable development' suggeriert in seiner Dualität alles und nichts: Nachhaltigkeit und Entwicklung, Statik und Dynamik, Konservation und Wachstum. Aber gerade in der paradoxen Essenz des Begriffs bestehen sein Reiz und sein Wert, denn weniges wäre angesichts der Dynamik der Mensch-Umwelt-Beziehung und der Beschleunigung unserer Welt fataler als eine auf starre Prinzipien setzende Philosophie."[49] Ganz in diesem Sinn wird auch das Nachhaltigkeitsprinzip im Anthropozän eine zentrale Rolle spielen. Doch wie das Konzept der Risikogesellschaft ist auch der Nachhaltigkeitsgrundsatz für sich genommen nicht in der Lage, unserer anthropozänen Verantwortung einen angemessenen verfassungsrechtlichen Rahmen zu setzen.[50] Deshalb

45 Vgl. Spaemann, Nach uns die Kernschmelze. Hybris im atomaren Zeitalter, 2011, S. 7 ff.; Mauch, Mensch und Umwelt. Nachhaltigkeit aus historischer Perspektive, 2014, S. 48 f.; Kersten (Fn. 23), S. 52 ff.

46 McNeill, Something New under the Sun. An Environmental History of the Twentieth-Century World, 2000, S. 313.

47 Vgl. Kersten, aviso 3/2016. S. 20 ff.

48 Sloterdijk, Zorn und Zeit. Politisch-psychologischer Versuch, 2006, S. 146.

49 Mauch (Fn. 45), S. 64.

50 Vgl. jedoch Wissenschaftlicher Beirat der Bundesregierung Globale Umweltveränderung (WBGU), Welt im Wandel. Gesellschaftsvertrag für eine Große Transformation, 2011.

lautet eine der wichtigsten und zugleich spannendsten anthropozänen Fragen: Was kommt nach der Nachhaltigkeit?

### *1.3 Das „Verfassungsrecht der Erde"?*

Mit dem Konzept des „Rechtsstaats der Natur"[51] meldet Bruno Latour einen umfassenden Erklärungsanspruch für eine neue politische Ökologie an, der die klassische politische Ökonomie weit hinter sich lässt. Die allgemeine Grundlage dafür hat Latour mit seiner Akteur-Netzwerk-Theorie und sodann spezifisch in seiner programmatischen Schrift „Das Parlament der Dinge" gelegt. Der „Rechtsstaat der Natur" wendet sich den ökologischen Akteuren – beispielsweise Tieren und Pflanzen, Ozonloch und Klima – zu, die längst ihre „Thing Power"[52] in unserer gesellschaftlichen Kommunikation entwickeln und dennoch von uns menschlichen, sozialen und ökonomischen Akteuren (bisher noch) politisch ignoriert werden. Sie sollen in die politische und rechtliche Repräsentation einbezogen werden. Deshalb entwirft Latour eine Verfassung für den „Rechtsstaat der Natur", die ein Oberhaus und ein Unterhaus kennt:[53] Während das Oberhaus darüber zu entscheiden hat, wer Mitglied des neuen politischen Akteurkollektivs wird, ist es die Aufgabe des Unterhauses, die konfligierenden Interessen aller politisch inkludierten Akteure in eine hierarchische Ordnung zu bringen. Dieses Konzept ist für den Entwurf einer Verfassung für das Anthropozän zweifellos von zentraler Bedeutung, da es eine politische und rechtliche Repräsentation der bisher Nichtrepräsentierten ermöglicht.[54] Zugleich wirft Latours Konzept aus juristischer Perspektive allerdings auch Probleme auf, die sowohl das Oberhaus als auch das Unterhaus betreffen: Das Oberhaus soll nach der Auffassung von Latour über die Frage der Mitgliedschaft und Repräsentation von menschlichen, sozialen, wirtschaftlichen und ökologischen Akteuren entscheiden, indem es die „Freund-Feind-Frage" stellt.[55] Doch dieser Rekurs auf Carl Schmitts Unterschei-

51 Latour, Das Parlament der Dinge. Für eine politische Ökologie, 2010, S. 225, 156, 279.

52 Vgl. Bennett, Vibrant Matter. A Political Ecology of Things, 2010. S. 2.

53 Vgl. Latour (Fn. 51), S. 210 ff.

54 Vgl. Fischer-Lescano, ZUR 2018, S. 205 (208, 211).

55 Latour (Fn. 51), S. 190, 225 ff., 261 f., 288; ferner ders., ebd., S. 227, 346, 350, zur Rezeption von Carl Schmitts Begriff des Politischen; vgl. auch Schmitt, Der Begriff des Politischen. Text von 1932 mit einem Vorwort und drei Corollarien, 3. Aufl., 1991, S. 26 f.

dung von Freund und Feind als Merkmal des Politischen kann in Latours Konzept kaum überzeugen:[56] Der Feind bei Schmitt ist eine Person, die schlicht existenziell ausgelöscht werden kann.[57] Im Gegensatz dazu geht Latour in seinem Verfassungsentwurf davon aus, dass die vom Oberhaus abgelehnten Akteure über die Möglichkeit verfügen, ein Berufungsgericht im Hinblick auf ihre Repräsentation anzurufen und in kommenden Konstellationen gegebenenfalls in das Akteurkollektiv auch aufgenommen werden müssen.[58] Der „Rechtsstaat der Natur" käme also sehr gut ohne Carl Schmitt aus. Aber auch das von Latour konstituierte Unterhaus sieht sich – wiederum aus juristischer Perspektive – konzeptioneller Kritik ausgesetzt: In einer komplexen Gesellschaft, die aus menschlichen, sozialen, ökonomischen und ökologischen Akteuren besteht, lassen sich rechtliche Konflikte nicht durch die Aufstellung einer Interessenhierarchie lösen. Vielmehr bedarf es verfassungsrechtlicher Regeln, um über Interessenkonflikte im Einzelfall zu entscheiden. Mit anderen Worten: Der „Rechtstaat der Natur" ist also von vornherein auf ein heterarchisches Rechtsverständnis angewiesen.

Allerdings hat Latour sein Konzept des „Rechtsstaats der Natur" in seinem jüngst publizierten „Kampf um Gaia" zu einem Konzept des „Verfassungsrechts der Erde"[59] weiterentwickelt und dabei – leider – auch seine Schmitt-Rezeption ausgeweitet und vertieft. Latour verweist auf den

> „toxischen und gleichwohl unentbehrlichen Carl Schmitt (1888-1985). Mit dem Nazi-Juristen ist es wie mit Gift, das man im Labor verwahrt für den Fall, daß man ein aktives Prinzip braucht, das stark genug ist, anderen, noch gefährlicheren Giften entgegenzuwirken: Alles eine Frage der Dosierung! Im vorliegenden Fall sind die Drogen, denen wir entgegenzuwirken haben, so stark, daß ich Sie auffordere, sich ganz bewußt durch winzige Dosen Schmitt dagegen zu immunisieren."[60]

Ganz konkret wirbt Latour dafür, Carl Schmitts Schrift „Der Nomos der Erde" in der ‚richtigen Dosierung' anzuwenden, um im Krieg[61] der „Mo-

---

56 Vgl. hierzu und zum Folgenden auch Kersten (Fn. 3), S. 63 f.

57 Vgl. Schmitt (Fn. 55), S. 33, 46, 49,70.

58 Vgl. Latour (Fn. 51), S. 166, 187, 201 f., 207, 127, 235, 246, 249 f., 288.

59 Latour, Kampf um Gaia. Acht Vorträge über das Neue Klimaregime, 2017, S. 432; vgl. ferner ders., ebd., S. 450, 452.

60 Latour (Fn. 59), S. 386; vgl. ders., ebd., S. 389.

61 Vgl. Latour (Fn. 59), S. 269, 383 ff., 401 f. Teilweise spricht Latour, ebd., S. 416 f., allerdings auch vom Ausnahmezustand, wobei sich das Verhältnis von Kriegs- und Ausnahmezustand nicht erschließt.

dernen“ mit den „Erdverbundenen“[62] die politische Freund-Feind-Unterscheidung einzuführen.[63] Für die Beendigung dieses Kriegszustands setzt Latour auf eine neue Form des konkreten Ordnungsdenkens,[64] das auf ein erdvereinnahmendes Versprechen der Friedfertigkeit[65] setzt, indem es Schmitts Verständnis von „Landnahme“ umkehrt:[66] Schmitt könne sich – so Latour –

> „nicht vorstellen, daß *Landnahme* zu bedeuten beginnt: *Vereinnahmung* durch die ERDE. Dies ändert alles. Während MENSCHEN als diejenigen definiert sind, die die Erde nehmen, sind die ERDVERBUNDENEN jene, die *von ihr vereinnahmt werden*. In beiden Fällen ist die ERDE weiterhin die MUTTER ihres Rechts, doch ist es *nicht dieselbe Mutter, nicht dasselbe Recht*, und deshalb sind es auch *nicht dieselben Menschen* – sie sind nicht mehr derselben Scholle entwachsen, demselben Humus, demselben Kompost, kurzum: ihre Komposition ist nicht dieselbe.“[67]

Auf diese Weise beantwortet Latour die anthropozäne Verfassungsfrage, indem er sie unter Schmitts Motto stellt: „Die *Erde* wird in mythischer Sprache die Mutter des Rechts genannt. […] Das Recht ist erdhaft und auf die Erde bezogen. Das meint der Dichter, wenn er von der allgerechten Erde spricht und sagt: *justissima tellus*.“[68] Diese Verbindung von Erde und Recht realisiert sich nach der Auffassung von Latour sodann in Netzwerken,[69] womit die Ausführungen wieder Anschluss an die Akteur-Netzwerk-Theorie gewinnen. Deren „verfassungsgebende Qualität“[70] soll sich in einer repräsentativen Demokratie der ganzen Vielfalt „erdverbundener“ Akteure entfalten,[71] die in Form von Rückkopplungsschleifen aufeinander (re)agie-

---

62 Vgl. paradigmatisch Latour (Fn. 59), S. 418 f., 424 f.

63 Vgl. Latour (Fn. 59), S. 269, 274, 379 ff., 398 ff., 414 f.

64 Vgl. Schmitt, Der Nomos der Erde im Völkerrecht des Jus Publicum Europeum, 4. Aufl. 1997, S. 39 f.

65 Vgl. Schmitt (Fn. 64), S. 6: „Das Denken der Menschen muß sich wieder auf die elementaren Ordnungen ihres terrestrischen Daseins richten. Wir suchen das Sinnreich der Erde. Das ist das Wagnis dieses Buches und das Vorgebot unserer Arbeit. Es sind die Friedfertigen, denen das Erdreich versprochen ist. Auch der Gedanke eines neuen Nomos der Erde wird sich ihnen nur erschließen.“ – vgl. hierzu Latour (Fn. 59), S. 395 ff., 431.

66 Vgl. Latour (Fn. 59), S. 443, 464, 470 f., 487.

67 Vgl. Latour (Fn. 59), S. 423 (Hervorhebungen im Original).

68 Schmitt (Fn. 64), S. 13 (Hervorhebung im Original); hierzu Latour (Fn. 59), S. 11, 263, 386 f., 421, 476.

69 Vgl. Latour (Fn. 59), S. 425.

70 Latour (Fn. 59), S. 450; vgl. ders., ebd., S. 452.

71 Vgl. Latour (Fn. 59), S. 444 ff., 474 f.

ren.[72] „Im Zeitalter des Anthropozäns zu leben" – so schlussfolgert Latour – „heißt, eine seltsame und schwierige Machtbeschränkung zugunsten GAIAS hinzunehmen und sie als säkulare Aggregation aller Akteure erachten, die der Nachvollzug der Rückkopplungsschleifen erkennbar macht."[73]

Dieser Versuch Latours, das Konzept des „Rechtsstaats der Natur" zu einem „Verfassungsrecht der Erde" weiterzuentwickeln, ist nur sehr schwer nachvollziehbar. Die Esoterik des Gaia-Konzepts lässt sich nicht zu einem Verfassungskonzept für das Anthropozän entwickeln, indem man sich selektiver Zitate der Erd-Esoterik und des konkreten Ordnungsdenkens Carl Schmitts bedient. Sicherlich sind Versuche einer selektiven Schmitt-Rezeption in der Verfassungstheorie nicht unbekannt.[74] Doch die antiliberalen und radikalen Positionen und Begriffe Carl Schmitts lassen sich nicht ‚dosieren' oder selektiv rezipieren. Man bekommt immer den ganzen Schmitt. Wer aber dennoch glaubt, Schmitt (selektiv) zu ‚beherrschen', muss zumindest die Fragen beantworten, die er im Rekurs auf Schmitt aufgeworfen hat – und dies heißt vorliegend insbesondere: Wie wird die existentielle Freund-Feind-Unterscheidung zwischen „Modernen" und „Erdverbundenen" konkret beendet? Wie erfolgt die demokratische Repräsentation der „Erdverbundenen"? Wie wird über die Rückkopplungsschleifen der konkreten Erdordnung entschieden? Die Schmittschen Antworten auf diese Fragen sind alle klar: Vernichtung,[75] Homogenität,[76] Ordnung.[77] Doch wie lauten die Antworten Latours im Übergang von seinem „Kompositionistischen Manifest"[78] zu seinem „Terrestrischen Manifest"[79]? Vernetzung, Vielfalt, Rückkopplung? Doch bei der Lektüre von „Kampf um Gaia" bleibt die politische wie rechtliche Unsicherheit: Wie viele toxische Spurenele-

---

72 Vgl. Latour (Fn. 59), S. 473.

73 Latour (Fn. 59), S. 475 f.

74 Vgl. Böckenförde, in: ders./Gosewinkel, Wissenschaft, Politik, Verfassungsgericht, 2011, S. 361: „Ich habe von seinem [Carl Schmitts] Werk immer das herausgesucht, was ich übernehmen und akzeptieren konnte" (Klammerzusatz durch den Verfasser).

75 Vgl. Schmitt (Fn. 55), S. 33, 46, 49, 70.

76 Vgl. Schmitt, Die geistesgeschichtliche Lage des heutigen Parlamentarismus, 8. Aufl. 1996, S. 14: „Zur Demokratie gehört also notwendig erstens Homogenität und zweitens – nötigenfalls – die Ausscheidung und Vernichtung des Heterogenen."; ders., Verfassungslehre, 7. Aufl. 1898, S. 232 f.

77 Schmitt, Über die drei Arten des rechtswissenschaftlichen Denkens, 3. Aufl. 2006, S. 10 ff.

78 Vgl. Latour, New Library History 41 (2010), S. 471 ff.; ders., Zeitschrift für Theoretische Soziologie 1/2013, S. 8 ff. ders., (Fn. 59), S. 402.

79 Vgl. Latour (Fn. 5).

mente des nach Latour „unentbehrlichen“ „Nazi-Juristen“ Carl Schmitt stecken in diesen Begriffen? Gelingt die „Immunisierung“ gegenüber dem NS-Gift, die Latour verspricht, oder durchsetzt es nicht vielmehr das „Verfassungsrecht der Erde“? Deshalb lauten die zentralen Fragen, die an das „Verfassungsrecht der Erde“ zu richten sind: Wer nimmt an der Vernetzung ganz konkret teil oder wird ausgeschlossen? Was sichert sich die Vielfalt? Nach welchen normativen Kriterien wird mit repräsentativen Rückkopplungen umgegangen? Dies sind in gewisser Weise noch die gleichen Fragen, die sich – wie bereits deutlich wurde – auch mit Blick auf „Das Parlament der Dinge“ gestellt haben. Doch gerade weil Latour seine Schmitt-Rezeption vertieft hat, stellen sie sich jetzt noch zugespitzter. Sie werden sich wohl vor allem deshalb nicht rechtlich befriedigend beantworten lassen, weil Latour in letzter Konsequenz die Unterscheidung zwischen Sein und Sollen dekonstruiert, die für die Konstitution jeder Rechtsordnung konstitutiv ist.[80] Die anthropozäne Verfassungsfrage lässt sich nicht mit der Grundformel des konkreten Ordnungsdenkens beantworten, die das „Verfassungsrecht der Erde“ im Ergebnis anbietet: Es (Gaia) entscheidet sich. Deshalb spricht alles dafür, die Verfassungsfrage des Anthropozän nicht mit dem – selbstverständlich vollkommen entbehrlichen – Carl Schmitt zu beantworten, der die nationalsozialistische Diktatur und Gewaltherrschaft juristisch und rassistisch gerechtfertigt hat.[81] Und vor allem, sollte man jedem Friedfertigkeitsangebot misstrauen, das Carl Schmitt unterbreitet.[82]

### *1.4 Ökologischer Liberalismus*

Die Grundentscheidung der anthropozänen Verfassung liegt in der Anerkennung der Rechte der Natur und folglich in einem ökologischen Liberalismus. Die anthropozäne Verfassung erkennt neben menschlichen, sozialen und ökonomischen auch ökologische Rechtssubjekte an. Tieren, Pflanzen und Landschaften, Wasser, Luft und Klima verfügen über subjektive Rechte, mittels derer sie ihre rechtlich geschützten Interessen wahrnehmen können.

---

80 Vgl. Latour (Fn. 51), S. 167, 216, 237, 180 f.

81 Vgl. Hofmann, Legitimität gegen Legalität. Der Weg der politischen Theorie Carl Schmitts, 2. Aufl. 1992, S. 177 ff.; Mehring, Carl Schmitt. Aufstieg und Fall. Eine Biographie, 2009, S. 303 ff.

82 Vgl. oben bei Fn. 65.

Einen textlichen Anknüpfungspunkt, um dieses Konzept eines ökologischen Liberalismus zu entwickeln, findet man bei Peter Sloterdijk. In seinem Beitrag „Das Anthropozän – Ein Prozess-Zustand am Rande der Erd-Geschichte?“ stellt Sloterdijk – in Anknüpfung an Bruno Latours Schrift „Kampf um Gaia“[83] – ebenfalls die anthropozäne Verfassungsfrage:

> „Was in sehr unklaren Fronten aufeinanderprallt, ist das extrem diverse, bis auf Weiteres verfassungslose Ensemble von Aktanten, die gemeinsam mit den menschlichen ‚Gesellschaften‘ das Ereignis- und Schlachtfeld Erde bevölkern – das $CO_2$, die Höhe des Meeresspiegels, die Algen, die Computer, die Mikroben, die Thunfische, die Meteoriten, die Antibiotika, die Algorithmen, das Methangas, die Menschenrechte, die Windturbinen, der genmanipulierte Mais, die transplantierte Niere. Der ironisch erneuerte ‚Naturzustand‘ ist weder mit dem Schöpfungschaos identisch, noch vermag er das zu bieten, was bisher mit dem modernen Zustandsbegriff verbunden war, eine Konstitution.“[84]

Hieraus folgert Sloterdijk:

> „Die anthropozänische Situation erfordert eine neue Verfassungsdebatte, die im besten Fall in einem nicht-leviathanischen Ordnungs-Prozess resultiert – besser in einem Geflecht solcher Prozesse. In ihr werden nicht nur die Verfassungsorgane und die Rechte-Träger im Rahmen eines neu zu gründenden politischen Verhältnisses namens ‚Erdenbürgertum‘ definiert, auch die Einberufung des erdenbürgerlichen Kollektivs als solchem ist in diversen Formaten neu zu vollziehen, diesseits und jenseits der Allgemeinen Erklärung der Menschenrechte. Dass diese Vorgänge einer Titanomachie gleichen werden, ist abzusehen. In ihr dürften die Erdenbürger sich sammeln unter dem von dem Dichter Friedrich Grabbe 1836 lancierten Schlachtruf: ‚Nichts als nur Verzweiflung kann uns noch retten!‘“[85]

Will man aber nicht sogleich in Verzweiflung verfallen, sondern setzt man auf den politischen Optimismus, den Sloterdijk selbst mit dem Verweis auf die Allgemeine Erklärung der Menschenrechte aufruft und der jede demokratische Verfassungsdebatte trägt, so stellt sich die Frage, wie sich dieses neue Erdenbürgertum verfassungsrechtlich entfalten kann. Sloterdijk deutet an, dass es seinen Niederschlag in einem neuen Verfassungsverständnis von Rechtsträgern finden wird. Darüber hinaus beschreibt er – wenn auch in kritischer Absicht – die soziale und rechtliche Dynamik, die sich mit der Revolution der Rechte vor allem in Europa vollzogen hat:

---

83 Vgl. Latour (Fn. 59), S. 251 ff.; vgl. hierzu oben 1.3.
84 Sloterdijk (Fn. 16), S. 42, mit Bezug zu Latour (Fn. 59), S. 384.
85 Sloterdijk (Fn. 16), S. 42.

> „Nur in dem neuzeitlich erregten Europa, das bereits von Selbstverstärkungsspiralen aller Art erfasst war, konnte die scheinbar triviale, in Wahrheit abenteuerlich kühne Vorstellung aufkommen, Menschen seien von Natur aus Wesen, denen unentäußerbare Rechte zukommen – ja, das Leben selbst sei nichts anderes als die Erfolgsphase der Geltendmachung von Rechten durch deren Inhaber. Gewiss suchen Menschen von alters her Schutz in lokalen Konstruktionen von Gerechtigkeit – aber nur in Europa, im Mutterland der Matthäus-Effekte, konnte sich der Zirkel entfalten, der aus dem Meta-Recht schlechthin, dem ‚Recht, Rechte zu haben' hervorging – um eine Formulierung Hannah Arendts zu zitieren. Sie bringt den Keim der Ausweitung der Rechtszone in aller Deutlichkeit auf den Begriff. Nur in einer Zivilisation, in der das Recht auf das Haben von Rechten zur inneren Haltung und zur von staatlichen Organen getragenen Institution geworden war, konnte sich die Spirale ständiger erweiterter Verrechtlichung in Gang setzen, die für die europäische Sozialdynamik in den letzten Jahrhunderten durch und durch typisch geworden ist. Diese Ausweitung der Rechtsanspruchszone wirft freilich einen wachsenden, problematischen Schatten. Durch die intensive Wechselwirkung der entgrenzten Rechte-Macher mit dem gargantuesken Selbstverstärkungssystem der Staatlichkeit entsteht in unseren Tagen ein Monstrum an nationaler und übernationaler Regulierungs-Juristerei, für das die Geschichte kaum ein Beispiel aufweist."[86]

Der kritische Unterton, mit dem Sloterdijk die Revolution der Rechte hier nachzeichnet, ist nicht zu überhören. Seine anthropozäne Pointe liegt aber gerade nicht in dem Konzept wachsender Staatlichkeit. Denn es versteht sich von selbst, dass mit den wachsenden Rechtsansprüchen der Bürger/innen auch der rechtsverpflichtete Staat immer größere Bedeutung gewinnt. Vielmehr ist die Revolution menschlicher Rechte, die Sloterdijk beschreibt, vor allem auch für den Übergang ins Anthropozän und insbesondere für dessen Krisen – wie Artensterben und Klimawandel, Verwüstung und Vermüllung – mit verantwortlich.[87] Die Antwort auf die anthropozänen Herausforderungen liegt nun aber gerade nicht in einer Kritik der Rechte, als vielmehr in einer ökologischen Fortsetzung der Verrechtlichungsspirale, die Sloterdijk so ambivalent beschreibt. Die Rechte des Menschen, die zur Zerstörung der Natur geführt haben, werden nicht abgeschafft, sondern durch die Anerkennung der Rechte der Natur eingeschränkt. Deshalb liegt die verfassungsrechtliche Grundentscheidung des Anthropozän in der Gewährleistung der Rechte der Natur. Die liberale Ordnung der subjektiven Rechte wird auf die Natur ausgedehnt: Tiere, Pflanzen und Landschaften, Wasser, Luft und Klima werden in der anthro-

86 Sloterdijk (Fn. 16), S. 35.
87 Vgl. oben 0.

pozänen Verfassung als Rechtssubjekte anerkannt und ihre Rechte entfaltet. Die anthropozäne Verfassung ist damit die Verfassung eines ökologischen Liberalismus: Auf den menschenrechtlichen, wirtschaftlichen und sozialen Liberalismus folgt der ökologische Liberalismus, der die anthropozäne Verfassungsordnung prägt. Auf dieser Grundlage können sodann auch die Regeln und Kriterien entwickelt werden, nach denen die Konflikte zwischen diesen ‚neuen' ökologischen und den bereits etablierten menschlichen, sozialen und insbesondere ökonomischen Rechtssubjekten rechtlich ausgetragen werden. Damit erhalten aber diese ökologischen Rechtssubjekte nicht nur einen subjektiven Rechtsstatus, um ihre Integrität und Entwicklung insbesondere gegenüber menschlichen, sozialen und wirtschaftlichen Interessen geltend machen zu können. Vielmehr sind sie auf diese Weise zugleich Teil einer anthropozänen Rechtsgemeinschaft, die ein vollkommen neues menschliches, soziales, ökonomisches und ökologisches Gesellschaftsrecht ausdifferenziert. Ökologische Rechtssubjekte werden nicht nur vor Gericht auftreten, sondern automatisch auch in der Gesetzgebung und in der exekutiven Verwaltungspraxis von der Einzelfallentscheidung über die Planung bis zur Regulierung (re)präsent(iert) sein. Darüber hinaus erfüllt dies auch die Anforderungen, die Sloterdijk mit Blick auf die anthropozäne Verfassung formuliert hat: Es entsteht kein neuer, anthropozäner Leviathan.[88] Vielmehr verwirklicht die anthropozäne Revolution der Rechte gerade ein normatives Geflecht von heterarchischen Prozessen in Form von Rechtsbeziehungen. Darüber hinaus hat dieser anthropozäne Verfassungskompromiss einen ganz entscheidenden organisatorischen Vorteil: Es müssen für seine Umsetzung nicht *ad hoc* neue Verfassungsorgane geschaffen werden. Vielmehr erweist sich die anthropozäne Revolution der Rechte für die bestehende Verfassungsordnung als unmittelbar anschlussfähig: Die Gesetzgeber, Exekutiven und Gerichte jedenfalls der freien und demokratischen Welt wissen, wie man mit subjektiven Rechten umgeht. Dabei spielt es keine Rolle, ob dieses subjektive Recht einer menschlichen, sozialen, ökonomischen oder eben ökologischen Person zustehen. Auf dieser Grundlage können Gesetzgeber, Verwaltungen und Gerichte sodann Regeln und Prinzipien für die Abwägung von Interessenkonflikten entwickeln, die sich zwischen menschlichen, sozialen, ökonomischen und ökologischen Rechtsträgern einstellen. So verstanden enthält das Konzept des Anthropozän wirklich „die spontanen *minima moralia* des gegenwärtigen Zeitalters: Es impliziert die Sorge um die Kohabi-

88 Vgl. demgegenüber Schellnhuber/Crutzen/Clark/Hunt, Environment 47/8 (10.10.2005), S. 11 (24), zum Konzept eines „Post-Anthropocene Leviathan".

tation der Erdenbürger in humaner wie nicht-humaner Gestalt. Es fordert auf zur Mitarbeit am Netzwerk der einfachen und höherstufigen Lebenskreise, in denen die Akteure der aktuellen Welt ihr Dasein im Modus der Ko-Immunität erzeugen."[89]

## 2. *Die Rechte der Natur*

Das Grundgesetz legt keinen gesteigerten Wert auf sein ökologisches Profil. In seiner Umweltstaatszielbestimmung begreift es die Natur als bloßes Schutzobjekt: Der Staat schützt auch in Verantwortung für die künftigen Generationen die natürlichen Lebensgrundlagen und die Tiere im Rahmen der verfassungsmäßigen Ordnung durch die Gesetzgebung und nach Maßgabe von Gesetz und Recht durch die vollziehende Gewalt und die Rechtsprechung (Art. 20a GG). Weder Mensch[90] noch Natur[91] können aus Art. 20a GG subjektive Rechte herleiten. Im Gegensatz dazu wird die Natur beispielweise durch Art. 10, Art. 71–74 der Verfassung der Republik Ecuador als Rechtssubjekt anerkannt:[92] „Nature shall be the subject of those rights that the Constitution recognizes for it" (Art. 10 Abs. 2 Ecuadorianische Verfassung). Und weiter heißt es:

> „Nature, or Pacha Mama, where life is reproduced and occurs, has the right to integral respect for its existence and for the maintenance and regeneration of its life cycles, structure, functions and evolutionary processes. All persons, communities, peoples and nations can call upon public authorities to enforce the rights of nature. To enforce and interpret these rights, the principles set forth in the Constitution shall be observed, as appropriate. The State shall give incentives to natural persons and legal entities and to communities to protect nature and to promote respect for all the elements comprising an ecosystem" (Art. 71 Ecuadorianische Verfassung).

---

89 Sloterdijk (Fn. 16), S. 44 (Hervorhebung im Original).

90 Vgl. BT-Drs. 12/6000, S. 67; BVerwG, NJW 1995, S. 2648 (2649); NVwZ 1998, S. 1081; Scholz, in: Maunz/Dürig, GG, 85. Aufl. 2019, Art. 20a, Rn. 33.

91 Vgl. Epiney, in: v. Mangoldt/Klein/Starck (Hg.), GG, 7. Aufl. 2018, Rn. 24 ff. m. w. N.

92 Vgl. für die englische Übersetzung http://pdba.georgetown.edu/Constitutions/Ecuador/english08.html; 3.5.2019; hierzu Tabios Hillebrecht, Disrobing Rights: The Privilege of Being Human in the Rights of Nature Discourse, in: dies./Berrors (Hg.), Can Nature have Rights? Legal and Political Insights, RCC Perspectives 2017/6, S. 15 f.; Berros, Defending Rivers: Vilcamamba in the South of Ecuador, ebd., S. 37 ff.

Darüber hinaus hat sich in einer ganzen Reihe von Staaten eine Rechtspraxis entwickelt, welche die Rechte der Natur anerkennt. So werden beispielsweise in Argentinien, Kolumbien und in den USA die Rechte von Tieren und in Equador, Indien, Kolumbien und Neuseeland die Rechte von Flüssen vor Gericht berücksichtigt.[93]

Könnten auch im Rahmen der geltenden deutschen Verfassungsordnung Rechte der Natur anerkannt werden? Could and „Should Trees Have Standing?“[94] Diese Fragen werden auch für Deutschland seit langem kontrovers diskutiert.[95] Michael Kloepfer hat dabei hinsichtlich der deutschen Rechtslage vollkommen zu Recht unterstrichen, dass die Anerkennung von Rechten der Natur vielleicht kulturell ungewohnt, aber rechtlich nicht unmöglich ist.[96] Deshalb lohnt es sich, der Möglichkeit der Verankerung von Rechten der Natur in der deutschen Verfassungsordnung nachzugehen.

### 2.1 *Rechtssubjektivität*

Die Ausdifferenzierung der Rechte der Natur bzw. der Rechte von Tieren, Pflanzen und Landschaften, von Luft, Wasser und Klima setzt zunächst voraus, dass diese überhaupt Rechtssubjekte sein können. Wenn es um die Ausgestaltung der Rechtssubjektivität von ökologischen Subjekten – aber auch von autonomen Automaten oder von KI – geht, muss man sich zu-

---

93 Vgl. Fischer-Leascano, ZUR 2018, S. 205 (206 f.); Brara, Courting Nature: Advances in Indian Jurisprudence, in: Tabios Hillebrecht/Berros (Fn. 92), S. 31 ff.; *Berros* (Fn. 92), S. 37 ff.; für die rechtspolitische Debatte in Griechenland Kalantzakos, River Rights and Rights of Rivers: The Case of Acheloos, in: Tabios Hillebrecht/Berros (Fn. 92), S. 45 ff.; jew .m. w. N.

94 Stone, South California Law Review 45 (1972), S. 450 ff.

95 Vgl. befürwortend Bosselmann, KJ 19 (1986), S. 1 ff.; Meyer-Albich, Wege zum Frieden mit der Natur. Praktische Naturphilosophie für die Umweltpolitik, 1986, S. 162 ff.; ablehnend Scholz, in: Maunz/Dürig (Fn. 90), Art. 20a GG, Rn. 73; Epiney, in: v. Mangoldt/Klein/Starck (Fn. 91), Art. 20a GG, Rn. 24 ff., besonders Rn. 26 ff.; für einen umfassenden Überblick Gruber, Rechtsschutz für nicht-menschliches Leben. Der moralische Status des Lebendigen und seine Implementierung im Tierschutz-, Naturschutz- und Umweltrecht, 2006, passim, m. w. N.

96 Vgl. Kloepfer, in: Kahl/Waldhoff/Walter (Hg.), Bonner Kommentar zum Grundgesetz, 196. Lfg. 2019, Art. 20a, Rn. 102.

nächst vor Augen führen, dass Rechtssubjektivität stets relativ ist.[97] Diese Relativität von Rechtssubjektivität beruht auf zwei Umständen: Erstens ist die Rechtssubjektivität der Rechtsordnung nicht *a priori* vorgegeben, sondern wird durch ein Rechtssystem verliehen. Zweitens ist Rechtssubjektivität relativ, weil sie keinen abstrakten Rechtsstatus fixiert, sondern diesen aus einer Vielzahl von Rechten und Pflichten zusammensetzt. Dieses relative Verständnis von Rechtssubjektivität unterscheidet sich von substantiellen Bestimmungen des Rechtssubjekts, die diesen Status den Menschen vorbehalten wollen. Im 19. Jahrhundert hat insbesondere Friedrich Carl von Savigny diese Auffassung verfolgt: „Alles Recht ist vorhanden um der sittlichen, jedem einzelnen Menschen innewohnenden Freiheit willen. Daher muss der ursprüngliche Begriff der Person oder des Rechtssubjects zusammen fallen mit dem des Menschen, und diese ursprüngliche Identität beider Begriffe läßt sich in folgender Formel ausdrücken: Jeder einzelne Mensch, und nur der einzelne Mensch, ist rechtsfähig."[98] Allerdings hält von Savigny den selbst aufgestellten Grundsatz angesichts der Komplexität der sich entwickelnden Wirtschaft und Rechtsordnung nicht durch, wenn er den seiner Auffassung nach ursprünglich allein den Menschen vorbehaltenen Begriff des „Rechtssubjekts" durch das positive Recht modifiziert sieht und ganz in diesem Sinne konstatiert: Das positive Recht habe die Möglichkeit, die Rechtsfähigkeit auch „auszudehnen". Es könne „die Rechtsfähigkeit auf irgend Etwas außer dem einzelnen Menschen übertragen, also eine juristische Person künstlich gebildet werden."[99] Diesen gesetzgeberischen Gestaltungsspielraum greift der Rechtspositivismus an der Schwelle des 19. zum 20. Jahrhundert auf, wenn er von einem status- zu einem interessenbestimmten Verständnis von Rechtssubjektivität übergeht. In Anknüpfung an Georg Jellinek lässt sich diese funktionale Auffassung in das dynamische Bild fassen, wonach Rechtssubjektivität in der Fähigkeit besteht, die Rechtsordnung im eigenen oder fremden Interesse in Bewegung zu setzen.[100] So entsteht gleichsam eine Kommunikationswelle in der Rechtsordnung, wenn ein Rechtssubjekt durch die Aktivierung einer Rechtsbeziehung – also des korrespondierenden Zusammenspiels von Rechten und Pflichten – rechtliche Resonanz bei anderen Rechtssubjekten erzeugt. Im Anschluss an Jellinek hat sodann Hans Kelsen das Ver-

97 Vgl. hierzu und zum Folgenden Kersten, ZRSoz 37 (2017), S. 8 (9 ff.); Fischer-Lescano, ZUR 2018, S. 205 (207 ff.).

98 Savigny, System des heutigen römischen Rechts, Zweiter Band (1848), 1981, S. 2.

99 Savigny (Fn. 98), S. 2.

100 Vgl. Jellinek (Fn. 15), S. 51, 56 f.

ständnis von Rechtssubjektivität in seiner Kritik des Begriffs der „natürlichen Person" noch weiter zugespitzt: Menschen werden vom Rechtssystem zwar als „natürliche Personen" bezeichnet und damit von „juristischen Personen" abgegrenzt, wie etwa dem Verein, der GmbH oder der AG. Doch Kelsen stellt zu Recht fest, dass auch die „natürlichen Personen" juristisch nichts Anderes als „juristische Person" sind. Auch ihre Rechtssubjektivität wird ausschließlich vom Rechtssystem durch die rechtliche Verknüpfung von Rechtsverhältnissen konstituiert.[101]

In dieser Entwicklung der Idee des Rechtssubjekts zeichnet sich eine Linie ab. Sie verläuft vom Rechtssubjekt als einem moralischen Status über eine funktionale Betrachtungsweise zu einem konstruktivistischen Begriff; und alle drei Punkte auf dieser Entwicklungslinie sind für das Verständnis ökologischer Rechtssubjekte in der Verfassung des Anthropozän von entscheidender Bedeutung: Erstens eröffnet die Ablösung der Rechtssubjektivität vom Menschen als einem moralischen Subjekt die Möglichkeit, Rechtsubjektivität als Verhältnis von Rechten und Pflichten unter humanen und nicht-humanen Akteuren zu begreifen. Zweitens liegt in dem funktionalen Verständnis des subjektiven Rechts, die Rechtsordnung im eigenen oder fremden Interesse in Bewegung zu setzen, das dynamische Moment der anthropozänen Verfassungsordnung. Subjektive Rechte sind nicht ‚nur' dazu dar, Interessen zu schützen und durchzusetzen. Sie bilden diese Interessenkonflikte vielmehr auch dynamisch in der Rechtsordnung ab. Damit durchbrechen sie das statische Verständnis einer Interessen- oder Wertehierarchie, mit dem beispielsweise das Parlament der Dinge in dem Verfassungsmodell des „Rechtsstaats der Natur" und auch das „Verfassungsrecht der Erde" bei Bruno Latour zu kämpfen hat.[102] Drittens vergegenwärtigt der konstruktivistische Begriff des „Rechtssubjekts", dass dieser in der Rechtsordnung normativ ausgestaltet werden muss: Es bedarf nicht nur der rechtlichen Anerkennung von Rechtssubjekten, sondern auch der Transformation ihrer legitimen Interessen in legale Rechtspositionen, für deren Abwägung im Einzelfall Regeln entwickelt werden müssen.

---

101 Vgl. Kelsen, Reine Rechtslehre. Einleitung in die rechtswissenschaftliche Problematik, 1934, S. 52 ff.

102 Vgl. oben 1.3.

## 2.2 *Anerkennung*

Die Natur, Tiere, Pflanzen und Landschaften, Luft, Wasser und Klima werden nur dann zu Rechtssubjekten, wenn die anthropozäne Verfassungs- und Rechtsordnung sie als solche anerkennt. Dieser Akt der Anerkennung als Rechtssubjekt erfolgt für uns Menschen verfassungsunmittelbar durch die Menschenwürdegarantie (Art. 1 Abs. 1 GG). Sie vermittelt jedem Menschen Rechtssubjektivität, also ein – wie es Hannah Arendt genannt und Peter Sloterdijk bereits oben zitiert hat – „Recht auf Rechte“[103]. Das Grundgesetz setzt folglich den Menschen mit der Anerkennung seiner Würde unmittelbar als Rechtssubjekt voraus. Allerdings bedeutet dies im Umkehrschluss nicht, dass es neben dem Menschen nicht auch noch andere Subjekte geben könnte, die über Rechte verfügen. Soweit es um nicht-menschliche Akteure geht, ist es insbesondere Sache des ‚einfachen‘ Gesetzgebers, deren Rechtsstatus auszugestalten. Im Wirtschaftsrecht ist dies etwa in Form von GmbH und AG geschehen. Mit Blick auf die Grundrechtsfähigkeit dieser juristischen Personen trifft das Grundgesetz eine spezielle Regelung: Die Grundrechte gelten auch für inländische juristische Personen, soweit sie ihrem Wesen nach auf diese anwendbar sind (Art. 19 Abs. 3 GG).

Finden sich aber auch Anknüpfungspunkte im deutschen Verfassungsrecht, um die Grundrechtsfähigkeit ökologischer Subjekte auszugestalten? Diese Frage wird mit Blick auf Art. 20a GG sehr unterschiedlich beantwortet. Wer die Umweltstaatszielbestimmung anthropozentrisch liest, wird in Art. 20a GG selbstverständlich keinen verfassungsrechtlichen Anknüpfungspunkt für die Herleitung ökologischer Rechtssubjektivität entdecken. Demgegenüber sieht Andreas Fischer-Lescano zwei Möglichkeiten, Rechte der Natur unmittelbar aus dem Grundgesetz herzuleiten:[104] Zum einen könnte sich die Rechtssubjektivität nicht-humaner Personen – parallel zu „natürlichen“, also menschlichen Personen – aus Art. 20a i. V. m. Art. 1 Abs. 1 GG ergeben. Zum anderen ließe sich die Rechtssubjektivität nicht-humaner Personen – parallel zu ‚klassischen‘ juristischen Personen – aus Art. 20a i. V. m. Art. 19 Abs. 3 GG herleiten. In beiden Fällen würde dies dazu führen, dass Grundrechte, die bisher nur menschlichen, sozialen oder ökonomischen Rechtssubjekten vorbehalten waren, nun auch unmittelbar auf ökologische Rechtssubjekte anwendbar sind. Von diesen beiden Möglichkeiten, die Rechtssubjektivität ökologischer Subjekte aus der Verfas-

---

103 Arendt, Die Wandlung 4 (1949), S. 754 (760); vgl. oben 1.4.

104 Vgl. hierzu und zum Folgenden Fischer-Lescano, ZUR 2018, S. 205 (213).

sung abzuleiten, erscheint aufgrund der geistesgeschichtlichen, historischen und normativen Sonderstellung der Menschenwürdegarantie im Grundgesetz die zweite Alternative – also der Rückgriff auf Art. 20a i. V. m. Art. 19 Abs. 3 GG – vorzugswürdig. Aber auch wenn man diesen Weg geht, bleibt ein juristisches Hindernis, das eine verfassungsunmittelbare Ableitung der Rechtssubjektivität aus Art. 20a i. V. m. Art. 19 Abs. 3 GG aktuell erschwert: Die Regelung der Staatszielbestimmung „Umweltschutz" (Art. 20a GG) soll nach dem Willen des verfassungsändernden Gesetzgebers nicht unmittelbar selbst subjektive Rechte vermitteln.[105] Deshalb bedarf es meiner Auffassung nach bei Zugrundlegung der gegenwärtigen Fassung des Grundgesetzes eines gesetzgeberischen Zwischenschritts, um die Rechtssubjektivität ökologischer Subjekte aus Art. 20a i. V. m. Art. 19 Abs. 3 GG anzuerkennen:[106] Selbst wenn aus Art. 20a GG keine Rechte der Natur unmittelbar hergeleitet werden können, bleibt es dem Gesetzgeber in Ausschöpfung seines durch Art. 20a GG eröffneten rechtspolitischen Gestaltungsspielraums unbenommen, Tiere, Pflanzen und Landschaften, Wasser, Luft und Klima als Rechtspersonen auszugestalten und ihnen subjektive öffentliche Rechte zu vermitteln.[107] Im Gegensatz zu der objektivrechtlichen Schutzklausel des Art. 20a GG ergibt sich jedoch unmittelbar aus den Landesverfassungen[108] ein subjektiver Rechtsstatus von Tieren, wenn ausdrücklich deren „Achtung" als „Lebewesen" bzw. „Mitgeschöpf" verankert ist.[109] Denn mit dem Begriff der „Achtung" geht in der Rechtsordnung regelmäßig die Anerkennung der subjektiven Rechtsstellung des Geachteten einher, die sich gerade nicht in objektiv-rechtlichen Schutzpflichten erschöpft. Soweit eine Verfassung – wie Art. 39 Abs. 3 S. 1 Verfassung Brandenburg – diesen Achtungsanspruch auch auf Pflanzen erstreckt, verfügen diese ebenfalls über einen subjektiven Rechtsstatus. Gerade dies zeigt, wie groß der ökologische Nachholbedarf des Grundgesetzes ist, in dem die Rechte der Natur ausdrücklich anerkannt werden sollten.

---

105 Vgl. BT-Drs. 12/6000, S. 67.

106 Vgl. hierzu und zum Folgenden Kersten (Fn. 3), S. 81 ff.

107 Kloepfer, in: Kahl/Waldhoff/Walter (Fn. 96), Art. 20a GG, Rn. 101 f.; Kersten (Fn. 3), S. 90; a. A. Scholz, in: Maunz-Dürig (Fn 89), Art. 20a GG, Rn. 70 ff.; Epiney, in: v.Mangoldt/Klein/Starck (Fn. 91), Art. 20a GG, Rn. 26 f.

108 Vgl. Art. 3b Verfassung Baden-Württemberg; Art. 141 Abs. 1 S. 2 Verfassung Bayern; Art. 31 Abs. 2 Verfassung Berlin; Art. 11b S. 1 Verfassung Bremen; Art. 39 Abs. 3 S. 1 Verfassung Brandenburg; Art. 6b Verfassung Niedersachsen; Art. 70 S. 1 Verfassung Rheinland-Pfalz; Art. 59a Abs. 3 Verfassung Saarland; Art. 32 S. 1 Verfassung Thüringen.

109 Vgl. Kersten (Fn. 3) S. 90.

### 2.3 Rechtsentfaltung

Auf der Grundlage dieser Anerkennung ökologischer Rechtssubjekte kann die anthropozäne Verfassungsordnung deren Rechte ausgestalten und entfalten. Dafür gilt es zwei Fragen zu beantworten: Welche Rechte kommen Tieren, Pflanzen und Landschaften, Wasser, Luft und Klima zu? Und wie können diese ökologischen Subjekte ihre Rechte geltend machen?

#### 2.3.1 Rechte

Die Frage, welche Rechte ökologischen Subjekten zukommen können und sollten, wird zunächst von der Art und Weise bestimmt, wie man diese verfassungsrechtlich herleitet: Wählt man den Weg über Art. 20a i. V. m. Art. 19 Abs. 3 GG,[110] so sind grundsätzlich die Menschen- und Bürgerrechte auf ökologische Subjekte anwendbar, soweit diese Grundrechte zum einen nicht ihrem Wesen nach ausschließlich Menschen vorbehalten sind und ihre Anwendung zum anderen auf ökologische Subjekte aufgrund ihrer Schutzrichtung funktional sinnvoll ist. In diesem Zusammenhang lässt sich zunächst nicht auf die Lehre vom ‚personalen Substrat' verweisen, um die Grundrechtsfähigkeit von ökologischen Subjekten zu verneinen. Nach der Rechtsprechung des Bundesverfassungsgerichts soll die Anerkennung der Grundrechtsfähigkeit juristischer Personen i. S. d. Art. 19 Abs. 3 GG voraussetzen, dass diese ein ‚personales Substrat' aufweisen. Die Grundrechtssubjektivität einer juristischen Person muss nach dieser Rechtsprechung immer „Ausdruck der freien Entfaltung der privaten natürlichen Personen" sein. Dies soll nur dann bejaht werden können, wenn „der ‚Durchgriff' durch die juristische Person auf die hinter dieser stehenden Menschen es als sinnvoll und erforderlich erscheinen" lasse.[111] Demensprechend wäre eine juristische Person nur durch Grundrechte geschützt, wenn diese jedenfalls auch den hinter diesen juristischen Personen stehenden natürlichen Personen zugutekommen. Danach wäre ein Grundrechtsschutz von ökologischen Subjekten ausgeschlossen. Doch im Gegensatz zu dieser Auffassung steht die Lehre vom ‚personalen Substrat' der Anerkennung von ökologischen Subjekten als Grundrechtsträger nicht entgegen:[112] Das Bundesverfassungsgericht ist in seiner Rechtsprechung selbst keines-

110 Vgl. oben 2.2.
111 Vgl. BVerfGE 75, 191 (196).
112 Vgl. Kersten, JZ 2015, S. 1 (6 ff.); ders., ZfRSoz 37 (2017), S. 8 (14 f.).

wegs konsequent. Es erkennt etwa Stiftungen Grundrechtsschutz zu, die als juristische Personen reine Vermögensmassen verfassen und denen deshalb jedes ‚personale Substrat' fehlt.[113] Insofern kann die Figur des ‚personalen Substrats' nicht als Argument dafür dienen, ökologischen Subjekten den Schutz derjenigen Grundrechte vorzuenthalten, die ihrem Wesen nach auf sie anwendbar sind: etwa Entfaltungsfreiheit (Art. 20a i. V. m. Art. 2 Abs. 1 GG), körperliche Integrität und Leben (Art. 20a i. V. m. Art. 2 Abs. 2 S. 1 GG), Bewegungsfreiheit (Art. 20a i. V. m. Art. 2 Abs. 2 S. 1 GG), Gleichheit (Art. 20a i. V. m. Art. 3 Abs. 1 GG) sowie die Unverletzlichkeit der ökologischen Wohnung (Art. 20a i. V. m. Art. 13 Abs. 1 GG). Darüber hinaus ist es auch grundsätzlich möglich, dass ökologische Subjekte wirtschaftliche Freiheiten für sich in Anspruch nehmen können, also insbesondere die Berufsfreiheit (Art. 20a i. V. m. Art. 12 Abs. 1 GG) und Eigentumsgarantie (Art. 20a i. V. m. Art. 14 Abs. 1 GG). So wäre es beispielsweise nicht ausgeschlossen, dass etwa charismatische Tierarten oder Landschaften ihren eigenen Naturpark wirtschaftlich betreiben, der in ihrem Eigentum steht. Das mag zwar auf den ersten Blick (noch) ungewohnt erscheinen, ist aber in der juristischen Konstruktion keineswegs ausgeschlossen. Auch die Inanspruchnahme von grundrechtsgleichen Justizgewährleistungsrechten ist ökologischen Subjekten problemlos möglich. Dies gilt insbesondere für die Gewährleistung effektiven Rechtschutzes (Art. 20a i. V. m. Art. 19 Abs. 4 GG), die Geltendmachung einer Verfassungsbeschwerde (Art. 20a i. V. m. Art. 93 Abs. 1 Nr. 4a GG) sowie das Recht auf den gesetzlichen Richter (Art. 20a i. V. m. Art. 101 Abs. 1 Satz 2 GG) und auf rechtliches Gehör (Art. 20a i. V. m. Art. 103 Abs. 1 GG).

Aufgrund der aktuellen Verfassungslage in Deutschland ist dieser Weg der grundrechtsanalogen Substantiierung der Rechte ökologischer Subjekte jedoch (noch) nicht möglich:[114] Der verfassungsändernde Gesetzgeber hat die Ableitung subjektiver Rechte aus Art. 20a GG ausdrücklich ausgeschlossen. Allerdings bleibt es – wie gesagt – dem Gesetzgeber unbenommen, die Rechte anthropozäner Subjekte in Anknüpfung an Art. 20a GG auszugestalten. Insofern ist es dem Gesetzgeber möglich, mit der Ausdifferenzierung von existentiellen Anerkennungs- und Schutzrechten zu beginnen, also dem Recht auf körperliche Integrität und Leben, auf Bewegung und Entfaltung, auf die Gewährleistung von Wohnung und Ökosystemen in Verbindung mit den korrespondierenden Justizgewährleistungsrechten, also vor allem der Garantie effektiven Rechtsschutzes und des rechtlichen

113 Vgl. BVerfGE 70, 138 (160 f.).
114 Vgl. hierzu und zum Folgenden oben 2.2.

Gehörs. Hier kann der Gesetzgeber an bereits vorliegende Vorschläge anknüpfen, wie beispielsweise an das von Carolin Raspé entwickelte Konzept der tierlichen Person, in dessen Mittelpunkt die Garantie der physischen Integritätsrechte sowie die Rechte auf Existenzminimum und Bewegungsfreiheit stehen.[115] Hinsichtlich pflanzlicher Personen stünden die Rechte auf Existenz und Entfaltung in Ökosystemen im Mittelpunkt einer gesetzlichen Ausgestaltung. Im Fall von Wasser, Luft und Klima müssten insbesondere Integritätsrechte ausdifferenziert werden, damit wir in der Kommunikation mit diesen ökologischen Subjekten nicht länger auf mehr oder minder willkürlich festgesetzte und vor allem nutzenfixierte ‚Grenzwerte'[116] angewiesen sind.

### *2.3.2 Vertretung*

Einerlei in welcher verfassungsrechtlichen Ableitung ökologische Subjekte ihre Rechtssubjektivität nun entfalten: Der Gesetzgeber muss insbesondere die Mechanismen regeln, durch die Tiere, Pflanzen und Landschaften, Wasser, Luft und Klima ihre Rechte geltend machen können. Dies wird nur in Form der Vertretung und Prozessstandschaft möglich sein, wobei die Gestaltungsoptionen von der individuellen Vertretung über die Verbands- bis zur Popularklage reichen. In diesem Zusammenhang hat Andreas Fischer-Lescano vollkommen zu Recht auf die Ambivalenz von Vertretungsmacht für ökologische Subjekte hingewiesen:[117] Die von Menschen wahrgenommene Vertretungsmacht für nicht-humane Akteure soll deren Interessen zugutekommen. Doch gerade im Vergleich mit der rechtskulturell eingeübten Vertretung von menschlichen und wirtschaftlichen Interessen ist diese Bestimmung, was im Interesse nicht-menschlicher Akteure liegt, derzeit noch sehr viel unsicherer zu treffen. Möglicher Missbrauch und fehlende Professionalität können sich in der menschlichen Vertretung nicht-humaner Angelegenheiten niederschlagen. Darüber hinaus gestaltet sich die Vertretung in mehrdimensionalen und multilateralen Interessenkonflikten zwischen humanen, sozialen, ökonomischen und ökologischen

---

115 Vgl. Raspé, Die tierliche Person. Vorschlag einer auf der Analyse der Tier-Mensch-Beziehung in Gesellschaft, Ethik und Recht basierenden Neupositionierung des Tieres im deutschen Rechtssystem, 2013, S. 174 ff., 289 ff., 313 ff.; ferner zur Bedeutung der Recht von Tieren im Anthropozän Peters, Tier-Recht im Zeitalter des Menschen, in: Renn/Scherer (Fn. 16), S. 67 ff.

116 Vgl. dazu den Beitrag von Ulrich M. Gassner in diesem Band.

117 Vgl. hierzu und zum Folgenden Fischer-Lescano, ZUR 2018, S. 205 (209 ff.).

Subjekten äußerst komplex. Diese Ambivalenzen fasst Fischer-Lescano in den Begriff der „Vertretungsgewalt“[118], bei deren Ausübung sich Gefahrenpotenziale für die effektive Wahrnehmung der Interessen nicht-menschlicher Akteure realisieren können. Deshalb spricht sich Fischer-Lescano dafür aus, diese Vertretungsgewalt durch eine komplexitätsadäquate Stellvertretungslehre einzuhegen. Dafür schlägt er vor, hybride Formen von Rechtspersönlichkeit auszugestalten, die jeweils menschliche und nicht-menschliche Akteure zu einer hybriden juristischen Person integrieren.[119] Dies erläutert Fischer-Lescano dahingehend, dass in einem Klagefall mit der nicht-menschlichen Person (z. B. Fluss oder Tier) eine natürliche Person (z. B. Individualkläger) oder eine juristische Person (z. B. Verbandskläger) gemeinsam eine juristische Person bilden. Gerade um einen Missbrauch von Vertretungsgewalt auszuschließen, sind nach Fischer-Lescano aber noch weitere Regelungsinstrumente in die rechtliche Ausdifferenzierung der „Stellvertretungsarchitektur der nicht-humanen juristischen Person“[120] einzubeziehen:[121] in verfahrensrechtlicher Hinsicht beispielsweise Aufklärungspflichten, Bürger/innen- und Expert/innen-Anhörungen und Richtervorbehalte sowie in organisatorischer Hinsicht die Kompetenz von Umweltfachbehörden und pluralistisch zusammengesetzter Gremien.

### *2.4 Abwägungsregeln*

Wenn sich ökologische Subjekte auf Rechte berufen können, müssen diese in einem Interessenkonflikt mit den Rechten von menschlichen, sozialen, ökonomischen oder anderen ökologischen Subjekten abgewogen werden. Die Anerkennung und Ausdifferenzierung der Rechte der Natur bedeutet also nicht, dass ökologische Subjekte die Rechtsstreitigkeiten, in die sie verwickelt sind, automatisch auch gewinnen. Insofern führt die Vorstellung einer hierarchischen Interessen- und Werteordnung im Anthropozän nicht weiter, wie sie Latour in „Das Parlament der Dinge“ andeutet.[122] Vielmehr werden sich Abwägungsregeln herausbilden (müssen), um einen notwendigen Interessenausgleich in jedem Einzelfall zu begründen. So können beispielsweise in der Abwägung der Integritäts- und Entfaltungsrechte ei-

---

118 Fischer-Lescano, ZUR 2018, S. 205 (210).

119 Vgl. Fischer-Lescano, ZUR 2018, S. 205 (211); grundlegend Teubner, AcP 218 (2018), S. 155 (196 ff.).

120 Fischer-Lescano, ZUR 2018, S. 205 (211).

121 Vgl. hierzu und zum Folgenden Fischer-Lescano, ZUR 2018, S. 205 (212 f.).

122 Vgl. oben 1.3.

nes ökologischen Subjekts die Konzepte der Resistenz, Resilienz und Persistenz weiterhelfen, die sie sich im Hinblick auf Ökosysteme erläutern lassen:[123]

Die Gewährleistung der *Resistenz* eines Ökosystems greift als Konflikttypus immer dann, wenn durch eine menschliche, soziale oder ökonomische, also im weitesten Sinn kulturelle Intervention dessen vollkommene Funktionsaufhebung droht und insofern seine Existenz gefährdet wird. Vom Grundsatz her liegt dieser Konflikttypus auf der Traditionslinie der klassischen Gefahrenabwehr. Wenn also ein Ökosystem mit hinreichender Wahrscheinlichkeit zerstört zu werden droht, ist eine Abwägung vorzunehmen, die zu einem Eingriffsverbot führen kann, falls sich die ökosystemische Resistenz nicht durch technische Eingriffe garantieren lässt.

Die Gewährleistung der *Resilienz* eines Ökosystems ist als Konflikttypus einschlägig, wenn eine Adaption von Kultur und Natur im Raum steht. Resilienz hat sich insbesondere im Kontext von Vulnerabilitätskonzepten und Copingstrategien etabliert, um die Reaktion von kulturellen oder natürlichen Systemen zwischen Anpassung und Widerständigkeit im Hinblick auf kulturelle oder natürliche Umweltveränderungen zu beschreiben. Die Vulnerabilität eines kulturellen bzw. eines ökologischen Systems lässt sich dabei nach drei Kriterien bestimmen:[124] Erstens nach der Exposition, welche die Art, Häufigkeit und Intensität der Systembelastung durch natürliche oder kulturelle Einflüsse in den Blick nimmt; zweitens nach der Sensitivität, welche die Beeinflussung und Veränderung des exponierten Systems feststellt; und drittens nach der Anpassungsfähigkeit, die das Potenzial des betroffenen Systems reflektiert, sich den jeweiligen kulturellen und natürlichen Einflüssen anzupassen, etwa indem die Systemsensitivität reduziert oder die Systemauswirkungen kompensiert werden. Bei diesem dritten Vulnerabilitätskriterium setzt der Begriff der „Resilienz" an, wenn er auf systemische Anpassungs- und Widerstandspotenziale fokussiert.

Die Gewährleistung der *Persistenz* eines Ökosystems kommt als Konflikttypus in Betracht, wenn dessen möglichst stabiles Fortbestehen langfristig garantiert werden soll. Hier kann die kulturelle oder – bereits spezifischer – die technische Intervention gerade notwendig sein, um die ‚natürliche' Fortentwicklung eines Ökosystems zu verhindern und dessen Status in

---

123 Vgl. hierzu und zum Folgenden Kersten, EurUP 2016, S. 312 (318 f.); ders. (Fn. 3), S. 77 ff.

124 Vgl. hierzu und zum Folgenden Mastrandrea/Schneider, Vorbereitungen für den Klimawandel, in: Crutzen/Davis/Mastrandrea/Schneider/Sloterdijk, Das Raumschiff Erde hat keinen Notausgang. Energie und Politik im Anthropozän, 2011, S. 11 (48).

einer bestimmten Form zu konservieren, etwa um seltene Arten oder Landschaften zu erhalten. Die Bewertung solcher Konflikte um die ökologische Konservierung eines Ökosystems kann am Maßstab des Nachhaltigkeitsgrundsatzes erfolgen, der einen angemessenen Ausgleich zwischen sozialen, ökonomischen und ökologischen Interessen sucht.[125]

Wendet man diese Grundsätze an, so können in der Abwägung ökologische Rückschrittsverbote und ökologische Entwicklungsgebote im Einzelfall begründet werden. Greift ein ökologisches Rückschrittsverbot, so darf der rechtliche Status eines ökologischen Subjekts nicht verkürzt werden. Ist ein ökologisches Entwicklungsgebot einschlägig, so sind die Rechte eines ökologischen Subjekts weiter zu entfalten.

### 3. *Fazit*

Eine zentrale Antwort auf die Verfassungsfrage des Anthropozän liegt in der Anerkennung der Rechte der Natur und damit im ökologischen Liberalismus. Ralf Dahrendorf hat in der ökologischen Herausforderung eine programmatisch offene Flanke des politischen Liberalismus gesehen.[126] Doch diese offene ökologische Flanke liberaler Ordnungen lässt sich problemlos schließen, indem die Rechte der Natur anerkannt und ausgestaltet werden. Dabei geht es – gerade aus liberaler Sicht – nicht um die Einführung der immer wieder genüsslich perhorreszierten ‚Ökodiktatur' oder öko-esoterischer Konzepte, sondern um elementare Gebote der politischen und rechtlichen Fairness: Menschen, Gesellschaften und Kapital verfügen über Rechte, um ihre Interessen durchzusetzen, die Natur nicht.[127] Zugleich bildet die Anerkennung der Rechte der Natur ein ganz entscheidendes ökologisches Gegengewicht, um die zerstörerische Wucht menschlicher, sozialer und wirtschaftlicher Interessen einzuschränken. Die anthropozäne Verfassung muss also die zentrale Stellung, die der Mensch im Anthropozän gewonnen hat, normativ durch die Anerkennung von Tieren, Pflanzen und Landschaften, von Wasser, Luft und Klima als Rechtssubjekte wieder relativieren, um seine Existenz und Gesundheit zu schützen.

---

125 Vgl. oben 1.2.

126 Vgl. Dahrendorf, Conversations with History, 2008.

127 Vgl. Kersten (Fn. 8); Fischer-Lescano, ZUR 2018, S. 205 (212).

## *Literatur*

*Appel, I* (2005): Staatliche Zukunfts- und Entwicklungsvorsorge: Zum Wandel der Dogmatik des Öffentlichen Rechts am Beispiel des Konzepts der nachhaltigen Entwicklung im Umweltrecht. Tübingen: Mohr Siebeck.

*Arendt, H* (1949): Es gibt nur ein einziges Menschenrecht. In: Die Wandlung 4, 1949: Herbstheft, 754-770.

*Beaucamp, G* (2002): Das Konzept der zukunftsfähigen Entwicklung im Recht. Untersuchungen zur völkerrechtlichen, europarechtlichen, verfassungsrechtlichen und verwaltungsrechtlichen Relevanz eines neuen politischen Leitbildes. Tübingen: Mohr Siebeck.

*Beck, U* (1986): Risikogesellschaft. Auf dem Weg in eine andere Moderne. Frankfurt am Main: Suhrkamp Verlag.

*Beck, U* (2007): Weltrisikogesellschaft. Auf der Suche nach der verlorenen Sicherheit. Frankfurt am Main: Suhrkamp Verlag.

*Beck, U* (2008): Die Neuvermessung der Ungleichheit unter den Menschen: Soziologische Aufklärung im 21. Jahrhundert. Frankfurt am Main: Suhrkamp Verlag.

*Bennet, J* (2010): Vibrant Matters. A Political Ecology of Things. Durham und London: Duke University Press.

*Berros, M V* (2017): Defending Rivers: Vilcamamba in the South of Ecuador. In: Tabios Hillebrecht, A L/Berros, M V (Hg.): Can Nature have Rights? Legal and Political Insights, RCC Perspectives, 2017: 6, 37-43.

*Böckenförde, E-W* (2011): „Beim Staat geht es nicht allein um Macht, sondern um die staatliche Ordnung als Freiheitsordnung". Biografisches Interview von Dieter Gosewinkel mit Ernst-Wolfgang Böckenförde. In: Böckenförde E-W/Gosewinkel D (Hg.): Wissenschaft, Politik, Verfassungsgericht. Berlin: Suhrkamp Verlag, 305-486.

*Bosselmann K* (1986): Eigene Rechte für die Natur? Ansätze einer ökologischen Rechtsauffassung. In: Kritische Justiz, 1986: 1, 1-22.

*Brara, R* (2017): Courting Nature: Advances in Indian Jurispudence. In: Tabios Hillebrecht, A L/Berros, M V (Hg.): Can Nature have Rights? Legal and Political Insights, RCC Perspectives, 2017: 6, 31-36.

*Breuer, S* (2000): Die Gesellschaft des Verschwindens. Von der Selbstzerstörung der technischen Zivilisation. Hamburg: Rotbuch Verlag.

*Crutzen, P* (2002): Geology of mankind. In: Nature, 2002: 415, 23.

*Crutzen, P/Stoermer E F* (2000): Global Change Newsletter 2000: 41, 17-18.

*Dahrendorf, R* (2008): Conversations with History. URL: https://www.youtube.com/watch?v=Yj5pVe6hOZo; 13.5.2019.

*Fischer-Lescano, A* (2018): Natur als Rechtsperson. Konstellationen der Stellvertretung im Recht. In: Zeitschrift für Umweltrecht, 2018: 4, 205-217.

*Gruber, M-C* (2006): Rechtsschutz für nicht-menschliches Leben. Der moralische Status des Lebendigen und seine Implementierung im Tierschutz-, Naturschutz- und Umweltschutz. Baden-Baden: Nomos.

*Heise, U K* (2010): Nach der Natur: Das Artensterben und die moderne Kultur. Frankfurt am Main: Suhrkamp Verlag.

*Hofmann, H* (1992): Legitimität gegen Legalität, 2. Auflage. Berlin: Duncker & Humblot.

*Jellinek, G* (1905): System der subjektiven öffentlichen Rechte. 2. Auflage. Tübingen: Mohr Siebeck.

*Jellinek, G* (1914): Allgemeine Staatslehre. 3. Auflage. 7. Nachdruck. Darmstadt: Wissenschaftliche Buchgesellschaft.

*Kahl, W* (Hg.) (2008): Nachhaltigkeit als Verbundbegriff. Tübingen: Mohr Siebeck.

*Kahl W/Waldhoff C/Walter C* (2019): Bonner Kommentar zum Grundgesetz. 196. Auflage. Heidelberg: C.F. Müller.

*Kelsen, H* (1934): Reine Rechtslehre. Einleitung in die rechtswissenschaftliche Problematik. Leipzig und Wien: Franz Deuticke.

*Kersten, J* (2012): A Farewell to Residual Risk? A Legal Perspective on the Risk of Nucelar Power after Fukushima. In: Kersten, J/Vogt, M/Uekoetter, F (Hg.): Europe after Fukushima: German Perspectives on the Future of Nuclear Power. RCC Perspectives, 2012: 1, 51-64.

*Kersten, J* (2012): „Im Dickicht der Städte“ – Biodiversität und Stadtentwicklung. In: Umwelt- und Planungsrecht 2012: 1, 15-22.

*Kersten, J* (2013): The Enjoyment of Complexity: A New Political Anthropology of the Anthropocene? In: Trischler, H (Hg.): Anthropocene. Envisioning the future of the age of humans. RCC Perspectives, 2013: 3, 39-55.

*Kersten, J* (2014): Das Anthropozän-Konzept. Kontrakt – Komposition – Konflikt. Baden-Baden: Nomos.

*Kersten, J* (2015): Menschen und Maschinen. Rechtliche Konturen instrumenteller, symbiotischer und autonomer Konstellationen. In: JuristenZeitung, 2015: 1, 1-8.

*Kersten, J* (2016): Der Müll der Menschheit. Atomare Abfälle im Anthropozän. In: aviso. Zeitschrift für Wissenschaft und Kunst in Bayern, 2016: 3, 20-23.

*Kersten, J* (2016): Ökologischer Liberalismus In: Zeitschrift für Europäisches Umwelt- und Planungsrecht, 2016: 4, 312-323.

*Kersten, J* (2018): Baurecht. In: Schoch, F (Hg.): Besonderes Verwaltungsrecht. München: C.H. Beck, 417-626.

*Kersten, J* (2019): Mehr Rechte für die Natur. Frau Pflanze und Herr Tier. In: Tagesspiegel Causa, 22.04.2019.

*Krautzberger, M/Stüer, B* (2004): Städtebaurecht 2004: Umweltprüfung und Abwägung – Vom schlichten Wegwägen zum Grundsatz nachhaltiger Trauerarbeit. In: Deutsches Verwaltungsblatt 2004: 14, 914-924.

*Krockow, C von* (1987): Politik und der menschlichen Natur. Dämme gegen die Selbstzerstörung. Stuttgart: DVA.

*Latour, B* (2010): Das Parlament der Dinge. Für eine politische Ökologie. Frankfurt am Main: Suhrkamp Verlag.

*Latour, B* (2010): An Attempt at a „Compositionist Manifesto“. In: New Library History, 41: 3, 471-490.

*Latour, B* (2013): Versuch eines „Kompositionistischen Manifests". In: Zeitschrift für Theoretische Soziologie, 2013: 1, 8-30.

*Latour, B* (2014): The Affects of Capitalism. URL: https://www.youtube.com/watch?v=8i-ZKfShovs; 18.4.2019.

*Latour, B* (2017): Kampf um Gaia. Acht Vorträge über das Neue Klimaregime. Berlin: Suhrkamp Verlag.

*Latour, B* (2018): Das terrestrische Manifest. Berlin: Suhrkamp Verlag.

*Mangolt, H von/Klein, F/Starck, C* (2018): Kommentar zum Grundgesetz. 7. Auflage. München: C.H. Beck.

*Marques, A S* (2018): Der Rechtsstaat der Risikovorsorge. Berlin: Duncker & Humblot.

*Mastrandrea, M D/Schneider S H* (2011): Vorbereitungen für den Klimawandel. In: Crutzen, P J/Davis, M/Mastrandrea, M D/Schneider, S H/Sloterdijk, P (Hg.): Das Raumschiff Erde hat keinen Notausgang. Energie und Politik im Anthropozän. Berlin: Suhrkamp Verlag, 11-59.

*Mauch, C* (2014): Mensch und Umwelt: Nachhaltigkeit aus historischer Perspektive. München: oekom.

*Maunz, T/Dürig, G* (2019): Grundgesetz. Kommentar. 85. Auflage. München: C.H. Beck.

*McNeill, J R* (2000): Something New under the Sun. An Environmental History of the Twentieth-Century World. New York: Norton.

*Mehring, R* (2009): Carl Schmitt. Aufstieg und Fall. Eine Biographie. München: C.H. Beck.

*Meyer-Abich K M* (1986): Wege zum Frieden mit der Natur. Praktische Naturphilosophie für die Umweltpolitik. München: DTV.

*Peters, Anne* (2015): Tier-Recht im Zeitalter des Menschen. In: Scherer, R/Renn, J (Hg.): Das Anthropozän: Zum Stand der Dinge. Berlin: Matthes & Seitz, 67-87.

*Raspé, C* (2013): Die tierliche Person. Vorschlag einer auf der Analyse der Tier-Mensch-Beziehung in Gesellschaft, Ethik und Recht basierenden Neupositionierung des Tieres im deutschen Rechtssystem. Berlin: Duncker & Humblot.

*Savigny, F C von* (1848): System des heutigen römischen Rechts. Zweiter Band. Berlin: Veit.

*Schellnhuber, H J/Crutzen, P J/Clark W C/Hunt J* (2005): Earth System Analysis for Sustainability. In: Evironment, 2005: 47/8, 11-25.

*Schmitt, C* (1998): Verfassungslehre, 7. Auflage. Berlin: Duncker & Humblot.

*Schmitt, C* (1991): Der Begriff des Politischen. Text von 1932 mit einem Vorwort und drei Corollarien, 3. Aufl 1963. Berlin: Duncker & Humblot.

*Schmitt, C* (1996): Die geistesgeschichtliche Lage des heutigen Parlamentarismus, 8. Auflage. Berlin: Duncker & Humblot.

*Schmitt, C* (1997): Der Nomos der Erde im Völkerrecht des Jus Publicum Europeum, 4. Auflage. Berlin: Duncker & Humblot.

*Schmitt, C* (2006): Über die drei Arten des rechtswissenschaftlichen Denkens, 3. Auflage. Berlin: Duncker & Humblot.

*Schwägerl, C/Müller-Jung, J* (2019): Auswege. In: Frankfurter Allgemeine Zeitung, 8.5.2019, S. N1.

*Sloterdijk, P* (2006): Zorn und Zeit. Politische-psychologischer Versuch. Frankfurt am Main: Suhrkamp Verlag.

*Sloterdijk, P* (2009): Du mußt dein Leben ändern. Über Anthropotechnik. Frankfurt am Main: Suhrkamp Verlag.

*Sloterdijk, P* (2012): Zeilen und Tage. Notizen 2008-2011. Berlin: Suhrkamp Verlag.

*Sloterdijk, P* (2015): Das Anthropozän – Ein Prozess-Zustand am Rande der Erd-Geschichte? In: Scherer, R/Renn, J (Hg.): Das Anthropozän: Zum Stand der Dinge. Berlin: Matthes & Seitz, 25-44.

*Sloterdijk, P* (2015): Die schrecklichen Kinder der Neuzeit – Über das anti-genealogische Experiment der Moderne. Berlin: Suhrkamp Verlag.

*Sombart, W* (1928): Der moderne Kapitalismus. III/2. Berlin: Duncker & Humblot.

*Spaemann, R* (2011): Nach uns die Kernschmelze. Hybris im atomaren Zeitalter. Stuttgart: Klett Cotta.

*Steffen, W/Grinevald J/Crutzen, P/McNeill J* (2011): The Anthropocene: conceptual and historical perspectives. In: Philosophical Transactions of the Royal Society, 2011: 369, 842-867.

*Stone, C D* (1972): Should Trees Have Standing? Toward Legal Rights For Natural Objects. In: Southern California Law Review, 1972: 45, 450-501.

*Sunstein, C R* (2007): Gesetze der Angst – Jenseits des Vorsorgeprinzips. Frankfurt am Main: Suhrkamp Verlag.

*Sunstein, C R* (2009): Worst-Case Scenarios. Cambridge (MA) und London: Harvard University Press.

*Tabios Hillebrecht, A L* (2017): Disrobing Rights: The Privilege of Being Human in the Rights of Nature Discourse. In: Tabios Hillebrecht, A L/Berros, M V (Hg.): Can Nature have Rights? Legal and Political Insights, RCC Perspectives, 2017: 6, 15-20.

*Teubner, G* (2018): Digitale Rechtssubjekte? In: Archiv für die civilistische Praxis, 2018: 2-4, 155-205.

*United Nations* (1987): World Commission on Environment and Development. Our Common Future. Oxford: Oxford University Press.

*Weber, M* (1988): Die protestantische Ethik und der Geist des Kapitalismus. In: Weber, M (Hg.): Gesammelte Aufsätze zur Religionssoziologie I. 9. Auflage. Tübingen: Mohr Siebeck, 17-206.

*WBGU – Wissenschaftlicher Beirat der Bundesregierung Globale Umweltveränderung* (2011): Welt im Wandel. Gesellschaftsvertrag für eine Große Transformation. Berlin: WBGU.

# Teil II
# Gesundheits- und sozialwissenschaftliche Perspektiven

# Geschlecht, Umwelt und Gesundheit: Eine intersektionale Perspektive

*Nora Feline Pösl, Pia Sophie Sperlich, Andrea Pauli und Claudia Hornberg*

*Inhaltsübersicht*

0. Einleitung 124
1. Definitionen 124
   1.1 Gesundheit 124
   1.2 Geschlecht: Definition und historischer Kontext 129
      1.2.1 Historischer Kontext der Konstruktion von Zweigeschlechtlichkeit 130
      1.2.2 Geschlecht als eine Kategorie sozialer Ungleichheit 131
   1.3 Umwelt als multidimensionales Konstrukt 133
      1.3.1 Biologisch-ökologische Umwelt 133
      1.3.2 Soziokulturelle Umwelt 133
2. Geschlecht und Gesundheit vor dem Hintergrund weiblicher und männlicher Lebensumwelten 134
   2.1 Frauen- versus Männergesundheit: Gemeinsamkeiten und Unterschiede 134
   2.2 Intersektionalität als Paradigma der Public Health-Forschung 138
   2.3 Geschlechtersensible Gesundheitsförderung und medizinische Praxis 140
3. Soziale Ungleichheit bei Umwelt und Gesundheit 141
   3.1 Umweltgerechtigkeit 142
   3.2 Umweltbelastungen im Kontext sozialer Ungleichheit – Risiken für marginalisierte Bevölkerungsgruppen 145
   3.3 Gesundheitsrelevante Einflüsse der Wohnumwelt unter besonderer Berücksichtigung von Geschlecht und Sozialstatus 148
4. Potenziale zur Kompensation und Reduzierung sozialer Ungleichheit im Kontext von Gesundheit, Umwelt und Geschlecht 150
Literatur 156

## 0. Einleitung

Geschlecht, Umwelt und Gesundheit sind Begrifflichkeiten, die im Alltag ständig verwendet werden: In jeder Anrede, in jedem Brief, wird das vermeintliche Geschlecht einer Person genannt und jede Frage nach dem „Wie geht es dir?" spricht indirekt die Gesundheit an, auch ohne, dass dies explizit ausgeführt wird. Während die Bedeutung und das Erfordernis einer geschlechtsspezifischen Perspektive auf Gesundheit und Krankheit mittlerweile nicht mehr in Frage gestellt werden, erschließt sich die Verwendung des Umweltbegriffs im Zusammenhang mit Geschlecht und Gesundheit nicht auf den ersten Blick. Dies gilt auch für die Frage, inwiefern sich die drei Kategorien gegenseitig beeinflussen und warum solche Verschränkungen und Wechselwirkungen überhaupt von Bedeutung sind – sowohl im wissenschaftlichen Kontext als auch im Alltag.

Eine Annäherung an Antworten auf diese Fragen, erfordert es, die jeweiligen Begriffe zunächst für sich genommen in ihren Bedeutungskontexten zu skizzieren. Dabei wird schnell deutlich, dass Geschlecht, Gesundheit und Umweltverhältnisse im weitesten Sinne eng mit unterschiedlichen Dimensionen sozialer Ungleichheit einhergehen. Die hier zugrundeliegenden theoretischen und historischen Bezüge darzustellen, ist eine Aufgabe des vorliegenden Kapitels.

‚Gesundheit' als theoretisches Konstrukt stellt dabei den zentralen Anknüpfungs- und Ausgangspunkt dar. Das Kapitel beginnt daher mit einer Einordnung und Annäherung an den Gesundheitsbegriff aus interdisziplinärer Perspektive.

## 1. Definitionen

### 1.1 Gesundheit

Gesundheit beschreibt ein nicht eindeutig definierbares und multidimensionales Konstrukt, das fortlaufend sozial bzw. gesellschaftlich (re-)produziert wird. Ein Beispiel hierfür ist der sog. soziale Gradient bei Morbidität und Mortalität. Demnach ist davon auszugehen, dass ein niedriger sozioökonomischer Status – gemessen an der Höhe des Einkommens, am Bildungsstand oder an der beruflichen Position eines Menschen – die Gesundheit gefährdet, was letztlich zu sozialen Unterschieden hinsichtlich Gesundheit und Krankheit führt. Darüber hinaus werden Vorstellungen von Gesundheit sozial konstruiert und unterliegen sowohl kulturellen als auch zeitlichen Veränderungen (z. B. Beurteilung von Homosexualität als psychiatrische Störung).[1] Welches Verständnis von Gesundheit vorliegt, ist abhängig davon, welches wissenschaftliche bzw. disziplinäre- und systematische Bezugssystem betrachtet wird.[2] Ein Austausch über die einzelnen Bezugssysteme bzw. Denkansätze hinaus, erfordert eine interdisziplinäre Perspektive, welche die unterschiedlichen Dimensionen von (psychischer, sozialer, somatischer, kultureller und ethischer) Gesundheit und Krankheit vereint.[3] Auf Grundlage der Auswertung zentraler wissenschaftlicher Theorien (Sozialisationstheorien, Lern- und Persönlichkeitstheorien, Stress- und Bewältigungstheorien, PublicHealth-Theorien, Interaktions- und Sozialstrukturtheorien) leiten Klaus Hurrelmann und Matthias Richter integrative, interdisziplinär ausgerichtete Definitionen von Gesundheit und Krankheit ab[4] und definieren Gesundheit demzufolge als

> „Zustand des Wohlbefindens einer Person, der gegeben ist, wenn diese Person sich psychisch und sozial in Einklang mit den Möglichkeiten und Zielvorstellungen und den jeweils gegebenen äußeren Lebensbedingungen befindet. Gesundheit ist nach diesem Verständnis ein angenehmes und durchaus nichts selbstverständliches Gleichgewichtsstadium von Risiko- und Schutzfaktoren, das zu jedem lebensgeschichtlichen Zeitpunkt immer erneut in Frage gestellt ist. Gelingt das Gleichgewicht, dann kann dem Leben Freude und Sinn abgewonnen werden, es ist eine produktive Entfaltung der eigenen Kompetenzen und Leistungspotentiale möglich und es steigt die Bereitschaft, sich gesellschaftlich zu integrieren und zu engagieren."[5]

Im Mittelpunkt einer solchen Vorstellung von Gesundheit steht die gelungene Verbindung von Selbstvertrauen und bewusster Lebensführung, ausgerichtet auf Leistung, Arbeit, Rationalität, Anspannung, mit einer lustvollen Lebensführung bzw. Genussfähigkeit (z. B. Entspannung, Bewegung, Bindung, erfüllte Sexualität, Liebe, Essen, Trinken).[6] Analog zu dieser Gesundheitsdefinition wird Krankheit als Ungleichgewicht von Risiko- und Schutzfaktoren identifiziert, das auf einer nichtgelungenen Bewältigung von inneren und äußeren Anforderungen beruht. Ist das Gleichgewicht in einem oder mehreren Lebensbereichen nur teilweise oder von vorübergehender Dauer gestört, handelt es sich um eine Zwischenposition auf dem

1 Franzkowiak/Hurrelmann 2018; Richter/Hurrelmann 2016; Beushausen 2013.
2 Hurrelmann/Richter 2013.
3 Faltermaier 2018.
4 Hurrelmann/Richter 2013.
5 Ebd.: 147.
6 Franzkowiak/Hurrelmann 2018.

sog. Gesundheits-Krankheits-Kontinuum mit seinen Endpunkten Gesundheit und Krankheit. Sie wird als relative Gesundheit (bzw. relative Krankheit) bezeichnet.[7]

Zentraler Bestandteil der hier zugrundeliegenden Definition von Gesundheit ist ein grundlegender Perspektivwechsel. Frühere medizinisch-wissenschaftliche Definitions- und Klassifikationsansätze von Gesundheit und Krankheit betrachteten diese noch als statische, voneinander abzugrenzende Zustände – eng verbunden mit medizinischer Deutung, Diagnostik und Therapie.[8] Entsprechend verwundert es nicht, dass auch heute noch biomedizinische, pathophysiologische Perspektiven die Denk- und Entscheidungsprozesse sowohl innerhalb des Gesundheitssystems als auch in der Gesundheitspolitik (Industriegesellschaften) entscheidend mitbeeinflussen.[9] Orientierungspunkt sind Krankheiten (v. a. Infektionskrankheiten) und deren Entstehung. Gesundheit wird im Umkehrschluss definiert als Abwesenheit krankheitsbezogener, biologisch begründbarer Dysfunktionen[10] und das „störungsfreie Funktionieren der Organe"[11]. In modernen Industriegesellschaften, in denen ärztliche Diagnosen versicherungs- und arbeitsrechtliche Konsequenzen legitimieren, „wird von der Medizin [sozialversicherungsrechtlich] eine möglichst eindeutige Unterscheidung zwischen Gesundheit und Krankheit erwartet."[12]

Als Meilenstein eines umfassenderen Modells von Gesundheit und Krankheit und als Gegenpart zu einer biomedizinischen, pathogenetischen, krankheitsbezogenen Perspektive, prägte Aaron Antonovsky den Begriff der Salutogenese.[13] Kern des salutogenetischen Konstrukts sind gesundheitsstabilisierende, -erhaltende und fördernde Prozesse (z. B. Stärkung von Bewältigungspotenzialen und Verbesserung der ‚Lebens(um)weltverhältnisse' im Sinne sozialökologischer Rahmenbedingungen).[14] Im Zentrum steht die Annahme eines multifaktoriellen Kontinuums mit den beiden Polen Gesundheit und Krankheit. Nach diesem Verständnis ist ein Mensch nicht einfach gesund oder krank, sondern je nachdem, wo er sich auf dem Gesundheits-Krankheits-Kontinuum befindet,

7 Hurrelmann/Richter 2013.
8 Beushausen 2013; Franzkowiak/Hurrelmann 2018.
9 Franzkowiak 2018a.
10 Hurrelmann/Richter 2013.
11 Franzkowiak 2018a: 35.
12 Ebd.: 34.
13 Richter/Hurrelmann 2016.
14 Franke 2018.

tendenziell ‚eher' gesund oder ‚eher' krank (dynamisches Stadium).[15] Die Lokalisation der entsprechenden Position wird durch objektive (Befunde) und subjektive Parameter (individuelles Befinden) beeinflusst.[16] Eine Annäherung in Richtung des positiven Pols auf dem Gesundheit-Krankheits-Kontinuum ist aus salutogenetischer Perspektive maßgeblich beeinflusst von der Verfügbarkeit generalisierter Widerstandsressourcen (GRR). Es handelt sich dabei um individuelle Schutzfaktoren (z .B. Optimismus und materielle Sicherheit), um Schutzfaktoren im jeweiligen Lebensumfeld sowie um gesellschaftliche Schutzfaktoren (z. B. Sicherheit der sozialen Systeme).[17] Entsprechende Widerstandsressourcen ermöglichen einen konstruktiven, förderlichen Umgang mit potenziellen (biochemischen, psychischen und psychosozialen) Stressoren. Sie entscheiden über eine erfolgreiche Spannungsverarbeitung und die Möglichkeiten/Kompetenzen Stressoren sowie deren potenzieller bedrohlicher Wirkung zu begegnen.[18] Je mehr Widerstandsressourcen zur Verfügung stehen, umso stabiler ist die persönliche Grundüberzeugung eines Menschen, dass das Leben trotz Schwierigkeiten gelingen kann und dass es möglich ist mit verschiedenen Anforderungen zurecht zu kommen bzw. Stress zu bewältigen (Kohärenzgefühl).[19] Alexa Franke geht in einer Weiterentwicklung des salutogenetischen Modells davon aus, dass das Kohärenzgefühl die Nutzung gesundheitsförderlicher Ressourcen verbessert.[20] Beispielsweise handelt es sich bei Optimismus um eine Variable, die negative Einflüsse auf die Gesundheit abpuffert und aktiv zu einer Verbesserung der Gesundheit beiträgt: „Je stärker das Kohärenzgefühl ausgeprägt ist, desto höher ist die Wahrscheinlichkeit, die Anforderungen des Lebens erfolgreich und mit positiven Auswirkungen auf die Gesundheit zu bewältigen."[21] Gesundheit entspricht hierbei der Vorstellung eines körperlich-seelischen Gleichgewichts.

Die Betrachtung von Gesundheit umfasst auch soziologische Perspektiven.[22] Die zentralen gesellschaftsbezogenen Theorien des 19. und 20. Jahrhunderts betrachten Gesundheit als Norm, Krankheit hingegen als Abweichung von dieser Norm (Devianz) (pathogenetische Haltung).[23] Die Ver-

---

15 Hurrelmann/Richter 2013.
16 Franke 2018.
17 Ebd.
18 Hurrelmann/Richter 2013.
19 Franke 2018.
20 Franke 2012.
21 Franke 2018: 881.
22 Franzkowiak/Hurrelmann 2018.
23 Franzkowiak 2018b.

meidung und Bewältigung etwaiger Krankheiten dient aus der klassisch soziologischen Perspektive heraus primär der Aufrechterhaltung der vorherrschenden sozialen Ordnung und der Rollenerfüllung. Hierfür stehen die sog. Interaktions- und Definitionstheorien und der darin enthaltene Labeling- bzw. Stigmatisierungsansatz. Dieser erklärt die Abweichung von gesellschaftlichen Regeln und Normen nicht durch die gesundheitliche Störung bzw. Krankheit (primäre Devianz) mit ihren möglichen psychosomatischen Ursachen. Der Fokus liegt vielmehr auf der sozialen Definition von Krankheiten (sekundäre Devianz) als Folge von Etikettierungsprozessen. Sie gehen ihrerseits zurück auf medizinische und psychologisch-psychiatrische Diagnosen bzw. Behandlungen, die v. a. in medizinisch-psychiatrischen Institutionen zum Tragen kommen und in der Regel eine soziale Stigmatisierung, gesellschaftliche Marginalisierung oder gar Exklusion zur Folge haben.[24] Auf Dauer führen diese Prozesse zu einem entsprechend negativen Selbstbild und einer abweichenden Identität, da die Betroffenen ihr Verhalten den Zuschreibungen aus der sozialen Umwelt anpassen.[25]

Insgesamt umfasst der „Kern von Gesellschaftstheorien zu Gesundheit und Krankheit […] die Analyse jener sozialen Strukturen, die Menschen als handelnden Subjekten in ihrer Lebensführung und Persönlichkeitsentwicklung entweder Möglichkeitsräume eröffnen oder Restriktionen abverlangen“[26] (z. B. im Hinblick auf soziale und gesundheitliche Ungleichheit).

Die salutogenetische und die soziologische Perspektive auf Gesundheit (in Abgrenzung zu Krankheit) basieren auf unterschiedlichen gesundheitsbezogenen Definitionen und Wertaussagen.[27] Ein besonders deutliches Beispiel für eine Definition von Gesundheit, deren Kern eine Wertaussage darstellt, ist der viel kritisierte Verfassungstext der Weltgesundheitsorganisation (WHO). Es ist wohl das bekannteste Beispiel für eine vage Definition von Gesundheit, als kaum zu operationalisierendes, messbares Konstrukt:

> „Health is a state of complete physical, mental and social well-being and not merely the absence of disease or infirmity. The enjoyment of the highest attainable standard of health is one of the fundamental rights of every human being without distinction of race, religion, political belief, economic or social condition.“[28]

---

24 Franzkowiak 2018b; Beushausen 2013.

25 Beushausen 2013; Franzkowiak 2018b.

26 Franzkowiak 2018b: 945f.

27 Franzkowiak/Hurrelmann 2018.

28 WHO 1946: 2.

Die Definition der WHO ist dennoch als Wendepunkt in der Abkehr von einer ausschließlich biomedizinisch orientierten pathogenen Perspektive hin zu einer multidimensionalen Definition von Gesundheit zu werten.[29] Angesichts ihrer zentralen (gesundheits-)politischen Ausrichtung, ist sie jedoch im Unterschied zu der eingangs skizzierten konsensfähigen Definition von Hurrelmann und Richter[30] für wissenschaftliche Arbeiten nicht geeignet. Die Schwäche der WHO-Definition liegt darin, dass sie den aktuellen theoretischen Entwicklungsstand nicht in angemessener Weise abbildet. Ein Beispiel hierfür ist das seit Jahren wachsende Verständnis für die Bedeutung des Geschlechts in der Diskussion um Gesundheit und Krankheit.

### *1.2 Geschlecht: Definition und historischer Kontext*

Geschlecht umfasst sowohl eine soziale als auch eine biologische Dimension, welche eng miteinander interagieren. Im Englischen wird der Begriff Geschlecht differenziert in *sex* als biologisches Geschlecht und *gender* als soziales Geschlecht. Die biologische Dimension umfasst beispielsweise Unterschiede in der genetischen, hormonellen und enzymatischen Konstitution, auf welche im Folgenden konkreter eingegangen wird.

Die Trennung in *sex* und *gender* wird jedoch im biologischen Setting ebenso wie im Diskurs der Geschlechterforschung an diversen Stellen kritisiert. *Gender* gilt als eine soziale Konstruktion, die gesellschaftlich (re-)produziert wird.[31] Das Konzept des *doing gender* begreift die Konstruktion von Geschlecht als einen permanenten Herstellungs- und Reproduktionsprozess, der in jeder sozialen Interaktion zutage tritt.[32] Bestimmten Handlungen, Verhaltensweisen und optischen Ausdrucksformen wird zugeschrieben, für eine charakteristisch ‚männliche' oder ‚weibliche' ‚Natur' zu stehen. Dies geschieht im Rahmen sozialer Institutionen und indem Machtverhältnisse durch Geschlechterdifferenzen und soziale Ungleichheit naturalisiert, d. h. als ‚natürlich gegeben' konstruiert werden.[33] Ein solches Geschlechterverständnis ist somit das Produkt sozialer respektive gesellschaftlicher Prozesse. Sie sind darauf ausgerichtet, die vorherrschenden Verhält-

29 Beushausen 2013; Franzkowiak/Hurrelmann 2018.
30 Hurrelmann/Richter 2013.
31 Walgenbach 2007; Manzei 2018.
32 Gildemeister 2008.
33 Ebd.

nisse und Strukturen, die Klassifikationssysteme von ‚Männlichkeit' und ‚Weiblichkeit' und daraus resultierende patriarchale Machtstrukturen zu legitimieren und aufrechtzuerhalten.[34]

### *1.2.1 Historischer Kontext der Konstruktion von Zweigeschlechtlichkeit*

An der sozialen Kategorie Geschlecht zeigt sich, wie vermeintlich selbstverständliche Sachverhalte gesellschaftlichen und historischen Diskursen unterliegen, in deren Rahmen wiederum Wirklichkeit und wissenschaftliche Forschungsergebnisse interpretiert werden.[35] Dies verdeutlicht ein Blick auf den historischen Prozess der Geschlechterkonstruktion von der Antike bis hin zur heutigen Zeit. Seit der Antike existieren unterschiedliche Annahmen bzw. Erklärungen für gesellschaftliche Ungleichheiten zwischen Frauen und Männern.[36] Das Ein-Geschlecht-Modell beispielsweise basiert auf der These die Frau verfüge über das gleiche Genital wie der Mann, lediglich sei dieses nach innen gestülpt. Der Mann gilt in diesen Modellen als Norm, Frauen hingegen als „unvollkommene Version des Mannes."[37] Allein diese Zuschreibung legitimierte es, die soziale Position von Frauen als eine dem Mann untergebene und ohne staatsbürgerliche Rechte ausgestattete Position zu definieren. Durch gesellschaftlich zugeschriebene Eigenschaften und Verhaltensweisen wurde die Zugehörigkeit zu einem Geschlecht jedoch als variabel bewertet: So konnten auch Männer durch ‚unmännlich' konnotierte Verhaltensweisen verweiblicht werden.[38]

Das aktuell bestehende Modell heteronormativer Zweigeschlechtlichkeit wurde mit der Aufklärung zu Beginn des 18. Jahrhunderts etabliert. Es ist ein Resultat der anatomischen Forschung im Zuge derer das Ein-Geschlecht-Modell untragbar wurde. Die Frau galt schließlich als biologisch vollkommen unterschiedlich zum Mann konstruiert, mit differenter Anatomie, Moral und Werten.[39] Frauen wurden aufgrund ihrer vermeintlichen biologischen Eigenschaften als zuständig für die private Sphäre (Haushalt, Kinder, Reproduktionsarbeit) erklärt, während Männer als geeigneter erschienen, um im öffentlichen Raum (z. B. Lohnarbeit, Politik) zu wirken. Diese Bilder prägen bis heute das Verständnis von Geschlecht. Das ‚Weibli-

---

34 Walgenbach 2007; Kessler/MacKenna 1978.
35 Butler 2018.
36 Laqueur 1992.
37 Ebd.
38 Ebd.
39 Ebd.; Klöppel 2015.

che' wurde als Abweichung zur männlichen Norm konstruiert und diente als Projektionsfläche für männlich-hegemoniale Zuschreibungen.[40] Hier wird deutlich, dass nicht zuletzt die (medizinische) Wissenschaft durch gesellschaftliche Diskurse geprägt ist, in deren Rahmen sowohl die Wirklichkeit als auch Forschungsergebnisse interpretiert werden.[41] Damit einher geht die Pathologisierung und Medikalisierung des Weiblichen sowie sämtlicher Abweichungen vom heteronormativen Zweigeschlechtersystem. In diesem Kontext etablierte sich die Gynäkologie als eigene Disziplin. Sie betrachtete die Frau in ihrer angeblichen biologischen und geistigen Unterschiedlichkeit als medizinischen Sonderfall.[42] Homosexualität wurde stigmatisiert, als unnatürlich konstruiert und unterlag geraumer Zeit auch in Deutschland einem juristischen Verbot, während Intergeschlechtlichkeit seit dem 19. Jahrhundert als Störung oder Missbildung der Geschlechtsentwicklung pathologisiert wurde.[43]

Dem Festhalten an der Vorstellung einer anatomisch eindeutigen dichotomen Geschlechterdifferenz im Sinne der binären Zweigeschlechtlichkeit, stehen die Ergebnisse aktueller genetischer Forschung entgegen.[44] So zeigte sich bei der Untersuchung des Gen- und Chromosomenbestandes, dass es keinen eindeutigen, geschlechtsdeterminierenden Faktor gibt. Beispielsweise wurde der Chromosomenabschnitt SRY früher als Hoden/Eierstock determinierender Faktor interpretiert.[45] Aktuelle biologische Diskurse gehen demgegenüber von Geschlecht als einem breiten Spektrum aus bzw. von einer Vielzahl potenzieller biologischer Geschlechter.[46]

Nicht zuletzt haben empirische Ergebnisse in den zurückliegenden Jahren den Diskurs um die Verschränkung von sozialer Ungleichheit und Geschlecht befördert.

### *1.2.2 Geschlecht als eine Kategorie sozialer Ungleichheit*

Der Terminus „Geschlecht" ist in ein komplexes soziales System eingebettet, das diverse Diskriminierungsmechanismen (z. B. Sexismus) und hierarchisierende Zuschreibungen (z. B. Abwertung von ‚Weiblichkeit') mitein-

40 Walgenbach 2007.
41 Klöppel 2015.
42 Ebd.
43 Ebd.
44 Ainsworth 2015.
45 Voß 2011.
46 Ainsworth 2015; Manzei 2018.

ander verknüpft.[47] Entsprechende Zuschreibungen von ‚Männlichkeit' und ‚Weiblichkeit' resultieren aus patriarchal heteronormativen Machtverhältnissen und Diskursen, die wiederum mit anderen sozialen Kategorien (z. B. Behinderung, Sexualität, Ethnizität) intersektional verflochten sind[48] und vielfältige Formen sozialer Ungleichheit und Diskriminierung hervorbringen.[49] Eine lediglich additive Betrachtung wird dieser Komplexität nicht gerecht, vielmehr müssen die Interdependenzen differenziert in ihrem jeweiligen Kontext (Mikro-, Meso-, Makroebene) analysiert und historisch eingeordnet werden.[50] Candace West und Sarah Fenstermaker erweitern das Verständnis von „doing gender" auf „doing difference" und beziehen weitere Kategorien wie Klasse und Race/Ethnizität mit in die Analyse der Konstruktion von sozialen Differenzen ein.[51]

Nicht nur Geschlecht wird in sozialen Interaktionen hergestellt. Auch Ethnizität, die Idee einer Nation[52], soziale Klassen sowie Gesundheit sind soziale Kategorien, welche in Interaktionsprozessen geschaffen und in gesellschaftlichen Diskursen mit unterschiedlichen Bedeutungen besetzt und aufgeladen werden.[53] Durch Kategorisierung und die Definition einer Norm wird die kulturelle Ordnung aufrechterhalten, während Abweichungen von dieser Norm soziale Asymmetrien erzeugen: „Ein jedes ‚Doing Difference' ist eine sinnhafte Selektion aus einem Set konkurrierender Kategorisierungen, die erst einen Unterschied schafft, der einen Unterschied macht."[54] Ein Beispiel dafür ist die oben beschriebene Konstruktion des Mannes als Norm und der Frau als ‚abweichend'. Sie wirkt sich bis heute sowohl auf den gesellschaftlichen als auch auf den medizinischen Diskurs und den Umgang mit Frauen und Männern in der Gesundheitsversorgung aus.[55]

Dass Frauen und Männer nicht nur in gesundheits- bzw. krankheitsbezogenen Anliegen einer differenzierten Betrachtung bedürfen, zeigt sich besonders deutlich, wenn der Umweltbegriff ins Spiel kommt und es um die unterschiedlichen Lebensumwelten von Frauen und Männern im Alltag geht. Hierzu bedarf es zunächst das heterogene Verständnis von Um-

47 Schößler 2010.
48 Kerner 2009; Yuval-Davis et al. 2001.
49 Walgenbach 2007.
50 Ebd.; Kerner 2009.
51 West/Fenstermaker 1995.
52 Yuval-Davis et al. 2001.
53 Hirschauer 2014.
54 Ebd.: 183.
55 Klöppel 2015.

welt sowohl im wissenschaftlichen als auch im alltäglichen Kontext zu betrachten, um im Anschluss die Verbindungen zwischen Geschlecht, Umwelt und Gesundheit weiter aufzuklären.

### *1.3 Umwelt als multidimensionales Konstrukt*

Je nach Erkenntnisinteresse (z. B. Anthropologie, Umweltwirtschaft, Soziologie), Auslegung und Sprachkonvention wird der Umweltbegriff unterschiedlich definiert und mit Leben gefüllt. Der Umweltbegriff ist immer relational zu verstehen, als eine „Beziehung oder Wirkung zwischen Bezugspunkt und Umwelt."[56] Im Fall dieses Kapitels bildet der Mensch das Bezugsobjekt. Er ist umgeben von einer natürlichen, biologisch-ökologischen und einer sozial-kulturellen, technischen Umwelt.

#### *1.3.1 Biologisch-ökologische Umwelt*

Hier sind die Wechselwirkungen zwischen Mensch und Ökosystem angesprochen. Dazu zählen Lithosphäre (Gesteinshülle der Erde), Atmosphäre (Lufthülle der Erde), Hydrosphäre (Meere, Seen) und Biosphäre (Lebensraum von Pflanzen und Tieren).[57] In Bezug auf die menschliche Gesundheit werden Umwelteinflüsse in ihren positiven oder negativen Auswirkungen betrachtet. Dies schließt die Auswirkungen von physikochemischen und mikrobiologischen Umweltbelastungen ein.[58]

#### *1.3.2 Soziokulturelle Umwelt*

Die soziokulturelle Umwelt verweist auf Beziehungen zwischen Individuen, gesellschaftlichen und kulturellen Institutionen bzw. Systemen. Neben sozialen Beziehungen berücksichtigt dies auch Machtverhältnisse, soziale und ökonomische Prozesse sowie kulturelle Milieus, in denen sich unterschiedliche soziale Gruppen bewegen.[59] Komponenten der soziokulturellen Umwelt sind beispielsweise Infrastrukturen, industrielle Ansiedelun-

56 Kraemer 2008: 150.
57 Kraemer 2008.
58 Bolte et al. 2018b.
59 Barnett/Caspar 2001.

gen. Beschäftigungsverhältnisse, die Arbeitsmarktsituation, soziale Schichten, staatliche Ordnung, Kultur und Kunst, Glaubenssysteme und religiöse Praktiken.[60] Dimensionen sozialer Ungleichheit sind ebenfalls Bestandteil der sozialen Umwelt. Die spezifische Lebenslage eines Individuums und damit auch die Verortung bzw. soziale Position innerhalb der sozialen Umwelt beeinflussen die gesundheitliche Situation und das individuelle Wohlbefinden in erheblichem Maße. Der Begriff der Soziogenese beschreibt in diesem Zusammenhang die Entstehung und Förderung gesundheitlicher Beeinträchtigungen durch bestimmte (krankmachende) gesellschaftliche Faktoren, die in der sozialen Umwelt verortet sind.[61]

Die kulturräumliche Umwelt beschreibt hingegen die ‚künstliche' Objekt- und Produktionswelt.[62] Sie berücksichtigt zum einen die aus natürlichen Elementen bestehenden Ökosysteme, die durch Menschen verändert wurden (z. B. Agrar-/Forstwirtschaft). Darüber hinaus umfasst der Kulturraum künstlich geschaffene Objekte, wie beispielsweise die Architektur, das Bauwesen, technische Systeme, Produktionsanlangen und Infrastrukturen sowie Gebrauchsgüter und Verbrauchsgegenstände.[63,64]

## 2. *Geschlecht und Gesundheit vor dem Hintergrund weiblicher und männlicher Lebensumwelten*

### 2.1 *Frauen- versus Männergesundheit: Gemeinsamkeiten und Unterschiede*

Durch die Forschung im Bereich Public Health und der interdisziplinären Zusammenarbeit mit der Geschlechterforschung ist bekannt, dass das Geschlecht in vielfacher Weise die Wahrnehmung von und den Umgang mit Gesundheit beeinflusst.[65] Die Geschlechtsspezifität von Gesundheit bzw. der geschlechtsspezifische Umgang mit Krankheit ist einerseits biologisch, z. B. mittels genetischer, hormoneller, anatomischer und physiologischer Unterschiede zwischen Frauen und Männern, erklärbar. Sie bedarf darüber hinaus aber einer erweiterten Perspektive, die soziale Kontexte, ökologi-

60 Barnett/Caspar 2001.
61 Letzel 2009.
62 Kraemer 2008.
63 Ebd.
64 Für ein tiefergehendes Verständnis des Umweltbegriffs vgl. Soentgen und Tretter/Soentgen in diesem Band.
65 Kuhlmann 2016b.

sche und kulturelle Umweltfaktoren und damit gesellschaftliche Rahmenbedingungen miteinbezieht.

So beeinflussen biologische Faktoren wie ein höherer Körperfettanteil die Exposition gegenüber potenziell gesundheitsschädlichen Umwelteinflüssen und die Vulnerabilität für die Exposition gegenüber Schadstoffen, wie z. B. Tabakrauch.[66] Frauen zeigten sich in einigen Studien anfälliger für Atemwegserkrankungen und Beeinträchtigungen/Belastungen durch Chemikalien, da aufgrund des höheren Körperfettanteils lipophile Substanzen vermehrt eingelagert werden.[67] Auch die pharmakokinetische Wirkung kann durch den erhöhten Fettanteil, Unterschiede in der Enzymausstattung und hormonelle Besonderheiten beeinflusst werden.[68]

Ein bewährter Indikator für Geschlechterdifferenzen in Bezug auf Gesundheit ist die Mortalitätsrate. So zeigt sich, dass Frauen in den meisten Ländern eine höhere Lebenserwartung als Männer haben.[69] In Deutschland liegt die Lebenserwartung für Frauen bei 83,2 Jahren, für Männer bei 78,4 Jahren.[70] In weniger industrialisierten Ländern mit hoher Säuglingssterblichkeit zeigt sich, dass Jungen häufiger von Komplikationen, Missbildungen und Infektionskrankheiten betroffen sind und daher bereits vor oder während der Schwangerschaft versterben.[71] Die verminderte Lebenserwartung von Männern in den Industrienationen ist im Wesentlichen dem geschlechtsspezifischen Verhalten geschuldet.[72] Geschlechterstereotype und durch Sozialisation verfestigte Rollenmuster beeinflussen sowohl die Gesundheit selbst als auch das gesundheitsbezogene (Risiko-)Verhalten bzw. die höhere Risikobereitschaft insbesondere von jungen Männern (z. B. im Straßenverkehr).[73] Unfälle, Leberzirrhose, Herz-Kreislauf-Erkrankungen und Bronchialkrebs sind häufige Todesursachen bei Männern, die durch das gesundheitliche Risikoverhalten beeinflusst werden.[74] Männer lernen vielfach bereits im Kindesalter den kontrollierten Umgang mit Gefühlen und Schmerzen. Folglich werden Symptome für etwaige Erkrankungen bagatellisiert, ärztliche Konsultationen und Behandlungen hinaus-

---

66 Pauli/Hornberg 2008b.
67 WHO 2010.
68 Pauli/Hornberg 2008a.
69 Kolip/Hurrelmann 2002a.
70 Statistisches Bundesamt 2017.
71 Kolip/Hurrelmann 2002b.
72 Hornberg et al. 2016.
73 Statistisches Bundesamt 2018.
74 Kolip/Hurrelmann 2002b.

gezögert und Vorsorgeuntersuchungen nicht wahrgenommen.[75] Etwaige gesundheitliche Beschwerden werden mit Tabletten- und Alkoholkonsum kompensiert.[76] Erschwerend kommt hinzu, dass gesellschaftliche Rollenerwartungen, z. B. der Mann als Familienernährer, bei Nichterfüllung ein Gefühl des Versagens und der Schwäche erzeugen können und die Anfälligkeit für Depressionen, Alkoholismus und andere psychische Erkrankungen erhöhen.[77] Im Arbeitsleben sind Männer aufgrund der Geschlechtersegregation am Arbeitsmarkt häufiger als Frauen in Berufen mit gesundheitsbelastenden Arbeitsbedingungen und Gefahrstoffen konfrontiert.[78] Die Wahrscheinlichkeit von Arbeitsunfällen und gesundheitlichen Spätfolgen durch den Umgang mit gesundheitsbedenklichen Stoffen ist für Männer entsprechend hoch.[79] Aber auch Frauen arbeiten nicht selten unter prekären Arbeitsbedingungen, wo sie diversen gesundheitsbelastenden Faktoren ausgesetzt sind. Ein Beispiel hierfür ist der Dienstleistungssektor.

Aufgrund ihrer Doppelrolle – Familien- und außerhäusliche Erwerbsarbeit – tragen viele Frauen heute ein doppeltes Gesundheitsrisiko. Eine Ursache hierfür ist die scheinbar nur schwer aufzubrechende traditionelle Rollentrennung zwischen Frauen Männern im Kontext Familie. Haushaltsführung, Erziehung, Pflege von Angehörigen und Gesundheitsfürsorge fallen nach wie vor fast ausschließlich in den Verantwortungsbereich der Frau.[80]

Bereits im Kindesalter lernen Mädchen einen kritischen Umgang mit dem eigenen Körper und verinnerlichen das gesellschaftlich dominierende Bild weiblicher Makellosigkeit, körperlicher Fitness und Attraktivität.[81] Der Blick von Frauen auf den eigenen Körper ist entsprechend kritisch. Allerdings ist das Gesundheitsbewusstsein von Frauen deutlich höher als das der Männer, verbunden mit einer höheren Bereitschaft, Vorsorgeuntersuchungen in Anspruch zu nehmen und sich bei Beschwerden ärztliche Hilfe zu suchen.[82] Frauen nutzen das Gesundheitssystem sowohl im präventiven als auch im kurativen Bereich häufiger als Männer.[83] Hierzu können sie auf ein historisch gewachsenes System von Vorsorgeangeboten z. B. in

75 Pauli/Hornberg 2008a.
76 Hornberg et al. 2016.
77 Ebd.
78 Brenscheidt et al. 2018; Bolte 2016.
79 baua 2019.
80 Faltermaier/Hübner 2016.
81 Ebd.
82 Ebd.
83 Sieverding 2000.

der Gynäkologie (Turnusuntersuchungen auf Brust- und Gebärmutterhalskrebs) zurückgreifen, das für Männer in dieser Weise nicht existiert. Frauen sind insgesamt offener für Angebote zur Gesundheitsförderung (z. B. Bewegungskurse)[84] und sie verfügen gegenüber Männern über mehr gesundheitliche Schutzfaktoren[85]. Gleichzeitig ist aber auch ein hoher (teilweise nicht ärztlich verordneter und kontrollierter) Medikamentenkonsum bei Frauen zu beobachten.[86] Hier wird einmal mehr deutlich, dass Bewältigungsstrategien im Umgang mit Belastungssituationen geschlechtsspezifisch geprägt sind: Während Männer eher zu externalisierendem Verhaltensweisen neigen (z. B. Alkoholmissbrauch, Gewalt, Risikoverhalten im Straßenverkehr),[87] dominieren bei Frauen internalisierende Verhaltensweisen, die sich z. B. in psychosomatischen Symptomen äußern.[88] Diese Tendenzen zeigen sich schon im Jugendalter: Während Jungen risikofreudige und aggressive Verhaltensweisen an den Tag legen und durch externalisierende Symptome wie Delinquenz, schulische Probleme und den Konsum von legalen und illegalen Drogen auffallen, liegt die Problematik bei heranwachsenden Mädchen eher in der Entwicklung von Essstörungen, Ängsten, Depressionen, Selbstverletzungen und suizidalen Verhaltensweisen.[89]

Letztlich deuten die Befunde der Geschlechterforschung eindeutig darauf hin, dass die soziale Dimension von Geschlecht in enger Wechselwirkung mit biologischen und physiologischen Vorgängen steht. Im Umkehrschluss bedeutet dies, dass sozial benachteiligende Lebensumweltverhältnisse erheblichen Einfluss auf Wohlbefinden, Gesundheit, Gesundheitsverhalten, die Inanspruchnahme medizinischer Leistungen oder die Exposition gegenüber gesundheitsrelevanten Umweltrisiken haben.[90] Einige umweltepidemiologische Ansätze formulieren die These, dass sich die jeweiligen (sozialen) Lebensumstände über Mechanismen der Genregulation und -expression in den Körper einschreiben[91] und zu gesundheitsrelevanten, epigenetischen Unterschieden führen, die an nachfolgende Generationen weiter gegeben werden.[92] Das biologische Geschlecht ist demnach nicht zuletzt eine Momentaufnahme und Spiegel gesellschaftlicher Strukturen,

84 Faltermaier/Hübner 2016.
85 Kolip/Hurrelmann 2016.
86 Knopf/Grams 2013.
87 Atzpodien et al. 2014.
88 Plener et al. 2018.
89 Kolip/Hurrelmann 2002.
90 Pauli/Hornberg 2008a.
91 Krieger 2011.
92 Verdonk/Klinge 2012; Bolte 2016.

individueller sozialer Erfahrungen und Lebensverhältnisse, die den Gesundheitsstatus in zentraler Weise beeinflussen.[93] Die Kategorie Geschlecht in die biomedizinische und gesundheitswissenschaftliche Forschung zu integrieren und mit sozialwissenschaftlichen Ansätzen zu verbinden, ist für das Verständnis der komplexen Zusammenhänge zwischen Geschlecht, Umwelt und Gesundheit unabdingbar,[94] um auf der Basis geschlechtersensibler Gesundheitsberichterstattung Präventions- und Interventionskonzepte konsequent an geschlechtsspezifischen Bedarfen auszurichten. Das hierfür erforderliche Bewusstsein für die Relevanz sozialer Geschlechterrollen und geschlechtsspezifischer Lebensverhältnisse innerhalb der medizinischen Praxis bedarf dringend einer Erweiterung. Eine intersektionale Perspektive ermöglicht eine erste Annäherung, wenn es darum geht, das Zusammenwirken verschiedener Aspekte sozialer, gesundheitlicher und umweltbezogener Ungleichheit in den alltäglichen Lebensumwelten von Frauen und Männern zu analysieren. Aufzuzeigen, dass sich Benachteiligungen nicht additiv aneinanderreihen, sondern in ihren Wechselwirkungen zu betrachten sind, ist das Anliegen der nachfolgenden Ausführungen.

### *2.2 Intersektionalität als Paradigma der Public Health-Forschung*

Der Geschlechterbegriff ist seit jeher eng mit Kategorien sozialer Ungleichheit wie Ethnizität, soziale Schicht, Nationalität, Alter etc. verflochten. In der Analyse gesundheitlicher Ungleichheiten gilt es daher stets die soziale und biologische Dimension von Geschlecht in ihrem Wechselspiel zu betrachten.[95] Dabei wird schnell deutlich, dass insbesondere Strukturkategorien wie Bildung, Beruf und Einkommen erheblichen Einfluss auf den Gesundheitsstatus und das individuelle Wohlbefinden haben. So geht ein niedriger sozioökonomischer Status im Durchschnitt mit einer kürzeren Lebenserwartung und einer gehäuften Anzahl gesundheitlicher Beeinträchtigungen einher.[96]

Eng verbunden mit dieser sog. horizontalen Ebene sozialer Ungleichheiten sind Kategorien wie Geschlecht, Alter, Migration, Wohnort oder Familiengröße. Sie werden auf der sog. vertikalen Ebene sozialer Ungleichhei-

93 Bolte et al. 2018b; Krieger 2011; Bolte/Lahn 2015; Bolte 2016.

94 Bolte 2016.

95 Bolte et al. 2018b.

96 Richter/Hurrelmann 2009.

ten beschrieben.[97] Die Untrennbarkeit beider Ebenen wird deutlich, wenn man bestimmte Personengruppen betrachtet: So sind z. B. Menschen mit Migrationshintergrund, Frauen und Männer mit Behinderungen oder Alleinerziehende aufgrund ihrer besonderen Lebenssituation häufig zahlreichen Benachteiligungen und Diskriminierungen ausgesetzt, die mit einem geringen sozioökonomischen Status einhergehen und sich negativ auf die Gesundheit auswirken können.[98] Die Trennung zwischen horizontaler und vertikaler sozialer und gesundheitlicher Ungleichheit ist demnach eher theoretischer Natur und in erster Linie für analytische Zwecke geeignet.

Der Intersektionalitätsansatz widmet sich in diesem Zusammenhang der Frage, inwieweit diese Strukturkategorien mit unterschiedlichen Formen und Dimensionen von sozialer Ungleichheit und Diskriminierung einhergehen bzw. ihrerseits Ungleichheiten generieren.[99] Dabei zeigt sich, dass keine der Strukturkategorien und daraus resultierende Diskriminierungen losgelöst voneinander betrachtet werden können, sondern nur im wechselseitigen Zusammenspiel und im jeweiligen kulturellen, historischen und sozialen Kontext zu verstehen sind.[100] Der besondere Wert der Intersektionalitätsforschung für die Gesundheitswissenschaften liegt u. a. darin, Geschlecht in Verbindung mit weiteren Aspekten wie Körper, Sexualität, Alter und Gesundheit zu untersuchen und potenzielle gesundheitliche Ungleichheiten besser bewerten und einordnen zu können.[101] Bislang bedient sich die Public-Health-Forschung aber nur selten des Intersektionalitätsansatzes in Studiendesigns.[102] Gerade für die Erfassung des Einflusses von sozialer Diskriminierung auf die psychische Gesundheit und das Aufdecken struktureller Diskriminierung im Gesundheitssystem kann der Intersektionalitätsansatz jedoch sinnvoll sein. Dies zeigt sich spätestens, wenn es um die gesundheitlichen Belange von Menschen geht, die sich nicht dem binären Zweigeschlechtersystem unterordnen lassen. Und obschon aus wissenschaftlicher Perspektive klar ist, dass nicht von einem binären Zweigeschlechtersystem auszugehen ist, da sich viele Menschen diesem System nicht zuordnen können oder wollen, werden intergeschlechtliche oder nichtbinäre Personen in den meisten Studien nicht berücksichtigt.

97 Richter/Hurrelmann 2009.
98 Razum 2009.
99 Walgenbach 2007; Winker/Degele 2010.
100 Kerner 2009; Winker/Degele 2010.
101 Walgenbach 2007; Winker/Degele 2010.
102 Bowleg 2012; Bolte/Lahn 2015.

### 2.3 Geschlechtersensible Gesundheitsförderung und medizinische Praxis

Die gesundheitliche Versorgung ist ebenfalls nicht frei von Geschlechterstereotypen und Geschlechterkonstruktionen. Dies beginnt bereits bei der Kommunikation zwischen Ärzt_in und Patient_in. Sowohl die Äußerung von Beschwerden durch die Patient_innen, als auch die Reaktion der Ärzt_innen auf diese Schilderungen unterliegen erlernten vergeschlechtlichten Verhaltensmustern. So werden identische Symptome bei Frauen und Männern häufig unterschiedlich bewertet und behandelt.[103] Während bei Männern eher organische Ursachen diagnostiziert werden, erhalten Frauen mit identischen Beschwerden häufiger psychosomatische Diagnosen.[104] Dies gilt insbesondere bei kardiovaskulären Erkrankungen, was dazu führt, dass das Herzinfarktrisiko für Frauen und die spezifischen Anzeichen für einen Herzinfarkt lange Zeit massiv unterschätzt bzw. fehlgedeutet wurden.[105] Eine Überversorgung bei Frauen ist hingegen bei der Verordnung psychotroper Arzneimittel wie Psychopharmaka zu beklagen.[106] Die Über- und Fehlversorgung von Frauen steht in einer Tradition der Medikalisierung des ‚Weiblichen' und einer Pathologisierung von Abweichungen (z. B. Intergeschlechtlichkeit und Homosexualität).[107] Dabei werden bestimmte Lebensphasen von Frauen (Pubertät, Schwangerschaft, Geburt, Menopause) als medizinisch behandlungsbedürftig betrachtet, was sich nicht zuletzt in der Verschreibungspraxis von Arzneimitteln widerspiegelt.[108] Sowohl die einseitige Fokussierung auf die besonderen gesundheitlichen Belastungen und Bedarfe von Männern als auch die Medikalisierung und Pathologisierung von Frauen ist problematisch zu bewerten, da diese am Bedarf vorbeigehen.[109] Im Umkehrschluss besteht die Gefahr, dass in der Gesundheitsversorgung Geschlechterstereotype (weiter) verfestigt und Geschlechterunterschiede überbewertet werden, während individuelle Bedarfe aus dem Blick geraten.[110] Geschlechtersensible Versorgung, Prävention und Gesundheitsförderung sollte sich daher nicht zuletzt an den spezifischen Lebensbedingungen, Bedürfnissen, Ressourcen, Risiko-

103 Hornberg et al. 2018.
104 Pauli/Hornberg 2008a; Kuhlmann 2016a.
105 Schäfer 2013; Möller-Leimkühler 2007.
106 Kolip/Hurrelmann 2016.
107 Klöppel 2015.
108 Kuhlmann 2016a; Marschall/Wolfrum 2017.
109 Kuhlmann 2016a.
110 Pauli/Hornberg 2008a.

faktoren und Belastungen orientieren.[111] Angebote sollten einer zielgruppen- und altersspezifischen Ausrichtung folgen und darüber hinaus körperliche und psychische Geschlechterunterschiede in Zusammenhang mit sozialen Faktoren berücksichtigen.[112] Das gilt auch für eine gendersensible Gesundheitsforschung und Gesundheitsberichterstattung.[113] Hier sind Menschen jenseits der rein biologisch konstruierten Mann/Frau-Dichotomie mit einzubeziehen und nicht als krankhafte Abweichung zu bewerten. Voraussetzung hierfür sind jedoch obligatorische Aus-, Fort- und Weiterbildungsangebote vor allem für Mediziner_innen, die sich mit den Themen Trans- und Intergeschlechtlichkeit beschäftigen. Daneben sind andere Akteure (z. B. im Bereich der kommunalen Politik und Verwaltung) für die besonderen Bedürfnisse dieser Menschen zu sensibilisieren. Nur so kann dem Umstand Rechnung getragen werden, dass gesundheitliche Ungleichheiten nicht nur eine Konsequenz nichtangepasster gesundheitlicher Versorgung sind, sondern eine Problematik darstellen, die im Alltag bis auf die Ebene der sozialräumlich ungleichen Verteilung von gesundheitsrelevanten Umweltbelastungen und Umweltressourcen reicht.

## 3. *Soziale Ungleichheit bei Umwelt und Gesundheit*

Die Verteilung von Todesfällen und Erkrankungen ist ein zentraler Indikator dafür, welche Bedeutung Umweltbelastungen, wie z. B. chemischen Verunreinigungen von Gewässern, beeinträchtigter Luftqualität und Folgen des Klimawandels in der Erklärung gesundheitlicher Ungleichheiten zukommen. Besonders gravierend wirkt sich dies zu Ungunsten von Ländern mit einem geringen und mittleren Einkommen sowie zum Nachteil von marginalisierten und vulnerablen (d. h. verletzlichen) Bevölkerungsgruppen aus.[114] Die damit einhergehende soziale Ungleichverteilung von Umweltressourcen und Umweltbelastungen wird international unter dem Begriff *environmental justice* diskutiert.[115]

111 Pauli/Hornberg 2008a; Hornberg et al. 2018.
112 Kolip und Altgeld 2009.
113 Hornberg et al. 2018; Borrmann 2016.
114 Landrigan et al. 2018; Bolte et al. 2018a.
115 Bolte et al. 2018a.

### *3.1 Umweltgerechtigkeit*

*Environmental justice* geht zurück auf eine in den 1980er Jahren gegründete Bürgerrechtsbewegung in den USA. Ihr Vorwurf richtet sich gegen die gängige Praxis z. B. umwelt- und gesundheitsgefährdende Industrieanlagen vorrangig in den Wohngebieten sozial benachteiligter Bevölkerungsgruppen anzusiedeln. Die ungleiche bzw. ungerechte Verteilung von Umweltbelastungen auf verschiedene soziale Gruppen (ethnische Gruppen, soziale Schichten) beschreibt den Ausgangspunkt der *environmental justice*-Debatte.[116] Rückendeckung und Stärkung erhielt die Bewegung durch verschiedene empirische Untersuchungen. Diese konnten u. a. einen Zusammenhang zwischen der Lagerung von Giftmüll und der ethnischen Zugehörigkeit in bestimmten Landstrichen aufdecken.[117] Zusammenhänge zwischen Hautfarbe, Zugehörigkeit zu einer bestimmten ethnischen Minderheit, sozialer und gesundheitlicher Benachteiligung werden indes als Indizien für *environmental racism* gedeutet.[118] Im Deutschen existiert keine einheitliche und allgemein akzeptierte Übersetzung und Operationalisierung für den Terminus *environmental justice*. Überlegungen bestehen dahingehend den englischen Begriff beizubehalten.[119] Daneben wurden in den letzten Jahren unterschiedliche Vorschläge für eine sinngemäße Übersetzung vorgelegt. Der Begriff der Umweltgerechtigkeit geht im Wesentlichen auf Werner Maschewsky zurück, der im Jahr 2001 den Grundstein für die deutsche Umweltgerechtigkeitsdebatte legte.[120] Weitere Optionen sind die Umschreibungen umweltbezogene Gerechtigkeit und Chancengleichheit bei Umwelt und Gesundheit.[121]

Anders als in den USA ist die Beschäftigung mit Umweltgerechtigkeit in Deutschland weniger durch die Politik dominiert als vielmehr durch unterschiedliche wissenschaftliche Disziplinen – allen voran Public Health – und etablierten Umweltbewegungen.[122] Insgesamt ist das Thema im Schnittfeld von Umwelt-, Sozial- und Gesundheitspolitik angesiedelt und verknüpft Umweltbelange mit Fragen sozialer Ungleichheit.[123] Schwerpunkte im deutschen Diskurs sind u. a. die soziale und räumliche Vertei-

---

116 Mielck/Heinrich 2002.
117 Commission for Racial Justice 1987.
118 Maschewsky 2008.
119 Elvers 2007; Mielck/Heinrich 2002.
120 Elvers 2007.
121 Bolte et al. 2018a.
122 Elvers 2007.
123 Maschewsky 2008.

lung gesundheitsrelevanter Umweltlasten, wie z. B. Schadstoffemissionen durch Industriebetriebe, Verkehrslärm (*environmental bads*), mangelnder Zugang zu potenziell gesundheitsförderlichen Umweltgütern wie Naherholungsgebieten oder autofreien Zonen (*environmental goods*). Darüber hinaus ist die globale und intergenerationale Verteilung von Umweltressourcen und –risiken ein wachsendes Diskussionsfeld im Rahmen der Umweltgerechtigkeitsdebatte.[124] Der Fokus richtet sich im Wesentlichen auf die Ursachen, Folgen (u. a. gesundheitlich) und Vermeidung sozialer bzw. sozialdiskriminierender (inkl. ethnischer) und räumlicher Unterschiede in der Verteilung von Umweltbelastungen sowie die Frage der Entschädigung bzw. des Ausgleichs von Benachteiligungen (z. B. mittels Reduzierung bestehender Umweltbelastungen).[125] Dass eine Verteilung von umweltbezogenen Lasten und Gütern dem Gerechtigkeitspostulat genügen soll, spiegelt das normative Leitbild der Umweltgerechtigkeitsdebatte wieder.[126]

Der Umweltgerechtigkeitsgedanke basiert entsprechend auf den beiden zentralen Gerechtigkeitsdimensionen Verteilungsgerechtigkeit und Verfahrensgerechtigkeit.[127] Eine ungerechte Verteilung bzw. umweltbezogene Verteilungsungerechtigkeit zeichnet sich dadurch aus, dass bestimmte gesellschaftliche Gruppen (wie z. B. Migrant_innen oder Menschen mit einem niedrigen sozialen Status) unverhältnismäßig benachteiligt werden. Dies gilt insbesondere in Bezug auf die Exposition gegenüber Umweltbelastungen wie Lärm oder Luftschadstoffen sowie für den Zugang zu potenziell gesundheitsförderlichen Umweltressourcen.[128] Verteilungsgerechtigkeit bedeutet in diesem Kontext eine gerechte, verhältnismäßige Verteilung nichtvermeidbarer Umweltbelastungen zwischen und innerhalb unterschiedlicher Bevölkerungsgruppen und Regionen. Die Bewertung einer Verteilungssituation als fair oder unverhältnismäßig basiert häufig auf subjektiven Bewertungen, während eindeutige Kriterien für die Frage, ab wann das Ausmaß einer Exposition nicht (mehr) angemessen und damit unverhältnismäßig ist, fehlen. Erschwerend kommen Unterschiede in der Vulnerabilität von Menschen gegenüber Umweltbelastungen hinzu. Viele Unklarheiten in der Umweltgerechtigkeitsdebatte sind der Komplexität des Themenfeldes geschuldet. Eine Konkretisierung erfordert Antworten auf verschiedene inhaltliche und technische Fragen, wie beispielsweise welche

124 Elvers 2007.
125 Maschewsky 2008.
126 Bolte et al. 2018a; Bolte et al. 2012.
127 Bolte et al. 2018a.
128 Ebd.

weiteren (z. B. gesundheitlichen, ökonomischen, sozialen) Belastungen neben den umweltspezifischen Einflüssen Berücksichtigung finden sollen oder wie geografisch-kleinräumig die Verteilung der zu berücksichtigenden Belastungen erfolgen soll. Grundvoraussetzungen für eine Verbesserung der Verteilungsgerechtigkeit und für die damit verbundene (Um-)Verteilung sind in jedem Fall staatliche Regulierungen, umgesetzt durch Akteur_innen mit entsprechenden Befugnissen (Macht) und der nötigen Entschlossenheit bzw. Überzeugung.[129]

Verfahrensgerechtigkeit als zweites Element von Umweltgerechtigkeit bezieht sich auf die Gleichbehandlung von Menschen und Möglichkeiten der Teilhabe.[130] Im Zuge von Planungs-, Entscheidungs- und Umsetzungsverfahren sollen neben wichtigen (ökonomischen oder politischen) Akteuren auch die jeweiligen Betroffenen ihre Interessen einbringen und vertreten können (Recht auf Beteiligung).[131] Die hierfür erforderlichen Kompetenzen sind ebenfalls ein zentrales Merkmal von Verfahrensgerechtigkeit.[132] In Deutschland scheitert die Teilhabe an und Inanspruchnahme von umweltbezogenen Beteiligungsangeboten noch allzu häufig an den zu Beteiligenden (v. a.) aus Politik und Verwaltung bzw. an einem problematischen Verständnis von Beteiligung und Mitbestimmung, das nicht selten auf Anhörung und Information reduziert wird.[133]

Eine Integration in den gesundheitswissenschaftlichen Diskurs erfährt Umweltgerechtigkeit allen voran entlang gesundheitlicher Ungleichheit und der damit verbundenen sozialen Ungleichheit (sozial bedingte Ungleichheit von Gesundheitschancen).[134] Insgesamt schafft die Einbindung des Konzepts eine analytische Vertiefung der umweltbezogenen Perspektive von Public Health.[135] Im Fokus stehen dabei umweltbedingte Belastungen, z. B. in der Wohnung (Qualität der Innenraumluft, Feuchtigkeit) oder der Wohnumgebung (Luftschadstoffkonzentrationen, Lärmbelastung) sowie deren sozialräumliche Verteilung. Ausgangspunkt ist die Annahme, dass entsprechende Umweltbelastungen bzw. Expositionen – räumlich betrachtet – zu Ungunsten von Menschen mit einem niedrigen sozioökonomischen Status verteilt sind.[136] Eine solche Ungleichverteilung von Um-

---

129 Bolte et al. 2018a; Maschewsky 2008.
130 Maschewsky 2008.
131 Ebd.
132 Schlosberg 2007.
133 Bolte et al. 2018a.
134 Mielck/Heinrich 2002; Maschewsky 2008.
135 Maschewsky 2008.
136 Hornberg/Pauli 2012; Mielck/Heinrich 2002.

weltlasten folgt der Wirkungslogik der sog. Expositionsvariation. Dabei handelt es sich um einen von zwei Erklärungsansätzen, die den Zusammenhang zwischen sozialer Lage, Gesundheit und Umwelt aufzudecken versuchen.[137] Bezüglich der Expositionsvariation ist auch der Klimawandel mit entsprechenden direkten sowie indirekten Folgen ein zunehmend bedeutsames Thema im lokalen und globalen Kontext (z. B. Klimaflucht, Zugang zu sauberem Wasser).[138] Eine Ungleichverteilung von Expositionen zieht letztlich korporale Schadstoffbelastungen, erhöhte Belastungsintensitäten (objektiv messbar und subjektiv empfunden) und damit auch umweltbezogene Krankheitslasten, z. B. in Form von Herz-Kreislauferkrankungen, nach sich.[139] Diese sozial ungleich verteilten Gesundheitseffekte können zudem mit der sog. Effektmodifikation erklärt werden. Effektmodifikation beschreibt Unterschiede hinsichtlich der Vulnerabilität für umweltbedingte gesundheitliche Wirkungen, die mit dem Sozialstatus verknüpft sind.[140] Im Kern geht es dabei um die Analyse eines (gesundheitlichen) Effekts (z. B. Stress), verursacht durch externe Einflüsse (z. B. Lärmbelastung).[141] Vulnerabilität kann sich sowohl auf Städte und Ökosysteme beziehen als auch auf die Anfälligkeit von Menschen bzw. bestimmten Personengruppen gegenüber gesundheitsrelevanten Umwelteinflüssen. Je geringer die verfügbaren (materiellen und immateriellen) Widerstandsressourcen, (z. B. Einkommen, Bildung, Wohnungsqualität, Gesundheitsverhalten), desto höher die Anfälligkeit für gesundheitliche Beeinträchtigungen infolge umweltbezogener Expositionen.[142] Bei gleicher Expositionsart und –stärke können daher infolge von Vulnerabilitätsunterschieden höchst ungleich verteilte Gesundheitseffekte zutage treten.[143]

## *3.2 Umweltbelastungen im Kontext sozialer Ungleichheit – Risiken für marginalisierte Bevölkerungsgruppen*

Menschen in marginalisierten Lebenslagen mit prekären Lebens- und Arbeitsbedingungen tragen ein erhöhtes Risiko für gesundheitlich relevante

137 Bolte et al. 2018a.
138 Levy/Patz 2015.
139 Hornberg/Pauli 2012.
140 Bolte et al. 2018a.
141 Ebd.
142 Köckler/Hornberg 2012.
143 Bolte et al. 2018a.

umweltbezogene Expositionen.[144] Neben Frauen und Männern mit Behinderungen und psychischen Erkrankungen, Gewalterfahrungen oder Suchtproblemen, leiden auch Menschen mit Migrationshintergrund, Alleinerziehende oder arbeitslose Personen deutlich häufiger unter gesundheitlichen Problemen, die mit Umweltbeeinträchtigungen in Verbindung stehen.[145] Belastete und belastende Lebensverhältnisse wie z. B. das Wohnen in nicht sanierten, feuchten Wohnungen an vielbefahrenen Straßen ohne Zugang zu grünen Ausgleichs- und Erholungsräumen sind u. a. Ausdruck ökonomischer Unsicherheit, ungeregelter Arbeitsverhältnisse und sozialer Ausgrenzung. Sie betreffen auch in Deutschland immer häufiger die sog. bürgerliche Mittelschicht und markieren prekäre Lebensverhältnisse.

Ein niedriger sozioökonomischer Status erhöht demnach das Risiko einer gesundheitlichen Belastung durch umweltbedingte Einflüsse.[146] In Deutschland konnten u. a. Lärmbelastungen, verkehrsbedingte Luftschadstoffbelastungen, Innenraumverunreinigungen und Wohnumfeldverhältnisse als Problembereiche identifiziert werden, denen entlang eines Sozialgradienten eine ungleiche Verteilung von gesundheitlichen Beeinträchtigungen folgt.[147] Bei der Bewertung der Umweltbelastung ist zwischen subjektiver Einschätzung bzw. Wahrnehmung und objektiver Belastung in Form von Messwerten zu unterscheiden. Belastungen durch Lärm (z. B. durch Nachbar_innen, Verkehr) werden als stärkste Umweltbeeinträchtigung empfunden. Sie vermögen somatische und psychosomatische Gesundheitsbeschwerden zu verursachen.[148] Bezüglich der subjektiv empfundenen Lärmbelästigungen im Wohnumfeld zeigen Untersuchungen, dass Menschen mit einem niedrigen sozioökonomischen Status sich insgesamt stärker belästigt fühlen als diejenigen mit einem höheren sozioökonomischen Status. In einer Studie von Barbara Hoffmann und Kolleg_innen gaben 28,3 % (n=568) der Teilnehmer_innen in der untersten Einkommensgruppe an, sich mittelmäßig bis stark durch Straßenlärm gestört zu fühlen; unter denjenigen der höchsten Einkommensgruppe galt dies ‚nur' für 18,4 % (n=294).[149] Die Stärke des Zusammenhangs zwischen Belästigungsempfinden und Einkommen variiert mit der jeweiligen Expositionsquelle.[150] Straßenverkehr, Nachbarschaft und Flugverkehr wird in diesem Zu-

144 WHO 2010.
145 Pauli und Hornberg 2008b.
146 WHO 2010; Bunge/Katschner 2009; Maier/Mielck 2010.
147 Bunge/Katschner 2009.
148 Babisch 2011, 2006.
149 Hoffmann et al. 2003.
150 Bunge/Katschner 2009; Laußmann et al. 2013; Hoffmann et al. 2003.

sammenhang die größte Bedeutung beigemessen. Für diese Expositionsquellen bestätigt sich die zentrale Bedeutung des Indikators Einkommen bzw. des Netto-Äquivalenzeinkommens für das Ausmaß des subjektiven Belästigungsempfindens durch Lärm.[151]

Für die objektive Lärmbelastung ist ein entsprechender Zusammenhang zwischen Lärmexposition und niedrigem Sozialstatus ebenso bestätigt[152] wie für verkehrsbedingte Luftschadstoffbelastungen[153]. Eine Exposition gegenüber Luftschadstoffen ist dabei abhängig von der Schadstoffkonzentration am jeweiligen Ort, der Zeitspanne, die ein Mensch dort verbringt, sowie der ausgeübten Tätigkeit. Häufig wird das Wohngebiet als Messstation für die Exposition herangezogen. Die Hauptquelle verkehrsbedingter Luftschadstoffbelastungen in Deutschland ist naturgemäß der Straßenverkehr, da der Schadstoffausstoß (z. B. Feinstaub) im unmittelbaren Aufenthaltsbereich der Menschen erfolgt.[154] Demnach besteht eine gewichtige Verbindung zwischen Luftschadstoffkonzentration, Lärmbelastung, Lage der Wohnung und Straßenverkehrsaufkommen.[155] In Hinblick auf die Straßenverkehrsbelastung wurde ein stark signifikanter sozialer Gradient identifiziert. Personen mit einem vergleichsweise niedrigen sozioökonomischen Status wohnen eher in Gegenden mit hohem Verkehrsaufkommen, woraus wiederum höhere Expositionsrisiken gegenüber Luftschadstoffbelastungen resultieren.[156] Für korporale Belastungen und umweltassoziierte Erkrankungen ergibt sich insgesamt ein uneinheitliches Bild in der Verbindung mit dem Sozialstatus. Beispielsweise treten Allergien tendenziell häufiger bei Menschen mit einem hohen Sozialstatus auf. Da die Allergieprävalenz von verschiedensten Umweltfaktoren und sozialen Parametern abhängig ist, lässt sich dieses Ergebnis allerdings nicht verallgemeinern.[157] Insgesamt ist zu berücksichtigen, dass Personen mit einem höheren Einkommen und höherem Sozialstatus über mehr Wahlmöglichkeiten und Handlungsoptionen verfügen, um Belastungsfaktoren im Lebensbereich Wohnen und Wohnumfeld zu meiden.[158] Im Umkehrschluss ist daraus die These abzuleiten, dass ein niedriger Sozialstatus die Wahrscheinlichkeit erhöht, kumulativen Auswirkungen belastender Umweltstressoren ausgesetzt zu sein,

151 Laußmann et al. 2013.
152 Bolte/Kohlhuber 2008.
153 Bunge/Katschner 2009.
154 Ebd.
155 Laußmann et al. 2013.
156 Ebd.
157 Elvers et al. 2006.
158 Bunge/Katschner 2009.

während die notwendigen Bewältigungsressourcen und Kompensationsmechanismen sinken. Eine mögliche Folge sind die festzustellenden sozialen Unterschiede in der Reaktion auf Umweltbelastungen und damit einhergehende gesundheitliche Ungleichheiten.[159]

Inwiefern sich dies bei verschiedenen Korrelationen von Strukturkategorien und unter Berücksichtigung horizontaler Indikatoren sozialer Ungleichheit (z. B. Geschlecht, ethnische Herkunft oder räumlich-geografische Verteilung) verändert, muss im Einzelfall untersucht werden.[160] Von einer erhöhten physischen und psychischen Belastung durch Mehrfachmarginalisierung ist auszugehen, zumal die verschiedenen Ebenen und Lebensbereiche, in denen Diskriminierung potenziell stattfindet, eng miteinander verflochten sind. Eine wesentliche Herausforderung besteht insgesamt darin, die Diversität der Adressat_innen und Zielgruppen in der Gesundheitsforschung und -praxis zu berücksichtigen – nicht zuletzt um den besonderen Bedürfnissen vulnerabler Personengruppen gerecht zu werden.

### *3.3 Gesundheitsrelevante Einflüsse der Wohnumwelt unter besonderer Berücksichtigung von Geschlecht und Sozialstatus*

Um die Charakteristika einer Wohnumwelt zu beschreiben, hat es sich als hilfreich erwiesen sog. Deprivationsindizes zu nutzen. Indikatoren für multiple Deprivation sind z. B. die Anzahl der Einwohner_innen eines Gebiets, die zur Miete wohnen, die über kein Auto verfügen, die arbeitslos bzw. sozialversicherungspflichtig beschäftigt sind oder die Anzahl der Gewerbe-, Industrie- und Verkehrsflächen.[161] Ein zusammenfassender Index multipler Deprivation ermöglicht es regionale, kontextuelle Effekte auf die Gesundheit zu identifizieren und Aussagen über Versorgungsbedarfe, Morbiditäts- und Mortalitätsursachen zu treffen. Für Deutschland wurde der *German Index of Multiple Deprivation* (GIMD) entwickelt, der die Deprivationsbereiche Einkommen, Beschäftigung, Bildung, Sozialkapital, Umwelt, Sicherheit und Landkreis-Einnahmen umfasst.[162] Ein eindeutiger Zusammenhang besteht demnach zwischen regionaler Deprivation und einer erhöhten Mortalitätsrate. Die östlichen Bundesländer und Teile des Ruhrgebiets erweisen sich im gesamtdeutschen Vergleich als erheblich stärker de-

---

159 Bunge/Katschner 2009; Laußmann et al. 2013.
160 WHO 2010.
161 Stafford et al. 2005.
162 Hofmeister et al. 2016.

priviert. Die Domänen „Einkommens-, Beschäftigungs- und Sozialkapital-Deprivation" haben den größten Einfluss auf die Mortalität: Je deprivierter die Gebiete in diesen Bereichen sind, desto höher ist die statistische Sterblichkeitsrate.[163]

In den Auswirkungen von sozialer Deprivation auf die Gesundheit spielt das Geschlecht eine wichtige Rolle. Mai Stafford et al. untersuchten in Großbritannien Geschlechterunterschiede im Hinblick auf Gesundheit und nachbarschaftliche Umwelt (Wohnumfeldverhältnisse und soziale Einbindung).[164] Im Ergebnis zeigten sich statistisch signifikante Interaktionen zwischen Geschlecht, Gesundheit und Wohnumfeld u. a. in den Bereichen „Integration in die Gesamtgesellschaft", „physische Qualität der häuslichen Umwelt" und „Arbeitslosigkeit". Eine als positiv bewertete Wohnumwelt mit funktionierender Nachbarschaft und dem Gefühl in die Gesellschaft integriert zu sein, ging bei Frauen mit einer höheren Einschätzung der subjektiven Gesundheit einher. Im Gegenzug fiel die Einschätzung des Gesundheitszustandes jener Frauen, die in Gebieten mit niedrigerem Integrationslevel, geringerem gegenseitigen Vertrauen, weniger Toleranz und politischem Engagement lebten, weniger positiv aus bzw. wurde als nicht gut bewertet. Eine starke Familienbindung war häufiger mit einer schlechteren Bewertung der eigenen Gesundheit verbunden.[165] Das lässt darauf schließen, dass sowohl zu wenige als auch zu intensive familiäre oder nachbarschaftliche Bindungen mögliche negative gesundheitliche Folgen haben können.[166]

Der Studie von Stafford und Kolleg_innen zufolge steht ein Lebensumfeld mit eingeschränkten Zugangsmöglichkeiten zu alltäglichen Infrastrukturen wie Banken, Geschäften, Gesundheitsdiensten etc. und einer zusätzlich schlechten physischen Qualität sowohl bei Männern, als auch bei Frauen mit einer schlechteren Gesundheitseinschätzung in Verbindung. Bewohner_innen deprivierter Nachbarschaften mit hoher Arbeitslosenrate und geringerem Zugang zu öffentlichen Transportmöglichkeiten neigten ebenfalls tendenziell eher zu einer schlechten Einschätzung ihrer Gesundheit.[167]

Die Prävalenz einer schlechteren Gesundheitseinschätzung variierte bei Frauen insgesamt über die verschiedenen Nachbarschaften stärker als bei

163 Hofmeister et al. 2016.
164 Stafford et al. 2005.
165 Ebd.
166 Stead et al. 2001.
167 Stafford et al. 2005.

Männern, was auf eine höhere Bedeutung der Wohnumwelt für Frauen hindeutet. Für Männer war vor allem die eigene ökonomische Aktivität bzw. Produktivität mit einer positiven Gesundheitseinschätzung verbunden.[168] Dies zeigt sich auch in der Studie von Joan M. Griffin und Kolleg_innen: Während die ökonomischen Arbeitsbeziehungen und Aktivitäten für die Gesundheit von Männern wichtige Faktoren darstellen, ist es bei Frauen häufiger das häusliche Wohnumfeld.[169] Eine mögliche Erklärung hierfür ist die traditionelle gesellschaftliche Rollenverteilung, in der der Mann als ‚Familienernährer' auftritt und der Frau die Rollen ‚Mutter' und ‚Hausfrau' zufallen. Abweichungen von diesem Rollenmodell, entgegen den gesellschaftlichen Erwartungen, können unter Umständen gesundheitliche Beeinträchtigungen (z. B. aufgrund von Distress) nach sich ziehen. Hier wird noch einmal deutlich, wie die unterschiedlichen Umweltsegmente (natürliche Umwelt, soziokulturelle Umwelt, gebaute Wohnumwelt etc.) auf der alltäglichen Ebene zusammenwirken und in Verbindung mit weiteren Merkmalen, wie z. B. dem Sozialstatus oder dem Geschlecht, die Gesundheit der Menschen beeinflussen. Die kommunale Ebene und das Wohnumfeld eignen sich daher in besonderer Weise, wenn es um Interventionen zur Verringerung sozialer Ungleichheiten bei Umwelt und Gesundheit geht.[170]

## *4. Potenziale zur Kompensation und Reduzierung sozialer Ungleichheit im Kontext von Gesundheit, Umwelt und Geschlecht*

Wie in den vorangegangenen Ausführungen skizziert, bilden Gesundheit, Umwelt und Geschlecht drei sehr komplex miteinander verflochtene Konstrukte, die eng mit weiteren Variablen, wie Sozialstatus, Lebensform und Ethnizität interagieren. Eine mögliche Folge sind benachteiligte und benachteiligende Lebensumwelten und Wohnbedingungen (z. B. Wohnen an vielbefahrenen Straßen, Lärm, schadstoffbelastete Wohnräume, fehlende Grün- und Freiräume), die mit den verfügbaren Ressourcen nicht kompensiert werden können und ein hohes Risiko für die Gesundheit bergen.[171] Das Geschlecht spielt in diesem Kontext eine lange Zeit unterschätzte Rolle, sowohl bei der Art der Exposition gegenüber Umweltrisiken, bei der

168 Stafford et al. 2005.
169 Griffin et al. 2002.
170 Bolte et al. 2018a.
171 BMUB/UBA 2017.

Bewertung der daraus resultierenden Gesundheitsbelastungen als auch im Umgang mit gesundheitlichen Folgen bzw. Beschwerden.[172]

Unter der Prämisse, dass Diskriminierungen und Ungleichheiten in einem Lebensbereich häufig weitere Diskriminierungen in anderen gesellschaftlichen Lebensbereichen nach sich ziehen, stellt sich nunmehr die Frage nach Interventionsstrategien, die geeignet sind, sozialer Ungleichheit bei Umwelt und Gesundheit und unter besonderer Berücksichtigung des Geschlechts als einem multidimensionalen, intersektionalen Problem zu begegnen. Ein Monitoring auf kommunaler Ebene, das die sozialräumliche Verteilung von Umweltlasten und Umweltressourcen mittels Indikatoren für soziale Lage, Umwelt und Gesundheit vornimmt und dabei unterstützt, lokale Probleme und Bedarfe sowie vulnerable Bevölkerungsgruppen zu identifizieren, hat sich in diesem Zusammenhang als wichtiger Ausgangspunkt erwiesen.[173] Dabei sind die Bedarfe und Bedürfnisse unterschiedlichster Zielgruppen (z. B. Frauen, Männer, Familien, Kinder, Jugendliche, Senior_innen, Menschen mit Behinderungen, Zugewanderte) zu berücksichtigen. Die besten Interventionsansätze werden jedoch wirkungslos bleiben bzw. ihre Wirkung verfehlen, wenn es nicht gelingt Umweltgerechtigkeit als einem kommunalen Politik- und Handlungsfeld die erforderliche Akzeptanz zu verschaffen und in Stadtplanung/-entwicklung zu integrieren.[174] Mögliche Instrumente bzw. Interventionsmaßnahmen auf der konkreten Handlungsebene sind z. B. Luftreinhaltepläne, Maßnahmen zur Verkehrsberuhigung und Lärmreduzierung, Infrastrukturverbesserungen im Wohnumfeld, (energetische) Wohnungssanierungen und (soziales) Quartiersmanagement. Die Entwicklung bzw. Anpassung wohnumfeldnaher, städtischer Erholungsmöglichkeiten wie Grün- und Spielflächen mit niedrigschwelligem Zugang sind ein weiterer zentraler Aufgabenbereich für die Reduzierung sozialer und gesundheitlicher Ungleichheit sowie die Förderung von Umwelt- und Gesundheitsbildung.[175] Die Kooperation von Wissenschaft, Forschung, nichtstaatlichen Organisationen, kommunaler Politik und Verwaltung, Nichtregierungsorganisationen und den Bürger_innen vor Ort verspricht in diesem Zusammenhang den größten Nutzen.[176]

---

172 Hornberg et al. 2016; BMUB/UBA 2017.

173 Böhme et al. 2015; Bolte et al. 2018a.

174 Böhme et al. 2015.

175 Ebd.

176 Bolte et al. 2018a.

Diversity-Management (DiM)-Strategien, die auf dem Gerechtigkeits-, Teilhabe- und Nicht-Diskriminierungsgebot basieren und derzeit vereinzelt, in Form von Good-Practice-Beispielen, in der gesundheitlichen Versorgung zum Einsatz kommen, könnten als Anknüpfungspunkt dienen, um auch sozialer und geschlechtsspezifischer Ungleichheit bei Umwelt und Gesundheit zu begegnen. DiM birgt wesentliches Potenzial für einen differenzierteren Umgang mit gesellschaftlicher Vielfalt, ohne Menschen auf ein bestimmtes Merkmal zu reduzieren. Dennoch sind umfassende Strategien und Ansätze hinsichtlich der Anwendung von DiM nach wie vor wenig verbreitet.[177] Diversity – im Sinne von Vielfalt – umfasst Unterschiede und Gemeinsamkeiten von Menschen entlang bestimmter Dimensionen wie Geschlecht, Ethnie, Hautfarbe, Sozial- und Bildungsstatus, Alter, Behinderung und sexuelle Identität.[178] Im Rahmen gesundheitlicher Versorgung geht der Einsatz von DiM-Strategien mit der Aufgabe einher, den sozial oder/und kulturell bedingten, benachteiligten Zugang zum Gesundheitssystem zu verbessern.[179] Diversitätsmerkmale sollen zu diesem Zweck bei allen Aktivitäten und in allen Prozessen berücksichtigt werden (Mainstreaming). Die dazu erforderlichen Interventionsstrategien müssen so angelegt sein, dass sie die Versorgungsstrukturen auf der Ebene der Institutionen beeinflussen. Die Sensibilisierung der Gesundheitsdienstleister_innen für das Thema Diversität, z. B. durch Stärkung interkultureller Handlungskompetenz, ist hierfür ebenso von Nöten wie die an Diversität orientierte Organisationsentwicklung. Die Ressourcen und Kompetenzen der heterogenen Gruppe von Nutzer_innen des Systems der gesundheitlichen Versorgung zu kennen und aktiv zu nutzen (z. B. Familien-/Nachbarschaftsunterstützung in Migrationsmilieus) ist in diesem Prozess ein wichtiger Teilaspekt.[180] Eine wirkungsvolle Umsetzung von DiM-Strategien bzw. Diversity Mainstreaming, die der Heterogenität der Zielgruppe gerecht wird, ohne aus- und abzugrenzen, bedeutet einen beachtlichen Schritt in Richtung Bedarfs- und Bedürfnisorientierung, um langfristig eine Verbesserung der Gesundheitsversorgung zu erreichen.[181] Kontraproduktiv sind in jedem Fall parallele Strukturen wie z. B. migrationsspezifischen Rehabilitationskliniken, da diese Gefahren in Hinblick auf gesellschaftliche Ab- und Ausgrenzung bergen. Es gilt Diversität als Teil der Ge-

---

177 Herrmann/Kätker 2009.
178 Ebd.; Yilmaz-Aslan et al. 2012.
179 Spallek/Razum 2007.
180 Yilmaz-Aslan et al. 2012.
181 Ebd.

sellschaft anzuerkennen und die Heterogenität gesundheitlicher Bedarfe und Bedürfnisse zum Ausgangspunkt von Interventionen zu machen. Beispielhaft für *Good Practice* in diesem Zusammenhang ist das europäische Projekt „Migrant Friendly Hospital", in dessen Rahmen gemeinsam mit Expert_innen und internationalen Organisationen Empfehlungen für die Umsetzung einer diversitätsorientierten Gesundheitsversorgung entwickelt wurden (*Amsterdam Declaration*). Die Empfehlungen zur Qualitätsentwicklung von kultursensiblen Strukturen bzw. Leistungsprozessen in Krankenhäusern beziehen sich auf fünf zentrale Anspruchsgruppen und Gruppen von Entscheidungsträger_innen, zu denen unter anderem die Gesundheitsberufe bzw. Mitarbeiter_innen, das (Qualitäts-)Management sowie die Benutzer_innen (Patient_innen, Angehörige) zählen.[182] Ein weiteres Beispiel für die Nutzbarmachung von DiM-Strategien in der Gesundheitsversorgung ist die Handreichung „Diversität und Chancengleichheit – Grundlagen für erfolgreiches Handeln im Mikrokosmos der Gesundheitsinstitutionen." Sie wurde vom Bundesamt für Gesundheit der Schweiz, in Zusammenarbeit mit Krankenhäusern, erstellt und dient der Unterstützung einer migrationsspezifischen Anamnese, Diagnostik und Behandlung.[183]

Jenseits der gesundheitlichen Versorgung und wenn es um die Berücksichtigung heterogener Bedarfe und Bedürfnisse unterschiedlicher Zielgruppen geht, sind DiM-Strategien auch als möglicher Ansatz im kommunalen Setting und speziell zur Verringerung von Umweltbenachteiligung respektive in der Stadtteilentwicklung/-förderung denkbar. Hierbei liegt der Fokus auf den vielfältigen, sich wandelnden Nutzungsansprüchen einer zunehmend heterogenen Nachbarschaft an ihre Lebensumwelt.[184] So könnte die gezielte Gestaltung von öffentlichen und halböffentlichen Räumen, wie z. B. Parks, die verschiedenen Ansprüchen Genüge leisten, den sozialen Zusammenhalt innerhalb eines Quartiers fördern. Der Diversity-Ansatz zielt in diesem Zusammenhang vor allem auf Integration in ein sozialräumliches Bezugssystem, zum Beispiel in Form von quartiers- und stadtteilbezogener Gemeinwesenarbeit. Es handelt sich dabei um ein noch junges Handlungs- und Forschungsfeld, welches bislang hinsichtlich der notwendigen Voraussetzungen und Effekte wenig untersucht ist,[185] jedoch wertvolle Verbesserungen für die soziale Teilhabe und die gesundheitliche Lage von Menschen mit und ohne Behinderungen erzielen könnte.

---

182 Schmidt/Walter 2014; Karl-Trummer/Krajic 2007.

183 Schmidt/Walter 2014; Saladin 2009.

184 Weiß 2019.

185 Ebd.

Das Konzept „Design für Alle“ steht für einen (flächendeckend betrachtet) derzeit noch unerfüllten Anspruch, der im internationalen sozialpolitischen Kontext formuliert wurde und basiert grundlegend auf einer Gestaltung der räumlichen Umwelt, die der menschlichen Vielfalt gerecht wird.[186] Soziale Inklusion und gleichberechtigte gesellschaftliche Teilhabe spielen dabei eine zentrale Rolle. Durch die Integration des Konzepts in das öffentliche Beschaffungswesen soll ein Instrument für eine ökologisch nachhaltige Entwicklung und eine Verbesserung des gesellschaftlichen Miteinanders geschaffen werden, das kulturelle, funktionale und soziale Unterschiede der Bevölkerung berücksichtigt.[187] Der Fokus liegt daher auf dem öffentlichen Raum. Verkehrswege und der öffentliche Nahverkehr sollen barrierefrei, mit akustischen, visuellen und taktilen Leitsystemen und neuester Sicherheitstechnik ausgestattet sowie alternative Mobilitätsformen gefördert werden.[188] Interdisziplinäre (und interkulturelle) Beratungsgruppen sollen diese Prozesse begleiten und z. B. Menschen mit Behinderungen als Spezialisten für Barrierefreiheit miteinbezogen werden.[189] Dieser Perspektivwechsel wird seitens der EU und den Vereinten Nationen unterstützt. Zuletzt geschah dies in Form von Richtlinien mit Blick auf die Planung und Umsetzung von zentralen Teilaspekten eines solchen Designs. Hierzu zählt beispielsweise die „Europäische Strategie zugunsten von Menschen mit Behinderungen 2010–2015: Erneuertes Engagement für ein barrierefreies Europa“. Bei den entsprechenden Übereinkommen für die Rechte von Menschen mit Behinderungen handelt es sich um den zentralen gesetzlichen Rahmen für Barrierefreiheit und um Anti-Diskriminierungsmaßnahmen.[190]

Das Konzept „Design für Alle“ ist zudem geeignet spezifische Bedarfe besonders vulnerabler Personengruppen zu berücksichtigen. So kann dem höheren Sicherheitsbedürfnis von Frauen nach Schutz vor körperlichen und sexuellen Übergriffen durch gezielte Beleuchtung von öffentlichen Plätzen entsprochen werden. Die Förderung enger nachbarschaftlicher Strukturen und die Stärkung des Verantwortungsgefühls der Bewohner_innen für ‚ihre‘ Lebensumwelt ist ein ebenfalls nicht zu unterschätzender Faktor, wenn es darum geht umweltbezogene soziale und gesundheitliche Ungleichheiten zu reduzieren.

---

186 Weiß 2019.
187 Ebd.
188 Ebd.
189 Ebd.
190 Ebd.

Schlussendlich bedarf die Verringerung gesundheitlicher Ungleichheiten, die ihrerseits auf soziale und/oder umweltbezogene Benachteiligungen zurückgehen, einer gendersensiblen Gesundheitsforschung. Diese ist gefordert das Geschlecht als zentrale Determinante für Gesundheit und Krankheit zu berücksichtigen und zum Ausgangspunkt einer geschlechtssensiblen Gesundheitsversorgung zu machen.[191] Interventionsmöglichkeiten bestehen sowohl auf der individuellen Mikroebene (z. B. Gesundheitsvorsorge), der institutionellen Meso- als auch auf der gesellschaftlichen Makroebene. So benachteiligt der generelle Zuzahlungsbeitrag von 13 % zu gesundheitlichen Leistungen in erster Linie Personengruppen mit niedrigen Einkommen.[192] Wenn es darum geht Zugangsbarrieren zur Gesundheitsversorgung zu reduzieren, sind ältere Frauen mit niedrigen Renten, teilzeitarbeitende Frauen und Alleinerziehende, aufgrund der bestehenden Lohnunterschiede zwischen Frauen und Männern, besonders in den Blick zu nehmen.[193] Auch Migrant_innen und Menschen mit Behinderungen sind in diesem Kontext eine ökonomisch tendenziell benachteiligte Gruppe.

Auf der Mesoebene der Einrichtungen, Organisationen und Professionen gilt es perspektivisch das organisatorische und professionelle Handeln verstärkt aus der Genderperspektive zu betrachten.[194] Die Mechanismen der Medikalisierung, Pathologisierung und medizinischen Ungleichbehandlung in der Diagnostik und Behandlung von Frauen und Männern, aber auch von Menschen jenseits des binären Geschlechtermodells, sollten bereits in der Ausbildung von Mediziner_innen thematisiert und reflektiert werden. Die Problematik unterschiedlicher Inanspruchnahme von Vorsorge- und Versorgungsleistungen, die sich sowohl in einer Unterversorgung als auch in einer Überversorgung zeigen kann, deutet auf Defizite und nach wie vor wesentliche Lücken und Versäumnisse im Versorgungssystem hin. Sie können durch eine systematische Sensibilisierung der Organisationen für geschlechterspezifische Aspekte und eine Verknüpfung geschlechtertheoretischer Erkenntnisse mit neuen Managementinstrumenten angegangen werden.[195] Ein Beispiel hierfür ist die Implementierung von Vorsorgeuntersuchungen Sinne einer ‚Gynäkologie für Männer'. Auf der Mikroebene, auf der Geschlecht täglich individuell reproduziert (*doing*

---

191 Pauli/Hornberg 2008a.
192 Kuhlmann 2016a.
193 Ebd.
194 Ebd.
195 Ebd.

*gender*) wird, sind gesundheitsbezogene Interventionen deutlich schwieriger umzusetzen. Hierzu müssen zunächst Geschlechterstereotype der Nutzer_innen und ihre Auswirkungen auf die Inanspruchnahme medizinischer Angebote sowie das individuelle Gesundheitsverhalten erkannt werden.[196] Mögliche Interventionsmaßnahmen wären beispielsweise Informations- und Medienkampagnen zum Thema Männlichkeit, psychologische Angebote sowie der Ausbau von Versorgungs- und Vorsorgeoptionen insgesamt.

Genderkonzepte sollten systematisch in die Forschung zu umweltbezogener Gesundheit integriert und Interdependenzen von sozialen und biologischen Faktoren berücksichtigt werden.[197] Gabriele Bolte et al. schlagen beispielsweise vor in empirischen Studien statt einer binären Abfrage des Geschlechts nach Umweltexpositionen und kontextbezogenen rollenspezifischen Verhaltensweisen zu fragen.[198]

Letztlich bleibt festzuhalten, dass sowohl gesundheitswissenschaftliche als auch umweltbezogene-städtebauliche Interventionen für sich genommen nur partiell dazu geeignet sind gesundheitliche Ungleichheiten zwischen den Geschlechtern zu reduzieren. Solange gesundheitsrelevante Unterschiede zwischen Frauen und Männern vor allem sozialen Ursachen (z. B. Lohnungleichheit), einschließlich einer ungerechten Verteilung von Umweltlasten und Umweltnutzen, geschuldet sind, sollten die Anstrengungen darauf ausgerichtet werden die entscheidenden Stellschrauben auf der gesellschaftlichen Ebene zu verändern und parallel dazu eine geschlechtersensible Gesundheitsversorgung voranzutreiben. Die skizzierten Ansätze sollten in erster Linie genutzt werden, die bestehenden Interdependenzen zwischen Geschlecht, Gesundheit und Umwelt(-verhältnissen) besser zu verstehen, um darauf aufbauend gezieltere Interventionen zu entwickeln.

## *Literatur*

*Ainsworth, C* (2015): Sex redefined. Nature, 518: 7539, 288-291.

*Atzpodien, K/Bertz, J/Bremer, V/Hagen, C/Hamouda, O* (Hg.) (2014): Gesundheitliche Lage der Männer in Deutschland. Beiträge zur Gesundheitsberichterstattung des Bundes. Berlin: Robert Koch-Institut.

196 Kuhlmann 2016a.
197 Bolte et al. 2018b.
198 Ebd.

*Babisch, W* (2006): Transportation noise and cardiovascular risk: Updated Review and synthesis of epidemiological studies indicate that the evidence has increased. Noise and Health, 8: 30, 1-29.

*Babisch, W* (2011): Quantifizierung des Einflusses von Lärm auf Lebensqualität und Gesundheit. Umwelt und Mensch-Informationsdienst (UMID), 2011: 1, 28-36.

*Barnett, E/Caspar, M* (2001): A definition of "social environment". American Journal of Public Health, 91: 3, 465a-465.

*Beushausen, J* (2013): Gesundheit und Krankheit in psychosozialen Arbeitsfeldern. Mit 2 Tabellen. Göttingen: Vandenhoeck & Ruprecht.

*Böhme, C/Preuß, T/Bunzel, A/Reimann, B/Seidel-Schulze, A/Landua, D* (2015): Umweltgerechtigkeit im städtischen Raum – Entwicklung von praxistauglichen Strategien und Maßnahmen zur Minderung sozial ungleich verteilter Umweltbelastungen. URL: https://www.umweltbundesamt.de/publikationen/umweltgerechtigkeit-im-staedtischen-raum; 21.3.2019.

*Bolte, G* (2016): Geschlecht, Umwelt und Gesundheit. In: Kolip, P/Hurrelmann, K (Hg.): Handbuch Geschlecht und Gesundheit: Männer und Frauen im Vergleich. Bern: Hogrefe, 58-70.

*Bolte, G/Bunge, C/Hornberg, C/Köckler. H* (2018a): Umweltgerechtigkeit als Ansatz zur Verringerung sozialer Ungleichheiten bei Umwelt und Gesundheit. Bundesgesundheitsblatt, Gesundheitsforschung, Gesundheitsschutz, 61: 6, 674-683.

*Bolte, G/Bunge, C/Hornberg, C/Köckler, H/Mielck, A* (2012): Umweltgerechtigkeit durch Chancengleichheit bei Umwelt und Gesundheit. Eine Einführung in die Thematik und Zielsetzung dieses Buches. In: Bolte, G/Bunge, C/Hornberg, C/Köckler, H/Mielck, A (Hg.): Umweltgerechtigkeit. Chancengleichheit bei Umwelt und Gesundheit: Konzepte, Datenlage und Handlungsperspektiven. Göttingen: Hans Huber, 15-39.

*Bolte, G/David, M/Dębiak, M/Fiedel, L/Hornberg, C/Kolossa-Gehring, M/Kraus, U/Lätzsch, R/Paeck, T/Palm, K/Schneider, A* (2018b): Integration von Geschlecht in die Forschung zu umweltbezogener Gesundheit. Ergebnisse des interdisziplinären Forschungsnetzwerks Geschlecht – Umwelt – Gesundheit (GeUmGe-NET). In: Bundesgesundheitsblatt, Gesundheitsforschung, Gesundheitsschutz, 61: 6, 737-746.

*Bolte, G/Kohlhuber, M* (2008): Untersuchungen der Beiträge von Umweltpolitik sowie ökologischer Modernisierung zur Verbesserung der Lebensqualität in Deutschland und Weiterentwicklung des Konzeptes der Ökologischen Gerechtigkeit. TV 01 Untersuchungen zur Ökologischen Gerechtigkeit: Explorative Vorbereitungsstudie Teilprojekt A: Systematische Zusammenstellung der Datenlage in Deutschland. Forschungsprojekt im Auftrag des Umweltbundesamtes Förderkennzeichen 3707 17 102/01. URL: https://www.umweltbundesamt.de/sites/default/files/medien/publikation/long/3663.pdf. 14.3.2019.

*Bolte, G/Lahn, U* (2015): Geschlecht in der Public-Health-Forschung zu gesundheitlichen Ungleichheiten. Potenziale und Begrenzungen des Intersektionalitätsansatzes. In: GENDER – Zeitschrift für Geschlecht, Kultur und Gesellschaft, 7: 2, 51-67.

*Borrmann, B* (2016). Frauen- und Männergesundheit im Fokus der Gesundheitsberichterstattung. In: Hornberg, C/Pauli, A/Wrede, B (Hg.): Medizin – Gesundheit – Geschlecht. Wiesbaden: Springer Fachmedien, 125-134.

*baua – Bundesanstalt für Arbeitssschutz und Arbeitsmedizin* (2019): Gefährdungsbeurteilung: Handbuch – Gefähdrungsfaktoren. Dortmund. URL: https://www.baua.de/DE/Themen/Arbeitsgestaltung-im-Betrieb/Gefaehrdungsbeurteilung/Expertenwissen/Expertenwissen.html?view=pdfViewExt. 6.5.2019.

*BMUB – Bundesministerium für Umwelt, Naturschutz, Bau und Reaktorsicherheit und UBA – Umweltbundesamt* (2017): Umweltbewusstsein in Deutschland 2016. Ergebnisse einer repräsentativen Bevölkerungsumfrage. URL: https://www.umweltbundesamt.de/sites/default/files/medien/376/publikationen/umweltbewusstsein_deutschland_2016_bf.pdf, 15.12.2018.

*Bunge, C/Katschner, A* (2009): Umwelt, Gesundheit und soziale Lage. Studien zur sozialen Ungleichheit gesundheitsrelevanter Umweltbelastungen in Deutschland. Umwelt & Gesundheit 02/2009. URL: https://www.umweltbundesamt.de/sites/default/files/medien/publikation/long/3801.pdf, 14.3.2019.

*Butler, J* (2018): Das Unbehagen der Geschlechter, 19. Auflage. Frankfurt am Main: Suhrkamp Verlag.

*Commission for Racial Justice* (1987): Toxic wastes and race in the United States. A National Report on the Racial and Socio-Economic Characteristics of Communities with Hazardous Waste Sites. URL: https://www.nrc.gov/docs/ML1310/ML13109A339.pdf, 7.3.2019.

*Elvers, H-D* (2007): Umweltgerechtigkeit als Forschungsparadigma der Soziologie. Soziologie, 36: 1, 21-44.

*Elvers, H-D/Borte, M/Herbarth, O* (2006): Social and environmental causes of allergies. UFZ-Discussion Papers 6/2006. URL: https://www.econstor.eu/bitstream/10419/45236/1/517271079.pdf, 14.3.2019.

*Faltermaier, T* (2018): Männergesundheit. Stand und Perspektiven eines gesundheitswissenschaftlichen Forschungs- und Praxisfeldes. In: Gassner, U/von Hayek, J/Manzei, A/Steger F (Hg.): Geschlecht und Gesundheit. Gesundheitsforschung. Interdisziplinäre Perspektiven, Band 1. Baden-Baden: Nomos, 149-174.

*Faltermaier, T/Hübner, I-M* (2016): Psychosoziale Gesundheitstheorien aus Geschlechterperspektive. In: Kolip, P/Hurrelmann, K (Hg.): Handbuch Geschlecht und Gesundheit: Männer und Frauen im Vergleich. Bern: Hogrefe, 45-57.

*Franke, A* (2012): Modelle von Gesundheit und Krankheit. Lehrbuch Gesundheitswissenschaften, 3. Auflage. Bern: Huber.

*Franke, A* (2018): Salutogenetische Perspektive. In: BZgA – Bundeszentrale für gesundheitliche Aufklärung (Hg.): Leitbegriffe der Gesundheitsförderung und Prävention: Glossar zu Konzepten, Strategien und Methoden, 878-882. https://service.bzga.de/pdf.php?id=1c8f3696aaca6de116498e6e3b8029f4, 20.11.2019.

*Franzkowiak, P* (2018a): Biomedizinische Perspektive. In: BZgA – Bundeszentrale für gesundheitliche Aufklärung (Hg.): Leitbegriffe der Gesundheitsförderung und Prävention. Glossar zu Konzepten, Strategien und Methoden, 34-45. https://service.bzga.de/pdf.php?id=1c8f3696aaca6de116498e6e3b8029f4, 20.11.2019.

*Franzkowiak, P* (2018b): Soziologische Perspektiven auf Gesundheit und Krankheit. In: BZgA – Bundeszentrale für gesundheitliche Aufklärung (Hg.): Leitbegriffe der Gesundheitsförderung und Prävention. Glossar zu Konzepten, Strategien und Methoden, 945-959. https://service.bzga.de/pdf.php?id=1c8f3696aaca6de116498e6e3b8029f4, 20.11.2019.

*Franzkowiak, P/Hurrelman, K* (2018): Gesundheit. In: BZgA – Bundeszentrale für gesundheitliche Aufklärung (Hg.): Leitbegriffe der Gesundheitsförderung und Prävention: Glossar zu Konzepten, Strategien und Methoden, 175-185. https://service.bzga.de/pdf.php?id=1c8f3696aaca6de116498e6e3b8029f4, 20.11.2019.

*Gildemeister, R* (2008): Doing Gender. Soziale Praktiken der Geschlechterunterscheidung. In: Becker, R/Kortendiek, B/Budrich, B (Hg.): Handbuch Frauen- und Geschlechterforschung. Theorie, Methoden, Empirie, Geschlecht & Gesellschaft, Band 35. Wiesbaden: VS Verlag für Sozialwissenschaften, 137-145.

*Griffin, J/Fuhrer, R/Stansfeld, SA/Marmot, M* (2002) [1982]: The importance of low control at work and home on depression and anxiety. do these effects vary by gender and social class? Social science & medicine, 54: 5, 783-798.

*Herrmann, E/Kätker, S* (2009): Aspekte der Einführung von Diversity Management als Querschnittsaufgabe in Gesundheitseinrichtungen. In: Gransee, C/Lorenz, J/Deneke, C/Seibt, A/Weber, P (Hg.): Diversitymanagement in den Pflege- und Gesundheitswissenschaften. Strategien der Implementierung nachhaltiger Konzepte im Gesundheitswesen. Berlin: Lit., 31-49.

*Hirschauer, S* (2014): Un/doing Differences. Die Kontingenz sozialer Zugehörigkeiten | Un/doing Differences. The Contingency of Social Belonging. In: Zeitschrift für Soziologie, 43: 3, 170-191.

*Hoffmann, B/Robra, B-P/Swart, E* (2003): Soziale Ungleichheit und Straßenlärm im Wohnumfeld. Eine Auswertung des Bundesgesundheitssurveys. In: Gesundheitswesen, 65: 6, 393-401.

*Hofmeister, C/Maier, W/Mielck, A/Stahl, L/Breckenkamp, J/Razum, O* (2016): Regionale Deprivation in Deutschland: Bundesweite Analyse des Zusammenhangs mit Mortalität unter Verwendung des 'German Index of Multiple Deprivation (GIMD)'. In: Gesundheitswesen, 78: 1, 42-48.

*Hornberg, C/Pauli, A* (2012): Urbane Umweltgerechtigkeit. In: Public Health Forum, 20: 2, 271.

*Hornberg, C/Pauli, A/Wrede, B* (Hg.) (2016): Medizin – Gesundheit – Geschlecht. Wiesbaden: Springer Fachmedien.

*Hornberg, C/Pauli, A/Wrede, B* (2018): Gendersensibilität und Geschlechterwissen als Kernkompetenz in der Medizin. Vorraussetzung und Chance für eine geschlechtergerechte Gesundheitsversorgung. In: Gassner, U/von Hayek, J/Manzei, A/Steger F (Hg.): Geschlecht und Gesundheit. Gesundheitsforschung. Interdisziplinäre Perspektiven, Band 1. Baden-Baden: Nomos, 311-334.

*Hurrelmann, K/Richter, M* (2013): Gesundheits- und Medizinsoziologie. Eine Einführung in sozialwissenschaftliche Theorien von Krankheitsprävention und Gesundheitsförderung.Weinheim: Beltz Verlagsgruppe.

*Karl-Trummer, U/Krajic, K* (2007): Migrant Friendly Hospitals: Organisations Learn Sensitivity for Differences. In: Björngren Cuadra, C/Cattacin, S (Hg.): Migration and health: Difference sensitivity from an organisational perspective, Malmö: Malmö University, IMER, 42-65.

*Kerner, I* (2009): Differenzen und Macht. Zur Anatomie von Rassismus und Sexismus. Frankfurt am Main: Campus.

*Kessler, S/MacKenna, W* (1978): Gender. An ethnomethodological approach. New York: Wiley.

*Klöppel, U* (2015): XX0XY ungelöst. Hermaphroditismus, Sex und Gender in der deutschen Medizin; eine historische Studie zur Intersexualität. Bielefeld: transcript Verlag.

*Knopf, H/Grams, D* (2013): Arzneimittelanwendung von Erwachsenen in Deutschland: Ergebnisse der Studie zur Gesundheit Erwachsener in Deutschland (DEGS1). In: Bundesgesundheitsblatt, Gesundheitsforschung, Gesundheitsschutz, 56: 5-6, 868-877.

*Köckler, H/Hornberg, C* (2012): Vulnerabilität als Erklärungsmodell einer sozial differenzierten Debatte um Risiken und Chancen im Kontext von Umweltgerechtigkeit. In: Bolte, G/Bunge, C/Hornberg, C/Köckler, H/Mielck, A (Hg.): Umweltgerechtigkeit: Chancengleichheit bei Umwelt und Gesundheit: Konzepte, Datenlage und Handlungsperspektiven, 1. Auflage. Göttingen: Hans Huber, 73-86.

*Kolip, P/Hurrelmann, K* (2002a): Geschlecht – Gesundheit – Krankheit: Eine Einführung. In: Kolip, P/Hurrelmann, K (Hg.): Geschlecht, Gesundheit und Krankheit – Männer und Frauen im Vergleich. Bern: Hans Huber, 13-31.

*Kolip, P/Hurrelmann, K* (Hg.) (2002b): Geschlecht, Gesundheit und Krankheit – Männer und Frauen im Vergleich. Bern: Hans Huber.

*Kolip, P/Altgeld, T* (Hg.) (2009): Geschlechtergerechte Gesundheitsförderung und Prävention. Theoretische Grundlagen und Modelle guter Praxis, 2. Auflage. Weinheim: Juventa.

*Kolip, P/Hurrelmann, K* (Hg.) (2016): Handbuch Geschlecht und Gesundheit. Männer und Frauen im Vergleich, 2. Auflage. Bern: Hogrefe.

*Kraemer, K* (2008): Die soziale Konstitution der Umwelt. Wiesbaden: VS Verlag für Sozialwissenschaften.

*Krieger, N* (2011): Epidemiology and the people's health. Theory and context. Oxford: Oxford University Press.

*Kuhlmann, E* (2016a): Gendersensible Perspektiven auf Gesundheit und Gesundheitsversorgung. In: Richter, M/Hurrelmann, K (Hg.): Soziologie von Gesundheit und Krankheit, 1. Auflage. Wiesbaden: Springer VS, 183-196.

*Kuhlmann, E* (2016b): Gendertheorien. In: Kolip, P/Hurrelmann, K (Hg.): Handbuch Geschlecht und Gesundheit: Männer und Frauen im Vergleich, 2. Auflage. Bern: Hogrefe, 20-33.

*Landrigan, P/Fuller, R/Acosta, N/Adeyi, O/Arnold, R/Basu, N/Baldé, AB/Bertollini, R/Bose-O'Reilly, S/Boufford, JI/Breysse, P/Chiles, T/Mahidol, C/Coll-Seck, A/Cropper, A/Fobil, J/Fuster, V/Greenstone, M/Haines, A/Hanrahan, D/Hunter, A/Khare, M/Krupnick, A/Lanphear, B/Lohani, B/Martin, K/Mathiasen, K/McTeer, M/Murray, CJR/Ndahimananjara, JD/Perera, F/Potočnik, J/Preker, AS/Ramesh, J/Rockström, J/Salinas, C/Samson, LS/Sandilya, K/Sly, PD/Smith, KR/Steiner, A/Stewart, RB/Suk, WA/van Schayck, OCP/Yadama, GN/Yumkella K/Zhong, M* (2018): The Lancet Commission on pollution and health. In: The Lancet, 391: 10119, 462-512.

*Laqueur, TW* (1992): Auf den Leib geschrieben. Die Inszenierung der Geschlechter von der Antike bis Freud. Frankfurt am Main: Campus.

*Laußmann, D/Haftenberger, M/Lampert, T/Scheidt-Nave, C* (2013): Soziale Ungleichheit von Lärmbelästigung und Straßenverkehrsbelastung: Ergebnisse der Studie zur Gesundheit Erwachsener in Deutschland (DEGS1). In: Bundesgesundheitsblatt, Gesundheitsforschung, Gesundheitsschutz, 56: 5-6, 822-831.

*Letzel, S* (2009): Soziale Umwelt: Was macht krank? In: Schumelick, V/Vogel, B (Hg.): Volkskrankheiten: Gesundheitliche Herausforderungen in der Wohlstandsgesellschaft. Freiburg: Herder, 157-171.

*Levy, BS/Patz, JA* (2015) Climate Change, Human Rights, and Social Justice. In: Annals of Global Health, 81: 3, 310-322.

*Maier, W/Mielck, A* (2010): „Environmental justice“ (Umweltgerechtigkeit): Stand der empirischen Analyse und Ableitung von methodischen Empfehlungen. In: Prävention und Gesundheitsförderung, 5: 2, 115-128.

*Manzei, A* (2018): Was heißt Geschlecht? Geschlechtergesundheit zwischen Identitätspolitik und (De)Konstruktion. In: Gassner, U/von Hayek, J/Manzei, A/Steger F (Hg.): Geschlecht und Gesundheit. Gesundheitsforschung. Interdisziplinäre Perspektiven, Band 1. Baden-Baden: Nomos, 23-82.

*Marschall, L/Wolfrum, C* (2017): Das übertherapierte Geschlecht. Ein kritischer Leitfaden für die Frauenmedizin, 1. Auflage. München: Knaus.

*Maschewsky, W* (2008): Umweltgerechtigkeit als Thema für Public-Health-Ethik. In: Bundesgesundheitsblatt, Gesundheitsforschung, Gesundheitsschutz, 51: 2, 200-210.

*Mielck, A/Heinrich, J* (2002): Soziale Ungleichheit und die Verteilung umweltbezogener Expositionen (Environmental Justice). In: Gesundheitswesen, 64: 7, 405-416.

*Möller-Leimkühler, AM* (2007): Gender differences in cardiovascular disease and comorbid depression. In: Dialogues in Clinical Neuroscience, 9: 1, 71-83.

*Pauli, A/Hornberg, C* (2008a): Gesundheit und Krankheit: Ursachen und Erklärungsansätze aus der Gender-Perspektive. In: Becker, R/Kortendiek, B/Budrich, B (Hg.): Handbuch Frauen- und Geschlechterforschung: Theorie, Methoden, Empirie, 2. Auflage. Wiesbaden: VS Verlag für Sozialwissenschaften, 623-635.

*Pauli, A/Hornberg, C* (2008b): Umwelt und Gesundheit: Gender-Perspektiven in Forschung und Praxis. In: Becker, R/Kortendiek, B/Budrich, B (Hg.): Handbuch Frauen- und Geschlechterforschung: Theorie, Methoden, Empirie, 2. Auflage. Wiesbaden: VS Verlag für Sozialwissenschaften, 636-645.

*Plener, PL/Kaess, M/Schmahl, C/Pollak, S/Fegert, JM/Brown, RC* (2018): Nonsuicidal Self-Injury in Adolescents. In: Deutsches Ärzteblatt international, 115: 3, 23-30.

*Richter, M/Hurrelmann, K* (Hg.): (2016): Soziologie von Gesundheit und Krankheit, 1. Auflage. Wiesbaden: Springer VS.

*Saladin, P* (2009): Diversität und Chancengleichheit. Grundlagen für erfolgreiches Handeln im Mikrokosmos der Gesundheitsinstitutionen. Bern: BAG – Bundesamt für Gesundheit.

*Schäfer, JR* (2013): Herzinfarkt bei Frauen – unterschätzt, unterdiagnostiziert, untertherapiert: Begründung eines objektiven Lern- und Aufklärungsbedarfs. In: Nittel, D/Seltrecht, A (Hg.): Krankheit: Lernen im Ausnahmezustand? Brustkrebs und Herzinfarkt aus interdisziplinärer Perspektive. Berlin: Springer, 413-414.

*Schlosberg, D* (2007): Defining Environmental Justice. Theories, Movements and Nature. Oxford: Oxford University Press.

*Schmidt, B/Walter, C* (2014): Vom Allgemeinen Gleichbehandlungsgesetz zu Diversity Management im Gesundheitswesen. In: Bouncken, RB/Pfannstiel, MA/ Reuschl, AJ (Hg.): Dienstleistungsmanagement im Krankenhaus II. Wiesbaden: Springer Fachmedien, 469-503.

*Schößler, F* (2010): Einführung in die Gender Studies. Berlin: Akademie Verlag.

*Sieverding, M* (2000): Risikoverhalten und präventives Verhalten im Geschlechtervergleich: Ein Überblick. In: Zeitschrift für medizinische Psychologie: ZMP, 2010: 9, 7-16.

*Spallek, J/Razum, O* (2007) [1983]: Gesundheit von Migranten: Defizite im Bereich der Prävention. In: Medizinische Klinik, 102: 6, 451-456.

*Stafford, M/Cummins, S/Macintyre, S/Ellaway, A/Marmot, M* (2005) [1982]: Gender differences in the associations between health and neighbourhood environment. In: Social science & medicine, 60: 8, 1681-1692.

*Statistisches Bundesamt* (2017): Gesundheit 2015/2017. Wiesbaden. URL: https://www.destatis.de/DE/Themen/Querschnitt/Demografischer-Wandel/Aspekte/demografie-lebenserwartung.html; 16.12.2018.

*Statistisches Bundesamt* (2018): Verkehrsunfälle 2017. URL: https://www-genesis.destatis.de/genesis/online/data;sid=88C23154892E372370B019B94232B76B.GO_1_3?operation=ergebnistabelleDiagramm&option=diagramm&levelindex=3&levelid=1553763053014&downloadname=46241-0011; 10.12.2018.

*Stead, M/MacAskill, S/MacKintosh, AM/Reece, J/Eadie,* D (2001): “It's as if you're locked in”: qualitative explanations for area effects on smoking in disadvantaged communities. In: Health & Place, 7: 4, 333-343.

*Verdonk, P/Klinge, I* (2012): Mainstreaming sex and gender analysis in public health genomics. In: Gender medicine, 9: 6, 402-410.

*Voß, H-J* (2011): Geschlecht. Wider die Natürlichkeit, 1. Auflage. Stuttgart: Schmetterling Verlag.

*Walgenbach, K* (2007): Gender als interdependente Kategorie. Neue Perspektiven auf Intersektionalität, Diversität und Heterogenität. Opladen: Budrich.

*Weiß, S* (Hg.) (2019): Quartiere für Alle. Quartiersforschung. Wiesbaden: Springer Fachmedien.

*West, C/Fenstermaker, S* (1995): Doing Difference. In: Gender & Society. 9: 1, 8-37.

*WHO – Weltgesundheitsorganisation* (1946): 1. Constitution of the World Health Organisation. URL: https://treaties.un.org/doc/Treaties/1948/04/19480407 %2010-51 %20PM/Ch_IX_01p.pdf; 14.01.2019.

*WHO – Weltgesundheitsorganisation* (2010): Soziale und geschlechtsbezogene Ungleichheiten im Bereich Umwelt und Gesundheit. Fünfte Ministerkonferenz Umwelt und Gesundheit. „Schutz der Gesundheit der Kinder in einer sich verändernden Umwelt", Parma (Italien), 10.-12. März 2010.

*Yilmaz-Aslan, Y/Brzoska, P/Razum, O* (2012): Gesundheitsförderung und Prävention bei älteren Menschen mit Migrationshintergrund. In: Heinrich-Böll-Stiftung (Hg.): Altern in der Migrationsgesellschaft [Dossier], 38-42. URL: https://heimatkunde.boell.de/sites/default/files/dossier_altern_in_der_migrationsgesellschaft.pdf; 20.11.2019.

*Yuval-Davis, N/Stoetzler, M/Stubbe, L* (2001): Geschlecht und Nation. Emmendingen: verlag die brotsuppe.

# Gesundheitsressource Landschaft

*Joachim Rathmann*

## *Inhaltsübersicht*

0. Einleitung 165
1. Gesundheit – eine Frage der Perspektive 167
   1.1 Salutogenese – die Aktivierung von Ressourcen 170
   1.2 Pathogenese – die Fixierung auf das Negative 174
2. Eine Weitung des Gegenstandbereiches 177
   2.1 Ökosystemleistungen 177
   2.2 OneHealth, Planetary Health 179
3. Landschaften als Gesundheitsressource 182
   3.1 Therapeutische Landschaften 182
   3.2 Landschaftspräferenzen 183
   3.3 Biophilie – Biophobie 185
   3.4 Landschaft als Ressource für Psyche, Physis und soziales Miteinander 187
4. Zusammenfassung und Ausblick 190
Literatur 191

## *0. Einleitung*

Innerhalb der EU ist jeder sechste Einwohner von unterschiedlichen psychischen Gesundheitsproblemen, beispielsweise Depressionen, Angststörungen oder Alkoholmissbrauch betroffen. Die geschätzten Gesamtkosten dieser psychischen Erkrankungen in allen 28 EU-Ländern belaufen sich dabei auf mehr als vier Prozent des BIP oder über 600 Milliarden Euro.[1] Gerade bei Stadtbewohnern können soziale Dichte, soziale Isolierung, aber

1 OECD 2018.

auch Lärm zu einer starken psychischen Beeinträchtigung führen.[2] Eine zunehmende Entfremdung zur Natur kann zu zusätzlichen Belastungen führen, so dass von einer „Nature Deficit Disorder"[3] gesprochen wird bzw. von den negativen Auswirkungen des Verlustes an Naturerfahrung (the „extinction of experience"[4]).

Daher kommt insbesondere urbanen Grünflächen eine zunehmende, auch gesundheitsökonomische Bedeutung als Ressource zu. Denn zahlreiche Studien belegen positive Einflüsse von Natur, Landschaft, Grünflächen auf die menschliche Gesundheit.

Sattes Grün, frische Luft, das Rauschen der Blätter, das Rascheln am Boden: Waldbaden und Waldtherapien haben aktuell zu einer starken Popularisierung von Wäldern als Gesundheitsressource geführt. Dabei kommt Wäldern eine besondere Bedeutung als Erholungsraum zu.[5] Denn sie vermitteln Ruhe, zeichnen sich durch eine höhere Luftqualität aus und reduzieren sommerliche Hitzebelastungen. Daneben unterstützen Waldgebiete den Abbau von Stress, unterdrücken negative Emotionen und leisten einen großen Beitrag zur Erholung, zur Konzentrationssteigerung und Wiederherstellung von Aufmerksamkeit.[6] Schließlich ist der Waldbesuch auch unentgeltlich und kann damit einer Gesundheitsförderung besonders auch sozial schwacher Gruppen entgegenkommen.

Schon früher gab es immer wieder Phasen, in denen Natur und Landschaft teilweise verklärt, teilweise sehr nüchtern in ihrer Bedeutung für das menschliche Wohlbefinden thematisiert wurden. Für den amerikanischen Transzendentalismus beispielsweise zeigt Ralph Waldo Emerson (1803-1882) die Stärke einer naturzugewandten Lebensführung: „Für einen Körper und einen Geist, die sich in schädlicher Arbeit oder Gesellschaft verkrampft haben, ist die Natur Medizin und Wiederbelebung. Der Kaufmann, der Anwalt kommt aus dem Lärm und der Geschäftigkeit der Straße, sieht den Himmel und die Wälder und ist wieder Mensch."[7] Ähnlich bei Henry David Thoreau (1817-1862): „Wenn ich Erholung brauche, suche ich mir den finstersten Wald oder den schlammigsten [...]. Schaurigsten Sumpf. Ich betrete einen Sumpf wie einen heiligen Ort – wie ein *sancta sanctorum*. Dort findet sich die Kraft, das Mark der Natur."[8]

---

2 Adli 2017.
3 Louv 2005.
4 Miller 2005.
5 Mayer et al. 2019.
6 Nilsson et al. 2011.
7 Emerson 2001: 94.
8 Thoreau 2017: 47f.

Ein früher Ansatz, den positiven Einfluss einer Landschaft auf das menschliche Wohlbefinden wissenschaftlich herauszuarbeiten, wird in der Geopsyche von Willy Hellpach (1877-1955) 1911 detailliert vorgelegt. Er legte damit wichtige Grundlagen für die Umweltpsychologie als eigene Disziplin, welche er noch mit „geo-psychisch" betitelte. Die Wirkung einer Landschaft auf den Menschen beschreibt er in einer „Urdreiheit der Natureindrücke", welche sich aus dem Wohlgefallen (z. B. Freude), der Furcht (z. B. Beklemmung) sowie dem Staunen (z. B. Überraschung) zusammensetzt. Hellpach ergänzt noch eine „sentimentale Anwandlung"[9], die auf die aktuelle Stimmung des Menschen Bezug nimmt.

## *1. Gesundheit – eine Frage der Perspektive*

Gesundheit ist ein Menschenrecht und gleichzeitig ein schwierig zu fassendes Konstrukt.[10] Der Gesundheitsbegriff ist in zahlreichen Definitionen mit unterschiedlichen Schwerpunkten als Abgrenzung zum Krankheitsbegriff zu sehen. An der klassischen Definition der Weltgesundheitsorganisation (WHO) von 1948: „Gesundheit ist der Zustand eines vollkommenen (complete) körperlichen, seelischen (mental) und sozialen Wohlbefindens und nicht nur die Abwesenheit von Krankheit und Gebrechen (infirmity)"[11], lässt sich dahingehend Kritik äußert, dass ein Zustand „vollkommenen Wohlbefindens" immer nur eine Momentaufnahme darstellen kann. Wichtig an dieser Definition ist aber sicherlich, dass sie die physische, psychische und soziale Ebene adressiert. Mit der Ottawa-Charta zur Gesundheitsförderung erfolgte 1986 eine substantielle Erweiterung im Gesundheitsverständnis durch die Beschreibung, wie Gesundheit entsteht. Weiterhin wurde auf unterschiedliche Handlungsfelder abgehoben, um Umweltbedingungen zu ermöglichen, welche Ressourcen für die Gesundheit fördern können:

> „Grundlegende Bedingungen und konstituierende Momente von Gesundheit sind Frieden, angemessene Wohnbedingungen, Bildung, Ernährung, Einkommen, ein stabiles Öko-System, eine sorgfältige Verwendung vorhandener Naturressourcen, soziale Gerechtigkeit und Chancengleichheit. Jede Verbesserung des Gesundheitszustandes ist zwangsläufig fest an diese Grundvoraussetzungen gebunden."[12]

9 Hellpach 1977: 184.
10 Leischik et al. 2016.
11 WHO 1948, zitiert nach Faltermaier 2005: 33.
12 WHO 1986: 1f.

Hier wird deutlich die natürliche Umwelt des Menschen als ein in der Gesundheitsvorsorge zu berücksichtigender Faktor angesprochen.

Eine Vielzahl weiterer Definitionen versucht, diesen umfassenden Begriff zu spezifizieren. Gesundheit bildet zur Krankheit hin ein Kontinuum, das als tägliche Ressource immer wieder erneuert werden muss.[13] Klaus Michael Meyer-Abich geht von einem umfassenden Gesundheitsbegriff aus, der selbst die WHO-Definition überschreitet, weil er auch den „Naturzusammenhang des menschlichen Lebens berücksichtigt."[14] Damit eröffnet er eine neue Perspektive für die Gesundheitsforschung, weil er den Bezug zur umgebenden Natur stark in den Mittelpunkt seiner Überlegungen rückt. „Gesund also lebt man im Einklang mit der Natur, unserer individuellen mit der des Ganzen, an der wir teilhaben."[15]

Die „Plastizität von Gesundheit"[16] beschreibt ein dreidimensionales Gesundheitsmodell mit einer Zeitachse, beginnend in der Antike (und früher) mit Gott, Göttern und bösen Geistern, welche für Gesundheit verantwortlich sind; in einem großen Zeitsprung folgen die WHO-Gesundheitsdefinition von 1948, die Ottawa-Charta von 1986 und ein Pfeil in das 22. Jahrhundert. Die konstatierte Schlussfolgerung, dass sich die Menschheit aktuell entscheiden müsse, ob sie sich bezüglich des Gesundheitsbegriffes zurück in die Richtung zu Gott, Göttern oder bösen Geistern bewege oder in Richtung des 22. Jahrhunderts, ist eine falsche Perspektive und Alternative, wenn man den Gesundheitsbegriff um das subjektive Erleben erweitert und sich vergegenwärtigt, dass dieses immer in einen kulturellen Hintergrund eingebettet ist. Schmerzen bei religiösen Riten beispielsweise mögen als selbstverständlich hingenommen werden und eine enge Bindung an die umgebende Natur ist für viele Völker spirituell aufgeladen.

Natur und Landschaft kann die physische, psychische und soziale Dimension von Gesundheit sowohl positiv als auch negativ beeinflussen.

Natur und Landschaft werden hier als aufeinander bezogene, aber doch klar abgrenzbare Begriffe verstanden. Natur umfasst die physische Welt von subatomaren Teilchen bis zu fernen Galaxien. Inhaltlich steht Natur für das Nicht-Menschgemachte im Kosmos. Der Begriffsinhalt von Natur als Wesen von etwas (die Natur des Menschen) wird hier nicht weiterverfolgt. Innerhalb der Geografie ist seit vielen Jahrzehnten ein weit ausufernder Diskurs um den Landschaftsbegriff entstanden. Darüber hinaus findet

13 Abraham et al. 2007, 2010.

14 Meyer-Abich 2010: 376.

15 Ebd.: 394.

16 Leischik et al. 2016.

das Ringen um einen adäquaten Landschafsbegriff in den Kunst-, Kultur- und Geisteswissenschaften sehr ausführlich statt.[17] Landschaft hat einen schmaleren räumlichen Bezugsrahmen als der Naturbegriff und umfasst im Wesentlichen den Horizont menschlicher Erfahrung und ist daher auch ganz zentral als ein ästhetischer Begriff zu fassen. Der Landschaftsbegriff bildet einen konkreten Bezug zum Subjekt im Raum.

> „In der Landschaftsvorstellung geht es um die Natur, um die Natur als Umgebung des Menschen, die Natur in der Zuwendung eines Subjektes [...]. Die Natur ist in der Landschaftsvorstellung nicht Objekt der Erfahrung, sondern etwas, das in der Zuwendung des Subjektes mit Vergnügen aufgenommen wird und das in dieser Aufnahme der reflektierenden Beurteilung unterzogen wird."[18]

In der Landschaft wird die Natur und nicht nur diese für den Betrachter ästhetisch gegenwärtig. Damit bildet die Landschaft auch eine Ganzheit, welche sich aus verschiedenen Natur-, aber auch Kulturobjekten zusammensetzen kann.

In zahlreichen Verbindungen, indirekten Bezügen und direkten Einflüssen wirken die natürliche belebte sowie unbelebte Mit- oder Umwelt, Natur und Landschaft auf die menschliche Gesundheit ein. Dies kann einerseits erhebliche Gefahren für den Menschen mit sich bringen, andererseits ist das Leben der Menschen immer auch in einem positiven Naturbezug zu sehen. Dieser findet beispielhaft seinen Niederschlag in Kapitel 1, § 1 des Bundesnaturschutzgesetzes (vom 1.3.2010): „Natur und Landschaft sind auf Grund ihres eigenen Wertes und als Grundlage für Leben und Gesundheit des Menschen auch in Verantwortung für die künftigen Generationen im besiedelten und unbesiedelten Bereich [...] zu schützen."[19] Damit wird der positive Einfluss von Natur und Landschaft auf die menschliche Gesundheit ausdrücklich hervorgehoben und ein Argument für den Naturschutz findet sich darin, dass Natur als Gesundheitsressource zu schützen ist. Wird Landschaft nun als eine Gesundheitsressource begriffen, dann gilt es unterschiedliche Schnittstellen zu adressieren. Dies kann über verschiedene Kriterien erfolgen, die sich in ökologische (beispielsweise Hitze, Lärmbelastung), ästhetische (Landschaftsbildqualitäten), physische (Gesundheitsförderung durch körperliche Aktivitäten in der Landschaft), psychische (emotionales und mentales Wohlbefinden), soziale (Wohlbefinden durch Begegnung und sozialen Austausch) sowie pädagogische unter-

17 Exemplarisch dazu: Smuda 1986, Bahr 2014.
18 Flach 1986: 17.
19 BNatSchG 2010.

gliedern lassen.[20] Darauf aufbauend lässt sich noch eine symbolische, kulturelle oder individuelle Bedeutungszuschreibung ergänzen.[21] Im Folgenden können nicht alle Kriterien systematisch in ihrer Bedeutung für die menschliche Gesundheit dargelegt werden, denn viele Aspekte ergänzen einander, überlagern sich und lassen sich nicht immer trennscharf in Effektenstärken darstellen.

Zwischen den Polen Krankheit und Gesundheit können unterschiedliche Perspektiven aufgespannt werden, die im Folgenden mit der salutogenetischen und der pathogenetischen Perspektive vorgestellt werden; zwei sich ergänzende Ansätze, in denen Natur und Landschaft für den Menschen als eine Gesundheitsressource bzw. als ein -risiko verstanden werden kann.

### *1.1 Salutogenese – die Aktivierung von Ressourcen*

Im Zentrum salutogenetischer Konzepte steht die Frage, warum Menschen gesund werden, oder gesund bleiben. Es wird zunächst nicht nach den Bedingungen, die zu Erkrankungen führen, gefragt. In der ursprünglichen Formulierung der Salutogenese von Aaron Antonovsky (1923–1994) wird daher versucht, Gesundheit und nicht Krankheit zu erklären. Antonovsky stellte sich bei Untersuchungen zu Frauen, welche nationalsozialistische Konzentrationslager überlebt hatten, die Frage, auf welche Ressourcen diese Frauen zurückgreifen konnten, um, trotz aller Qualen, ihre Gesundheit zu erhalten. Hierdurch leitete er einen Perspektivwechsel ein und lieferte eine Ergänzung zu der dominierenden pathogenetischen Sicht, die danach fragt, was den Menschen krank macht.

Damit rücken Ressourcen, die Menschen zum Erhalt ihrer Gesundheit aktivieren können, in den Vordergrund, Gesundheitsrisiken hingegen in den Hintergrund. Der dabei zugrundeliegende Gesundheitsbegriff lässt sich als ein Kontinuum zwischen den Polen Krankheit und Gesundheit begreifen (*health – ease – dis-ease*). Diese Perspektive soll verhindern, dass ausschließlich die Krankheit im Vordergrund der Patient-Arzt-Beziehung steht. Einen weiteren Aspekt bildet der Umgang mit Stress und Widerstandsressourcen. Dabei sind neben persönlichen, genetischen und sozialen Ressourcen materielle Ressourcen zu berücksichtigen. Das ist der konkrete Anknüpfungspunkt für die Landschaftsbewertung, denn sämtliche

20 Abraham et al. 2007.
21 Claßen/Kistemann 2010.

Merkmale eines Menschen oder seiner Umwelt, die eine wirksame Stressbewältigung ermöglichen, zählen zu den Widerstandsressourcen. Das übergreifende Konzept nennt Antonovsky das Kohärenzgefühl (*Sense of Coherence*, SOC), das sich darin ausdrückt, dass ein Individuum belastende Umweltreize entsprechend bewertet, um den Wechselfällen des Lebens adäquat begegnen zu können. Dieses Gefühl stellt dabei keine Persönlichkeitseigenschaft dar, sondern beschreibt eine grundsätzliche Vorgehensweise, sich in der Welt zu orientieren und gleichzeitig auf die Gegebenheiten der Welt zu reagieren. Darunter wird die Fähigkeit verstanden, Widerstandsressourcen zu aktivieren, um auf Stressoren positiv reagieren zu können. Mit diesem Modell wird das Subjekt ein aktiver Gestalter seines Lebens und ist nicht mehr ein bloß passives Objekt, das sich unterschiedlichen Risiken aussetzt; damit kann das Modell nach Anja Laukötter[22] als Vorläufer der Ottawa-Charta von 1986 angesehen werden.

Drei Merkmale rahmen das Kohärenzgefühl: (1) Das Gefühl der Verstehbarkeit, das es einer Person ermöglicht, das eigene Leben in all seinen Facetten und Zusammenhängen zu verstehen. (2) Das Gefühl der Handhabbarkeit oder Bewältigbarkeit, das die Überzeugung einer Person, das eigene Leben aktiv gestalten zu können, beschreibt. (3) Schließlich noch das Gefühl der Sinnhaftigkeit, die Überzeugung, dass das eigene Leben sinnerfüllt ist. Zusammengefasst ist das Kohärenzgefühl

> „eine globale Orientierung, die ausdrückt, in welchem Ausmaß man ein durchdringendes, andauerndes und dennoch dynamisches Gefühl des Vertrauens hat, dass
> 1. die Stimuli, die sich im Verlauf des Lebens aus der inneren und äußeren Umgebung ergeben, strukturiert, vorhersehbar und erklärbar sind;
> 2. einem die Ressourcen zur Verfügung stehen, um den Anforderungen, die diese Stimuli stellen, zu begegnen;
> 3. diese Anforderungen Herausforderungen sind, die Anstrengung und Engagement lohnen."[23]

Der SOC basiert auf vorheriger Erfahrung und jede Überwindung einer Herausforderung kann das Gefühl stärken, weiteren Herausforderungen, welche das Leben stellt, gewachsen zu sein. Zu den Stressoren gehören auch „Nicht-Ereignisse"[24], beispielsweise eine ausgebliebene berufliche Beförderung. Gelungene Bewältigung von Krisenerfahrungen kann daher der SOC stärken, denn jede Phase, in der Stress positiv begegnet wurde, kann

22 Laukötter 2019: 439.
23 Antonovsky 1997: 36.
24 Ebd.: 124.

helfen, zukünftige Reize weniger als Stressor wahrzunehmen und das „Vertrauen in die eigene Natur“ kann sich festigen.[25] Dadurch wird die Welt verstehbarer, handhabbarer und durch die Stärkung des SOC erhöht sich das Ausmaß an Widerstandsressourcen. „Reifen gelingt nur, wenn man tief aus dem Kelch des Leidens trinkt“[26], dies setzt jedoch voraus, dass man diesen „Prozess realiter durchmachen und das Leiden auf sich nehmen muss.“[27] „Das ist die wahre *Magie der Seele*: am rohen Weltlauf wird nichts geändert – er hat seine Ordnung für sich –, aber die Seele hat, von Gott ergriffen, die Kraft, alles für sich in das Gegenteil zu verwandeln, aus dem Negativen das Positive zu gewinnen.“[28] Dies ist dann eine „Denkart, die die Wahrheit nicht mit statistischen Fakten, sondern mit der Qualität der Beziehungen in Verbindung bringt.“[29]

Konkretisieren lässt sich der SOC mit einem von Antonovsky entwickelten „Fragebogen zur Lebensorientierung“. Dieser enthält 29 Items, welche nach der Ausprägung dieser drei Komponenten auf einer Skala von 1 bis 6 fragen.[30] Der SOC ist als eine Art kognitives Beurteilungsmuster zu verstehen und nicht als eine wirkliches ‚Gefühl‘, die emotionale Ebene ist aber über den Sinnaspekt sicherlich adäquat berücksichtigt. Antonovsky wurde bei seinen Arbeiten zum SOC auf Viktor Frankl aufmerksam, der in seiner Logotherapie die Bedeutung von Sinn herausstellt. Frankl setzt sich bewusst von Sigmund Freund und Alfred Adler ab, weil er bei ihnen die Dimension des Geistigen vermisst. Für Frankl ist das Streben nach Sinn im Leben die zentrale Motivationskraft von Menschen, wobei er den „Willen zum Sinn“, als Motivationskraft, dem „Willen zur Lust“ Freuds und dem „Willen zur Macht“ Adlers gegenüberstellt. Neben der physischen und psychischen Ebene ist für Frankl die geistige Dimension ein zentraler Bezugspunkt des Menschseins, diese lässt sich nicht auf Naturgesetze reduzieren.[31] Hier schließt Antonovsky systematisch an, obgleich mit anderer Argumentation, wenn er der SOC als „Ausmaß, in dem man das Leben emotional als sinnvoll empfindet“[32] beschreibt. „Bevor Ressourcen mobilisiert werden können, ist es notwendig, die Natur und die Dimension des Pro-

---

25 Böhme 2019: 110.
26 Spranger 1962: 43.
27 Ebd.
28 Ebd.: 173, Hervorhebung im Original.
29 Abram 2015: 270.
30 Zahlreiche empirische Studien zum SOC stellt Franke (in Antonovsky 1997) vor.
31 Nathschläger 2012.
32 Antonovsky 1997: 35.

blems zu definieren, ihm einen Sinn zu geben."[33] Dann ist die „motivationale und kognitive Basis für Verhalten"[34] gegeben, das die Probleme wahrscheinlicher löst.

Die Bedeutung von Sinn soll kurz, in Anlehnung an Hans-Eduard Hengstenberg, vertieft und erweitert werden, da sich hierin ein Potential verbirgt, den Gesundheitsbegriff umfassend auf die nicht-menschliche Natur auszudehnen. Denn: „Es gibt wahrscheinlich kein Übel, das der Mensch nicht zu ertragen bereit wäre, wenn er einen Sinn dieses Erleidens einzusehen vermöchte; sicher aber gibt es kein irdisches Gut, dessen Genuß dem Menschen nicht auf die Dauer schal würde, wenn er das Festhalten daran nicht als sinnvoll empfinden könnte."[35] Neben dem Sinn, den ein Individuum für sich entdecken kann, gilt es „Naturwesen außerhalb des Menschen", deren „Seins- und Sinnentwürfe, [...] die uns sittlich verpflichten" zu berücksichtigen.[36] Hengstenberg bezeichnet dies als „ontologischen Sinn" als eine „Sinnvorgegebenheit". Denn es verhält sich so, dass „der Mensch durch seine freien Sinnurhebungen an der Erfüllung (nicht Setzung!) seines eigenen ontologischen Sinns mitwirkt." Ontologischer Sinn kann nicht nur im Menschen bestehen, ansonsten wäre die Natur ohne „Eigen-Sinn" dem „utilitären Zugriff des Menschen restlos ausgeliefert"; durch den ontologischen Sinn und damit eigene Seins- und Sinnentwürfe"[37] anderer Naturwesen steht der Mensch in „einer Solidarität der Sinnerwartung mit allem Lebendigen; eine Solidarität, die in sympathetischer Resonanz von uns gespürt wird."[38] „Der Mensch kann nur ganz Mensch werden, wenn er alle Dinge nicht nur utilitär ›nimmt‹, sondern sie auch in ihrem Eigensein konspirierend ›ver-nimmt‹ um ihrer selbst willen."[39] Für Hengstenberg entspricht dies dem Gebot der Sachlichkeit, sich nichtmenschlichen Naturwesen um ihrer selbst willen zuzuwenden. Damit entsteht für ihn eine „Verbindlichkeit im Verhältnis zu allem Lebendigseienden, nicht nur zum Mitmenschen."[40] Dieses „universelle Sinngebot" zeigt sich als eine tragfähige Basis, Natur als Quelle für menschlichen Sinn und damit im Sinne Frankls und indirekt auch Antonovskys als Gesundheitsressource auszubauen. Denn Gesundheit beschränkt sich nicht in der Fo-

---

33 Antonovsky 1997: 131.
34 Ebd.: 137.
35 Hengstenberg 1980: 7.
36 Ebd.: 48.
37 Ebd.: 49.
38 Ebd.: 49.
39 Ebd.: 50.
40 Ebd.: 50.

kussierung auf den einzelnen Menschen. Die Ausweitung des Salutogenese-Modells auf die Umwelt[41] ermöglicht es aufzuzeigen, dass bestimmte Landschaften nicht nur Erholung ermöglichen, sondern auch fördern. Dies wird in den folgenden Abschnitten näher spezifiziert.

## *1.2 Pathogenese – die Fixierung auf das Negative*

„Die Literatur konzentriert sich fast ausschließlich auf negative Stressoren, vielleicht aus gutem Grund, da die Reduzierung des Leidens moralisch gesehen höherer Priorität sein mag als die Verbesserung des Wohlbefindens."[42] Ein Großteil der Forschung fokussiert auf den pathogenetischen Ansatz und sucht die Risikofaktoren, die Gesundheitsgefahren zu vermindern sowie deren Effektenstärken zu identifizieren. Drei Beispiele mögen dies etwas zugespitzt illustrieren, ohne die wissenschaftliche Relevanz, Notwendigkeit und Berechtigung solcher Studien in Frage zu stellen.

Als Beispiel bieten sich zahllose Studien zu möglichen Folgen des anthropogen verstärkten Treibhauseffektes auf die menschliche Gesundheit an: eine Zunahme von Extremereignissen, eine zunehmende Hitzebelastung, welche insbesondere bei weiterer Zunahme der städtischen Bevölkerung virulent wird, eine Einwanderung von Arten, die einen Anstieg von viralen und parasitären Erregern mit sich bringt,[43] eine Zunahme von Allergien, troposphärischer Ozonbelastung und lufthygienische Verschlechterungen. Eine Überlagerung unterschiedlicher Belastungen kann bestehende soziale Spannungen in unterschiedlicher räumlicher Dimension verstärken. Dagegen lassen sich regional auch positive Aspekte berechnen und den negativen gegenüberstellen; beispielsweise ein regional höheres agrarisches Ertragspotential, welches über die Ernährung gesundheitsrelevant ist.[44] Insgesamt dominieren allerdings im aktuellen Forschungsstand negative, teilweise stark negative Folgen des Klimawandels auf die menschliche Gesundheit. Lässt sich diese negative Weltsicht mit der Zukunft decken? Gibt es begründeten Zweifel an der dominant negativen Weltsicht vorliegender Analysen? Eine Analogie zu unterschiedlichen Diskursen in der Soziologie mag zumindest zu diesem anregen. Der Soziologe Martin Schrö-

41 von Lindern et al. 2017.

42 Antonovsky 1997: 128.

43 „Unsere Ergebnisse verdeutlichen, dass Europa gewappnet sein muss, um nicht von Epidemien scheinbar exotischer Tropenkrankheiten überrascht zu werden" (Thomas et al. 2001: 137).

44 Watts et al. 2018.

der erwähnt Beispiele seiner Disziplin, wo eine pessimistische Weltsicht zwar jeweils eine große Wirkmächtigkeit in der Wahrnehmung der jeweiligen Autoren entfaltet hat, sich diese Weltsicht jedoch nicht mit der Realität gedeckt hat. „Doch wenn die gesellschaftliche Wahrnehmung der Realität negativer als die Daten ist, mit denen man diese Realität messen kann, dann spricht einiges dafür, dass die Wissenschaft [...] ein zu negatives Bild ihres Untersuchungsgegenstands reproduziert."[45] Schröder beschreibt die Soziologie als Krisenwissenschaft mit einem „pessimistischen Überbietungswettbewerb".[46] „Denn tatsächlich hat möglicherweise derjenige am meisten Erfolg, der die „Untergangsklaviatur besonders virtuos bedient. [...] Empirische Untersuchungen zeigen jedenfalls, dass die Resonanz auf Zeitdiagnosen umso größer ausfällt, je sicherer der Wahrsager und je apokalyptischer dessen Diagnose. [...] Vielleicht trifft dasselbe auf Wissenschaft zu. Oder ist ein Drittmittelantrag genauso erfolgreich, wenn ihm das Versprechen fehlt, ein neues Krisenphänomen zu diagnostizieren?"[47] Analog könnte man die pathogenetische Sicht auf Krankheit und Gesundheit im Hinblick auf den Klimawandeldiskurs betrachten. Beispielsweise wird eine Zunahme von allergischen Atemwegserkrankungen bei ansteigenden Temperaturen erwartet.[48] Allergene wirken bei Personen unter Stress stärker.[49] Wenn jedoch nun, aus salutogenetischer Perspektive, der bewusste Naturzugang stressmildernd wirkt und gleichzeitig ein hoher SOC adäquate Copingstrategien bereitstellt, könnte die subjektive Belastung durch Allergene, trotz zunehmender Verschärfung unter veränderten klimatischen Rahmenbedingungen, gleich bleiben oder sogar reduziert werden. Denn der SOC hat gezeigt, dass in einer Aufwärtsspirale der Umgang mit Stressoren nach positiven Bewältigungserfahrungen leichter fallen kann. Gleichwohl ist dieser Effekt kaum quantifizierbar. Die pathogenetische Sicht hingegen schon und damit auch publizierbar.

Malaria – als zweites Beispiel – stellt viele tropische Länder vor große Herausforderungen und fordert nach wie vor jährlich viele Todesopfer. Unter Bedingungen des anthropogen verstärkten Treibhauseffektes stellen sich in vielen Regionen Europas – zumindest aus klimatischer Sicht – Rahmenbedingungen für eine Verbreitung von Malaria, wo diese vor vielen Jahrzehnen bereits ausgerottet war.[50] Damit mag Malaria zukünftig auch in

45 Schröder 2019: 54.
46 Ebd.: 56.
47 Ebd.
48 Watts et al. 2018: 4, Fig. 1.
49 Ninabahen et al. 2011.
50 Siehe dazu auch den Beitrag von Elke Hertig in diesem Band.

Deutschland ein stärkeres Risiko darstellen, ob dies jedoch jemals, im Gesamt menschlicher Gesundheitsrisiken (beispielsweise Herz-Kreislauf-Erkrankungen, Rauchen oder Alkohol- und Drogenmissbrauch), ein nennenswertes Problem für Deutschland darstellen wird, ist eine andere Frage jenseits einer rein klimatologischen, geodeterministisch anmutenden, Betrachtung. Hier setzt ein weiteres Argument von Schröder an: dass ein positiveres Umfeld den Blick für neue Probleme schärft. Eine zunehmend differenziertere wissenschaftliche Methodik sollte jedoch nicht mit einer *in toto* pessimistischeren Weltsicht einhergehen. Denn hier drängt sich die Frage auf, warum wir uns – in einer taxierenden Abwägung im Gesamt der Gesundheitsrisiken – „vor dem Falschen fürchten?"[51]

Als drittes Beispiel soll das Ergebnis einer Studie von Ashkan Afshin und Kolleg*innen[52] dienen. Sie zeigen in ihrer Arbeit zum Ernährungsverhalten der Menschen, basierend auf den Daten der „Global Burden of Diseases, Injuries, and Risk Factors Study (GBD)" aus 195 Ländern, dass im Jahr 2017 11 Millionen Menschen als Folge einer ungesunden Ernährung starben. Zusätzlich wurden 255 Millionen DALYs (*disability-adjusted life years*, durch vorzeitigen Tod verlorene Lebensjahre sowie mit Krankheit gelebte Lebensjahre) einer schlechten Ernährung zugeschrieben. Dies liegt vor allem an dem Konsum zu hoher Salzmengen und zu wenigen Vollkornprodukten und Obst. Abgesehen von methodischer Kritik[53], die angebracht werden kann, zeigt diese Studie exemplarisch den pathogenetischen Zugriff auf Krankheit und Gesundheit. Denn aus einer salutogenetischen Perspektive könnte man fragen, warum im selben Zeitraum über 7 Milliarden Menschen einfach nicht gestorben sind, obwohl sie sich mutmaßlich nicht alle optimal ernährt haben. Hier greift eine weitere Frage von Schröder: Hätte eine Studie dann noch das gleiche „Erregungspotential"?[54]

„Der Pathogenetiker ist mit der Bestätigung von Hypothesen zufrieden; der Salutogenetiker betrachtet, ohne die Bedeutung der Erfahrung zu verschmähen, den abweichenden Fall. Der abweichende Fall ist also, wie so oft, in der überwiegenden Mehrheit."[55] In diesem Beispiel ist der abweichende Fall, die Mehrheit, sehr groß. Aus wissenschaftssoziologischer Sicht lässt sich weiter fragen: „Wird ein Paper ebenso oft zitiert, wenn es auf einen erfreulichen Umstand hinweist?"[56] Wäre also eine Studie, die der Fra-

51 Renn 2014.
52 Afshin et al. 2019.
53 Foroughi/Unwin 2019.
54 Schröder 2019: 56.
55 Antonovsky 1997: 29.
56 Schröder 2019: 56.

ge nachgeht, warum im Jahr 2017 >7 Milliarden Menschen nicht gestorben sind, ebenso wirkmächtig und förderwürdig? Wohl kaum. Andererseits weist die Studie auch gerade darauf hin, dass eine Änderung des Ernährungsverhaltens eine präventive Wirkung entfalten kann und eröffnet den Blick auf den Erhalt von Gesundheit, der hier jedoch nicht vertieft wird.

## *2. Eine Weitung des Gegenstandbereiches*

Pathogenese, die Wissenschaft der Krankheitsentstehung und Salutogenese, die Wissenschaft von der Gesundheitsentstehung können sich gegenseitig bestens ergänzen und sind daher komplementär zu verstehen. Die Pathogenese fokussiert auf Probleme, Defizite, versucht Risiken zu vermeiden, zu verringern und zu bekämpfen. Der Ansatz basiert auf klar benennbaren Ursache-Wirkungsbeziehungen, aus denen sich Handlungsanleitungen ableiten lassen.

Der salutogenetische Ansatz hingegen basiert auf Kohärenz und damit auf subjektiven Stimmungen, er zielt auf eine Entwicklung ab, welche mehrere Möglichkeiten einschließt. Zentral ist dabei eine Aktivierung von Ressourcen. Tiere, Pflanzen, das Wetter, die Luft, Natur und Landschaften können solche Ressourcen darstellen. Damit weitet sich der bisherige Gesundheitsbegriff. Ebenso erweitert sich die Perspektive auf Naturschutzbegründungen, die lange aus pathogenetischer Sicht (Schutz vor Umweltverschmutzung, -degradation) erfolgten, um eine salutogenetische, welche die Umwelt als Ressource für den Menschen herausstellt.

### *2.1 Ökosystemleistungen*

Die menschliche Gesundheit hängt in vielen Belangen von Umwelteinflüssen ab und ist daher auch eng mit der Qualität der umgebenden Ökosysteme vernetzt. Seit einigen Jahren wird mit dem Konzept der Ökosystem(dienst)leistungen der Einfluss des Naturhaushaltes auf das menschliche Wohlbefinden beschrieben. Natur erbringt kostenfrei zahlreiche Leistungen, die Menschen nutzen, die aber auch grundsätzlich menschliches Leben erst ermöglichen. Das Konzept der Ökosystemleistungen versteht Ökosysteme als Quelle für menschliches Wohlbefinden und versucht diese Leistungen zu monetarisieren, um dadurch ein Bewusstsein für den Wert der Ökosysteme zu entwickeln. Denn zahlreiche Leistungen der Natur werden selbstverständlich in Anspruch genommen, ohne dass sie bewusst wahrgenommen werden, daher ist die Wertschätzung für diese auch oft gering. Eine ökonomische Perspektive eröffnet den Blick für den Wert solcher Leistungen und kann daraus Schutzargumente entwickeln. 2005 wurde mit dem *Millenium Ecosystem Assessment* (MEA) der Vereinten Nationen eine detaillierte Zustandsbeschreibung globaler Ökosysteme und ihrer Leistungen vorgenommen.[57] Die dabei entwickelte Klassifikation von Ökosystemleistungen ist immer noch weit verbreitet und unterteilt in Versorgungsleistungen (z. B. Nahrungsmittel, Trinkwasser), Regulierungsleistungen (z. B. Schadstofffilterung durch Böden, Speicherung von Treibhausgasen), kulturellen Leistungen[58] (z. B. Erholung, spirituelle Werte) und unterstützenden Leistungen oder Basisleistungen wie beispielsweise Photosynthese oder Bodenbildung. Auf europäischer Ebene konkretisiert die aktuelle CICES-Klassifikation (*The Common International Classification of Ecosystem Services*, Version V5.1) die Systematik des MEA.[59]

Weil zahlreiche Ökosystemleistungen als öffentliche Güter keinem Preismechanismus unterliegen und kostenlos verfügbar sind, müssen hypothetische Märkte generiert werden, um Natur in einen Preismechanismus einzubeziehen. So lässt sich die Erholungsleistung von Wäldern in Deutschland, basierend auf Zahlungsbereitschaftsanalysen, hochgerechnet auf alle Einwohner, mit 1,9 Mrd. Euro für das Jahr 2011 angeben, die durchschnittliche Zahlungsbereitschaft eines Waldbesuchers beträgt dabei 36,06 Euro pro Person und Jahr.[60]

Das Konzept der Ökosystemleistungen hat das Potential über die reine Ökologie hinaus, die Umweltästhetik, die indirekt unter den kulturellen Ökosystemleistungen klassifiziert wird, zu integrieren. Diese „Dimension, die eine Umwelt für den Menschen nicht nur zuträglich und abträglich macht, sondern mehr oder weniger angenehm“[61], schlägt eine weitere Brücke hin zu menschlichem Wohlbefinden, mithin Gesundheit. Die dabei relevante Kategorie bezeichnet Gernot Böhme mit dem „In-Sein“, welches „das Befinden des einzelnen Menschen in seiner Umgebung“ beschreibt.[62] Die „Befindlichkeit“ beschreibt dann die spezifischen Qualitäten des Raumes, in dem der Mensch sich aktuell befindet.[63] Analog ist für David Ab-

57 MEA 2005.

58 Zur grundsätzlichen Kritik an kulturellen Ökosystemleistungen: Kirchhoff 2018.

59 Haines-Young/Potschin 2018.

60 Elsasser/Weller 2011.

61 Böhme 2019: 178.

62 Ebd.: 182.

63 Ebd.: 185.

ram das Öffnen der Sinne für die Umgebungsreize, ein Moment, das Sinn „ergibt", was „bedeutet, den Körper aus dem Korsett überholter Sprechweisen zu befreien und so unser gefühltes Gewahrsein der Welt, die uns umgibt, zu erneuern und wiederzubeleben. Es bedeutet mit wachen Sinnen im Hier und Jetzt sein."[64] Ähnlich kann man diesen Aspekt mit Thomas Berry erweitern:

> „Wir lesen nicht mehr im Buch des Universums [...]. Unsere Welt des menschlichen Sinns ist nicht mehr mit dem Sinn unserer Umgebung vernetzt. Wir sind aus der grundlegenden, wesentlich zu unserer Natur gehörenden Interaktion mit unserer Umgebung herausgetreten. Ich hoffe, dass die ökologische Geographie in der Zukunft eine herausragende Rolle spielen und eine der wirkmächtigsten Disziplinen sein wird, die uns zu einer ganzheitlichen Lebensweise innerhalb der Erdgemeinschaft führen wird. Dies kann allerdings nur dann geschehen, wenn die Erforschung der Erde zu einem Bewußtsein führt, wie es etwa in John Muirs Schriften über das kalifornische *Yosemite Valley* seinen Ausdruck gefunden hat."[65]

Über die Sinnkategorie des Koheränzgefühls, gerahmt im Konzept der kulturellen Ökosystemleistungen, sind damit Ansätze grundgelegt, einen weiteren umfassenden Gesundheitsbegriff zu entwickeln.

## 2.2 *OneHealth, Planetary Health*

Neben dem Konzept der Ökosystemleistungen wird die enge Bindung von Menschen an ihre natürliche Umgebung in weiteren Modellen adressiert. 2008 wurde die Initiative *OneHealth* über eine weltweite Kooperation von Ärzten und Tierärzten gestartet. *OneHealth* ist ein Ansatz, welcher, zentriert auf Infektionskrankheiten, versucht, den Gesundheitsbegriff im Kontext der Mensch-Tier-Umweltbeziehungen zu denken. Geschädigte Ökosysteme können bei Menschen, aber auch Nutztieren und Nutzpflanzen Krankheiten hervorrufen. Ein Beispiel liegt in der Herausforderung, die Verbreitung von antibiotikaresistenten Bakterien einzudämmen. Die Lösung kann dabei nicht in der Entwicklung neuer Antibiotika liegen, sondern es gilt dabei alle Wege zwischen Wasser, Abwasser, Nutzpflanzen, Nutztieren und Menschen zu berücksichtigen.[66] Damit ist der Ansatz stark pathogenetisch ausgelegt, weitet aber den Gesundheitsbegriff elementar.

---

64 Abram 2015: 271.
65 Berry 2011: 25.
66 Niedrig et al. 2017.

*Planetary Health* erweitert den bisherigen, menschzentrierten Gesundheitsbegriff, indem die Umwelt des Menschen miteinbezogen wird und basiert auf der *Rockefeller Foundation-Lancet Commission on Planetary Health*.[67] Die *Lancet Commission* definiert *Planetary Health* als ein sehr weit gefasstes Konzept, das den Gesundheitszustand letztlich der gesamten Erde umfasst, denn die Gesundheit des Menschen hängt vom Zustand der natürlichen Umwelt ab. Offensichtlich wird das bei verschmutztem Wasser und belastenden lufthygienischen Situationen, klimatischen Extremereignissen oder degradierten Böden, welche die Ernährungssicherung gefährden. D. h. ‚gesunde' Ökosysteme helfen auch der Gesundheit der Menschen, wobei nicht übersehen wird, dass natürlich auch in intakten Ökosystemen zahlreiche Gesundheitsrisiken für den Menschen vorhanden sein können. *Planetary Health* will damit jedoch die starke Abhängigkeit des Menschen von einer natürlichen funktionierenden Umwelt unterstreichen. Damit erfolgt im Wesentlichen ein Rückgriff auf Argumente, welche im Konzept der Ökosystemleistungen bereits artikuliert wurden, wenngleich die zentralen Intentionen „Erhalt der Biodiversität" im Ökosystemleistungskonzept und „Erhalt der menschlichen Gesundheit" im *Planetary Health*-Konzept in ihrer Komplementarität evident sind.

*Planetary Health* und *OneHealth* sind (unter anderen) Konzepte, welche auf der Annahme aufbauen, dass für die menschliche Gesundheit eine funktionierendes, ‚gesundes' Ökosystem von Nöten ist. Der Gesundheitsbegriff hat sich dabei als umfassend erwiesen. Die von Roman Leischik und Kolleg*innen[68] konstatierte Schlussfolgerung, dass man sich aktuell entscheiden müsse, ob man sich bezüglich des Gesundheitsbegriffs zurück in die archaische Richtung zu Gott, den Göttern oder bösen Geistern bewege oder in Richtung des 22. Jahrhunderts, ist eine falsche Perspektive und Alternative, wie sich abschließend herausstellen wird. Einerseits verkennen die Autoren, dass der Mensch durchaus der Spiritualität bedarf und andererseits einen Gesundheitsbegriff, welcher keinem Eurozentrismus verhaftet sein soll, global kulturübergreifend Akzeptanz und Wirkmächtigkeit erlangen muss. Mit dem Konzept der Ökosystemleistungen wurden die Aspekte Spiritualität und Religiosität als kulturelle Ökosystemleistung adressiert, in einem salutogenetischen Ansatz wird dabei vor allem die Sinndimension für den Menschen herausgestellt. Denn entgegen der Darstellung von Leischik et al.[69], welche ästhetische Werte und Erholung

67 Whitmee 2015.
68 Leischik et al. 2016.
69 Ebd.

als Beispiele für kulturelle Ökosystemleistungen benennen, lassen sich auch spirituelle und religiöse Werten darunter klassifizieren, da sich eine positive Wirkung auf das menschliche Wohlbefinden daraus ergeben kann. Diese Werte können und werden oftmals Naturobjekten zugeschrieben (heilige Plätze, Naturgötter). Folgt man dem Ökosystemleistungsansatz, so wird in diesem rationalen, auf Monetarisierung bedachten Konzept, das Bedürfnis der Menschen nach Sinn, Trost, Zuversicht bedacht. Damit wird versucht, der engen, auch emotionale Bindung von Menschen an die Umgebung gerecht zu werden. Denn: „Das Innere Leben des Menschen zeugt immer von seiner Fremdheit im Rahmen der bloß biotisch verstandenen Natur. Er fühlt, wenn er überhaupt auf seine Innerlichkeit hinhört, Weltangst und Weltdrang zugleich; es bleibt in ihm bei aller Befriedigung des Lebensdranges immer eine Sehnsucht, die noch darüber hinausstrebt. Das ist das Faustische, was vom Menschentum nicht abzutrennen ist [...]. Unser Geist, obwohl naturgebunden, geht im Naturzusammenhang nicht auf."[70]

Neben der Argumentation auf der Basis der Ökosystemleistungen kommt ein kultureller Aspekt hinzu: In einem offenen Brief medizinischer Anthropologen und Vertreter autochthoner Völker an die WHO aus dem Jahr 2016 wird konstatiert, dass ein Gleichgewicht der Menschheit mit seiner Umgebung integraler Bestandteil eines Gesundheitsbegriffes sein muss; d. h. der richtige Platz des Menschen in einer gesunden Natur.[71] Von einem degradierten Ökosystem ist letztlich auch die menschliche Gesundheit negativ beeinflusst. Unter dem spirituellen Aspekt wird argumentiert, dass Schäden in der natürlichen Umgebung des Menschen, als übernatürliche Entität begriffen, auch für den Menschen, als Teil dieser Entität, negative Gesundheitsfolgen nach sich ziehen. Damit sich indigene Freiheit nicht durch eine Verwestlichung bedroht sieht, bilden ein Leben im Gleichgewicht mit der Umwelt sowie das Ausleben der eigenen Spiritualität zwei Ergänzungsvorschläge zu einer umfassenden Gesundheitsdefinition. Denn „aus animistischer Perspektive liegt der Ursprung all dieses physischen und psychischen Leids in der Gewalt, die unsere Zivilisation dem Ökosystem des Planeten ohne Not zufügt; nur wenn wir letztere beenden, werden wir ersteres heilen können."[72]

70 Spranger 1962.
71 Charlier et al. 2017.
72 Abram 2015: 44.

## 3. Landschaften als Gesundheitsressource

Unter einer salutogenetischen Perspektive wird Landschaft als eine Ressource aufgefasst, die helfen kann, das psychische Wohlbefinden zu steigern, Genesung zu beschleunigen und die physischen und sozialen Aspekte der Gesundheit zu fördern.[73] Die stressreduzierende Wirkung von Aufenthalten in der Natur ist gut belegt, aber auch die konzentrationssteigernde Wirkung oder die Erholung von geistiger Ermüdung.[74] Natur und Landschaft kann positive Emotionen auslösen und diese verstärken, negative hingegen unterdrücken.[75] Der Aufenthalt im Grünen regt zu körperlicher Bewegung an, fördert soziale Begegnungen und trägt damit positiv zu weiteren Aspekten von Gesundheit bei.[76]

### 3.1 Therapeutische Landschaften

Nachdrücklich stellt Meyer-Abich die Frage: „Warum bepflanzen Städter ihre Balkons, pflegen ihre Gärtchen oder fahren zum Wochenende aufs Land ins Freie und wünschen sich, wenn sie wieder nach Hause kommen, sie hätten dort länger bleiben können? *Warum eigentlich?!*“[77] Offenbar hat erst eine Naturvergessenheit den Bedarf an wissenschaftlichen Untersuchungen geweckt, inwiefern Natur die menschliche Gesundheit steigern kann.

> „Die grenzenlose Versachlichung der Menschen unserer Tage frißt allmählich auch die Kräfte weg, die zur Aufrechterhaltung einer bloßen Sachkultur und bloß technischer Betreibe erforderlich sind, z. B. Phantasie, Schöpfertum, Hinlauschen auf die Lebensquellen, die in der Tiefe rauschen. Warum erquickt uns der Umgang mit der Natur? Weil wir da einmal mit uns allein sind und also auch mit uns selbst Umgang pflegen können.“[78]

Die Verbindungen von Orten, Räumen, Natur und Landschaft zur Gesundheit des Menschen wird im Konzept der Therapeutischen Landschaften fokussiert.[79] Orte, die Menschen gerne zur Erholung aufsuchen, zur

73 Gebhard/Kistemann 2016; Rathmann 2016; Rathmann/Brumann 2017.
74 Ulrich 1984; Kaplan/Kaplan 1989; Kaplan 1995.
75 Hartig et al. 1996.
76 Maller et al. 2008; Abraham et al. 2010.
77 Meyer-Abich 2010: 335, Hervorhebung im Original.
78 Spranger 1962: 25.
79 Gesler 1993, 2003.

Heilung oder zu therapeutischen Maßnahmen, letztlich alle Ort mit einer positiven Gesundheitswirkung lassen sich nach Wilbert M. Gesler als Therapeutische Landschaften beschreiben. Damit wird ein Raum als Gesundheitsressource verstanden und zahlreiche Studien weisen positive Wirkungen von naturnahen Räumen auf das menschliche Wohlbefinden, die Lebensqualität und die menschliche Gesundheit nach.[80] Auch das Konzept der Therapeutischen Landschaften wird seit Beginn der 1990er Jahre sehr intensiv im wissenschaftlichen Diskurs, aber auch in der praktischen Umsetzung diskutiert.[81] Das Konzept fokussiert nicht nur auf konkrete Landschaften in einem naturalistischen Sinn; verschiedene soziale Konstruktionen von Räumen und von Orten werden, in ihren positiven Auswirkungen auf menschliche Gesundheit, innerhalb dieses Ansatzes mitgedacht.

### *3.2 Landschaftspräferenzen*

Landschaftspräferenzen zeigen, welche Räume bevorzugt zur Erholung, zur Steigerung des Wohlbefindens und damit zur Erhaltung von Gesundheit aufgesucht werden. Jenseits des individuellen Geschmacksurteils über das Gefallen oder Nichtgefallen einer Landschaft werden seit geraumer Zeit evolutionsbiologische Erklärungsansätze für Landschaftspräferenzen diskutiert. Die Savannen-Hypothese unterstellt beispielsweise, dass eine Vorliebe für savannenartige (Park-) Landschaften durch die Prägung während der Hominisation in der ostafrikanischen Savanne bedingt sei. Die Verfügbarkeit von Ressourcen, der Schutz vor Raubtieren, die Möglichkeit zur Orientierung und zur Übersicht im Raum sind dabei zentrale Anforderungen an eine Landschaft, die das Überleben der Frühmenschen sicherte.[82] Die *Prospect-Refuge*-Theorie von Jay Appleton[83] argumentiert ähnlich soziobiologisch und sieht in solchen Landschaften evolutionäre Vorteile in der Menschheitsentwicklung. Dabei wird auf die Bedeutung, Beutetiere rechtzeitig zu erkennen und sich gegebenenfalls vor Raubtieren und extremen Wetterereignissen schützen zu können, abgehoben. Die Savannen Ostafrikas haben damit die Menschwerdung begünstigt, indem durch die Landschaftsstruktur das Überleben der Frühmenschen möglich wurde. Die

---

80 Abraham et al. 2010; Maller 2008; Gebhard/Kistemann 2016.

81 Claßen/Kistemann 2010; Jonietz/Rathmann 2013; Rathmann/Brumann 2017; Gebhard/Kistemann 2016.

82 Heerwagen/Orians 1993.

83 Appleton 1996.

evolutionäre Ästhetik unterstellt nun, dass dies auch zu einer ästhetischen Präferenz dieser Landschaft führt. Damit kann eine kulturübergreifende Präferenz für parkähnliche Landschaften begründet werden. Denn Menschen bevorzugen generell vielfältig strukturierte Landschaften mit offenen Grünflächen, Reliefunterschieden, welche Ausblicke und Orientierung ermöglichen, sowie mit lockerem Baumbestand und Wasser.[84] Dies entspricht dann Landschaften, die auch ein besonders hohes Erholungspotential bereitstellen: „In der Savanne bedürfte es der Psychotherapie sicher viel weniger als unter den jetzigen Lebensverhältnissen."[85] Allerdings ist das bloße Überleben in der Savanne bei weitem noch keine Erholung. Es bleibt also zu klären, wie diese Transformation erfolgen konnte.

Die soziobiologischen Hypothesen werden im Kontext zu Landschaftspräferenzen oft kritiklos referiert,[86] aber auch empirisch geprüft,[87] wohingegen in der paläoökologischen Forschung starke Zweifel an dieser Hypothese aufgekommen sind.[88] Bei aller Unsicherheit in der Rekonstruktion der Menschwerdung und der damaligen Umgebung könnte die Savannenhypothese durch ein weiteres Argument neue Unterstützung erhalten. In den Warmzeiten des Pleistozäns (des älteren Teils des Quartärzeitalters, das als erdgeschichtliche Epoche vor etwa 2,3 Millionen Jahren begann) waren die nordhemisphärischen Waldflächen offenbar stark aufgelockert, so dass es größere Freiflächen gegeben haben könnte. Folgt man der Megaherbivoren-Hypothese, standen damals die Wälder unter hohem Beweidungsdruck durch Megaherbivoren, d. h. großen Pflanzenfressern (z. B. Waldelefanten, Waldnashörner, Riesenhirsche), die je nach Autor über ein Gewicht von über 800, 900 oder 1000 kg definiert werden.[89] Während der pleistozänen Kaltzeiten hingegen dominierten sowieso weitgehend offene Landschaften mit anderen Megaherbivoren (z. B. Wollhaarmammuts, Wollnashörner, Moschusochsen, Riesenfaultiere). Möglicherweise erfuhr damit die Präferenz für parkartige Landschaften eine Art ‚Auffrischung' oder hat sich tatsächlich erst im Pleistozän entwickelt. Entsprechende Studien stehen bislang aus, so dass die Trageweite der Idee zu überprüfen bleibt.

84 Falk/Balling 2010.
85 Mayer-Abich 2010: 379.
86 Völker 2016; Hellbrück/Kals 2012: Kap. 4.2.
87 Falk/Balling 2010.
88 Dominguez-Rodrigo 2014; Levin 2015.
89 van Valkenburgh 2016; Malhi et al. 2016.

### *3.3 Biophilie – Biophobie*

Die positive Wirkung, die eine Landschaft auf Menschen entfalten kann, lässt sich mit dem Gedanken der Biophilie erklären. Für Edward Wilson[90] liegt in dem von ihm vorgestellten Konzept eine enge affektive Bindung von Menschen an andere Lebewesen evolutionär begründet vor. Daraus ergeben sich erholsame Effekte für den Menschen, insbesondere in Landschaften, welche einer offenen Savanne ähneln im Beisein anderer Lebewesen. Eine Prämisse liegt in der Annahme, dass dies die bevorzugten Habitate in der Geschichte der Menschwerdung waren. Diese genetische Prägung des Menschen wirke bis heute an und könne direkte emotionale und kognitive Beziehungen zu Lebewesen und Landschaften erklären. Denn die Entwicklung des Menschen erfolgte im Umfeld mit anderen Lebewesen, was zu einem Bedürfnis nach einer engen Bindung zu jenen geführt hat. Insbesondere für die mentale Gesundheit scheint diese Bindung wichtig zu sein. Dieser positive Einfluss von Tieren auf den Menschen findet sich beispielsweise in weiten Bereichen der tiergestützten Therapie (*Animal-assisted Therapy*, AAT) wieder. Dennoch werden diese Therapieansätze kontrovers diskutiert, da einerseits zahlreiche methodische Schwierigkeiten in der Quantifizierung individueller Erfahrungen mit Tieren auftreten, die durch soziale Einflüsse der begleitenden Therapeuten oft überlagert werden, andererseits sind oft die Stichprobengrößen sehr gering.[91] Im Kontext der Therapeutischen Landschaften lässt sich eine Erweiterung der AAT denken, in dem der räumliche Kontext der Therapie stärker Berücksichtigung findet; denn in einer naturnahen Umgebung lassen sich möglicherweise therapeutische Effekte der AAT nochmals steigern. Diese emotionale Bindung von Menschen, Tieren und der Umgebung bringt auch Thomas Berry zum Ausdruck:

> „Was wir brauchen, ist eine Geographie als Erforschung der Innerlichkeit. Ebenso wie es eine Zuneigung zwischen Menschen und Tieren gibt, so gibt es auch eine emotionale Verbindung in der Weise, wie der Mensch die Landschaft sieht. Nichts steht letztlich außerhalb dieser Innerlichkeit. Unsere Forschungen, die wir als ›ökologisch‹ bezeichnen, müssen zu einer solchen Verbindung mit unserer natürlichen Umwelt führen."[92]

---

90 Wilson 1984.
91 Fine 2010.
92 Berry 2011: 102.

Darüber hinaus gilt es in erweiterter Perspektive „Menschen sind wir erst im Kontakt und im lebendigen Miteinander mit dem, was nicht Mensch ist."[93]

Es gibt zahlreiche Lebewesen, von denen sich viele Menschen jedoch abgestoßen fühlen, was zu einer Biophobie führen kann, welche sich z. B. durch Ekelgefühle, einem Unwohlsein oder in der Angst vor wilden Tieren oder dunklen Wäldern ausdrückt. In den westlichen Ländern dominiert dabei die Abneigung gegenüber Spinnen und Schlangen.[94] Im Juni 2017 hat die WHO Vergiftungen durch Schlangenbisse auf die Liste der „neglected tropical diseases" gesetzt, um prioritär Handlungsempfehlungen und Schutzmaßnahmen zu erarbeiten. Damit erhalten solche Vergiftungen den Status einer Krankheit (*disease*). Denn auch heute noch stellen Schlangen für sehr viele Menschen eine große Gefahr dar. Insbesondere in den ländlichen Regionen des tropischen Afrikas, Asiens und Lateinamerikas kommt es jährlich zu etwa 2,7 Millionen Vergiftungen durch Schlangenbisse und zwischen 81.000 und 130.000 Todesfällen. Opfer von Schlangenbissen sind vorrangig ärmere Bevölkerungsschichten in ländlichen Regionen, darunter viele arbeitende Kinder.[95]

Neben dem Schrecken vor Schlangen stehen diese andererseits als Attribut des Asklepios, dem Gott der Heilkunst und heute als Symbol der Ärzteschaft für eine positive Konnotation. Diese positive Setzung erfahren Schlangen auch in einem erweiterten Biophilie-Gedanken. Für Wilson ist dies allerding ein Spezialfall der Biophilie, da eine aufmerksame Beobachtung von Schlangen als potentielle Gefahr essentiell für das Überleben der Frühmenschen war.[96] Damit allerdings gewinnt die Biophobie einen positiven Aspekt, denn sie drückt aus, dass sich Menschen aktiv mit ihrer natürlichen Umwelt auseinandersetzen. Basierend auf neun Wertzuschreibungen zur Natur (*utilitarian, naturalistic, ecologistic-scientific, aesthetic, symbolic, humanistic, moralistic, dominionistic, and negativistic valuations of nature*) integriert Stephen Kellert die negativen Gefühle in die erweiterte Biophilie-Hypothese.[97]

Ein zweites Beispiel mag die unterschiedlichen biophilen und biophoben Zuschreibungen, hier auf symbolischer Ebene, ergänzen. Raben und Krähen stehen in der Mythologie u. a. für Unglück, für den Tod. Diese

---

93 Abram 2015: 44.
94 Ulrich 1993.
95 Harrison et al. 2009.
96 Wilson 1984.
97 Kellert 1993: 43.

Konnotation schwingt in vielen Bereichen der Kulturgeschichte mit, etwa im Gedicht „The Raven“ von Edgar Allan Poe oder dem Gemälde „Weizenfeld mit Raben“ von Vincent van Gogh, um nur wahllos zwei Beispiele anzuführen.

Direkt neben der Kinderkrebsstation des Universitätsklinikums Augsburg hat sich eine Krähenkolonie angesiedelt. Auch wenn bislang keine Evidenzen zu Auswirkungen auf Patienten, Krankenhausbesucher und Mitarbeiter vorliegen, ist der Gedanke naheliegend, dass diese Konstellation nicht unbedingt einen positiven Beitrag zur Genesung leistet. Andererseits zeigen Daniel Cox und Kevin Gaston[98], dass die Beobachtung von Gartenvögeln und deren Fütterung eine starke Erholungsleistung bietet, eine enge Bindung an Natur ermöglicht und mit zunehmender Artkenntnis auch die Sympathiewerte den Vögeln gegenüber ansteigen. Eine hohe Artenvielfalt, insbesondere von Singvögeln, macht sich dann auch akustisch positiv bemerkbar. Eine Umsiedlung der Krähenkolonie und stattdessen eine Voliere bzw. ein verbesserter Lebensraum für weitere Singvögel würde die Erholungsleistung der Patienten, Besucher und Klinikmitarbeiter sicherlich signifikant steigern.

## 3.4 *Landschaft als Ressource für Psyche, Physis und soziales Miteinander*

Rachel Kaplan und Stephen Kaplan[99] erklären in der von ihnen entwickelten *Attention Restauration Theory* (ART) die Erholungseignung von Landschaften. Ein bevorzugter Erholungsraum weist eine Komplexität (*complexity*) auf. Vielfältige Landschaftsstrukturen können unterschiedliche Sinnesreize ansprechen; ein weiterer Faktor, die Kohärenz (*coherence*), beschreibt, inwiefern eine Landschaft ein harmonisches Gesamtbild abgibt. Der dritte Faktor, Lesbarkeit (*legibility*), unterstreicht die Bedeutung, sich in einer Landschaft orientieren zu können. Dies wird durch bestimmte Landschaftsstrukturen erleichtert. Als letzter Faktor wird das Geheimnisvolle (*mystery*) einer Landschaft genannt. Die Landschaft bietet also das Potential Neues zu entdecken. In der ART lassen sich damit Analogien zu Appletons evolutionspsychologischer Hypothese zeigen, denn das Bedürfnis von Menschen nach Orientierung und Übersicht aber auch der Neugierde wird in beiden Ansätzen berücksichtigt.

---

98 Cox/Gaston 2015.
99 Kaplan/Kaplan 1989.

Wälder stellen ein bevorzugtes Naherholungsgebiet dar und bieten eine gute Erholungsmöglichkeit,[100] denn schon ein Spaziergang von 20 Minuten kann den Anteil an Stresshormonen, Cortisol, erkennbar absenken und damit zu einer Entspannung beitragen.[101] Da erhöhte Cortisolwerte dauerhaft zahlreiche Krankheiten induzieren können, ist hierin auch eine wichtige gesundheitsökonomische Ressource zu sehen, die sich mit dem Ansatz der Ökosystemleistungen systematisch erfassen lässt. Eine deutlichere Erholung von emotionalem Stress bietet eine naturnahe Umgebung verglichen mit einer urbanen. Agnes van den Berg und Kolleg*innen[102] bestätigen dies an 102 Studienteilnehmern, deren emotionales Befinden nach dem Schauen eines Gruselfilmes und folgenden Bildern von urbanen und naturnahen Umgebungen durch Messungen und Selbstbeschreibungen erhoben wurde. Aber selbst ein kurzer Blick auf eine begrünte Dachfläche von 40 Sekunden hat eine stark konzentrationsfördernde Wirkung verglichen mit dem Blick auf eine Betonfläche, wie eine Studie mit 150 Studierenden aus Australien zeigt, denen zufällig ausgewählte Bilder vorgelegt wurden. Studierende, die während ihrer Aufgaben in kurzer Unterbrechung auf die begrünten Dächer schauten, zeigten eine höhere Konzentration und machten auch weniger Fehler in ihrer Arbeit.[103]

Grünflächen können zu Freizeitaktivitäten (z. B. Radfahren, Jogging) motivieren und Bewegung in der Landschaft, etwa Wandern, ist hinlänglich für positive Wirkungen bekannt: „Viele medizinische Therapien werden dadurch überflüssig.“[104] Gleichzeitig kann Aktivität in der Natur, verglichen mit einer analogen Tätigkeit im Gebäude, zu einer stärkeren Erholung und einem stärkeren Rückgang von negativen Emotionen führen. Schließlich ist das Bedürfnis eine Outdoor-Aktivität zu wiederholen stärker als bei einer vergleichbaren Indoor-Aktivität.[105]

Damit können Grünräume das psychische Wohlbefinden steigern und zusätzlich als Begegnungsstätten der sozialen Gesundheit förderlich sein. Die stressreduzierende Wirkung von Grünflächen ist hinlänglich belegt[106] und wirkt auch bei depressiven Verstimmungen[107]. Selbst kleinere Grünanlagen können die Lebensqualität und Zufriedenheit steigern. Insbesondere

---

100 Mayer et al. 2019.
101 Hunter et al. 2019.
102 van den Berg et al. 2014.
103 Lee et al. 2005.
104 Meyer-Abich 2010: 343.
105 de Vries et al. 2010; Thompson Coon et al. 2011; Byrka/Ryczko 2018.
106 Ulrich 1984; Ulrich et al. 1991.
107 Roe/Aspinall 2011.

im urbanen Umfeld bietet beispielswiese Gartenarbeit eine wertvolle Gesundheitsressource, die über die körperliche Aktivität hinausgeht. Gärten sind Räume, wo auch über nachbarschaftliche Beziehungen der soziale Aspekt von Gesundheit positiv beeinflusst werden kann (natürlich auch negativ); weiterhin sind Gärten als Orte der Erholung verbunden mit Entspannung und Stressreduktion.[108] Gärten haben auch wichtige gesundheitsfördernde Funktionen in Schulen und Kindergärten, denn bessere motorische Leistungen lassen sich für Kinder eines Waldkindergarten nachweisen, verglichen mit Kindern, die einen regulären Kindergarten besuchen. Generell regen Naturerlebnisse zu mannigfaltigem Bewegungsverhalten an[109] und in Schulen mit naturnahen Grünflächen ist der Anteil krankheitsbedingter Fehltage geringer als in Schulen mit einer naturfernen Schulhofgestaltung.[110]

Grünflächen stellen daher eine kostengünstige Ergänzung zu zahlreichen kostenintensiven Sozialprogrammen dar, aber auch, weil sie einen Einfluss auf eine geringere Kriminalitätsrate haben können. Gepflegte Grünanlagen vermitteln Sicherheit, ermöglichen Entspannung und senken damit auch ein potentielles Gewaltpotential. Eine vielzitierte Studie aus Chicago zeigt eine verringerte Aggressivität: Verglichen mit Sozialwohnungen mit einem erkennbar geringeren Anteil von Grünflächen findet unter Bewohnern von Sozialwohnungen mit höherem Grünflächenanteilen weniger Gewalt statt.[111]. Eine negative Korrelation zwischen Grünflächenanteilen und Kriminalität kann darin gesehen werden, dass Grünflächen stressreduzierend wirken, geistiger Ermüdung entgegenwirken und das soziale Miteinander in einem naturnahen Begegnungsraum im urbanen Umfeld fördern. Schließlich kann Stress aggressives Verhalten fördern und damit unterschiedliche Formen von Kriminalität provozieren. Grünflächen tragen damit indirekt über die Stressreduktion zur Verringerung von Gewalt und Kriminalität bei. Eine Langzeitstudie über den Zusammenhang vom Begrünen von Baulücken und dem Kriminalitätsniveau in Philadelphia unterstreicht über den Zeitraum von 1999 bis 2008 diese Effekte.[112]

---

108 Brown/Jameton 2000.

109 Scholz/Krombholz 2007; de Vries et al. 2010.

110 Grahn et al. 1997, zitiert nach Velarde et al. 1997.

111 Kuo/Sullivan 2001.

112 Branas et al. 2011.

## 4. *Zusammenfassung und Ausblick*

Natur und Landschaften können mannigfaltige positive Einflüsse auf das menschliche Wohlbefinden, die Lebensqualität und Gesundheit haben. Diese lassen sich zunehmend belegen und auch quantifizieren. Das Konzept der Therapeutischen Landschaften greift diesen Gedanken von heilsam wirkenden Orten auf und erweitert ihn um sozialkonstruktivistische Elemente. Auf einer naturalistischen Ebene wird deutlich, dass der Natur- und Landschaftsschutz damit ein weiteres Argument an die Hand bekommt: Natur und Landschaft sollten auch als Gesundheitsressource geschützt werden. Dieses Argument wird in einer älter werdenden Gesellschaft bei weiterhin zunehmender Verstädterung, Versiegelung und einem weiteren Verlust an Biodiversität an Bedeutung gewinnen. Ein Schutz von Natur und Landschaft ist immer auch der Schutz von Lebensqualität für den Menschen, denn Natur- und Gesundheitsschutz weisen gemeinsame Handlungsfelder und Synergien auf.[113]

Erst ein dezidiert interdisziplinärer Dialog ermöglicht gewinnbringend die komplementären Konzepte der Salutogenese und Pathogenese zu integrieren. Letztere hat den Vorzug einer klaren Quantifizierung von Risikofaktoren und Effektenstärken. Der salutogenetische Ansatz dient hier als Korrektiv, um die Risikofixierung unter Berücksichtigung von Ressourcen neu zu taxieren und die Hierarchie der Wichtigkeiten zu justieren. Gleichzeitig hat dieser Ansatz das Potential, den Menschen als Gesamt mit Sinnbedürfnissen und Irrationalitäten im Kontinuum von krank und gesund zu beurteilen und ist überdies transkulturell angelegt. Schwierigkeiten haben unterschiedliche salutogenetische Ansätze in der Operationalisierung von subjektiven Empfindungen. Das größte Potential einer salutogenetischen Betrachtung von Natur und Landschaft besteht darin, dem Anspruch von *Planetary Health* unter Einbezug der nichtmenschlichen Welt kulturübergreifend auf positive Weise zu verwirklichen und auf eine Basis des Sinn-Sollens zu stellen. Damit wird eine Brücke zu einer umweltethischen Betrachtung von Mensch und Nichtmenschlichem mit dem Fokus Gesundheit angelegt, die noch zu begehen sein wird.

---

113 Claßen et al. 2005.

## *Literatur*


*Abram, D* (2015): Im Bann der sinnlichen Natur. Die Kunst der Wahrnehmung und die Mehr-als-menschliche Welt. Klein Jasedow: Think oya.

*Abraham, A/Sommerhalder, K/Bolliger-Salzmann, H/Abel, T* (2007): Landschaft und Gesundheit. Das Potential einer Verbindung zweier Konzepte. Bern: Institut für Sozial- und Präventivmedizin.

*Abraham, A/Sommerhalder, K/Abel, T* (2010): Landscape and well-being: a scoping study on the health-promoting impact of outdoor environments. In: Int. J. Public Health, 2010: 55, 59-69.

*Adli, M* (2017): Stress and the city. Warum Städte uns krank machen. Und warum sie trotzdem gut für uns sind. München: C. Bertelsmann.

*Afshin, A et al. / GBD 2017 Diet Collaborators* (2019): Health effects of dietary risks in 195 countries, 1990-2017: a systematic analysis for the Global Burden of Disease Study 2017. In: The Lancet, 2019: 393 (10184), 1958-1972.

*Antonovsky, A* (1997): Salutogenese. Zur Entmystifizierung der Gesundheit. Tübingen: dgvt-Verlag.

*Appleton, J* (1996): The Experience of Landscape. Revised version. New York: John Wiley & Sons Ltd.

*Bahr, H-D* (2014): Landschaft. Das Freie und seine Horizonte. Freiburg/München: Karl Alber.

*Barton, J/Pretty, J* (2010): What is the best dose of nature and green exercise for mental health? A meta-study analysis. In: Environmental Sci & Tech, 2010: 44 (10), 3947-3955.

*Berry, T* (2011): Das Wild und das Heilige. The Great Work – Unser Weg in die Zukunft. Uhlstädt-Kirchhasel: Arun.

*Böhme, G* (2019): Leib. Berlin: Surkamp.

*Branas, CC/Cheney, RA/MacDonald, JM/Tam, VW/Jackson, TD/Have, TRT* (2011): A difference-in-differences analysis of health, safety, and greening vacant urban space. In: Amer. J. Epidemiol., 2011: 174, 1296-1306.

*Brown, KH/Jameton, AL* (2000): Public health implications of urban agriculture. In: Journal of Public Health Policy, 2010: 21, 20-39.

*Byrka, K/Ryczko N* (2018): Positive effects of dancing in natural versus indoor settings: The mediating role of engagement in physical activity. In: Journal of Environmental Psychology, 2018: 57, 25-33.

*Charlier, P/Coppens, Y/Malaurie, J/Brun, L/Kepanga, M/Hoang-Operman, V/Correa Calfin, JA/Nuku, G/Ushiga, M/Schor, XE/Deo, S/Hassin, J/Hervé, C* (2017): A new definition of health? An open letter of autochthonous peoples and medical anthropologists to the WHO. In: European Journal of Internal Medicine, 2017: 37, 33-37.

*Claßen, T/Kistemann, T/Schillhorn, K* (Hg.) (2005): Naturschutz und Gesundheitsschutz: Identifikation gemeinsamer Handlungsfelder. Naturschutz und Biologische Vielfalt 23. Bonn: Landwirtschaftsverlag.

*Claßen, T/Kistemann, T* (2010): Das Konzept der Therapeutischen Landschaften. In: Geographische Rundschau, 2010: 62 (7/8), 40-46.

*Cox, DTC/Gaston, KJ* (2015): Likeability of garden birds: Importance of species knowledge and richness in connecting people to nature. In: PLOS ONE, 2015: 10 (11), e0141505.

*de Vries, S/Claßen, T/Eigenheer-Hug, S-M/Korpela, K/Maas, J/Mitchell, R/Schantz, P* (2010): Contributions of natural environments to physical activity. In: Nilsson, K/M Sangster, M/C Gallis, C/Hartig, T/de Vries, S/Seeland, K/Schipperijn, J (Hg.): Forests, Trees and Human Health. Berlin: Springer, 205-243.

*Domínguez-Rodrigo, M* (2014) Is the "savanna hypothesis" a dead concept for explaining the emergence of the earliest hominins? In: Curr Anthropol, 2014: 55 (1), 59-81.

*Elsasser, P/Weller, P* (2011): Aktuelle und potentielle Erholungsleistung der Wälder Deutschlands: Monetärer Nutzen der Erholung im Wald aus Sicht der Bevölkerung. In: Allg. Forst und Jagdzeitschrift, 2011: 184 (3-4), 84-96.

*Emerson, RW* (2001): Die Natur. Ausgewählte Essays. 3. Auflage. Stuttgart: Reclam.

*Faltermaier, T* (2005): Gesundheitspsychologie. Stuttgart: Kohlhammer.

*Falk, JH/Balling, JD* (2010): Evolutionary influence on human landscape preference. In: Environment and Behaviour, 2010: 42, 479-493.

*Fine, AH* (Hg.) (2010): Handbook on Animal-Assisted Therapy: Theoretical Foundations and Guidelines for Practice. Cambridge: Academic Press.

*Flach, W* (1986): Landschaft. Fundamente der Landschaftsvorstellung. In: Smuda, M (Hg.): Landschaft. Frankfurt am Main: Suhrkamp Verlag, 11-28.

*Forouhi, NG/Unwin, N* (2019): Global diet and health: old questions, fresh evidence, and new horizons. In: The Lancet, 2019: 393 (10184): 1916-1918.

*Gebhard, U/Kistemann, T* (Hg.) (2016): Landschaft, Identität und Gesundheit. Wiesbaden: Springer.

*BNatSchG – Gesetz über Naturschutz und Landschaftspflege, Bundesnaturschutzgesetz* in der Fassung vom 1. März 2010. https://dejure.org/gesetze/BNatSchG; 25.6.2019.

*Gesler, WM* (1993): Therapeutic landscapes: theory and a case study of Epidauros, Greece. In: Environment and Planning D., 1993: 11, 171-180.

*Gesler, WM* (2003): Healing Places. Lanham: Rowman & Littlefield.

*Harrison RA/Hargreaves A/Wagstaff SC/Faragher B/Lalloo DG* (2009): Snake envenoming: a disease of poverty. In: PLoS Negl Trop Dis, 2009: 3 (12): e569.

*Hartig, T/Book, A/Garvill, J/Olsson, T/Garling, T* (1996): Environmental influences on psychological restoration. In: Scandinavian J. of Psychology, 1996: 37 (4), 378-393.

*Heerwagen, JH/Orians, GH* (1993): Humans, Habitats, and Aesthetics. In: Kellert, SR/Wilson, EO (Hg.): The Biophilia Hypothesis. Washington, DC: Island Press, 138-172.

*Hellpach, W* (1911): Die geopsychischen Erscheinungen. Die Menschenseele unter dem Einfluß von Wetter und Klima, Boden und Landschaft. Leipzig: Engelmann, 8. Stuttgart: A. Enke, 1977 (ab 4. A. 1935 als *Geopsyche*).

*Hellbrück, J/Kals, E* (2012): Umweltpsychologie. Lehrbuch Basiswissen Psychologie. Wiesbaden: Springer.

*Hengestenberg, H-E* (1980): Sinn und Sollen. Zur Überwindung der Sinnkrise. Essen: Ludgerus.

*Haines-Young, R/Potschin, M* (2018): Common International Classification of Ecosystem Services (CICES) V5.1 and Guidance on the Application of the Revised Structure. Nottingham. URL: www.cices.eu; 23.9.2019.

*Hunter, M C R/Gillespie, B W/Yu-Pu Chen, S* (2019): Urban Nature Experiences Reduce Stress in the Context of Daily Life Based on Salivary Biomarkers. In: Front. Psychol., 2019: 10, Art. 722.

*Jonietz, D/Rathmann, J* (2013): Entwicklung einer Methodik zur GIS-gestützten Analyse therapeutischer Landschaften. In: Strobl, J/Blaschke, T/Griesebner, G/ Zagel, B (Hg.): Angewandte Geoinformatik. Berlin: Wichmann, 600-609.

*Kaplan, S* (1995): The restorative benefits of nature: toward an integrative framework. In: J. of Environmental Psychology, 1995: 15, 169-182.

*Kaplan, R/Kaplan S* (1989): The experience of nature: a psychological perspective. Cambridge: Cambridge University Press.

*Kellert, SR (1993):* The Biological Basis for Human Values of Nature. In: Kellert, SR/ Wilson, EO (Hg.): The Biophilia Hypothesis. Washington, DC: Island Press, 42-69.

*Kirchhoff, T* (2018): „Kulturelle Ökosystemdienstleistungen". Eine begriffliche und methodische Kritik. Freiburg: Verlag Karl Alber.

*Kuo, F E/Sullivan, W C* (2001): Environment and crime in the inner city. Does vegetation reduce crime? In: Environment and Behaviour, 2001: 33, 343-367.

*Laukötter, A* (2019): Salutogenese oder die Herstellung von Gesundheit als neue Perspektive für die Psychosomatik. In: Geishövel, A/Hitzer, B (Hg.): Auf der Suche nach einer anderen Medizin. Psychosomatik im 20. Jahrhundert. Berlin: Suhrkamp Verlag, 434-447.

*Lee, KE/Williams, KJH/Sargent, LD/Williams, NSG/Johnson, KA* (2015): 40-second green roof views sustain attention: The role of micro-breaks in attention restoration. In: J. Environ. Psychol., 2015: 42, 182-189.

*Leischik, R/Dworrak, B/Strauss, M/Przybylek, B/Dworrak, T/Schöne, D/Horlitz, M/ Mügge, A* (2016): Plasticity of health. In: German. J. Med., 2016: 1, 1-7.

*Levin, N E* (2015): Environment and climate of early human evolution. In: Annual Review of Earth and Planetary Sciences, 2015: 43, 405-429.

*Louv, R* (2005): Last Child in the Woods: Saving our children from Nature-Deficit Disorder. Chapel Hill: Atlantic Books.

*Malhi, Y/Doughty, CE/Galetti, M/Smith, FA/Svenning, JC/Terborgh, JW* (2016): Megafauna and ecosystem function from the Pleistocene to the Anthropocene. In: PNAS, 2016: 113, 838-846.

*Maller, C/Townsend, M/StLeger, L/Henderson-Wilson, C/Pryor, A/Prosser, L/Moore, M* (2008): Healthy Parks, Healthy People: The Health Benefits of Contact with Nature in a Park Context. A Review of Relevant Literature. 2nd Edition, School of Health & Social Development, Faculty of Health, Medicine, Nursing & Behavioural Sciences, Burwood, Melbourne.

*MEA – Millenium Ecosystem Assessment* (2005): Ecosystems and human well-being: Synthesis. Washington D.C.: Island Press.

*Meyer-Abich, KM* (2010): Was es bedeutet, gesund zu sein: Philosophie der Medizin. München: Hanser.

*Meyer, M/Rathmann, J/Schulz, C* (2019): Spatially explicit mapping of forest benefits and analysis of motivations for everyday-life's visitors on forest pathways in urban and rural contexts. In: Landscape and Urban Planning, 2019: 185, 83-95.

*Miller, JR* (2005): Biodiversity conservation and the extinction of experience. In: Trends in Ecology & Evolution, 2005: 20, 430-434.

*Nathschläger, J* (2012): Motivation als „Wille zum Sinn" - das psychologisch-philosophische Konzept der Logotherapie Viktor Frankls. In: Brüntrup, G/Schwartz, M (Hg.): Warum wir handeln – Philosophie der Motivation Taschenbuch. Stuttgart: Kohlhammer.

*Nilsson, K/Sangster, M/Gallis, C/Hartig, T/de Vries, S/Seeland, K/Schipperijn, J* (2011): Forests, Trees and Human Health. Berlin: Springer.

*Ninabahen, DD/Xiang, L/Rehm, KE/Marshall Jr., GD* (2011): Stress and Allergic Diseases. In: Immunol Allergy Clin N Am, 2011: 31, 55-68.

*Niedrig, M/Eckmanns, T/Wieler, LH* (2017): One-Health-Konzept: Eine Antwort auf resistente Bakterien? In: Dtsch. Arztebl., 2017: 114 (17): 8.

*OECD/EU* (2018): Health at a Glance: Europe 2018: State of Health in the EU Cycle. Paris: OECD Publishing. https://doi.org/10.1787/health_glance_eur-2018-en; 25.6.2019.

*Rathmann, J* (2016): Therapeutische Landschaften – neue Argumente für Gesundheitstourismus und Naturschutz. In: Mayer, M/Job, H (Hg.): Naturtourismus – Chancen und Herausforderungen. Studien zur Freizeit- und Tourismusforschung, 12. Mannheim: MetaGIS.

*Rathmann, J/Brumann, S* (2017): Therapeutische Landschaften in der Psychoonkologie. In: Gaia, 2017: 26/3, 254-258.

*Renn, O* (2014): Das Risikoparadox. Warum wir uns vor dem Falschen fürchten. Frankfurt am Main: Fischer Taschenbuch.

*Roe, J/Aspinall, P* (2011): The restorative benefits of walking in urban and rural settings in adults with good and poor mental health. In: Health & Place, 2011: 17, 103-113.

*Scholz, U/Krombholz, H* (2007): Untersuchung zur körperlichen Leistungsfähigkeit von Kindern aus Waldkindergärten und Regelkindergärten. In: Z. für Motopädagogik und Mototherapie, 2007: 30, 17-21.

*Schröder, M (2019):* Der blinde Fleck der Soziologie. Das Leben wird besser, doch niemand spricht darüber. In: Soziologie, 2009: 48 (1), 52-63.

*Smuda, M* (Hg.) (1986): Landschaft. Frankfurt am Main: Suhrkamp Verlag.

*Spranger, E* (1962): Gedanken zur Daseinsgestaltung. Ausgewählt von Hans Walter Bähr. München: Sammlung Piper.

*Thomas, S M/Fischer, D/Fleischmann, S* (2011): Risk Assessment of dengue virus amplification in Europe based on spatio-temporal high resolution climate change projections. In: Erdkunde, 2011: 65, 2, 137-150.

*Thompson Coon, J/Boddy, K/Stein, K/Whear, R/Barton, J/Depledge, MH* (2011): Does Participating in Physical Activity in Outdoor Natural Environments Have a Greater Effect on Physical and Mental Wellbeing than Physical Activity Indoors? A Systematic Review. In: Environ. Sci. Technol., 2011: 45, 1761-1772.

*Thoreau, HD* (2017): Vom Wandern. Stuttgart: Reclam.

*Ulrich, RS* (1984): View through a window may influence recovery from surgery. In: Science, 1984: 224, 420-421.

*Ulrich, RS/Simons, RF/Losito, BD/Fiorito, E/Miles, MA/Zelson, M* (1991): Stress recovery during exposure to natural and urban environments. In: J. of Environmental Psychology, 1991: 11, 201-230.

*Ulrich, RS* (1993): Biophilia, Biophobia, and Natural Landscapes. In: Kellert, SR/ Wilson, EO (Hg.): The Biophilia Hypothesis. Washington, DC: Island Press, 37-137.

*van den Berg, A/Jorgensen, A/Wilson, ER* (2014): Evaluating restoration in urban greenspaces: does setting type make a difference? In: Landscape and Urban Planning, 2014: 127, 173-181.

*Velarde, M D/Fry, G/Tveit, M* (2007): Health effects of viewing landscapes. Landscape types in environmental psychology. In: Urban Forestry & Urban Greening, 2007: 6, 199-212.

*von Lindern, E/Lymeus, F/Hartig, T* (2017): The Restorative Environment: A Complementary Concept for Salutogenesis Studies. In: Mittelmark, MB/Sagy, S/Eriksson, M/Bauer, G/Pelikan, J M/Lindström, B/Espnes, GA (Hg.): The Handbook of Salutogenesis. Berlin, Heidelberg: Springer, 181-196.

*van Valkenburgh, B/Hayward, MW/Ripple, W J/Meloro, C/Roth, V L* (2016): The impact of large terrestrial carnivores on Pleistocene ecosystems. In: Proc Nat l Acad Sci USA, 2016: 113, 862-867.

*Völker, S* (2016): Anthropologische Aspekte des Verhältnisses von Mensch und Natur(-landschaft). In: Gebhard U/Kistemann T (Hg.) (2016): Landschaft, Identität und Gesundheit. Wiesbaden: Springer.

*Watts, N/Amann, M/Arnell N et al.* (2018): The 2018 report of the Lancet Countdown on health and climate change: shaping the health of nations for centuries to come. In: The Lancet, 2018: 392, 2479-2514.

*Wilson, EO* (1984): Biophilia. Cambridge: Harvard University Press.

*Whitmee, S et al.* (2015): Safeguarding human health in the Anthropocene epoch: report of The Rockefeller Foundation–Lancet Commission on planetary health. In: The Lancet, 2015: 386, 1973-2028.

*WHO – World Health Organization* (1986): Ottawa-Charta zur Gesundheitsförderung. URL: www.euro.who.int/__data/assets/pdf_file/0006/129534/ Ottawa_Charter_G.pdf; 25.6.2019.

# Gesundheitsschutz durch Umweltrecht am Beispiel der Luftreinhalteplanung

*Ulrich M. Gassner*

## *Inhaltsübersicht*


0. Einleitung 198

1. Grundstrukturen der Luftreinhalteplanung 201

1.1 Unionale Vorgaben 201

1.1.1 Planerisches Ermessen 201

1.1.2 Plantypen 202

1.1.3 Kernvorgaben 203

1.1.4 Grenz- und Zielwerte für Stickoxide und Feinstaub 203

1.1.5 Überschreitung 204

1.1.5.1 Begriff 204

1.1.5.2 Ort der Probenahme 205

1.1.6 Umsetzungszeit 206

1.1.7 Mindestinhalt 207

1.1.8 Strikte Ergebnisverpflichtung und Verhältnismäßigkeitsprüfung 208

1.2 Nationale Umsetzung 209

1.2.1 Umsetzungsnormen 209

1.2.2 Plantypen 210

1.2.3 Aufstellungspflicht 211

1.2.4 Zuständigkeit 211

1.2.5 Verfahren 212

1.2.5.1 Öffentlichkeitsbeteiligung 212

1.2.5.2 Behördenbeteiligung 213

1.2.6 Durchsetzung 213

2. Luftreinhaltepläne und Verkehrsverbote 214

2.1 Der Dieselskandal zweiter Ordnung 214

2.2 Grundrechtseingriff 215

2.3 Rechtsgrundlage 216

2.4 Rechtfertigung 217

2.4.1 Legitime Zwecke 219

2.4.2 Geeignetheit 219

2.4.2.1 Grenzwerte 219
2.4.2.2 Verkehrsverlagerung 222
2.4.2.3 Zweckwegfall 223

2.4.3 Erforderlichkeit 223

2.4.4 Angemessenheit (Verhältnismäßigkeit i. e. S.) 224
2.4.4.1 Rechtsgüterabwägung 224
2.4.4.2 Differenzierung nach Art des Verkehrsverbots 225
2.4.4.3 Differenzierung nach Personen(gruppen) 226
2.4.4.4 Differenzierung nach Schadstoffklassen 227
2.4.4.5 Differenzierung nach Verursachungsbeitrag 228
2.4.4.6 Legislative Feinsteuerung 230

3. Entschädigung 231

4. Rechtsschutz 231

4.1 Luftreinhaltung 231

4.2 Mobilität 232

4.3 Messstationen 233

5. Durchsetzung 233

5.1 Unionale Ebene 233

5.2 Nationale Ebene 234

6. Aporien 235

Literatur 238

Urteile, Richtlinien u. a. 242


## *0. Einleitung*[1]

‚Dieselgate' weist zahlreiche skandalöse Facetten auf. Eine davon ist die Erhöhung der Luftschadstoffbelastung: So haben Dieselfahrzeuge infolge der Manipulationen verschiedener Autohersteller durch unzulässige Abschaltvorrichtungen 2013 im realen Fahrbetrieb um den Faktor 4 bis 7 mehr

1 Anmerkung der Redaktion: Abweichend von den (meisten) anderen Beiträgen in diesem Band folgt die Zitation in diesem Beitrag den fachspezifischen Konventionen der Rechtswissenschaften.

Stickoxide ($NO_x$)[2] als bei den Tests im Rahmen der Typenzulassung ausgestoßen.[3] Dass mit dieser Zusatzbelastung erhebliche Gesundheitsrisiken indiziert werden, ist aus epidemiologischer Sicht unbestritten.[4]

Die Belastung der Außenluft durch Schadstoffe wie $NO_x$ wird auch in einem Anfang 2019 erschienenen Bericht der Weltgesundheitsorganisation (*World Health Organization*, WHO) als das weltweit größte Umweltrisiko für Gesundheit identifiziert.[5] Allerdings stelle sie in Ländern mit mittlerem Einkommen einen größeren Risikofaktor als in Ländern mit hohem Einkommen dar, da diese bei der Luftreinhaltung durch gesundheitspolitische Maßnahmen erhebliche Fortschritte erzielt hätten.[6] Diese Annahme lässt sich auch für die Europäische Union (EU) bestätigen. Die dort erreichten Erfolge bei der Reduzierung von Luftschadstoffen sind darauf zurückzuführen, dass umweltpolitischen Zielen schon früh eine hohe Bedeutung beigemessen wurde. Sie haben denselben Rang wie wirtschaftspolitische Ziele und sind ebenso wie diese in den rechtlichen Grundlagen der EU, den Europäischen Verträgen, verankert. So gibt Art. 3 Abs. 3 des Vertrags über die Europäische Union (EUV) die Ziele eines hohen Maßes an Umweltschutz und der Verbesserung der Umweltqualität vor. Darüber hinaus enthält Art. 11 des Vertrags über die Arbeitsweise der Europäischen Union (AEUV) eine sog. Querschnittsklausel. Danach soll in der gesamten Unionspolitik die Notwendigkeit des Umweltschutzes Beachtung finden. Gerade auch wirtschaftspolitische Ziele dürfen also nicht ohne Rücksicht auf ökologische Belange realisiert werden. Ferner führt Art. 191 AEUV die umweltpolitischen Ziele und Maßnahmen auf, zu deren Verfolgung die Umweltpolitik der Union beitragen soll. Neben der Erhaltung und dem Schutz der Umwelt, wird dort ausdrücklich auch der Schutz der menschlichen Gesundheit genannt.

Diese umweltpolitischen Ziele werden überwiegend durch EU-Verordnungen und EU-Richtlinien konkretisiert. Verordnungen sind Rechtsakte,

---

2 „Stickoxide" ist eine Sammelbezeichnung für verschiedene gasförmige Verbindungen, die aus den Atomen Stickstoff (N) und Sauerstoff (O) aufgebaut sind. Vereinfachend werden häufig nur die beiden wichtigsten Verbindungen Stickstoffmonoxid (NO) und Stickstoffdioxid ($NO_2$) unter diesen Begriff gefasst.

3 Jonson/Borken-Kleefeld/Simpson/Nyiri/Posch/Heyes, Environ. Res. Lett. 2017; vgl. auch Führ, NVwZ 2017, 265; Faßbender, NJW 2017, 1995; Reusch/Neumann, InTeR 2018, 188.

4 Jonson/Borken-Kleefeld/Simpson/Nyiri/Posch/Heyes, Environ. Res. Lett. 2017; vgl. näher unten 2.4.2.1.

5 WHO, Ten threaths in global health in 2019.

6 WHO, Global Health Risks, S. 4.

die in allen ihren Teilen verbindlich sind und unmittelbar in jedem Mitgliedstaat gelten (Art. 288 Abs. 2 AEUV). Sie müssen von den Mitgliedstaaten nicht in nationales Recht umgesetzt werden. Vielmehr kommt ihnen eine Durchgriffswirkung auf Bürger und Unternehmen zu. Richtlinien gelten dagegen nicht unmittelbar, sondern müssen erst von den Mitgliedstaaten in nationales Recht transformiert werden (Art. 288 Abs. 3 AEUV). Maßgebliche Rechtsgrundlage für die Luftreinhalteplanung ist die Richtlinie 2008/50/EG.[7] Sie legt bestimmte Luftqualitätsstandards fest und bildet damit einen von drei Eckpfeilern der unionalen Luftreinhaltepolitik. Die beiden anderen Hauptsäulen der EU-Strategie für saubere Luft in Europa umfassen zum einen Emissionsreduktionsziele für die wichtigsten grenzübergreifenden Luftschadstoffe (Schwefeloxide, Stickstoffoxide, Ammoniak, flüchtige organische Verbindungen und Staub) und zum anderen Emissionsnormen für die wichtigsten Verschmutzungsquellen (von Fahrzeug- und Schiffsemissionen bis hin zu den Bereichen Energie und Industrie).[8]

Die folgende Darstellung fokussiert sich auf die erste dieser drei Hauptsäulen, nämlich die rechtliche Einhegung von Luftverunreinigungen durch Luftqualitätsnormen. Unter Luftqualitätsnormen sind für das Umweltmedium Luft geltende Immissionsnormen zu verstehen. Im Unterschied zu Emissionsnormen beziehen sie sich auf das in der Regel für ein bestimmtes Gebiet anzustrebende Gesamtergebnis (maximal hinnehmbare Konzentrationen einzelner Schadstoffe) und nicht auf einzelne Quellen der Luftverunreinigung, wie z. B. Anlagen oder Fahrzeuge. Eine verbesserte Luftqualität kann nur dadurch erreicht werden, dass Emissionen reduziert werden. Emissionsnormen wirken allerdings eher punktuell, wohingegen nur Luftqualitätsnormen eine bestimmte Qualität in einem bestimmten Gebiet gewährleisten können. Mit ihren unterschiedlichen Stärken und Schwächen bilden Luftqualitätsnormen und Emissionsnormen somit keine Alternativen, sondern ergänzen einander.[9]

---

7 Richtlinie 2008/50/EG des Europäischen Parlaments und des Rates vom 21. Mai 2008 über Luftqualität und saubere Luft für Europa (ABl. L 152 vom 11.06.2008, S. 1), zuletzt geändert durch Richtlinie (EU) 2015/1480 der Kommission vom 28. August 2015 (ABl. L 226 vom 29.08.2015, S. 4).

8 Mitteilung der Kommission an das Parlament, den Rat, den Europäischen Wirtschafts- und Sozialausschuss und den Ausschuss der Regionen, „Ein Europa, das schützt: Saubere Luft für alle", COM (2018) 330 final, S. 2 f.; vgl. auch schon Mitteilung der Kommission an das Parlament, den Rat, den Europäischen Wirtschafts- und Sozialausschuss und den Ausschuss der Regionen über ein Programm „Saubere Luft für Europa", COM (2013) 918 final.

9 Meßerschmidt, § 15 Rn. 6.

Luftqualitätsnormen gibt es in ganz unterschiedlichen Formen. Im Mittelpunkt der folgenden Ausführungen steht der Luftreinhalteplan als das konstruktiv komplexeste Instrument zur dauerhaften Verminderung von Luftverunreinigungen (1). Zudem wird der mit der Luftreinhalteplanung assoziierte aktuelle umweltpolitische und -rechtliche Diskurs um die sog. Diesel-Fahrverbote[10] und Grenzwerte dargestellt und bewertet (2). Als Referenzbeispiele für Luftverunreinigungen dienen hierbei neben Feinstäuben vor allem Stickoxide, da diese im Fokus gerichtlicher und öffentlicher Auseinandersetzungen stehen. Anschließend werden Entschädigungs-, Rechtsschutz- und Umsetzungsfragen kurz erörtert (3, 4, 5). Es folgt eine analytische Schlussbetrachtung (6).

## *1. Grundstrukturen der Luftreinhalteplanung*

### *1.1 Unionale Vorgaben*

#### *1.1.1 Planerisches Ermessen*

Maßgebliche Rechtsgrundlage für die Luftreinhalteplanung ist die vom Unionsgesetzgeber, d. h. dem Europäischen Parlament („Bürgerkammer) und dem Rat („Staatenkammer"), verabschiedete Luftqualitätsrichtlinie 2008/50/EG.[11] Der Begriff „Luftreinhalteplan" findet sich dort nicht. Vielmehr lautet die Überschrift von Art. 23 Richtlinie 2008/50/EG „Luftqualitätspläne" (englisch „air quality plans", französisch „plans relatifs à la qualité de l'air"). Nach der Legaldefinition des Art. 2 Nr. 8 Richtlinie 2008/50/EG[12] handelt es sich bei ihnen um Pläne, in denen

10 *Recte* entsprechend dem Wortlaut von § 40 Abs. 1 S. 1 BImSchG: „Verkehrsverbote".

11 Richtlinie 2008/50/EG des Europäischen Parlaments und des Rates vom 21. Mai 2008 über Luftqualität und saubere Luft für Europa (ABl. L 152 vom 11.06.2008, S. 1), zuletzt geändert durch Richtlinie (EU) 2015/1480 der Kommission vom 28. August 2015 (ABl. L 226 vom 29.08.2015, S. 4).

12 Meßerschmidt, § 15 Rn. 11.

Maßnahmen zur Erreichung der Grenzwerte[13] oder Zielwerte[14] festgelegt sind. Damit wird der zuständigen mitgliedstaatlichen Stelle ein planerisches Ermessen eingeräumt: Die Wahl der konkreten Maßnahme ist – jedenfalls im Ausgangspunkt – offen, sofern sie dazu beiträgt, die vorgegebenen Grenz- oder Zielwerte zu erreichen. Insofern handelt es sich bei Luftreinhalteplänen um ein Instrument, das im Gegensatz zu strikteren Maßnahmen, wie dem Verbot sämtlicher Aktivitäten unterhalb eines Grenzwerts, den zuständigen Stellen der Mitgliedstaaten einen gewissen Handlungsspielraum eröffnet.[15]

### *1.1.2 Plantypen*

Dieses Regelungsmodell findet sich erstmals in der Luftqualitätsrahmenrichtlinie 96/62/EG[16], mit der auch die ersten Grenzwerte für die Belastung der Luft mit Immissionen eingeführt wurden, um schädlichen Auswirkungen auf die menschliche Gesundheit entgegenzuwirken.[17] Schon Art. 7 Abs. 3 Richtlinie 96/62/EG legte Pflichten der Mitgliedstaaten zur Erstellung von Plänen fest:

> „Die Mitgliedstaaten erstellen Aktionspläne, in denen die Maßnahmen angegeben werden, die im Fall der Gefahr einer Überschreitung der Grenzwerte und/oder der Alarmschwellen kurzfristig zu ergreifen sind, um die Gefahr der Überschreitung zu verringern und deren Dauer zu beschränken. Diese Pläne können, je nach Fall, Maßnahmen zur Kontrolle und, soweit erforderlich, zur Aussetzung der Tätigkeiten vorsehen, die zu einer

---

13 „Grenzwert" ist nach Art. 2 Nr. 5 Richtlinie 2008/50/EG „ein Wert, der aufgrund wissenschaftlicher Erkenntnisse mit dem Ziel festgelegt wird, schädliche Auswirkungen auf die menschliche Gesundheit und/oder die Umwelt insgesamt zu vermeiden, zu verhüten oder zu verringern, und der innerhalb eines bestimmten Zeitraums eingehalten werden muss und danach nicht überschritten werden darf".

14 „Zielwert" ist nach Art. 2 Nr. 9 Richtlinie 2008/50/EG „ein Wert, der mit dem Ziel festgelegt wird, schädliche Auswirkungen auf die menschliche Gesundheit und/oder die Umwelt insgesamt zu vermeiden, zu verhindern oder zu verringern, und der soweit wie möglich in einem bestimmten Zeitraum eingehalten werden muss".

15 In diesem Sinne etwa EuGH, C-336/16, ECLI:EU:C:2018:94, Rn. 95 – Kommission/Polen.

16 Richtlinie 96/62/EG des Rates vom 27. September 1996 über die Beurteilung und die Kontrolle der Luftqualität (ABl. Nr. L 296 vom 21.11.1996, S. 55).

17 Klinger, ZUR 2018, 272 (272).

Überschreitung der Grenzwerte beitragen, einschließlich des Kraftfahrzeugverkehrs."

Diese Aktionspläne werden gem. Art. 24 Richtlinie 2008/50/EG inzwischen als „Pläne für kurzfristige Maßnahmen" bezeichnet. Sie verfolgen im Kern dieselben Ziele wie Luftreinhaltepläne, haben aber einen anderen Zeithorizont. Sie sollen Luftverunreinigungen *ad hoc* bekämpfen. Gleichwohl können Luftqualitätspläne nach Art. 23 Abs. 1 UAbs. 3 S. 1 Alt. 2 Richtlinie 2008/50/EG auch Pläne für kurzfristige Maßnahmen umfassen.

### *1.1.3 Kernvorgaben*

Der Kerngehalt der Pflicht der Mitgliedstaaten zur Aufstellung von Luftqualitätsplänen und zur Festsetzung geeigneter Maßnahmen wird in Art. 23 Abs. 1 UAbs. 1 und 2 Richtlinie 2008/50/EG wie folgt formuliert:

> „Überschreiten in bestimmten Gebieten oder Ballungsräumen die Schadstoffwerte in der Luft einen Grenzwert oder Zielwert zuzüglich einer jeweils dafür geltenden Toleranzmarge, sorgen die Mitgliedstaaten dafür, dass für diese Gebiete oder Ballungsräume Luftqualitätspläne erstellt werden, um die entsprechenden in den Anhängen XI und XIV festgelegten Grenzwerte oder Zielwerte einzuhalten.
> Im Falle der Überschreitung dieser Grenzwerte, für die die Frist für die Erreichung bereits verstrichen ist, enthalten die Luftqualitätspläne geeignete Maßnahmen, damit der Zeitraum der Nichteinhaltung so kurz wie möglich gehalten werden kann. Die genannten Pläne können zusätzlich gezielte Maßnahmen zum Schutz empfindlicher Bevölkerungsgruppen, einschließlich Maßnahmen zum Schutz von Kindern, vorsehen."

### *1.1.4 Grenz- und Zielwerte für Stickoxide und Feinstaub*

Der in Art. 23 Abs. 1 UAbs. 1 Richtlinie 2008/50/EG in Bezug genommene Anhang XI führt Grenzwerte zum Schutz der menschlichen Gesundheit auf. Diese Grenzwerte wurden schon in Anhang II der Richtlinie 1999/30/EG[18] festgelegt. Der danach gültige Jahresmittelgrenzwert für Stickstoffdioxid ($NO_2$) für die Außenluft beträgt 40 µg/m$^3$. Außerdem wurde dort ein 1-Stunden-Mittelwert von 200 µg/m$^3$ festgesetzt, der höchstens

18 Richtlinie 1999/30/EG des Rates vom 22. April 1999 über Grenzwerte für Schwefeldioxid, Stickstoffdioxid und Stickstoffoxide, Partikel und Blei in der Luft (ABl. Nr. L 163 vom 29.06.1999, S. 41).

18-mal pro Jahr überschritten werden darf. Ab 1. Januar 2010 waren diese Grenzwerte ohne Toleranzmarge einzuhalten. Für die Konzentration von Feinstaub in der Außenluft enthielt Anhang III der Richtlinie 1999/30/EG mit Blick auf $PM_{10}$[19] ein zeitlich abgestuftes Konzept. Ab 1. Januar 2010 sollte ein 24-Stunden-(Richt-)Grenzwert in Höhe von 50 µg/m³ nicht öfters als siebenmal im Jahr sowie ein Jahresgrenzwert in Höhe von 20 µg/m³ nicht überschritten werden dürfen. Art. 23 Abs. 1 UAbs. 1 Richtlinie 2008/50/EG referenziert nicht nur Anhang XI, sondern auch Anhang XIV, der im Kontext von Art. 15 und 16 Richtlinie 2008/50/EG Ziel- und Grenzwerte für $PM_{2,5}$[20] festlegt.

### *1.1.5 Überschreitung*

#### *1.1.5.1 Begriff*

Die Pflicht der Mitgliedstaaten zur Erstellung von Luftreinhalteplänen aktualisiert sich nach Art. 23 Abs. 1 Richtlinie 2008/50 erst bei Überschreitung der relevanten Grenzwerte. Nicht ganz eindeutig geregelt ist die Frage, ob es für die Feststellung einer Überschreitung eines in Anhang XI der Richtlinie der Richtlinie 2008/50/EG festgelegten Grenzwerts im Mitte-

19 Partikel mit einem maximalen Durchmesser von 10 µm. Die genaue aktuelle Definition lautet: „Partikel, die einen größenselektierenden Lufteinlass gemäß der Referenzmethode für die Probenahme und Messung von PM 10, EN 12341, passieren, der für einen aerodynamischen Durchmesser von 10 µm eine Abscheidewirksamkeit von 50 % aufweist" (Art. 2 Nr. 18 Richtlinie 2008/50/EG).

20 Partikel mit einem maximalen Durchmesser von 2,5 µm. Die genaue aktuelle Definition lautet: „Partikel, die einen größenselektierenden Lufteinlass gemäß der Referenzmethode für die Probenahme und Messung von PM 2,5 EN 14907, passieren, der für einen aerodynamischen Durchmesser von 2,5 µm eine Abscheidewirksamkeit von 50 % aufweist" (Art. 2 Nr. 19 Richtlinie 2008/50/EG); vgl. auch Egrd. 11 der Richtlinie 2008/50/EG: „Partikel (PM 2,5) haben erhebliche negative Auswirkungen auf die menschliche Gesundheit. Außerdem wurde bisher keine feststellbare Schwelle ermittelt, unterhalb deren PM 2,5 kein Risiko darstellt. Daher sollten für diesen Schadstoff andere Regeln gelten als für andere Luftschadstoffe. Dieser Ansatz sollte auf eine generelle Senkung der Konzentrationen im städtischen Hintergrund abzielen, um für große Teile der Bevölkerung eine bessere Luftqualität zu gewährleisten. Damit jedoch überall ein Mindestgesundheitsschutz sichergestellt ist, sollte der Ansatz mit der Vorgabe eines Grenzwerts kombiniert werden, dem zunächst ein Zielwert vorgeschaltet wird."

lungszeitraum eines Kalenderjahrs genügt, wenn an nur einer Probenahmestelle ein über diesem Wert liegender Verschmutzungsgrad gemessen wird, oder ob sich ein solcher Verschmutzungsgrad aus dem Durchschnitt der Messergebnisse aller Probenahmestellen eines bestimmten Gebiets oder Ballungsraums ergeben muss. Nach Auffassung der Generalanwältin beim Europäischen Gerichtshof (EuGH) Juliane Kokott sind die Grenzwerte nach Wortlaut und Systematik der Richtlinie sowie auch deren Ziel, die menschliche Gesundheit zu schützen, anhand der Messergebnisse der ortsfesten Messstationen (Probenahmestellen) zu beurteilen, ohne einen Mittelwert aller Messstationen eines bestimmten Gebiets zu bilden. Denn Gesundheitsbeeinträchtigungen seien überall dort zu befürchten, wo die Grenzwerte überschritten würden. Dort müssten auch die geeigneten Maßnahmen getroffen werden, um solche Beeinträchtigungen wirksam zu verhindern.[21] Der EuGH ist in seinem Urteil vom 26.6.2019 dieser Auffassung gefolgt und hat entschieden, dass es für die Feststellung einer Überschreitung eines in Anhang XI der Richtlinie 2008/50/EG festgelegten Grenzwerts im Mittelungszeitraum eines Kalenderjahrs genügt, wenn an nur einer Probenahmestelle ein über diesem Wert liegender Verschmutzungsgrad gemessen wird. [22] Danach reicht also schon die Überschreitung *eines* Grenzwerts an *einer* korrekt eingerichteten Messstation aus, um die Verpflichtung zur Erstellung eines Luftqualitätsplans gem. Art. 23 Abs. 1 Richtlinie 2008/50 auszulösen.[23]

#### *1.1.5.2 Ort der Probenahme*

Messwerte an einer Hauptverkehrsstraße können über kleine Entfernungen variieren, sodass der Ort der Probenahme darüber entscheiden kann, ob die Messergebnisse eine Grenzwertüberschreitung anzeigen oder aber unter dem Grenzwert liegen.[24]

Für die korrekte Einrichtung von Probenahmestellen ist nach Art. 7 Abs. 1 und Anhang III Abschnitt B Nr. 1 Buchst. a Spgstr. 1 Richtlinie 2008/50/EG der Ort von Messstationen so zu wählen, dass Daten gewon-

---

21 Schlussanträge der Generalanwältin Juliane Kokott vom 28.2.2019, C-723/17, Craeynest u. a., ECLI: EU: C: 2019:168, Rn. 68 ff.; zustimmend Hofmann, Anmerkung, ZUR 2019, 367 (369 f.).

22 EuGH, C-723/17, Craeynest u. a., ECLI:EU:C:2019:533, Rn. 57 ff.

23 EuGH, C-723/17, Craeynest u. a., ECLI:EU:C:2019:533, Rn. 67.

24 Vgl. z. B. Deutsche Akademie der Naturforscher Leopoldina e. V., Saubere Luft, S. 20.

nen werden über Bereiche innerhalb von Gebieten und Ballungsräumen, in denen die höchsten Konzentrationen auftreten, denen die Bevölkerung wahrscheinlich direkt oder indirekt über einen Zeitraum ausgesetzt sein wird, der im Vergleich zum Mittelungszeitraum der betreffenden Grenzwerte signifikant ist. Außerdem ist der Ort von Messstationen nach Art. 7 Abs. 1 und Anhang III Abschnitt B Nr. 1 Buchst. b der Richtlinie 2008/50/EG im Allgemeinen so zu wählen, dass die Messung sehr kleinräumiger Umweltzustände in ihrer unmittelbaren Nähe vermieden wird. Dies wird dahingehend konkretisiert, dass die Luftproben – soweit möglich – für die Luftqualität eines Straßenabschnitts von nicht weniger als 100 m Länge bei Messstationen für den Verkehr und nicht weniger als 250 m × 250 m bei Messstationen für Industriegebiete repräsentativ sein sollen.[25] Die konkreten Standorte der Probenahmestellen können und müssen anhand von Modellrechnungen, objektiven Schätzungen und/oder orientierenden Messungen bestimmt werden.[26] Hierbei sind die zuständigen nationalen Behörden verpflichtet, ihre Standortentscheidungen auf fundierte wissenschaftliche Daten zu stützen. Zudem müssen sie, wie aus Anhang III Abschnitt D der Richtlinie 2008/50 hervorgeht, eine vollständige Dokumentation erstellen, die die Gesichtspunkte für die Wahl des Standorts jeder Messstelle enthält. Diese Dokumentation ist regelmäßig zu aktualisieren, um sicherzustellen, dass die Auswahlkriterien weiterhin Gültigkeit haben.[27] Auch wenn die Wahl der Standorte von Messstationen komplexe technische Bewertungen erfordert, ist das Ermessen der nationalen Behörden durch den Zweck und die Ziele der einschlägigen Rechtsvorschriften eingeschränkt.[28]

### *1.1.6 Umsetzungszeit*

Werden die Grenzwerte des Anhangs XI nach Ablauf der regulären Fristen nicht eingehalten, so bestimmt Art. 23 Abs. 1 UAbs. 2 Richtlinie 2008/50/EG, dass der betreffende Mitgliedstaat einen Luftqualitätsplan für die betroffenen Gebiete oder Ballungsräume aufstellen muss, der geeignete Maßnahmen enthält, die gewährleisten, dass der Zeitraum der Überschrei-

---

25 Detailliertere Standortvorgaben finden sich in Anlage 3 der 39. BImschV; vgl. dazu auch Cyrys/Hoffmann (in diesem Band), unter 4.

26 Schlussanträge der Generalanwältin Juliane Kokott vom 28.2.2019, C-723/17, Craeynest u. a., ECLI:EU:C:2019:168, Rn. 26 ff.

27 EuGH, C-723/17, Craeynest u. a., ECLI:EU:C:2019:533, Rn. 51.

28 EuGH, C-723/17, Craeynest u. a., ECLI:EU:C:2019:533, Rn. 52.

tung „so kurz wie möglich" ausfällt. Wieviel Zeit den Mitgliedstaaten damit bleibt, um eine grenzwertkonforme Luftqualität zu erreichen, hat der EuGH noch nicht entschieden. Doch dürfte es dem Geltungsanspruch der Richtlinie 2008/50/EG kaum gerecht werden, allein auf die im Laufe der Zeit eintretende Modernisierung der Fahrzeugflotte zu setzen.[29]

Zwar können grundsätzlich bei der Bestimmung der maximalen Umsetzungszeit auch Wirtschaftlichkeitsaspekte berücksichtigt werden, doch darf dies nicht zu einer Verschleppung der Richtlinienumsetzung führen. Die EU-Kommission vertritt insoweit die Ansicht, dass spätestens zehn Jahre nach dem Ende der Umsetzungsfristen einschließlich die Grenzwerte eingehalten sein müssen.[30] Für diese Auffassung spricht, dass sie die zum Teil erst mit gewisser Verzögerung eintretenden Wirkungen der Anstrengungen respektiert, die manche Mitgliedstaaten aufwenden müssen, um die Grenzwerte zu erreichen, zugleich aber auch der Ernsthaftigkeit des fristenbewehrten Grenzwertkonzepts der Richtlinie 2008/50/EG Rechnung trägt.[31] Im Hinblick darauf, dass die Grenzwerte im Jahre 1999 beschlossen worden waren und (spätestens) seit 2010 verbindlich gelten, wird daher gegenwärtig kein Mitgliedstaat auf Verständnis dafür hoffen können, dass er sich außerstande sieht, eine grenzwertkonforme Luftqualität zu gewährleisten.[32]

### *1.1.7 Mindestinhalt*

In formaler Hinsicht ist von Bedeutung, dass Luftqualitätspläne nach Art. 23 Abs. 1 UAbs. 3 S. 1 Alt. 1 Richtlinie 2008/50/EG mindestens die in Anhang XV Abschnitt A aufgeführten Angaben umfassen müssen. Hierzu gehören zum Beispiel auch Angaben zu Art, Beurteilung und Ursprung der Verschmutzung und zu zur Verminderung der Verschmutzung beschlossenen Maßnahmen oder Vorhaben (einschließlich Zeitplan und Schätzung der angestrebten Verbesserung der Luftqualität und des für die Verwirklichung dieser Ziele veranschlagten Zeitraums).

---

29 Hofmann, NVwZ 2018, 928 (930).

30 EU-Kommission, Mahnschreiben v. 19.6.2015, SG-Greffe (2015) D/6868, 9.

31 Hofmann, NVwZ 2018, 928 (930).

32 Hofmann, NVwZ 2018, 928 (934).

### 1.1.8 Strikte Ergebnisverpflichtung und Verhältnismäßigkeitsprüfung

Die Pflicht zur Herstellung einer immissionsgrenzwertkompatiblen Luftqualität wird vom EuGH traditionell als relativ strikte „Ergebnisverpflichtung“ verstanden.[33] Danach könnte allenfalls die Berufung auf höhere Gewalt den einzelnen Mitgliedstaat von der Verpflichtung zur Einhaltung der Grenzwerte temporär befreien.[34] Der bloße Hinweis darauf, dass zur Gewährleistung der Grenzwerteinhaltung drastische wirtschaftliche und soziale Maßnahmen sowie die Verletzung von Grundrechten und -freiheiten erforderlich wären, reicht dem EuGH zufolge nicht aus, um einen Fall höherer Gewalt anzunehmen.[35]

Eine Relativierung der Geltung der Immissionsgrenzwerte wegen defizitären EU-Rechts auf der Emissionsseite – etwa bei Fahrzeug-Abgasstandards im Typzulassungsverfahren – dürfte daher ausscheiden. Auch aus der Bestimmung des Art. 23 Abs. 2 Richtlinie 2008/50/EG, nach der die Übereinstimmung der Luftreinhaltepläne mit anderen unionsrechtlichen Plänen sichergestellt werden muss, soweit das machbar ist, lässt sich nichts anderes ableiten. Denn der dort formulierte Machbarkeitsvorbehalt gilt nur hinsichtlich der erzielbaren Abstimmung mit den anderen Plänen, nicht mit Blick auf die Erreichung der Immissionsgrenzwerte[36] und die dafür zur Verfügung stehende Frist.[37]

Luftqualitätspläne dürfen aber auch dem EuGH zufolge nur auf der Grundlage eines Ausgleichs zwischen dem Ziel der Verringerung der Gefahr der Verschmutzung und den verschiedenen betroffenen öffentlichen und privaten Interessen erstellt werden.[38] Der Umstand, dass ein Mitgliedstaat die Grenzwerte überschreitet, reicht also für sich allein nicht aus, um festzustellen, dass dieser Mitgliedstaat gegen die Verpflichtungen aus Art. 23 Abs. 1 Richtlinie 2008/50/EG verstoßen hat.[39] Demnach ist in einer

---

33 EuGH, C-404/13, ECLI:EU:C:2013:805 = NVwZ 2015, 419 (420) – ClientEarth; VGH Mannheim, Urteil vom 18.03.2019 – 10 S 1977/18 –, Rn. 30 (juris).

34 EuGH, C-68/11, ECLI:EU:C:2012:815, Rn. 64 – Kommission/Italien.

35 EuGH, C-68/11, ECLI:EU:C:2012:815, Rn. 59, 65 – Kommission/Italien.

36 Hofmann, NVwZ 2018, 928 (929 f.).

37 Hofmann, NVwZ 2018, 928 (929 f.).

38 EuGH, C-488/15, ECLI: EU: C: 2017:267, Rn. 106 – Kommission/Bulgarien; EuGH, C-336/16, ECLI:EU:C:2018:94, Rn. 93 – Kommission/Polen.

39 EuGH, C-488/15, ECLI: EU: C: 2017:267, Rn. 107 – Kommission/Bulgarien; EuGH, C-336/16, ECLI:EU:C:2018:94, Rn. 94 – Kommission/Polen.

Untersuchung jedes einzelnen Falls zu prüfen, ob die von dem betroffenen Mitgliedstaat erstellten Pläne dieser Bestimmung entsprechen.[40]

### 1.2 Nationale Umsetzung

#### 1.2.1 Umsetzungsnormen

Richtlinienrecht wird innerstaatlich nur wirksam, wenn es in die jeweilige mitgliedstaatliche Rechtsordnung überführt wird.[41] Die Umsetzungsnorm für Luftreinhaltepläne ist § 47 des Bundes-Immissionsschutzgesetzes (BImSchG).[42] Die unionalen Immissions- und Emissionswerte werden auf der Grundlage der Verordnungsermächtigung des § 48a Abs. 1 BImSchG „innerstaatlich verbindlich gemacht“[43]. Diese „Mehrebenenverfangenheit der Planung“ stellt die Behörden vor schwierige Anwendungsprobleme.[44]

Die für Stickoxide und Feinstaub relevanten Immissionsgrenzwerte finden sich in der aufgrund dieser Ermächtigung erlassenen 39. BImSchV.[45] Danach beträgt der zum Schutz der menschlichen Gesundheit gemittelte Stundengrenzwert für Stickstoffdioxid ($NO_2$) 200 $\mu g/m^3$ bei 18 zugelassenen Überschreitungen im Kalenderjahr und der über ein Kalenderjahr gemittelte Immissionsgrenzwert 40 $\mu g/m^3$ (§ 3 Abs. 1 und 2 der 39. BImSchV) und für Partikel $PM_{10}$ der über den Tag gemittelte Immissionsgrenzwert 50 $\mu g/m^3$ bei 35 zugelassenen Überschreitungen im Kalenderjahr und der über ein Kalenderjahr gemittelte Immissionsgrenzwert 40 $\mu g/m^3$ (§ 4 Abs. 1 und 2 der 39. BImSchV).

---

40 EuGH, C-488/15, ECLI: EU: C: 2017:267, Rn. 108 – Kommission/Bulgarien; EuGH, C-336/16, ECLI:EU:C:2018:94, Rn. 96 – Kommission/Polen; vgl. auch HessVGH, NVwZ 2019, 329 (333 f. Rn. 23).

41 Vgl. oben Einleitung.

42 Gesetz zum Schutz vor schädlichen Umwelteinwirkungen durch Luftverunreinigungen, Geräusche, Erschütterungen und ähnliche Vorgänge (Bundes-Immissionsschutzgesetz - BImSchG) in der Fassung der Bekanntmachung vom 17. Mai 2013 (BGBl. I S. 1274), zuletzt geändert durch Art. 1 des Gesetzes vom 8. April 2019 (BGBl. I S. 432).

43 BT-Drs. 11/6633, S. 47.

44 Cancik, ZUR 2011, 283 (283).

45 Verordnung über Luftqualitätsstandards und Emissionshöchstmengen vom 2. August 2010 (BGBl. I S. 1065), zuletzt geändert durch Art. 2 der Verordnung vom 18. Juli 2018 (BGBl. I S. 1222); vgl. auch Cyrys/Hoffmann (in diesem Band), unter 3.

Die 39. BImSchV enthält in § 1 Nr. 21 auch eine Legaldefinition des Begriffs „Luftreinhaltepläne". Danach fallen hierunter alle „Pläne, in denen Maßnahmen zur Erreichung der Immissionsgrenzwerte oder des $PM_{2,5}$-Zielwerts festgelegt sind."

### *1.2.2 Plantypen*

§ 47 BImSchG unterscheidet drei Typen von Luftreinhalteplänen:

(1) Mit Luftreinhalteplänen i. S. v. § 47 Abs. 1 BImSchG soll die Einhaltung von Immissionsgrenzwerten[46] (Satz 1) und Zielwerten[47] (Satz 2) sichergestellt werden, die in einer Rechtsverordnung nach § 48a Abs. 1 BImSchG festgelegt wurden und sich damit aus unionsrechtlichen Vorgaben ergeben. Die in einem solchen Plan enthaltenen Maßnahmen sind eher langfristig angelegt.[48]

(2) Die Luftreinhaltepläne des § 47 Abs. 2 BImSchG zielen ebenfalls auf die Sicherstellung dieser Immissionsgrenzwerte und der Zielwerte, vor allem aber auf die Sicherung der Alarmschwellen.[49] Anders als die Luftreinhaltepläne des § 47 Abs. 1 BImSchG greifen sie bereits bei der *Gefahr* der Überschreitung. Zudem geht es um kurzfristig zu ergreifende Maßnahmen.[50] Die Pläne des § 47 Abs. 2 BImSchG werden vom Gesetz entsprechend der unionsrechtlichen Vorgabe als „Pläne für kurzfristig zu ergreifende Maßnahmen" bezeichnet. Funktional handelt es sich ebenfalls um Luftreinhaltepläne.[51]

---

46 Ein „Immissionsgrenzwert" ist gem. § 1 Nr. 15 der 39. BImSchV „ein Wert, der auf Grund wissenschaftlicher Erkenntnisse mit dem Ziel festgelegt wird, schädliche Auswirkungen auf die menschliche Gesundheit oder die Umwelt insgesamt zu vermeiden, zu verhüten oder zu verringern, und der innerhalb eines bestimmten Zeitraums eingehalten werden muss und danach nicht überschritten werden darf".

47 Ein „Zielwert" ist gem. § 1 Nr. 37 der 39. BImSchV „ein Wert, der mit dem Ziel festgelegt wird, schädliche Auswirkungen auf die menschliche Gesundheit oder die Umwelt insgesamt zu vermeiden, zu verhindern oder zu verringern, und der nach Möglichkeit innerhalb eines bestimmten Zeitraums eingehalten werden muss".

48 BT-Drs.14/8450, S. 13; Jarass, Bundesimmissionsschutzgesetz, § 47 Rn. 3, 14.

49 Jarass, Bundesimmissionsschutzgesetz, § 47 Rn. 3, 20 f.

50 Jarass, Bundesimmissionsschutzgesetz, § 47 Rn. 3, 24.

51 Jarass, Bundesimmissionsschutzgesetz, § 47 Rn. 3, 20, 24: „Kurzfrist-Luftreinhaltepläne".

(3) Mit Luftreinhalteplänen des § 47 Abs. 3 BImSchG sollen rein nationale Immissionswerte gesichert[52] und darüber hinaus generell schädliche Umwelteinwirkungen vermieden werden.[53]

Da Luftreinhaltepläne i. S. v. § 47 Abs. 1 BImSchG die größte praktische Bedeutung haben, konzentriert sich die folgende Darstellung auf sie.

### *1.2.3 Aufstellungspflicht*

Die hier primär interessierende Befugnis, Diesel-Verkehrsverbote festzusetzen,[54] basiert auf § 47 Abs. 1 S. 1 BImSchG. Danach ist ein Luftreinhalteplan aufzustellen (oder mittels geeigneter Maßnahmen fortzuschreiben bzw. abzuändern), wenn die Immissionsgrenzwerte einschließlich festgelegter Toleranzmargen überschritten sind.[55] Bei der Ermittlung der Überschreitung von Immissionsgrenzwerten bleiben Emissionsbeiträge aus natürlichen Quellen (§ 24 der 39. BImSchV) und auch Emissionsbeiträge anderer Partikel $PM_{10}$-Quellen aufgrund der Ausbringung von Streusand oder -salz auf Straßen im Winterdienst (§ 25 der 39. BImSchV) außer Betracht.

### *1.2.4 Zuständigkeit*

Die Behördenzuständigkeit für die Planerstellung wird durch Landesrecht geregelt. In Bayern zum Beispiel stellen nach Art. 8 BayImSchG[56] die Regierungen (Mittelbehörden) die Luftreinhaltepläne nach § 47 BImSchG auf. Bis 31. August 2016[57] war mit dieser Aufgabe das Bayerische Staatsministerium für Umwelt und Verbraucherschutz (StmUV) betraut, da man die Luftreinhalteplanung als eine neuartige, fachlich sehr anspruchsvolle Aufgabe, verbunden mit einem gerade zu Beginn sehr hohen Koordinie-

52 Jarass, Bundesimmissionsschutzgesetz, § 47 Rn. 3, 27.

53 Jarass, Bundesimmissionsschutzgesetz, § 47 Rn. 3.

54 Vgl. dazu unten 2.

55 Vgl. auch § 27 Abs. 1 39. BImSchV.

56 Bayerisches Immissionsschutzgesetz (BayImSchG) in der in der Bayerischen Rechtssammlung (BayRS 2129-1-1-U) veröffentlichten bereinigten Fassung, zuletzt geändert durch § 2 des Gesetzes vom 24. Juli 2019 (GVBl. S. 408).

57 § 1 Nr. 4 i. V. m. § 2 Gesetz zur Änderung des Bayerischen Immissionsschutzgesetzes vom 2. August 2016 (GVBl. S. 248).

rungsaufwand, betrachtete. Den Regierungen wurde diese Aufgabe vor allem deshalb übertragen, weil sie schon zuvor zusammen mit den Städten und dem Bayerischen Landesamt für Umwelt (LfU) die Entwürfe der Pläne erarbeitet hatten und dort der erforderliche technische und ressortübergreifende Sachverstand vorhanden war.[58]

### *1.2.5 Verfahren*

#### *1.2.5.1 Öffentlichkeitsbeteiligung*

Nach § 47 Abs. 5a S. 1–4 BImSchG ist entsprechend unionsrechtlichen Vorgaben bei der Aufstellung von Luftreinhalteplänen i. S. v. § 47 Abs. 1 BImSchG eine qualifizierte Öffentlichkeitsbeteiligung erforderlich. Das Verfahren lehnt sich an die Struktur der Vorschriften zur Beteiligung der Öffentlichkeit in immissionsschutzrechtlichen Genehmigungsverfahren für Anlagen an. Ebenso wie bei diesen Verfahren sind natürliche und juristische Personen sowie sonstige Vereinigungen, insbesondere Vereinigungen zur Förderung des Umweltschutzes, zur Abgabe von Stellungnahmen berechtigt.[59] Ist jedoch eine Strategische Umweltprüfung durchzuführen, wird die Öffentlichkeit gem. § 47 Abs. 5a S. 8 BImSchG nach den dafür vorgesehenen speziellen Vorgaben beteiligt.

§ 47 Abs. 5a S. 2 BImSchG sieht vor, dass das Vorhaben, einen Luftreinhalteplan aufzustellen oder zu ändern, zunächst öffentlich bekannt zu machen ist. Dies muss in einem amtlichen Veröffentlichungsblatt und auf wenigstens eine andere Art (z. B. in der Presse oder im Internet) erfolgen.[60] In der Bekanntmachung ist auf die Planaufstellungsabsicht und gem. § 47 Abs. 5a S. 3 BImSchG auf die Möglichkeit hinzuweisen, dass und bis zu welchem Zeitpunkt zu dem Plan Stellung genommen werden kann. Der Planentwurf muss dann einen Monat zur Einsichtnahme ausgelegt werden. Zu dem Entwurf kann jedermann während der Auslegungsfrist und zwei Wochen danach schriftlich oder elektronisch Stellung nehmen (§ 47 Abs. 5a S. 3 BImSchG). Die rechtzeitig erhobenen Stellungnahmen sind gem. § 47 Abs. 5a S. 4 BImSchG angemessen zu berücksichtigen.

---

58 LT-Drs. 7/11092, S. 6 f.

59 BT-Drs. 16/2494, S. 27.

60 Jarass, Bundesimmissionsschutzgesetz, § 47 Rn. 43.

#### *1.2.5.2 Behördenbeteiligung*

Die Beteiligung anderer Behörden bei der Aufstellung von Luftreinhalteplänen wird ausdrücklich nur in § 47 Abs. 4 S. 2 BImSchG geregelt. Danach bedürfen Maßnahmen im Straßenverkehr, die in Plänen nach § 47 Abs. 1 oder 2 BImSchG festgelegt werden sollen, der Zustimmung (des Einvernehmens) sowohl der Straßenbau- als auch der Straßenverkehrsbehörden.[61] Die Regelung scheint diesen Behörden eine starke Stellung im Aufstellungsverfahren zu verleihen. Doch steht ihnen bei näherer Betrachtung allenfalls in immissionsschutzirrelevanten Randfragen ein Vetorecht zu.[62]

Aus der Beteiligung der Straßenbau- und Straßenverkehrsbehörden darf nicht geschlossen werden, dass eine Beteiligung sonstiger Behörden nicht erforderlich ist. Aus den allgemeinen Grundsätzen einer ordnungsgemäßen Verwaltung ergibt sich vielmehr, dass bei der Aufstellung der Pläne alle Behörden beteiligt werden müssen, deren Aufgabenbereich durch das Vorhaben berührt wird. Das gilt besonders für die Behörden, die die in dem Plan vorgesehenen Maßnahmen gem. § 47 Abs. 6 BImSchG umsetzen müssen. Zu beteiligen sind aber auch die Behörden, deren Handlungsmöglichkeiten durch den Plan eingeschränkt werden, wie etwa die für die Bauleitplanung zuständigen Behörden.[63]

### *1.2.6 Durchsetzung*

Die Durchschlagskraft von Luftreinhalteplänen hängt davon ab, wie man ihre Rechtsnatur einschätzt. Das ist umstritten: Während das Bundesverwaltungsgericht (BVerwG) Luftreinhaltepläne als „einer Verwaltungsvorschrift ähnlich“[64] betrachtet und die herrschende Meinung von internen Handlungskonzepten ohne Außenwirkung spricht, erkennt die Gegenauffassung den Plänen echte Normqualität zu.[65]

61 Hansmann/Röckinghausen, in: Umweltrecht, § 47 Rn. 18; Jarass, Bundesimmissionsschutzgesetz, § 47 Rn. 41.

62 Näher Hofmann, NVwZ 2018, 928 (931 f.).

63 Hansmann/Röckinghausen, in: Umweltrecht, § 47 Rn. 18; Jarass, Bundesimmissionsschutzgesetz § 47 Rn. 41.

64 BVerwG, NVwZ 2007, 695 (698 Rn. 27); NVwZ 2012, 1175 (1176 Rn. 10); NVwZ 2014, 64 (64 f. Rn. 18).

65 Schmidt/Kahl/Gärditz, Europarecht, S. 309 Rn. 162.

Für die Gegenauffassung spricht zwar, dass die in den Plänen enthaltenen Maßnahmen gemäß § 47 Abs. 6 S. 1 BImSchG durch Anordnungen oder sonstige Entscheidungen der zuständigen Träger öffentlicher Verwaltung durchzusetzen sind und daher sowohl die Immissionsschutz- als auch die mit der Durchsetzung der Maßnahme betrauten Behörden binden.[66] Denn ihnen wird in weitreichenden Umfang vorgeschrieben, wie sie ihr Ermessen zu betätigen haben.[67] Darüber hinaus besteht gegenüber den Gemeinden nach § 47 Abs. 6 S. 1 BImSchG eine Außenwirkung insofern, als sich die Bindungswirkung nicht nur auf die von ihnen im Rahmen der unmittelbare Staatsverwaltung zu vollziehenden Maßnahmen beschränkt, sondern in den Bereich der kommunale Selbstverwaltung übergreift.[68]

Gegen eine Einstufung als Rechtsverordnung spricht indes die äußere Form der Luftreinhaltepläne. Auch werden sie in keiner Rechtsvorschrift als Rechtsverordnungen oder Satzungen bezeichnet. Zudem geht auch der Gesetzgeber davon aus, dass Luftreinhaltepläne nur eine verwaltungsinterne Bindungswirkung besitzen.[69] Daher ergeben sich aus den Luftreinhalteplänen für außerhalb der öffentlichen Verwaltung Stehende keine unmittelbaren Pflichten. Bürgerinnen und Bürger können also erst durch rechtlich verbindliche Maßnahmen, die auf Grund der Festlegungen in einem Luftreinhalteplan erlassen wurden, verpflichtet werden. Ebenso wenig wie der Luftreinhalteplan selbst ist auch § 47 Abs. 6 BImSchG als solcher eine taugliche Grundlage für Eingriffe in Rechte Dritter.[70]

## 2. *Luftreinhaltepläne und Verkehrsverbote*

### 2.1 *Der Dieselskandal zweiter Ordnung*

Luftreinhaltepläne enthalten vielfach Fahrverbote für Dieselfahrzeuge, die wegen ihres im Vergleich zu Benzinern relativ geringen $CO_2$-Ausstoßes bislang als ‚klimafreundlich' galten[71] und deren Erwerb und Betrieb von Industrie und Politik in zahlreichen EU-Mitgliedstaaten auch über lange Zeit gefördert und propagiert wurde und teilweise noch wird. Auf der anderen

66 Kotulla, Umweltrecht, 3. Teil Rn. 119.
67 Hofmann, NVwZ 2018, 928 (932).
68 Köck/Lehmann, ZUR 2013, 67 (70); vgl. auch Hofmann, NVwZ 2018, 928 (932).
69 BT-Drs. 14/8450, S. 14; Jarass, Bundesimmissionsschutzgesetz, § 47 Rn. 58.
70 Hansmann/Röckinghausen, in: Umweltrecht, § 47 Rn. 29.
71 Kritisch Helmers/Leitao/Tietge/Butler, Atmospheric Environment 2019, 122.

Seite wird der Dieselverkehr als Hauptverursacher von $NO_2$-Grenzwertüberschreitungen in Städten identifiziert.[72] Betroffen von den infolgedessen erlassenen Verkehrsverboten sind freilich gerade auch die Eigentümer und Fahrer solcher Dieselfahrzeuge, die über eine grüne Umweltplakette verfügen, die aber teilweise nur aufgrund einer systematischen Manipulation der Emissionswerte erteilt werden konnte.[73]

Normativ-wertend betrachtet ließe sich vor diesem Hintergrund die Kfz-Industrie als Primärverursacher der Grenzwertüberschreitungen qualifizieren. Denn ohne deren rechtswidrige, teils sogar strafbare Machenschaften wären sie nicht aufgetreten. Sekundärverursacher ist die politische Klasse, die es mehrheitlich versäumt hat, technisch mögliche und nach dem umweltrechtlichen Verursacherprinzip gebotenen kostenlose Hardware-Nachrüstungen zur Verbesserung des Emissionsverhaltens gegenüber der Industrie durchzusetzen.[74] Das ist nach zutreffender Ansicht des Bayerischen Verwaltungsgerichtshofs (BayVGH) insofern rechtlich von Bedeutung, „als eine drastische Reduzierung des $NO_2$-Ausstoßes von Fahrzeugen mit Selbstzündungsmotor den effizientesten und – im Vergleich zu Verkehrsverboten – zugleich deutlich weniger stark in Freiheitsrechte Betroffener eingreifenden Lösungsansatz darstellen würde."[75] Die von Verkehrsverboten betroffenen Dieselfahrer sind also bei wertender Betrachtung nur Tertiärverursacher, tragen aber als deren Adressaten die ausschließliche Last der Luftreinhaltepolitik. Wie dieser Dieselskandal zweiter Ordnung[76] aus rechtlicher Sicht zu bewerten ist, wird im Folgenden erörtert. Die verfassungsrechtliche Dimension ist hierbei von maßgeblicher Bedeutung.

### 2.2 *Grundrechtseingriff*

Verkehrsverbote greifen in die Grundrechte von Autofahrern ein.[77] Der Schutz der Teilnahme am Straßenverkehr und damit auch die Mobilität der Kraftfahrer ist zumindest durch das Auffanggrundrecht der „allgemei-

72 Vgl. unten 2.4.4.5.

73 Vgl. dazu auch eingangs des Beitrags.

74 Vgl. auch Faßbender, NJW 2017, 1995 (1999).

75 BayVGH, NVwZ 2017, 894 (894 Rn. 144); zustimmend Faßbender, NJW 2017, 1995 (1999).

76 Ein Skandal zweiter Ordnung entsteht, wenn mit dem Skandal erster Ordnung falsch umgegangen wird.

77 Winkler/Zeccola/Willing, DVBl. 2019, 79 (82) konstatieren „die bedeutende grundrechtliche Relevanz, die aus den Dieselfahrverboten resultiert".

nen Handlungsfreiheit" (Art. 2 Abs. 1 GG) gewährleistet.[78] Schon streckenbezogene Verkehrsverbote konstituieren einen Grundrechtseingriff. Sie führen dazu, dass die betroffenen Autofahrer einzelne Fahrtziele nicht oder nur mit Inkaufnahme von mehr oder weniger großen Umwegen erreichen und ihre Fahrzeuge nicht auf den von dem Verbot erfassten Straßenabschnitten abstellen können.[79] Eine höhere Eingriffsintensität haben zonale Verkehrsverbote. Denn sie führen für die Bewohner dieser Zone nicht nur dazu, dass sie mit ihren unter das Verbot fallenden Fahrzeugen in einen großflächigen Bereich nicht mehr hineinfahren dürfen, sondern bewirken darüber hinaus, dass sie die Fahrzeuge dort auch nicht im öffentlichen Verkehrsraum abstellen können. Im Ergebnis werden sich die Einwohner einer solchen Zone vielfach veranlasst sehen, das betroffene Fahrzeug zu verkaufen. Aber auch für Autofahrer, die nicht dort wohnen, stellt sich ein zonales Verkehrsverbot als ein erheblicher Eingriff in das Grundrecht der allgemeinen Handlungsfreiheit (Art. 2 Abs. 1 GG) dar.[80] Darüber hinaus sind Fahrzeughalter durch einen möglichen Wertverlust ihrer Kraftfahrzeuge in ihrem Grundrecht auf Eigentum betroffen (Art. 14 Abs. 1 GG).[81] Speziell für Handwerker liegt ergänzend ein Eingriff in das Grundrecht der Berufsfreiheit nach Art. 12 Abs. 1 GG vor. Dies gilt unabhängig davon, ob es darum geht, dass Handwerker ihre Kunden innerhalb einer Verbotszone weiterhin erreichen wollen, oder ob ihr eigener Betrieb innerhalb einer Verbotszone liegt.[82]

### 2.3 *Rechtsgrundlage*

Verbotsregelungen, die in Grundrechte eingreifen, bedürfen einer Rechtsgrundlage. Der Luftreinhalteplan kommt hierfür nicht in Betracht, solange man ihn nur als interne Verwaltungsvorschrift qualifiziert.[83] Ermächtigungsgrundlage ist daher § 40 Abs. 1 S. 1 BImSchG: Die zuständige Straßenverkehrsbehörde beschränkt oder verbietet den Kraftfahrzeugverkehr nach Maßgabe der für Straßenverkehrssachen bestehenden rechtlichen Vor-

78 Vgl. z. B. Papier, DAR 2002, 532 (533); Durner, in: Grundgesetz-Kommentar, Art. 11 Rn. 93.

79 Rebler, BWV 2018, 176 (176 f.).

80 BVerwG, NVwZ 2018, 883 (887 Rn. 41); Rebler, BWV 2018, 176 (178).

81 Vgl. dazu BVerwG, NVwZ 2018, 890 (892 Rn. 45 ff.).

82 Burgi/Pöhlmann, GewArch 2018, 361 (362).

83 Vgl. oben 1.2.6.

schriften, soweit ein Luftreinhalteplan nach § 47 Abs. 1 BImSchG dies vorsieht.

Der Anwendbarkeit dieser Ermächtigungsgrundlage steht die auf § 40 Abs. 3 S. 1 BImSchG gestützte 35. BImSchV[84] nicht entgegen. Nach § 1 Abs. 1 S. 1, § 2 der 35. BImSchV sind zwar alle Fahrzeuge mit einer roten, gelben oder grünen Plakette von einem Verkehrsverbot nach § 40 Abs. 1 BImSchG befreit, und zwar unabhängig davon, ob ein Fahrzeug mit Selbstzündungsmotor (Dieselantrieb) oder mit Fremdzündungsmotor (Ottomotor) angetrieben wird. Trotz des abschließenden Charakters der 35. BImSchV sind aber Verbote, die an die Antriebsart anknüpfen, nicht ausgeschlossen. Denn angesichts der unionsrechtlichen Verpflichtung den Zeitraum der Grenzwertüberschreitung so kurz wie möglich zu halten (Art. 23 Abs. 1 UAbs. 2 Richtlinie 2008/50/EG),[85] muss das dieser Verpflichtung entgegenstehende Bundesrecht unangewendet bleiben.[86] Unionsrecht genießt insofern also Anwendungsvorrang. Alternativ käme wohl auch eine unionsrechtskonforme Auslegung der 35. BImSchV in Betracht.[87]

### 2.4 *Rechtfertigung*

Grundrechtseingriffe sind nur dann gerechtfertigt, wenn sie rechtmäßig sind. Dementsprechend können ‚Maßnahmen' i. S. v. § 47 BImSchG nur rechtskonforme behördliche Anordnungen sein. Namentlich müssen sie dem Verhältnismäßigkeitsgrundsatz entsprechen.[88] Dieser Grundsatz ergibt sich aus dem Rechtsstaatsprinzip und aus dem Wesen der Grundrechte selbst, die als Ausdruck des allgemeinen Freiheitsanspruchs des Bürgers gegenüber dem Staat von der öffentlichen Gewalt jeweils nur so weit beschränkt werden dürfen, als es zum Schutz öffentlicher Interessen unerläss-

---

84 Verordnung zur Kennzeichnung der Kraftfahrzeuge mit geringem Beitrag zur Schadstoffbelastung vom 10. Oktober 2006 (BGBl. I S. 2218), zuletzt geändert durch Art. 85 der Verordnung vom 31. August 2015 (BGBl. I S. 1474).

85 Vgl. oben 1.1.6.

86 BVerwG, NVwZ 2018, 883 (885 Rn. 31 ff.); zustimmend u. a. Franzius, NuR 2018, 433 (433 f.); Hofmann, NVwZ 2018, 928 (932 f.); Mielke, in: Handbuch Umweltrecht, 973 Rn. 203b; Rebler, BWV 2018, 176 (177); Scheidler, UPR 2018, 287 (288).

87 Schenk, jM 2018, 202 (207).

88 BVerfGE 19, 342 (348 f.) = NJW 1966, 243; BVerfGE 76, 1 (50) = NJW 1988, 626; BVerfGE 111, 54 (82) = NJW 2005, 126; BVerwG, NVwZ 2018, 883 (886 Rn. 39).

lich ist.[89] Dem Verhältnismäßigkeitsgrundsatz bzw. Übermaßverbot liegt der Gedanke zugrunde, dass staatliche Maßnahmen nicht prinzipiell unbegrenzt und unbegründet sein dürfen, sondern ihre Rechtfertigung in einem benennbaren Zweck haben müssen und an diesem Zweck in ihrem Umfang und Ausmaß auch gemessen werden müssen. Das Übermaßverbot soll also sicherstellen, dass staatliche Maßnahmen prinzipiell begrenzt sind, damit der Bürger der staatlichen Gewalt nicht unbegrenzt und willkürlich ausgeliefert ist. Auch dann, wenn eine staatliche Maßnahme zur Erreichung eines legitimen Zwecks geeignet und erforderlich ist, darf sie nicht außer Verhältnis zum Zweck bzw. zum Ziel der Maßnahme stehen. Darüber hinaus ist eine Abwägung zwischen dem Nutzen der Maßnahme und den durch diese herbeigeführten Belastungen erforderlich und setzt den Belastungen hierdurch eine Grenze.[90]

Der Verhältnismäßigkeitsgrundsatz hat also vier Strukturelemente.[91] Zunächst muss die staatliche Maßnahme legitime Zwecke verfolgen. Das ist der Fall, wenn sie öffentlichen Interessen entspricht. Die Maßnahme muss auch geeignet sein. Es genügt also, wenn sie die Erreichung des Zwecks zumindest fördert. Außerdem darf kein milderes, gleich geeignetes Mittel zur Zweckerreichung in Frage kommen (Erforderlichkeit). Schließlich muss die Maßnahme auch angemessen (verhältnismäßig i. e. S.) sein. Die Schwere des Grundrechtseingriffs ist mit dem Nutzen des verfolgten Zwecks abzuwägen. Die Angemessenheit ist dann gewahrt, wenn der Grundrechtseingriff nicht außer Verhältnis zum verfolgten Zweck steht.

Der Verhältnismäßigkeitsgrundsatz wird im Hinblick auf Maßnahmen der Luftreinhaltung auch durch § 47 Abs. 4 S. 1 BImSchG konkretisiert bzw. refomuliert. Danach sind die Maßnahmen entsprechend dem Verursacheranteil und unter Beachtung des Grundsatzes der Verhältnismäßigkeit festzulegen. Der Grundsatz der Verhältnismäßigkeit gilt auch für aus dem Unionsrecht hergeleitete Fahrverbote. Denn Satz 2 des 25. Erwägungsgrunds der Richtlinie 2008/50/EG nimmt auf den Grundsatz der Verhältnismäßigkeit ausdrücklich Bezug. Außerdem dürfen auch nach der Rechtsprechung des EuGH Luftreinhaltepläne nur auf der Grundlage eines Ausgleichs zwischen dem Ziel der Verringerung der Gefahr der Verschmut-

89 BVerwG, NVwZ 2018, 883 (886 Rn. 39).

90 BVerwG, NVwZ 2018, 883 (886 Rn. 39); Greszick, in: Grundgesetz-Kommentar, Art. 20 Rn. 117.

91 Vgl. nur Greszick, in: Grundgesetz-Kommentar, Art. 20 Rn. 110 ff.

zung und den verschiedenen betroffenen öffentlichen und privaten Interessen erstellt werden.[92]

### *2.4.1 Legitime Zwecke*

Die Richtlinie 2008/50/EG und die ihr dienende Regelung des § 47 Abs. 1 BImSchG zielen auf die dauerhafte Vermeidung, Verhütung und Verringerung schädlicher Auswirkungen von Verunreinigungen der Außenluft und damit auf die Einhaltung der Werte, die zum vorsorglichen Schutz der menschlichen Gesundheit und zum Schutz der Umwelt insgesamt festgelegt worden sind. Dass es sich hierbei um legitime Zwecke handelt, liegt auf der Hand.

### *2.4.2 Geeignetheit*

#### *2.4.2.1 Grenzwerte*

Führt eine Grenzwertüberschreitung nicht zu gesundheitlichen Auswirkungen, sind auf die Einhaltung von Grenzwerten gerichtete Maßnahmen von vornherein nicht geeignet, die Gesundheit zu schützen.[93] Verkehrsverbote wären also verfassungswidrig.

Freilich steht die Gesundheitsschädlichkeit von Feinstaubpartikeln in der Außenluft fachwissenschaftlich außer Frage.[94] Dagegen ist man sich bei $NO_2$-Belastungen weniger einig. So kam die US-Umweltbehörde in einer umfänglichen Metastudie von 2016 zu dem Ergebnis, dass eine größere Sterblichkeit infolge erhöhter $NO_2$-Konzentrationen unabhängig von anderen Schadstoffen in der Atemluft bislang nicht nachgewiesen werden konnte. Vielmehr herrsche insofern „große Ungewissheit“, da es keine aussagekräftige Studien gebe, die einen von anderen Schadstoffen unabhängigen Effekt belegten.[95] Ähnlich heißt es im Abschlussbericht des 5. Untersuchungsausschusses zum Thema Dieselabgase des Deutschen Bundestages vom 22.06.2017: „Epidemiologisch ist ein Zusammenhang zwischen Todesfällen und bestimmten $NO_2$-Expositionen im Sinne einer adäquaten

92 EuGH, C-336/16, ECLI:EU:C:2018:94, Rn. 93 – Kommission/Polen.
93 Senders, Zweifel an Grenzwerten im Luftqualitätsrecht.
94 Vgl. Cyrys/Hoffmann (in diesem Band), unter 6.2.
95 U.S. EPA, Final Report 2016, S. 1-49.

Kausalität nicht erwiesen."[96] Auch gebe es „keine wissenschaftlich erwiesenen Zahlen dazu, wie viele Menschen aufgrund grenzwertüberschreitender $NO_2$-Expositionen erkrankt oder gar gestorben sind."[97] Mit solchen Einschätzungen des wissenschaftlichen Erkenntnisstands wird allerdings die Axt an die Wurzel gelegt. Denn die Richtlinie 2008/50/EG basiert ja gerade auf der Annahme, dass die Überschreitung der Grenzwerte zu einer großen Zahl vorzeitiger Todesfälle führt.[98] In dem Abschlussbericht des Bundestages wird weiter ausgeführt „Überschreitungen von $NO_2$-Grenzwerten an bestimmten Orten allein" hätten „relativ wenig Aussagekraft."[99] Diese Feststellung mag bei isolierter Betrachtung berechtigt sein, verfehlt aber den entscheidenden Punkt: Die Aussagekraft von $NO_2$-Grenzwerten wird in neueren epidemiologischen Studien namentlich mit Blick auf die Rolle der Stickoxide als Vorläufersubstanz für die Bildung von Feinstaub und bodennahem Ozon und ihrer Funktion als Indikator für den gesamten Schadstoffmix des Verkehrs hervorgehoben.[100] Aus rechtlicher Sicht kommt es ohnehin nicht darauf an, ob sich die Schädlichkeit von $NO_2$ in der Atemluft wissenschaftlich eindeutig belegen lässt. Wer hier Kausalitäten fordert und Korrelationen nicht genügen lässt, negiert eine der zentralen Prinzipien der unionalen Umweltpolitik. Sie wird nämlich u. a. vom Vorsorgegrundsatz beherrscht (Art. 191 Abs. 2 AEUV). Dieser Grundsatz impliziert eine Abschwächung der Anforderungen an den Gefahrennachweis und erlaubt ein Handeln schon bei Verdacht bzw. bevor die Risiken offensichtlich werden.[101] Das Vorsorgeprinzip spielt gerade im Überschneidungsbereich von Umwelt und Gesundheitsschutz eine beträchtliche Rolle.[102] Zwar wären nach der Leitentscheidung des Europäischen Gerichts erster Instanz (EuG) Maßnahmen auf der Grundlage einer rein hypothetischen Betrachtung eines Risikos unangemessen, doch kann der Vorsorgegrundsatz in Fällen eines Risikos insbesondere für die menschliche Gesundheit, das noch nicht in vollem Umfang nachgewiesen werden konnte,

96 BT-Drs. 18/12900, S. 491.
97 BT-Drs. 18/12900, S. 492.
98 Schlussanträge der Generalanwältin Juliane Kokott vom 28.02.2019, C-723/17, Craeynest u. a., ECLI:EU:C:2019:168, Rn. 53.
99 BT-Drs. 18/12900, S. 492.
100 Vgl. z. B. Hoffmann/Schneider/Hornberg, Gesundheitliche Bewertung von NOx-Emissionen aus Dieselfahrzeugen; vgl. auch Cyrys/Hoffmann (in diesem Band), unter 6.1.
101 Vgl. Meßerschmidt, § 3 Rn. 90 ff.
102 Meßerschmidt, § 3 Rn. 95.

angewandt werden.[103] Demnach ist für die Schädlichkeit von $NO_2$ in der Atemluft ein konkreter Gefahren- und Kausalitätsnachweis von Rechts wegen gar nicht gefordert.

Damit ist auch der Rahmen für die aktuell viel erörterte[104] Bestimmung der Höhe des Grenzwerts für $NO_2$ gesteckt. Er darf nicht völlig aus der Luft gegriffen sein, doch reicht es aus, wenn er wissenschaftlich plausibel ist. Hierzu ist zunächst kritisch festzustellen, dass der 40 µg-Grenzwert nicht nur auf bizarre Weise über die WHO Eingang in die unionale Gesetzgebung gefunden hat, sondern sich zumindest nach vereinzelter Auffassung nach wie vor nicht auf belastbare wissenschaftliche Daten stützen lässt.[105] Kaum zufällig besteht denn auch weltweit eine enorme Bandbreite an $NO_2$-Grenzwerten,[106] die nur teilweise durch eigene Wege der Luftreinhaltepolitik erklärt werden können. Dies nährt die Vermutung, dass auch der 40 µg-Grenzwert der EU nicht wissenschaftlich begründet werden kann, sondern ein Kompromiss zwischen dem epidemiologisch Wünschenswertem und dem politisch Möglichen ist.[107] Nach geltendem Recht ist dies jedoch unproblematisch: Wie alle Grenzwerte muss auch der 40 µg-Grenzwert nur „aufgrund wissenschaftlicher Erkenntnisse" festgelegt werden (Art. 2 Nr. 5 Richtlinie 2008/50/EG). Für die Qualität dieser Erkenntnisse enthält das Unionsrecht keinerlei Vorgaben. Namentlich kommt es nicht darauf, ob und inwieweit sie fachlich umstritten sind. Kurzum, dass bei der Entscheidung über die Höhe der Grenzwerte die Empfehlungen der WHO[108] berücksichtigt werden, gleichviel, wie sehr sie nun aus der Luft gegriffen sind oder nicht, entspricht dem ausdrücklichen Willen des Unionsgesetzgebers (Egrd. 2 der Richtlinie 2008/50/EG).

In frappantem Gegensatz zur (fach-)öffentlichen Diskussion war die Validität von Grenzwerten vor Gericht nie ein Thema. Die Rechtsprechung geht zwar vereinzelt von der „mangelnden Erforschung von Gesundheitsgefahren aufgrund einer $NO_2$-Belastung"[109] aus, zieht hieraus aber keine Konsequenzen, sondern betont in diesem Kontext nur, dass die Geeignetheit von Fahrverboten von tatsächlichen Feststellungen zu Art und Umfang der aus den lokalen Grenzwertüberschreitungen folgenden Gesund-

103 EuG, T-13/99, ECLI:EU:T:2002:209 Rn 145 f. – Pfizer Animal Health/Rat.
104 Vgl. Cyrys/Hoffmann (in diesem Band), unter 7.
105 Vgl. dazu Kekulé, Hysterie ums Falsche; ders., Teufel oder Beelzebub; differenziert Cyrys/Hoffmann (in diesem Band), unter 7.
106 Deutsche Akademie der Naturforscher Leopoldina e. V., Saubere Luft, S. 34.
107 Deutsche Akademie der Naturforscher Leopoldina e. V., Saubere Luft, S. 35.
108 Vgl. WHO, Ambient (outdoor) air quality and health.
109 HessVGH, NVwZ 2019, 329 (332 Rn. 18).

heitsgefahren abhängt.[110] Der Grund hierfür liegt auf der Hand: Die Höhe von Grenzwerten ist durch (umgesetztes) Unionsrecht verbindlich vorgegeben. Allerdings hätten die angerufenen Verwaltungsgerichte insofern zu einem Vorlageverfahren zum EuGH gem. Art. 267 AEUV finden können bzw. müssen. [111] Ob der Gerichtshof dann aber tatsächlich im Rahmen der Auslegung der Richtlinie 2008/50/EG die Validität der Grenzwerte $NO_2$ überprüft hätte, erscheint im Hinblick darauf, dass es – wie soeben dargestellt – keine unionsrechtlichen Anforderungen hinsichtlich der Qualität der wissenschaftlichen Erkenntnisse gibt, entgegen mancher Hoffnung, [112] mehr als unwahrscheinlich.

### *2.4.2.2 Verkehrsverlagerung*

Luftreinhaltepläne, aber auch jede einzelne in ihnen enthaltene Maßnahme erweisen sich nur als geeignet, wenn sie sich immissionsreduzierend auswirken. Angesichts der Vielfältigkeit der eintretenden Effekte wird teilweise mit dem Maßstab der Geeignetheit gefordert, dass sich die Maßnahmen bei einer Nettobetrachtung als insgesamt zweckförderlich erweisen.[113] Damit ist das Problem angesprochen, dass bei den Fahrverboten für Dieselfahrzeuge die damit einhergehenden Streckensperrungen regelmäßig nicht zu einem Verzicht auf die dort verbotenen Fahrten führen, sondern zu Verkehrsverlagerungen in andere Straßen. Das BVerwG hält dies jedoch bis zur Erreichung der Grenzwerte für unbedenklich: Da § 47 Abs. 1 S. 1 BImSchG kein allgemeines Minimierungsgebot enthalte, sondern nur zur Einhaltung der $NO_2$-Grenzwerte verpflichte, sei eine Verkehrsbeschränkung nach § 40 Abs. 1 BImSchG erst dann kein geeignetes Mittel mehr, um die Einhaltung des Grenzwertes sicherzustellen, wenn die hierdurch bedingten Umlenkungen von Verkehrsströmen zu einer erstmaligen oder weiteren Überschreitung $NO_2$-Grenzwerte an anderer Stelle führen.[114]

110 HessVGH, NVwZ 2019, 329 (332 Rn. 19).

111 Pagenkopf, NVwZ 2019, 185 (189).

112 So die Hoffnung von Pagenkopf, ebd.

113 Hofmann, NVwZ 2018, 928 (933 f.).

114 BVerwG, NVwZ 2018, 883 (890 Rn. 66); NVwZ 2018, 890 (894 Rn. 65); ebenso schon BVerwG, NVwZ 2007, 695 (699 Rn. 31) mit Blick auf Feinstaub-Grenzwerte.

#### 2.4.2.3 Zweckwegfall

Bei der Festlegung des Zeitpunkts der Geltung von Verkehrsverboten ist zu berücksichtigen, ob Grenzwertüberschreitungen deutlich stärker als bisher prognostiziert abnehmen. Da dann ihr Zweck erreicht wäre, sei mit einem gänzlichen Verzicht auf sie oder ihre spätere Einführung zu reagieren.[115]

### 2.4.3 Erforderlichkeit

Verkehrsverbote müssen sich auch als erforderlich für die Erreichung der Planziele erweisen. Würde die damit verbundene Belastung durch eine andere Handlungsoption des Planungsträgers auf andere Betroffene verlagert, so ist, gleiche Effektivität der Alternativen vorausgesetzt, zu prüfen, ob sich die Beeinträchtigungen dort als weniger einschneidend darstellen. Aussichtsreich erschiene in diesem Zusammenhang die Abschaffung der Besserstellung von Dieselkraftstoffen im Vergleich mit Benzin bei der Energiesteuer. Die Reform der Energiesteuer liegt jedoch nicht in der Kompetenz der für die Luftreinhalteplanung zuständigen Landesbehörden und kann daher nicht für den Erforderlichkeitsvergleich herangezogen werden.[116] Entsprechendes gilt hinsichtlich einer – für die Eigentümer kostenfreien – Einführung technisch möglicher Nachrüstungen zur $NO_x$-Reduktion für Diesel-Kfz namentlich der Abgasnorm Euro-5.[117] Obwohl hier ein Emissionsminderungspotenzial von bis zu 95 % hätte realisiert werden können,[118] ist das insofern zu konstatierende Politikversagen im Rahmen der Erforderlichkeitsprüfung des Planungsträgers ohne Bedeutung. Im Übrigen wären auch beide alternativen Maßnahmen im Verhältnis zu Fahrverboten nicht gleich effektiv.

115 Vgl. BVerwG, NVwZ 2018, 883 (887 Rn. 44).
116 Hofmann, NVwZ 2018, 928 (934).
117 BayVGH, NVwZ 2017, 894 (894 Rn. 143).
118 UBA, Ergänzung der Bewertung zu marktverfügbaren fahrzeugseitigen NOx-Nachrüsttechnologien und Bewertung der Nachbesserung, S. 1, 11.

### 2.4.4 Angemessenheit (Verhältnismäßigkeit i. e. S.)

#### 2.4.4.1 Rechtsgüterabwägung

Die besonders bei zonalen Verkehrsverboten einschneidenden Folgen für die Grundrechtsausübung der Inhaber und Nutzer von Diesel-Kraftfahrzeugen[119] werden vom EuGH praktisch ignoriert. Obwohl es auf unionsrechtlicher Ebene ebenso wenig wie im Grundgesetz ein Grundrecht auf eine saubere Umwelt gibt,[120] das gleichrangig mit den Freiheitsgrundrechten von Verkehrsteilnehmern abgewogen werden könnte, stellt der EuGH den Umstand, dass Grenzwerte für Feinstaub und Stickoxide dem Schutz der menschlichen Gesundheit dienen, im Kontext der Umsetzungspflicht der Mitgliedstaaten einseitig in den Vordergrund.[121] Die Abwägungsrelevanz dieses Rechtsguts lässt sich daraus ableiten, dass die Regelungen der Richtlinie 2008/50/EG die Schutzpflichten der Union konkretisieren, die aus dem Grundrecht auf körperliche und geistige Unversehrtheit nach Art. 3 Abs. 1 der Grundrechte-Charta (GRCh) sowie dem gemäß Art. 3 Abs. 3 EUV, Art. 37 GRCh und Art. 191 Abs. 2 AEUV gebotenen hohen Umweltschutzniveau folgen.[122] Die nationale staatliche Schutzpflicht für die menschliche Gesundheit folgt aus Art. 2 Abs. 2 S. 1 GG, der ebenso wie Art. 3 Abs. 1 GRCh die körperliche und geistige Unversehrtheit gewährleisten soll.[123] In dem mehrpoligen Rechtsverhältnis zwischen Staat, Autofahrern und -eigentümern sowie Gesundheitsbetroffenen ist also ein Ausgleich herzustellen.[124]

---

119 Vgl. oben 2.2.

120 Vgl. nur Borowsky, in: Charta der Grundrechte der Europäischen Union, Art. 3 Rn. 38.

121 Vgl. schon oben 1.1.8.

122 Borowsky, in: Charta der Grundrechte der Europäischen Union, Art. 3 Rn. 38; vgl. auch Schlussanträge der Generalanwältin Juliane Kokott vom 28.02.2019, C-723/17, Craeynest u. a., ECLI:EU:C:2019:168, Rn. 53.

123 Vgl. dazu z. B. Lang, in: BeckOK Grundgesetz, Art. 2 Rn. 79. Freilich wird eine innerstaatliche Rechtsvorschrift, die – wie hier – eine Richtlinie in deutsches Recht umsetzt, insoweit nicht an den Grundrechten des Grundgesetzes gemessen, als das Unionsrecht keinen Umsetzungsspielraum lässt, sondern zwingende Vorgaben macht, vgl. BVerfG, NVwZ 2007, 937 (938); NJW 2010, 833 (835 Rn. 181); NJW 2012, 45 (48 Rn. 46).

124 Kümmel, NVwZ 2018, 894 (895); grdl. Calliess, Rechtsstaat und Umweltstaat, S. 566 ff.; Schlussanträge der Generalanwältin Juliane Kokott vom 28.02.2019, C-723/17, Craeynest u. a., ECLI:EU:C:2019:168, Rn. 53.

### 2.4.4.2 *Differenzierung nach Art des Verkehrsverbots*

Unter dem Gesichtspunkt der Angemessenheit des Grundrechtseingriffs ist zwischen streckenbezogenen und zonalen Verkehrsverboten[125] zu unterscheiden. Hier gilt der Grundsatz, dass die Anordnung bloßer streckenbezogener Verkehrsverbote wegen ihrer deutlich geringeren Eingriffswirkung zonalen Verkehrsverboten vorgeht.[126]

Betreffen Verkehrsverbote nur einzelne Straßen oder Straßenabschnitte, entsprechen sie in ihrer Intensität sonstigen straßenverkehrsrechtlich begründeten Durchfahrt- und Halteverboten, mit denen Autofahrer stets rechnen und die sie grundsätzlich hinnehmen müssen. Das gilt auch für die von einem streckenbezogenen Verkehrsverbot betroffenen Anlieger und Anwohner, da sie keinen Anspruch auf eine bestimmte Ausgestaltung und einen bestimmten Umfang der Grundstücksverbindung der Straße haben, sofern diese nur als Verkehrsmittler erhalten bleiben. Sondersituationen kann durch Erteilung von Ausnahmegenehmigungen hinreichend Rechnung getragen werden.[127] Geschieht dies, sind die Anforderungen an die konkrete Realisierung des Übermaßverbots im Übrigen nicht allzu hoch anzusetzen.[128]

Anders verhält es sich bei zonalen Verkehrsverboten, da sie eine deutlich höhere Eingriffsintensität aufweisen. Zwar können sich die Betroffenen nicht darauf berufen, dass ein einmal die Zulassungskriterien erfüllendes Dieselfahrzeug zeitlich und räumlich unbegrenzt weiter auf öffentlichen Straßen benutzt werden darf. Denn einen solchen Anspruch kennt die Rechtsordnung nicht. [129] Altfahrzeuge genießen zwar Bestandsschutz, doch ist mit der Zulassung nicht die Erlaubnis verbunden, beschränkt das komplette Straßennetz zu benutzen.[130] Der von Verfassungs wegen grundsätzlich garantierte Vertrauensschutz greift hier auch nicht ein. Doch müssen bei derartig weitreichenden Verkehrsverboten die mit ihnen verbundenen wirtschaftlichen Folgen für die Betroffenen im Rahmen der gebotenen

---

125 Vgl. dazu schon oben 2.1.

126 BVerwG, NVwZ 2018, 883 (887 Rn. 41); Burgi/Pöhlmann, GewArch 2018, 361 (362).

127 BVerwG, NVwZ 2018, 883 (887 Rn. 41); vgl. auch Hofmann, NVwZ 2018, 928 (934).

128 Zu weitgehend Rebler, BWV 2018, 176 (178), der den Grundsatz der Verhältnismäßigkeit bei streckenbezogenen Verkehrsverboten in der Regel als ohne Weiteres gewahrt ansieht.

129 BVerwG, NVwZ 2018, 883 (887 Rn. 41).

130 Rebler, UPR 2019, 7 (10 f.).

Abwägung berücksichtigt werden.[131] Die Notwendigkeit zonaler Verkehrsverbote lässt sich deshalb auch nicht mit dem pauschalen Hinweis begründen, streckenbezogene Verbote führten nur zu Verkehrsverlagerungen.[132]

#### *2.4.4.3 Differenzierung nach Personen(gruppen)*

Der Grundsatz der Verhältnismäßigkeit gebietet es im Übrigen auch zu prüfen, für welche hart betroffenen Gruppen (z. B. Handwerker oder bestimmte Anwohnergruppen) und Einzelpersonen Ausnahmen von Verkehrsverboten zu gewähren sind. Solche Ausnahmen können auf § 40 Abs. 1 S. 2 BImSchG und § 1 Abs. 2 35. BImSchV gestützt werden. Nach dem ausdrücklich erklärten Willen des Verordnungsgebers[133] lässt § 1 Abs. 2 der 35. BImSchV auch individualnützige Ausnahmen im Einzelfall oder für bestimmte Gruppen, wie z. B. Anlieger oder Handwerker, zu.[134] Ausnahmeregelungen in Gestalt der Einräumung von Übergangsfristen für die Nachrüstung von Dieselfahrzeugen, namentlich der Abgasnorm Euro-5 mit geeigneter Abgasreinigungstechnik, können ebenfalls ein Baustein zur Herstellung der Verhältnismäßigkeit des in Betracht zu ziehenden Verkehrsverbots darstellen. Dies eröffnet eine zeitbezogene Option zur Umsetzung des Verhältnismäßigkeitsgrundsatzes für den Anlieger- und Lieferverkehr.[135]

Hierbei ist indes die unionsrechtlich determinierte Grenze solcher Ausnahme- und Übergangsregelungen zu beachten. Sie liegt dort, wo die Einbeziehung einer bestimmten Anzahl von solchen Personen(gruppen) betriebener Fahrzeuge die Erreichung der Immissionsgrenzwerte gefährdet.[136] Hieran muss sich auch der neue § 47 Abs. 4a S. 2 BImSchG, der bestimmte nachgerüstete Diesel-Fahrzeuge kategorisch von Verkehrsverboten ausnimmt, messen lassen.[137]

---

131 BVerwG, NVwZ 2018, 883 (887 Rn. 41).

132 Will, NVwZ 2019, 263 (267, 270).

133 Vgl. BR-Drs. 819/07, S. 9 f.

134 BVerwG, NVwZ 2018, 883 (887 f. Rn. 45).

135 So auch Burgi/Pöhlmann, GewArch 2018, 361 (362, 364) mit Blick auf den Lieferverkehr (einschließlich Handwerkerfahrten).

136 Hofmann, NVwZ 2018, 928 (935).

137 Will, NZV 2019, 17 (26).

#### *2.4.4.4 Differenzierung nach Schadstoffklassen*

Dieser Vorbehalt muss auch hinsichtlich der vom BVerwG unter dem Gesichtspunkt der Verhältnismäßigkeit verfochtenen Differenzierung nach Schadstoffklassen im Auge behalten werden. Das Gericht vertritt die im Ausgangspunkt zutreffende Auffassung, dass aus Gründen des Vertrauensschutzes Fahrzeuge, die dem aktuellen Abgasstandard Euro-6 entsprechen, gar nicht und Euro-5-Dieselfahrzeuge frühestens zum 1. September 2019 mit Fahrverboten belegt werden dürfen. Dieser Zeitpunkt liegt vier Jahre nach dem Inkrafttreten der Abgasnorm Euro-6 für alle Fahrzeuge zum 1. September 2015. Damit wird gewährleistet, dass dem Eigentümer eines Euro-5-Fahrzeugs eine uneingeschränkte Mindestnutzungsdauer verbleibt, die über die ersten drei Jahre, die erfahrungsgemäß mit einem besonders hohen Wertverlust verbunden sind, hinausgeht. Bei der Bemessung dieser Frist ist zu berücksichtigen, dass für diejenigen Käufer, die unmittelbar vor dem Inkrafttreten der Abgasnorm Euro-6 ein neues Dieselfahrzeug erworben haben, das nur der Abgasnorm Euro-5 entsprach, ohne Weiteres erkennbar war, dass dieses Fahrzeug in Kürze nicht mehr dem Stand der neuesten Abgasvorschriften entsprechen werde. Diesen Käufern ist daher kein weitergehender Vertrauensschutz zuzubilligen. Dies gilt im Ergebnis für alle Käufer, die nach dem 1. September 2014 ein Dieselneufahrzeug der Abgasnorm Euro-5 erworben haben. Denn schon ab diesem Zeitpunkt konnten gem. Art. 10 Abs. 4 Verordnung (EG) Nr. 715/2007[138] die nationalen Behörden keine Typgenehmigungen mehr für neue Fahrzeugtypen erteilen, die den in Anhang I Tabelle 2 der Verordnung aufgeführten Euro-6-Grenzwerten nicht entsprachen. Eigentümern von Dieselfahrzeugen, die zwischen dem 1. Januar 2009 und dem 31. August 2014 Dieselfahrzeuge mit der Abgasnorm Euro-5 erworben haben, ist dagegen dem BVerwG zufolge mit Blick auf das höhere Alter und die höhere Fahrleistung und den daraus resultierenden geringeren Restwerten der Fahrzeuge eine Einschränkung der Nutzbarkeit durch Verkehrsverbote grundsätzlich zuzumuten. [139]

Da BVerwG verkennt mit seinem Mehrphasenmodell allerdings, dass nicht die normgemäßen Typzulassungswerte, sondern die tatsächlichen

138 Verordnung (EG) Nr. 715/2007 des Europäischen Parlaments und des Rates vom 20. Juni 2007 über die Typgenehmigung von Kraftfahrzeugen hinsichtlich der Emissionen von leichten Pkw und Nutzfahrzeugen (Euro-5 und Euro-6) und über den Zugang zu Reparatur- und Wartungsinformation für Fahrzeuge (ABl. L 171 vom 29.06.2007, S. 1).

139 BVerwG, NVwZ 2018, 883 (890 Rn. 42).

Fahrzeugemissionen für die reale Immissionslage maßgeblich sind. Die Abweichungen zwischen den Typzulassungswerten und den realen Abgasemissionen sind bei Euro-5-Fahrzeugen beachtlich,[140] was dazu führen kann, dass entweder die unionsrechtlich intendierte Verringerung der Immissionsgrenzwerte gefährdet wird oder andere Emittentengruppen[141] stärker beschränkt werden müssen.[142] Dieses Defizit wird nun ansatzweise durch den neuen § 47 Abs. 4a S. 2 BImSchG beseitigt: Für die vom Diesel-Fahrverbot ausgenommenen nachgerüsteten Fahrzeuge soll es auf die Emissionswerte „im praktischen Fahrbetrieb" ankommen (§ 47 Abs. 4a S. 2 Nr. 2 BImSchG).[143]

Für Dieselfahrzeuge, die nur die Anforderung der Abgasnorm Euro-4 erfüllen, sowie für benzin- oder gasbetriebene Ottomotoren unterhalb der Abgasnorm Euro-3 will das BVerwG konsequenterweise keine Übergangsfristen anerkennen, weil Typgenehmigungen für diese Fahrzeuge lediglich bis zum 31.12.2010 bzw. bis zum 31.12.2000 erteilt werden durften.[144]

#### *2.4.4.5 Differenzierung nach Verursachungsbeitrag*

Nach § 47 Abs. 4 S. 1 BImSchG sind die Maßnahmen des Luftreinhalteplans entsprechend dem Verursacheranteil unter Beachtung des Grundsatzes der Verhältnismäßigkeit gegen alle Emittenten zu richten, die zum Überschreiten der Immissionswerte beitragen. Verkehrsverbote müssen also auch insoweit dem Verhältnismäßigkeitsgrundsatz Rechnung tragen, als die dadurch zu erwartenden Belastungen der Emittenten ihrem jeweiligen Verursacheranteil entsprechen müssen. Bezogen auf die $NO_2$-Belastung stellt sich die Situation so dar, dass der Verkehrsbereich hieran einen Anteil

---

140 Heinfellner/Ibesich/Lichtblau/Nagl/Schodl/Stranner, Pkw-Emissionen zwischen Norm- und Realverbrauch, S. 41 Abb. 23.

141 Vgl. dazu sogleich 2.4.4.5.

142 Näher Hofmann, NVwZ 2018, 928 (935).

143 Vgl. dazu Will, NZV 2019, 17 (25).

144 BVerwG, NVwZ 2018, 883 (890 Rn. 43) unter Bezugnahme auf die Richtlinie des Rates vom 20. März 1970 zur Angleichung der Rechtsvorschriften der Mitgliedstaaten über Maßnahmen gegen die Verunreinigung der Luft durch Emissionen von Kraftfahrzeugen (ABl. L 76 vom 06.04.1970, S. 1) in der Fassung der Richtlinie 98/77/EG der Kommission vom 2. Oktober 1998 zur Anpassung der Richtlinie 70/220/EWG des Rates zur Angleichung der Rechtsvorschriften der Mitgliedstaaten über Maßnahmen gegen die Verunreinigung der Luft durch Emissionen von Kraftfahrzeugen an den technischen Fortschritt (ABl. L 286 vom 23.10.1998, S. 34).

von rund 60 % hat. Daran sind die Diesel-Pkw mit 72,5 % beteiligt. Andere Fahrzeuge haben einen wesentlich geringeren Anteil. Busse z. B. machen im Bundesdurchschnitt nur 4 % der Emissionen des städtischen Verkehrs aus. Auch der Lkw- und Lieferverkehr ist mit rund 19 % deutlich weniger an der $NO_2$-Belastung beteiligt als die Diesel-Pkw. Entsprechendes gilt für die lokale Industrie (ca. 3 %) und die privaten Heizungen (ca. 7 %).[145] Der durch Diesel-Pkw verursachte Straßenverkehr ist also die maßgebliche Stellschraube für die $NO_2$-Belastung.[146] Daher sind solchen Maßnahmen enge Grenzen gesetzt, die etwa auf die Begrenzung der Emissionen von Kleinfeuerungsanlagen zielen.

Gleichwohl erscheint es zweifelhaft, ob sich Dieselfahrverbote, wie vom BVerwG angenommen, häufig als die „einzig geeignete Maßnahme“[147] zur Einhaltung der $NO_2$ erweisen werden. Erstens verbietet § 47 Abs. 4 S. 1 BImSchG an sich, nur gegen eine Emittentengruppe (wie etwa Dieselfahrzeughalter und -fahrer) vorzugehen. Zweitens sind Luftverunreinigungen auch nicht allein auf den Dieselverkehr zurückzuführen. Drittens schließlich gibt es vielfältige Maßnahmen, die ein Luftreinhalteplan vorsehen kann.[148]

Allerdings müssten etwaige immissionsmindernde Alternativen nach Art. 23 Abs. 1 UAbs. 2 S. 1 Richtlinie 2008/50/EG rasch wirken, was den Handlungsspielraum weiter verringert. Andere Maßnahmen wie Ausbau der Elektromobilität oder ein verbesserter ÖPNV können nicht mit der gebotenen Geschwindigkeit umgesetzt werden.[149] Vor diesem Hintergrund lässt sich aus § 47 Abs. 1 BImSchG ableiten, den Schwerpunkt der Maßnahmen auf Kraftfahrzeuge und innerhalb dieser Gruppe auf die Dieselfahrzeuge zu legen. Im Ergebnis erschiene also der Verzicht auf Fahrverbote unter Hinweis auf die Hintergrundbelastung oder Immissionsbeiträge außerhalb des Straßenverkehrs als Flucht aus der Verantwortung.[150]

---

145 UBA, Neun Fragen und Antworten zum Diesel.

146 Ähnlich Brandt, NVwZ 2018, 945 (947 f.).

147 BVerwG, NVwZ 2018, 883 (883 Leitsatz 1); NVwZ 2018, 890 (890 Leitsatz 1).

148 Scheidler, DAR 2019, 17 (21); vgl. auch Giesberts, NVwZ 2018, 1276 (1280).

149 Hofmann, NVwZ 2018, 928 (935); Klinger, ZUR 2018, 272 (275); Scheidler, DAR 2019, 17 (21).

150 Hofmann, NVwZ 2018, 928 (935).

#### 2.4.4.6 Legislative Feinsteuerung

Das Planermessen kann durch Gesetz auch hinsichtlich der Verhältnismäßigkeit gesteuert werden. Eben dies hat der Gesetzgeber mit dem seit 12. April 2019 geltenden § 47 Abs. 4a BImSchG[151] versucht. Nach § 47 Abs. 4a S. 1 BImSchG sollen Dieselverkehrsverbote in der Regel nur in Gebieten in Betracht kommen, in denen der Wert von 50 µg/m³ $NO_2$ im Jahresmittel überschritten worden ist. Außerdem nimmt § 47 Abs. 4a S. 2 BImSchG bestimmte Fahrzeuge von Verkehrsverboten aus, die auf Grundlage eines Luftreinhalteplans aus Gründen der Stickstoffdioxidbelastung in bestimmten Gebieten angeordnet worden sind. Ausnahmen gelten insbesondere für alle Fahrzeuge der Schadstoffklasse Euro-6 sowie für Fahrzeuge der Schadstoffklassen Euro-4 und Euro-5, wenn sie im praktischen Fahrbetrieb weniger als 270 µg $NO_2$ pro Kilometer ausstoßen.

§ 47 Abs. 4a S. 1 BImSchG ist freilich nicht geeignet, Verbindlichkeit und Durchschlagskraft des 40 µg-Grenzwerts zu ändern. Wird die Neuregelung dahin verstanden, dass sie den Fall erfassen möchte, in dem eine schnellstmögliche Erreichung des Jahresmittelgrenzwerts von 40 µg/m³ bereits ohne Fahrverbote möglich erscheint, ist sie redundant, weil sie bei diesem Verständnis nur die Rechtsprechung des BVerwG wiederholend umsetzt. Denn in einer solchen Situation sind Fahrverbote nicht Ultima Ratio und daher unverhältnismäßig.[152] Sollte der Gesetzgeber indessen, was nach dem Normwortlaut und den Gesetzesmaterialien[153] naheliegt, ein anderes Verständnis § 47 Abs. 4a S. 1 BImSchG zugrunde gelegt haben, und zwar in dem Sinn, dass schon bei Erreichung von Jahresmittelgrenzwerten bis einschließlich 50 µg/m³ regelmäßig Fahrverbote aus dem Spektrum möglicher Maßnahmen ausgeblendet werden und sie nur bei zusätzlichen atypischen Umständen ermöglicht werden sollten, läge hierin ein klarer Verstoß gegen den Vorrang des Unionsrechts.[154] Offensichtlich handelt es sich also bei § 47 Abs. 4a S. 1 BImSchG um einen Fall rein symbolischer Gesetzgebung.

---

151 Vgl. Art. 2 i. V. m. Art. 1 des 13. Gesetzes zur Änderung des Bundes-Immissionsschutzgesetzes vom 8. April 2019 (BGBl. I S. 432).

152 VGH Mannheim, Urteil vom 18.03.2019 –10 S 1977/18 –, Rn. 74 (juris).

153 BT-Drs. 19/6335, S. 9.

154 VGH Mannheim, Urteil vom 18.03.2019 –10 S 1977/18 –, Rn. 81 (juris); VG Berlin, Urteil vom 09.10.2018 - 10 K 207.16, Rn. 74; - juris VG Köln, Urteil vom 08.11.2018 - 13 K 6684/15 - juris Rn. 34; VG Gelsenkirchen, Urteil vom 15.11.2018 - 8 K 5068/15 - juris Rn. 120; Laskowski, ZRP 2019, 44 (48); Quarch, SVR 2019, 18 (23); Will, NZV 2019, 17 (24).

§ 47 Abs. 4a S. 2 BImSchG bringt immerhin – soweit Euro-4-/5-Kraftfahrzeuge betroffen sind, eine Anknüpfung an reale Emissionswerte, dürfte aber kaum mit den unionsrechtlichen Vorgaben vereinbar sein, wenn die Einbeziehung dieser Fahrzeuge in Verkehrsverbote erforderlich ist, um die $NO_2$-Grenzwerte schnellstmöglich einzuhalten.[155]

### 3. *Entschädigung*

Das BVerwG hat klargestellt, dass es keinerlei Entschädigungsregelungen der Fahrzeugeigentümer bedarf. Bei einer verhältnismäßigen Einschränkung der Nutzungsmöglichkeit eines Kraftfahrzeugs durch Fahrverbote handele es sich vielmehr um eine vom jeweiligen Eigentümer entschädigungslos hinzunehmende Inhaltsbestimmung des Eigentums i. S. d. Art. 14 Abs. 1 S. 2 GG.[156] Die weiteren Ausführungen des BVerwG, dass die vereinzelten Fahrverbote nicht zu einem Zusammenbruch des Gebrauchtwagenmarktes führen werden,[157] lassen freilich eine gewisse Ferne zu den tatsächlichen Entwicklungen erkennen. Richtig ist zwar, dass der Erlass von Fahrverboten den Gebrauchtwagenmarkt für Dieselfahrzeuge wohl nicht erheblich weiter beeinträchtigen wird. Dennoch hat schon die Diskussion über die Einführung solcher Fahrverbote zu unbestreitbaren und erheblichen Wertverlusten gebrauchter Dieselfahrzeuge geführt.[158]

### 4. *Rechtsschutz*

#### 4.1 *Luftreinhaltung*

Die Entwicklung des Unionsrechts ist von Anfang an von der Tendenz geprägt gewesen, durch eine großzügige Anerkennung subjektiver Rechte die Bürgerinnen und Bürger auch für die dezentrale Durchsetzung des Unionsrechts auf nationaler Ebene zu mobilisieren. Der Bürger hat damit zugleich – bezogen auf das objektive Interesse an einer Sicherung der praktischen Wirksamkeit und der Einheit des Unionsrechts – eine prokuratori-

155 Will, NZV 2019, 17 (25 f.); noch kritischer Laskowski, ZRP 2019, 44 (47 f.).
156 BVerwG, NVwZ 2018, 883 (888 Rn. 48); NVwZ 2018, 890 (892 Rn. 45).
157 BVerwG, NVwZ 2018, 883 (888 Rn. 50); NVwZ 2018, 890 (892 Rn. 47).
158 Krämer-Hoppe, DVBl. 2018, 1552 (1555).

sche Rechtsstellung inne.[159] Entgegen seiner früheren Spruchpraxis hat das BVerwG dies im Gefolge des Janecek-Urteils des EuGH[160] inzwischen auch anerkannt und räumt in ihrer Gesundheit beeinträchtigten natürlichen Personen einen gerichtlich durchsetzbaren Anspruch auf Aufstellung bzw. Ergänzung eines Luftreinhalteplans ein.[161] Daher ist auch ein Anspruch auf Aufnahme von Dieselfahrverboten in Luftreinhaltepläne einklagbar.[162]

Wegen Art. 23 Richtlinie 2008/50 folgt aus § 47 Abs. 1 BImSchG unter bestimmten Voraussetzungen auch für unmittelbar betroffene juristische Personen ein prokuratorisches, auf die Einhaltung des Luftqualitätsrechts gerichtetes Klagerecht.[163] Dies ergibt sich für die nach § 3 des Umwelt-Rechtsbehelfsgesetzes (UmwRG)[164] anerkannten Umweltverbände, wie der Deutschen Umwelthilfe (DUH), aus § 2 Abs. 1 UmwRG i. V. m. § 1 Abs. 1 S. 1 Nr. 4, S. 2 UmwRG.[165] Außerdem besteht ein solches Klagerecht z. B. auch für Unternehmen, die im Interesse der Gesundheit ihrer Mitarbeiter den Erlass von Luftreinhalteplänen verlangen können.[166]

Der Anspruch ist im Wege der allgemeinen Leistungsklage vor den Verwaltungsgerichten zu verfolgen.[167]

### *4.2 Mobilität*

Zwar kann unter bestimmten Voraussetzungen gegenüber den Luftreinhalteplänen Rechtsschutz entweder im Wege eines Normenkontrollantrags nach § 47 der Verwaltungsgerichtsordnung (VwGO) oder mit einer allgemeinen Feststellungsklage nach § 43 VwGO gesucht werden. Im Regelfall dürfte insoweit allerdings die erforderliche Antrags- bzw. Klagebefugnis fehlen, da sich eine relevante Beeinträchtigung der Interessen bzw. Rechte

159 BVerwG, NVwZ 2014, 64 (67 Rn. 46).
160 EuGH, C-237/07, ECLI:EU:C:2008:447 – Janecek.
161 Vgl. BVerwG, NVwZ 2014, 64 (67 Rn. 41).
162 Scheidler, VR 2018, 289 (291 f.).
163 Jarass, Bundesimmissionsschutzgesetz, § 47 Rn. 61a.
164 Gesetz über ergänzende Vorschriften zu Rechtsbehelfen in Umweltangelegenheiten nach der EG-Richtlinie 2003/35/EG (Umwelt-Rechtsbehelfsgesetz - UmwRG), in der Fassung der Bekanntmachung vom 23. August 2017 (BGBl. I S. 3290), zuletzt geändert durch Art. 4 des Gesetzes vom 17. Dezember 2018 (BGBl. I S. 2549).
165 BVerwG, NVwZ 2014, 64 (68 Rn. 47 ff.); Scheidler, VR 2018, 289 (291); kritisch Pagenkopf, NVwZ 2019, 185 (192 f.).
166 BVerwG, NVwZ 2014, 64 (68 Rn. 45ff.).
167 Scheidler, VR 2018, 289 (291 f.).

der Betroffenen erst durch die in Vollzug des Luftreinhalteplans umgesetzten Einzelmaßnahmen (hier: die Verkehrsverbote) ergibt.[168]

Die Verkehrsverbote können wegen ihrer Eigenschaft als belastende Verwaltungsakte mit einer Anfechtungsklage nach § 42 Abs. 1 Alt. 1 VwGO angegriffen werden. Inzident könnte hierbei auch die Rechtmäßigkeit des Luftreinhalteplans geprüft werden. Will ein Betroffener eine ihm individuell zu erteilende Ausnahme nach § 40 Abs. 1 S. 2 BImSchG i. V. m. § 1 Abs. 2 der 35. BImSchV durchsetzen, wäre (nach Ablehnung eines entsprechenden Antrags) insoweit eine Verpflichtungsklage nach § 42 Abs. 1 Alt. 2 VwGO zu erheben.[169]

### *4.3 Messstationen*

Alle Betroffenen können vor den Verwaltungsgerichten überprüfen lassen, ob die Standortwahl von Messstationen und das gewählte Messverfahren den unionsrechtlichen Vorgaben entspricht, und wenn das nicht der Fall sollte, auf das Ergreifen entsprechender behördlicher Maßnahmen klagen. Eine gerichtliche Überprüfung kann dabei in beide Richtungen gehen, sowohl als Überprüfung der Behauptung, Messstellen seien nicht korrekt und in einer Weise aufgestellt, dass die Messwerte unzulässig niedrig ausfallen, als auch im Gegenteil, sie produzierten zu hohe Werte.[170]

## *5. Durchsetzung*

### *5.1 Unionale Ebene*

Die EU-Kommission kann vor dem EuGH ein förmliches Vertragsverletzungsverfahren einleiten, wenn ein Mitgliedstaat einen mutmaßlichen Verstoß gegen das EU-Recht nicht behebt (Art. 260 AEUV). Von dieser Möglichkeit hat die Kommission Gebrauch gemacht und am 11. Oktober 2018 beantragt festzustellen, dass die Bundesrepublik Deutschland gegen ihre Verpflichtung aus Art. 13 Abs. 1 i. V. m. Anhang XI der Richtlinie

168 BVerwG, NVwZ 2012, 1175 (1176 Rn. 10); Burgi/Pöhlmann, GewArch 2018, 361 (365); Jarass, Bundesimmissionsschutzgesetz, § 47 Rn. 60.

169 Vgl. Burgi/Pöhlmann, GewArch 2018, 361 (365); Cancik, ZUR 2011, 283 (286 f.).

170 Hofmann, Anmerkung, ZUR 2019, 367 (369).

2008/50/EG dadurch verstoßen hat, dass der Jahresgrenzwert für NO2 in 26 zur Beurteilung und Kontrolle der Luftqualität festgelegten Gebiete und der Stundengrenzwert für NO2 in zweien dieser Gebiete seit 2010 systematisch und fortdauernd überschritten wurden. Außerdem hat die Kommission beantragt festzustellen, dass die Bundesrepublik Deutschland seit dem 11. Juni 2010 in diesen 26 Gebieten ihren Verpflichtungen aus Art. 23 Abs. 1 UAbs. 2 und 3 i. V. m. Anhang XV der Abschnitt A Richtlinie ihrer Verpflichtung, den Zeitraum der Nichteinhaltung so kurz wie möglich zu halten, nicht nachgekommen ist.[171] Der EuGH wird aller Wahrscheinlichkeit nach die beantragten Feststellungen treffen.[172]

### *5.2 Nationale Ebene*

Die innerdeutsche Durchsetzungsproblematik ist vor dem Hintergrund der beharrlichen Weigerung des Freistaats Bayern, das Urteil des Verwaltungsgerichts München vom 9.10.2012, den für München geltenden Luftreinhalteplan so zu ändern, dass dieser die erforderlichen Maßnahmen zur schnellstmöglichen Einhaltung der Immissionsgrenzwerte enthält, umzusetzen,[173] aktuell geworden. Die festgesetzten und vollstreckten Zwangsgelder haben nur zu Umschichtungen im Landeshaushalt geführt, wohingegen der $NO_2$-Jahresgrenzwert von 40 µg/m³ nach wie vor überschritten wird.

Daher stellt sich die Frage, ob auch Zwangshaft gegenüber den Handlungsverpflichteten angeordnet und damit das „eklatant rechtsstaatswidrige Verhalten“ der Bayerischen Staatsregierung[174] beendet werden kann. Nach Ansicht des BayVGH bedarf es hierfür einer Klärung durch den EuGH. Zwar obliege es nach dem EuGH den Gerichten des Mitgliedstaates, „gegenüber der nationalen Behörde jede erforderliche Maßnahme, wie eine Anordnung, zu erlassen, damit diese Behörde den nach der Richtlinie erforderlichen Plan gemäß den in der Richtlinie vorgesehenen Bedingungen erstellt.“[175] Durch dieses Urteil sei jedoch nicht geklärt worden, ob die Anordnung von Haft gegen Amtsträger der Exekutive dann zu den gebotenen Maßnahmen gehöre, wenn das nationale Recht hierfür zwar eine

---

171 C-635/18 – Europäische Kommission/Bundesrepublik Deutschland.

172 Vgl. zu den möglichen Folgen näher Hofmann, NVwZ 2018, 928 (936 ff).

173 Vgl. zum Sachverhalt BayVGH, ZUR 2019, 108 (109 f.); Klinger, ZUR 2018, 272 (274); Kring, NVwZ 2019, 23 (24 f.).

174 Klinger, ZUR 2018, 272 (274).

175 EuGH, C-404/13, ECLI:EU:C:2014:2382, Rn. 58.

ihrem Wortlaut nach ausreichende Rechtsgrundlage, nämlich (§ 167 Abs. 1 S. 1 VwGO i. V. m) § 888 der Zivilprozessordnung (ZPO), zur Verfügung stelle, diese Norm jedoch weder in der Vergangenheit dazu bestimmt war noch in der Gegenwart dazu bestimmt ist, den Gerichten die Befugnis zu verleihen, Zwangshaft gegen Amtsträger zu verhängen. Als klärungsbedürftig müsse diese Frage umso mehr angesehen werden, als auch Art. 6 GRCh – nicht anders als Art. 2 Abs. 2 S. 2 GG – dem Einzelnen ein Recht auf Freiheit verleihe und eine Einschränkung dieses Rechts nach Art. 52 Abs. 1 S. 1 GRCh – wiederum nicht anders als nach Art. 2 Abs. 2 S. 3 und Art. 104 Abs. 1 S. 1 GG – einer gesetzlichen Grundlage bedürfe.[176] Nach anderer Auffassung lässt sich die Verhängung der Zwangshaft durchaus auf § 888 ZPO stützen, so dass dessen unionskonforme Auslegung des deutschen Prozessrechts gar nicht erforderlich sei, zumal auch Art. 19 Abs. 4 GG die effektive Durchsetzung gerichtlicher Entscheidungen und die entsprechende effektive Anwendung des Prozess- und Vollstreckungsrechts durch die Richter gebiete.[177] Mögliche Adressaten einer Zwangshaft wären jedenfalls der Bayerische Ministerpräsident, der Bayerische Staatsminister für Umwelt und Verbraucherschutz, der Regierungspräsident der Regierung von Oberbayern, der Regierungsvizepräsident, der Abteilungsleiter der Regierung von Oberbayern sowie der Sachgebietsleiter der Abteilung der Regierung.[178]

Unabhängig hiervon könnte die Bundesregierung auch im Wege der Rechtsaufsicht nach Art. 83 Abs. 3 und 4 GG gegen den Freistaat Bayern vorgehen.[179] Das ist freilich derzeit nur eine theoretische Option.

### 6. *Aporien*

Luftreinhalteplanung in Deutschland beruht auf unionsrechtlichen Vorgaben, die lange Zeit nur zögerlich umgesetzt wurden.[180] Dies hat sich weitgehend geändert. Die deutschen Verwaltungsgerichte nehmen das vom EuGH formulierte Konzept der Ergebnisverpflichtung[181] inzwischen überaus ernst und sind bereit, auch Verkehrsverbote für Dieselfahrzeuge als rechtmäßig zu qualifizieren, sofern sie sich als die einzig geeigneten Maß-

---

176 BayVGH, ZUR 2019, 108 (112 ff.).
177 Kring, NVwZ 2019, 23 (25 ff.).
178 BayVGH, ZUR 2019, 108 (114 f.).
179 Vgl. Kring, NVwZ 2019, 23 (28).
180 Vgl. zu den Ursachen z. B. Kümmel, NVwZ 2018, 894 (894).
181 Vgl. oben 1.1.8.

nahmen zur schnellstmöglichen Einhaltung überschrittener $NO_2$-Grenzwerte erweisen. Ohne Bedeutung ist insofern, ob die Grenzwerte nur minimal überschritten werden. Keine Rolle spielt auch, dass die drastische Reduzierung des $NO_2$-Ausstoßes von Dieselfahrzeugen den effizientesten und – im Vergleich zu Verkehrsverboten – zugleich deutlich weniger stark in Freiheitsrechte Betroffener eingreifenden Lösungsansatz darstellen würde. Die unionsrechtlichen Luftqualitätsziele übertrumpfen in der verwaltungsgerichtlichen Spruchpraxis also häufig das Grundrecht auf Mobilität, obwohl isolierte Fahrverbote vor dem Hintergrund alternativer Instrumente zur Luftreinhaltung zu den gesundheitlich wenig sinnvollen Maßnahmen zählen.[182]

Damit werden die Inhaber und Fahrer von Dieselfahrzeugen zwar Opfer des Versagens der politischen Klasse, wirksame Maßnahmen, wie etwa Nachrüstungspflichten, zu Lasten der Hersteller zu ergreifen, was einen Dieselskandal zweiter Ordnung darstellt. Doch lässt die unionsrechtlich determinierte Binnenlogik der Luftreinhalteplanung trotz der gegenläufigen Wirkung des Verhältnismäßigkeitsgrundsatzes meist kein anderes, und damit – zumindest aus Sicht der von Fahrverboten Betroffenen – ungerechtes Ergebnis zu. Praktisch-politische Abhilfe lässt sich, wie bereits in einigen Städten geschehen, freilich auch durch einen intelligenten Maßnahmenmix in Luftreinhalteplänen bewirken.

Der jüngste Versuch des deutschen Gesetzgebers, dem Grundsatz der Verhältnismäßigkeit ein stärkeres Gewicht zu verleihen, ist dagegen wenig hilfreich, da er mit den unionsrechtlichen Vorgaben nicht in Einklang stehen dürfte oder jedenfalls redundanten Charakter hat.[183]

Sollten die in Deutschland besonders unpopulären Eingriffe in den Straßenverkehr durch Fahrverbote vermieden werden, wäre auf unionaler Ebene anzusetzen. Dann müssten die – offenbar auf eine deutsche Idee zurückgehenden[184] – $NO_2$-Grenzwerte auf den Prüfstand gestellt werden. Ohnehin ist es unter legitimatorischen Gesichtspunkten fragwürdig, warum sich der Unionsgesetzgeber bei diesen nicht rein naturwissenschaftlich ableitbaren, sondern auch politisch konnotierten[185] Grenzwerten so stark

182 So ausdrücklich Deutsche Akademie der Naturforscher Leopoldina e. V., Saubere Luft, S. 8.

183 Vgl. oben 2.4.4.6.

184 Vgl. Nienhaus, DIE ZEIT, 2019, 21 (21).

185 Vgl. Cyrys/Hoffmann (in diesem Band), unter 5.

an die weltweite Anwendbarkeit beanspruchenden und daher undifferenzierten WHO-Richtwerte bindet.[186]

Darüber hinaus sollten sich die relevanten politischen Entscheidungsträger darüber klar werden, dass mit der Festlegung von $NO_2$-Grenzwerten auch ein *innerökologischer Zielkonflikt* zwischen Klimaschutz- und Luftreinhaltepolitik entschieden wird. Denn die Emission von $NO_x$ hat bisher wahrscheinlich zu einer Abkühlung der Erdoberfläche beigetragen.[187] Dies könnte die Annahme nahelegen, dass es klimapolitisch an sich erforderlich ist, die Erhöhung der $NO_2$-Grenzwerte auf die umweltpolitische Agenda zu setzen. Denn der Klimawandel gilt als größte Gefährdung der Gesundheit im 21. Jahrhundert.[188] In der Konsequenz würde freilich der durch Maßnahmen der Luftreinhaltung bewirkte Gesundheitsschutz auf dem Altar der Klimapolitik geopfert, was wiederum nicht zuletzt die Frage nach dem Umfang der Grundrechtsbindung umweltrechtlicher Maßnahmen evozierte.

Ohne eine mehrdimensionale Opfermetaphorik lässt sich dem Thema also nicht beikommen. Oder anders gewendet: Bei näherer Betrachtung weist das Konzept des Gesundheitsschutzes durch Luftreinhalteplanung in ihrer jetzigen Gestalt zwei blinde Flecken auf, einen akzidentiellen und einen systemischen. Hätte es Dieselgate nicht gegeben, wären wohl Fahrverbote ausgeblieben. Millionen Eigentümer von Diesel-Pkws müssten sich nicht als Opfer von unlauterer Industrie und ignoranter Politik fühlen. Schwerer als dieser letztlich kontingente Faktor wiegt indes der Umstand, dass Gesundheitsschutz durch Luftreinhalteplanung klimaschutzpolitische Maßnahmen konterkariert. Zwar hat dieses Konzept maßgeblich dazu beigetragen, die Schadstoffbelastungen der Außenluft in den letzten Jahren kontinuierlich zu verringern,[189] und damit seine Leistungsfähigkeit als wirksames Instrument zur Durchsetzung von Luftqualitätszielen nachdrücklich unter Beweis gestellt. Doch dienen Maßnahmen zur Bekämpfung des Klimawandels auch dem Gesundheitsschutz. Diese der Umwelt- und Gesundheitspolitik inhärente Aporie lässt sich nicht auflösen. So bleibt als Klugheitsgebot humaner Governance nur eine Optimierung der widerstreitenden Politikziele im Wege praktischer Konkordanz.

---

186 Unabhängig hiervon leuchtet ebenso wenig ein, warum ausgerechnet die wissenschaftlich unumstrittenen Feinstaub-Richtwerte der WHO keinen Eingang in die Richtlinie 2008/50/EG gefunden haben, vgl. die Darstellung bei Cyrys/Hoffmann (in diesem Band), unter 1.

187 IPCC, WG 1, Naturwissenschaftliche Grundlagen, S. 11.

188 Watts/Amann/Arnell et al., Lancet (392) 2018, 2479 (2482).

189 Vgl. dazu Cyrys/Hoffmann (in diesem Band), unter 3.

## *Literatur*


*Borowsky, M* (2014): In: Meyer, J (Hg.): Charta der Grundrechte der Europäischen Union. 4. Auflage. Baden-Baden: Nomos Verlagsgesellschaft. (zitiert als: Borowsky, in: Charta der Grundrechte der Europäischen Union).

*Brandt, A* (2018): Luftreinhalteplanung und ihre Umsetzung. In: NVwZ 2018, S. 945-949. (zitierte als: Brandt, NVwZ 2018, 945).

*Burgi, M/Pöhlmann, M* (2018): Diesel-Verkehrsverbote mit Einschränkungen und Ausnahmen für Handwerker. In: GewArch 2018, S. 361-365. (zitiert als: Burgi/Pöhmann, GewArch 361).

*Callies, C* (2001): Rechtsstaat und Umweltstaat. Tübingen: Mohr Siebeck Verlag. (zitiert als: Callies, Rechtsstaat und Umweltstaat).

*Cancik, P* (2011): Europäische Luftreinhalteplanung – zur zweiten Phase der Implementation. In: ZUR 2011, S. 283-295 (zitiert als: Cancik, ZUR 2011, 283.).

*Deutsche Akademie der Naturforscher Leopoldina e. V. – Nationale Akademie der Wissenschaften* (Hg.) (2019): Saubere Luft. Stickstoffoxide und Feinstaub in der Atemluft: Grundlagen und Empfehlungen. April 2019. (zitiert als: Deutsche Akademie der Naturforscher Leopoldina e. V., Saubere Luft).

*Durner, W* (2012): In: Maunz, T/Dürig, D: Grundgesetz-Kommentar. 66. EL. Stand August 2012. München: Verlag C.H. Beck. (zitiert als: Durner, in: Grundgesetz-Kommentar).

*Faßbender, K* (2017): Der Dieselskandal und der Gesundheitsschutz. Zugleich ein Beitrag zur Zulässigkeit von Fahrverboten für Dieselfahrzeuge. In: NJW 2017, S. 1995-2001. (zitiert als: Faßbender, NJW 2017, 1995).

*Franzius, C* (2018): Dieselfahrverbote: Ein Lob dem 7. Senat. In: NuR 2018, S. 433-436. (zitiert als: Franzius, NuR 2018, 433).

*Führ, M* (2017): Der Dieselskandal und das Recht. Ein Lehrstück zum technischen Sicherheitsrecht. In: NVwZ 2017, S. 265-273. (zitiert als: Führ, NVwZ 2017, 265).

*Giesberts, L* (2018): „Diesel-Fahrverbote" ausnahmsweise möglich!, In: NVwZ 2018, S. 1276-1280. (zitiert als: Giesberts, NVwZ 2018, 1276).

*Greszick, B* (2006): In: Maunz, T/Dürig, D: Grundgesetz-Kommentar. 48. EL. Stand November 2006. München: Verlag C.H. Beck. (zitiert als: Greszick, in: Grundgesetz-Kommentar).

*Hansmann, K/Röckinghausen, M* (2010): In: Landmann/Rohmer, Umweltrecht. 60. EL. Stand September 2010. München: Verlag C.H. Beck. (zitiert als: Hansmann/Röckinghausen, in: Umweltrecht).

*IPCC*, 2013/2014 (2016): Klimaänderung 2013/2014: Zusammenfassungen für politische Entscheidungsträger. Beiträge der drei Arbeitsgruppen zum Fünften Sachstandsbericht des Zwischenstaatlichen Ausschusses für Klimaänderungen (IPCC). WG 1, Naturwissenschaftliche Grundlagen. Bonn, Wien, Bern. URL: https://www.de-ipcc.de/media/content/AR5-WGI_SPM.pdf. (zitiert als: IPCC, WG 1, Naturwissenschaftliche Grundlagen).

*Jonson, J E/Borken-Kleefeld J/Simpson, D/Nyiri, A/Posch, M/Heyes, C* (2017), Impact of excess $NO_x$ emissions from diesel cars on air quality, public health and eutrophication. In: Europe Environ. Res. Lett. 2017, Volume 12, 094017, https://doi.org/10.1088/1748-9326/aa8850. (zitiert als: Jonson/Borken-Kleefeld/Simpson/Nyiri/Posch/Heyes, Environ. Res. Lett. 2017).

*Heinfellner, H/Ibesich, N/Lichtblau, G/Nagl, C/Schodl, B/Stranner, G* (2015): Pkw-Emissionen zwischen Norm- und Realverbrauch. Wien: Kammer für Arbeiter und Angestellte für Wien. (zitiert als: Heinfellner/Ibesich/Lichtblau/Nagl/Schodl/Stranner, Pkw-Emissionen zwischen Norm- und Realverbrauch).

*Helmers, E/Leitao, J/Tietge, U/Butler, T* (2019): CO2-equivalent emissions from European passenger vehicles in the years 1995–2015 based on real-world use: Assessing the climate benefit of the European "diesel boom". In: Atmospheric Environment 2019, Volume 198, S. 122-132. (zitiert als: Helmers/Leitao/Tietge/Butler, Atmospheric Environment 2019, 122).

*Hoffmann, B/Schneider, A/Hornberg, C* (2017): Gesundheitliche Bewertung von NOx-Emissionen aus Dieselfahrzeugen - Kurzstellungnahme. URL: https://www.uni-duesseldorf.de/home/fileadmin/redaktion/Oeffentliche_Medien/Presse/Pressemeldungen/Dokumente/Kurzstellungnahme_Experten_Umweltepidemiologie.pdf; 30.6.2017. (zitiert als: Hoffmann/Schneider/Hornberg, Gesundheitliche Bewertung von NOx-Emissionen aus Dieselfahrzeugen).

*Hofmann, E* (2018): Luftreinhalteplanung und ihre Umsetzung. Das schwierige Verhältnis des deutschen Immissionsschutzrechts zum europäischen Luftqualitätsrecht. In: NVwZ 2018, S. 928-937. (zitiert als: Hofmann, NVwZ 2018, 928).

*Hofmann, E* (2019): Anmerkung zu EuGH: Schlussanträge der Generalanwältin Kokott in der Rechtssache EUGH Aktenzeichen C-723/17 (Lies Craeynest u. a. gegen Brussels Hoofdstedelijk Gewest u. a.). In: ZUR 2019, S. 367-370. (zitiert als: Hofmann, Anmerkung, ZUR 2019, 367).

*Jarass, HD* (2017): Bundesimmissionsschutzgesetz. Kommentar unter Berücksichtigung der Bundes-Immissionsschutzverordnungen, der TA Luft sowie der TA Lärm. 12. Auflage. München: Verlag C.H. Beck. (zitiert als: Jarass, Bundesimmissionsschutzgesetz).

*Kekulé, A* (2018): Hysterie ums Falsche. Der Grenzwert 40 Mikrogramm für das Auspuffgas Stickstoffdioxid ist aus der Luft gegriffen. URL: https://www.zeit.de/2018/46/stickstoffdioxid-grenzwert-eu-dieselskandal-who-hysterie; 8.11.2018. (zitiert als: Kekulé, Hysterie ums Falsche).

*Kekulé, A* (2019): Teufel oder Beelzebub. URL: https://www.faz.net/aktuell/politik/inland/wie-die-politik-die-deutschen-in-die-diesel-falle-gesteuert-hat-16117434.html; 1.4.2019. (zitiert als: Kekulé, Teufel oder Beelzebub).

*Klinger, R* (2018): Luftreinhalteplanung und Verwaltungsrechtsschutz: Rechtsanspruch, Vollstreckung, Dieselfahrverbote. In: ZUR 2018, S. 272-277. (zitiert als: Klinger, ZUR 2018, 272).

*Kotulla, M* (2018): Umweltrecht. Grundstrukturen und Fälle. 7. Auflage. Stuttgart: Richard Boorberg Verlag. (zitiert als: Kotulla, Umweltrecht).

*Köck, W/Lehmann, K* (2013): Die Entwicklung des Luftqualitätsrechts. In: ZUR 2013, S. 67-75. (zitiert als: Köck/Lehmann, ZUR 2013, 67).

*Krämer-Hoppe, R* (2018): Anmerkung zu BVerwG, Urt. v. 27.02.2018 – 7 C 30.17 und BVerwG, Urt. v. 27.02.2018 – 7 C 26.16, Dieselfahrverbote: Rechtliche Zulässigkeit, der Weg dorthin und der Weg vorwärts. In: DVBl. 2018, S. 1552-1563. (zitiert als: Krämer-Hoppe, DVBl. 2018, 1552).

*Kring, J* (2019): Die Zwangsvollstreckung von Gerichtsurteilen gegenüber der öffentlichen Hand – Zwangshaft für Behördenleiter?. In: NVwZ 2019, S. 23-28. (zitiert als: Kring, NVwZ 2019, 23).

*Kümmel, D* (2018): Anmerkung. In: NVwZ 2018, S. 894-895. (zitiert als: Kümmel, NVwZ 2018, 894).

*Lang, H* (2019): In: Epping, V/Hillgruber, C (Hg.): BeckOK Grundgesetz. 40. Edition. Stand 15.2.2019. München: Verlag C.H. Beck. (zitiert als: Lang, in: BeckOK Grundgesetz).

*Laskowski, SR* (2019): Beschränkung von Fahrverboten unionsrechtskonform? In: ZRP 2019, 44-48 (zitiert als: Laskowski, ZRP 2019, 44).

*Mielke, C* (2018): In: Koch, HJ/Hofmann, E/Reese, M (Hg.): Handbuch Umweltrecht. 5. Auflage. München: Verlag C.H. Beck. (zitiert als: Mielke, in: Handbuch Umweltrecht).

*Nienhaus, L* (2019): Europa bei der Arbeit. In: DIE ZEIT, 11. April 2019, S. 21-22 (zitiert als: Nienhaus, DIE ZEIT, 2019, 21).

*Pagenkopf, M* (2019): „Demobilisierung der Städte" – Frage der Grenzen für die Rechtsprechung. In: NVwZ 2019, S. 185-194. (zitiert als: Pagenkopf, NVwZ 2019, 185).

*Papier, H-J* (2002): Grundrechtsschutz für Verkehrsteilnehmer. In: DAR 2002, S. 532-539. (zitiert als: Papier, DAR 2002, 532).

*Quarch, BM* (2019): Leipzig locuta, causa finita? Verkehrsverbote für Dieselfahrzeuge nach der aktuellen Rechtsprechung der Verwaltungsgerichte und den Gesetzesentwürfen. In: SVR 2019, S. 18-24. (zitiert als: Quarch, SVR 2019, 18).

*Rebler, A* (2018): Die Rechtsprechung des Bundesverwaltungsgerichts zu Verkehrsverboten für Diesel-Kfz (Urt. v. 27.02.2018 – 7 C 26.16). In: BWV 2018, S. 176-180 (zitiert als: Rebler, BWV 2018, 176).

*Rebler, A* (2019): Die Rechtsprechung des BVerwG zu Verkehrsverboten für Diesel-Kfz – kritische Anmerkungen aus verkehrsrechtlicher Sicht. In: UPR 2019, S. 7-12. (zitiert als: Rebler, UPR 2019, 7).

*Reusch, P/Neumann, M* (2018): Der Abgasskandal – Eine schematische und inhaltliche Analyse emissionsrechtlicher Bestimmungen in der europäischen Union und Deutschland. In: InTeR 2018, S. 188-195. (zitiert als: Reusch/Neumann, InTeR 2018, 188).

*Scheidler, A* (2018): Rechtsgrundlagen und Voraussetzungen für Dieselfahrverbote in Deutschland. In: UPR 2018, S. 287-291. (zitiert als: Scheidler, UPR 2018, 287).

*Scheidler, A* (2019): Dieselfahrverbote – aktuelle Entwicklungen in Rechtsprechung und Gesetzgebung. In: DAR 2019, S. 17-23. (zitiert als: Scheidler, DAR 2019, 17).

*Scheidler, A* (2018): Einklagbarkeit von Dieselverkehrsverboten. In: VR 2018, S. 289-294. (zitiert als: Scheidler, VR 2018, 289).

*Schenk, R* (2018): Dieselfahrzeuge raus aus den Städten? Das Urteil des BVerwG. In: jM 2018, S. 202-207. (zitiert als: Schenk, jM 2018, 202).

*Schmidt, R/Kahl, W/Gärditz, KF* (2017): Umweltrecht. 10. Auflage. München: Verlag C.H. Beck. (zitiert als: Schmidt/Kahl/Gärditz, Umweltrecht).

*Senders, J* (2019): Zweifel an Grenzwerten im Luftqualitätsrecht – Die rechtliche Perspektive. URL: https://www.juwiss.de/14-2019; 6.2.2019. (zitiert als: Senders, Zweifel an Grenzwerten im Luftqualitätsrecht).

*Umweltbundesamt* (2017): Ergänzung der Bewertung zu marktverfügbaren fahrzeugseitigen NOx-Nachrüsttechnologien und Bewertung der Nachbesserung. URL: https://www.umweltbundesamt.de/dokument/ergaenzung-der-bewertung-zu-marktverfuegbaren; 27.8.2017. (zitiert als: UBA, Ergänzung der Bewertung zu marktverfügbaren fahrzeugseitigen NOx-Nachrüsttechnologien und Bewertung der Nachbesserung).

*Umweltbundesamt* (2018): Neun Fragen und Antworten zum Diesel. URL: https://www.umweltbundesamt.de/themen/neun-fragen-antworten-diesel; 2.10.2018. (zitiert als: UBA, Neun Fragen und Antworten zum Diesel).

*U.S. EPA* (2016): Integrated Science Assessment for Oxides of Nitrogen – Health Criteria. Final Report 2016. S. 1-49. (zitiert als: U.S. EPA, Final Report 2016, S. 1-49).

*Watts, N/Amann, M/Arnell, N et al.* (2018), The 2018 report of the *Lancet* Countdown on health and climate change: shaping the health of nations for centuries to come, Lancet (392) 2018, S. 2479-2514).

*WHO – World Health Organization* (2019): Global Health Risks. Mortality and burden of disease attributable to selected major risks. Genf: WHO Press. (zitiert als: WHO, Gobal Health Risks).

*WHO – World Health Organization* (2019): World Health Organization – Ten threats to global health in 2019. URL: https://www.who.int/emergencies/ten-threats-to-global-health-in-2019. (zitiert als: WHO, Ten threats to global health in 2019).

*WHO – World Health Organization* (2018): Ambient (outdoor) air quality and health. URL: https://www.who.int/news-room/fact-sheets/detail/ambient-(outdoor)-air-quality-and-health; 2.5.2018. (zitiert als: WHO, Ambient (outdoor) air quality and health.).

*Will, M* (2019): Neues zu den sog. Diesel-Fahrverboten. In: NVZ 2019, S. 17-27. (zitiert als: Will, NVZ 2019, 17).

*Will, M* (2019): Das Frankfurt-Urteil des VG Wiesbaden und die Verhältnismäßigkeit zonaler Verkehrsverbote. In: NVwZ 2019, S. 263-270. (zitiert als: Will, NVwZ 2019, 263).

*Winkler, D/Zeccola, M/Willing, C* (2019): Die Folgen eines legislativen und exekutiven Vakuums am Beispiel der Fahrverbots-Rechtsprechung. In: DVBl. 2019, S. 79-86. (zitiert als: Winkler/Zeccola/Willing, DVBl. 2019, 79).

## Urteile, Richtlinien u. a.

Bundesverwaltungsgericht Pressemitteilung vom 27.2.2018 – Nr. 9/2018.
Deutscher Bundestag, Drucksache 19/5054.
Deutscher Bundestag, Drucksache 14/8450.
Deutscher Bundestag, Drucksache 11/6633.
Deutscher Bundestag, Drucksache 16/2494.
Deutscher Bundestag, Drucksache 18/12900.
Bayerischer Landtag, Drucksache 7/11092.
Bundesrat, Drucksache 819/07.
Richtlinien 1996/62/EG; 1999/30/EG; 2000/69/EG; 2002/3/EG; 2008/50/EG.
EuG, Urt. v. 11.9. 2002 – T-13/99, ECLI:EU:T:2002:209 – Pfizer Animal Health/Rat.
EuGH, Urt. v. 22.2.2018 – C-336/16, ECLI:EU:C:2018:94 – Kommission/Polen.
EuGH, Urt. v. 25.7.2008 – C-237/07, ECLI:EU:C:2008:447 – Janecek.
EuGH, Urt. v. 19.11.2014 – C-404/13, ECLI:EU:C:2013:805 – ClientEarth.
EuGH, Urt. v. 19.12.2012 – C-68/11, ECLI:EU:C:2012:815 – Kommission/Italien.
EuGH, Urt. v. 5.4.2017 – C-488/15, ECLI:EU:C:2017:267 – Kommission/Bulgarien.
EuGH, Urt. v. 26.6.2019 – C-723/17, ECLI:EU:C:2019:533 – Craeynest u. a.
Schlussanträge der Generalanwältin Juliane Kokott vom 28.02.2019, C-723/17, Craeynest u. a., ECLI:EU:C:2019:168.
EU-Kommission Mahnschreiben v. 16.5.2015, SG-Greffe (2015) D/6868.
VG Berlin Urt. v. 9.10.2018 – 10 K 207.16 - juris.
VG Köln, Urteil vom 08.11.2018 - 13 K 6684/15 - juris.
VGH Kassel/HessVGH, Beschl. v. 17.12.2018 – 9 A 2037/18 = NVwZ 2019, 329-334.
VGH Mannheim, Urteil vom 18.03.2019 –10 S 1977/18 –,
VGH München/BayVGH, Beschl. v. 27.2.2017 – 22 C 16.1427 = NVwZ 2017, 894-898.
VGH München/BayVGH, Beschl. V. 9.11.2018 – 22 C 18.1718 = ZUR 2019, 108-116.
BVerfG, Beschl. v. 15.12.1965 - 1 BvR 513/65 = NJW 1966, 243-245.
BVerfG, Beschl. v. 12.5.1987 - 2 BvR 1226/83, 2 BvR 101/84, 2 BvR 313/84 = NJW 1988, 626-636.
BVerfG, Urt. v. 17.6.2004 - 2 BvR 383/03 = NJW 2005, 126-134.
BVerfG, Beschl. v. 13.3.2007 - 1 BvF 1/05 = NVwZ 2007, 937-941.
BVerfG, Urt. v. 2. 3. 2010 - 1 BvR 256/08 u. a. = NJW 2010, 833-856.
BVerfG, Beschl. v. 4. 10. 2011 – 1 BvL 3/08 = NJW 2012, 45-48.
BVerfG, Urt. v. 28.5.1993 - 2 BvF 2/90, 2 BvF 4/92, 2 BvF 5/92 = NJW 1993, 1751-1779.
BVerfG, Beschl. v. 26.7.2016 – 1 BvL 8/15 = NJW 2017, 53-60.
BVerwG, Beschl. v. 11. 7. 2012 – 3 B 78/11 = NVwZ 2012, 1175-1179.

BVerwG, Vorlagebeschl. V. 29. 3. 2007 - 7 C 9/06 = NVwZ 2007, 695-700.
BVerwG, Urt. v. 27.2.2018 – 7 C 30/17 = NVwZ 2018, 883-890.
BVerwG, Urt. v. 27.2.2018 – 7 C 26/16 = NVwZ 2018, 890-895.
BVerwG, Urt. v. 27. 9. 2007 – 7 C 36/07 = NVwZ 2007, 1425-1427.
BVerwG, Urt. v. 5. 9. 2013 – 7 C 21/12 = NVwZ 2014, 64-69.

# Saubere Luft als Menschenrecht? Wie durch positive Gesundheitseffekte einer ambitionierten Luftreinhaltepolitik der Weg aus der klimapolitischen Krise gelingen kann

*Claudia Traidl-Hoffmann und Clemens Heuson*

*Inhaltsübersicht*


0. Einleitung 246
1. Luftverschmutzung, anthropogener Klimawandel und NCDs 248
   1.1 Globale Dimension und Bedeutung 248
      1.1.1 Luftverschmutzung 248
      1.1.2 Klimawandel 250
      1.1.3 NCDs 253
   1.2 Interdependenzen 254
      1.2.1 Direkter Einfluss der Luftverschmutzung auf NCDs 255
      1.2.2 Indirekter Einfluss via Klimawandel 257
2. Nutzung der ‚doppelten Dividende' einer ambitionierten Luftreinhaltepolitik 258
   2.1 Hintergrund 258
   2.2 (Menschen-) Recht auf saubere Luft als Wegbereiter global konzertierter Luftreinehaltepolitiken 259
   2.3 Eckpunkte einer effektiven politischen Agenda für saubere Luft, Klimaschutz und NCD-Prävention 261
      2.3.1 Klassisches umweltpolitisches Instrumentarium als Kernelement 262
         2.3.1.1 Klassifikation der Instrumente 262
         2.3.1.2 Bewertung und Empfehlungen zur Ausgestaltung der Instrumente 263
      2.3.2 Integrativer Rahmen – Mainstreaming und Verteilungspolitik 269
3. Zusammenfassung und Schlussfolgerungen 270

Literatur 272

## *0. Einleitung*

Die sog. „noncommunicable diseases", (kurz NCDs, nichtübertragbare Erkrankungen) werden von der WHO als die aktuell größte globale medizinische Herausforderung eingestuft.[1] Diese chronischen Erkrankungen entwickeln sich im Zusammenwirken von Umweltfaktoren auf der Grundlage der individuellen genetischen und metabolischen Ausstattung. NCDs wie Krebs, Herz-Kreislaufkrankheiten, Diabetes und Atemwegskrankheiten sind global die Hauptursache für verlorene Lebensqualität und vorzeitigen Tod.[2] So sterben weltweit jedes Jahr rd. 41 Mio. Menschen aufgrund von NCDs.[3] Neben dem großen Leidensdruck der Betroffenen verursachen NCDs beträchtliche volkswirtschaftliche Kosten in Form von Behandlungskosten und Produktionseinbußen – gemäß Schätzung des *World Economic Forum* rd. 47 Bill. US$ im Zeitraum 2011 bis 2030.[4] Aufgrund ihrer Verwurzelung in beeinflussbaren Umweltfaktoren lassen sich NCDs primär durch präventive Ansätze bekämpfen.

Eine zentrale, aber bislang kaum adressierte Ursache der NCDs begründet die Luftverschmutzung.[5] Schadstoffemissionen aus Verbrennungsprozessen sind maßgebliche Treiber der NCD-bedingten Mortalität.[6] Ferner führen die Treibhausgase (kurz THG) unter den Luftschadstoffen den anthropogenen Klimawandel herbei, der wiederum Inzidenz und Symptomschwere von NCDs befördert.[7]

Da Luftverschmutzung, Klimawandel und NCDs eng verwobene Bedrohungen für Umwelt und Gesundheit darstellen, bedarf es dringend eines integrierten Lösungsansatzes. Vor diesem Hintergrund haben jüngst die Nationalen Akademien der Wissenschaften bzw. der Medizin Südafrikas, Brasiliens, Deutschlands und der USA zusätzliche Anstrengungen gefordert, um die Konzentration von Luftschadstoffen weiter zu reduzieren.[8] Der vorliegende Beitrag unterstreicht diese Notwendigkeit und legt dar, weshalb ambitionierte Luftreinehaltepolitiken als Kernelement eines solchen Ansatzes fungieren sollten. Luftreinhaltung verspricht eine ‚doppelte

1 WHO 2014a.
2 GBD 2017.
3 WHO 2018.
4 Bloom et al. 2011.
5 Figueres et al. 2018.
6 Landrigan et al. 2018.
7 Kinney 2018.
8 The National Academies of Sciences and Medicine from South Africa, Brazil, Germany, and the United States of America 2019.

Dividende': Neben den unmittelbaren ökologischen Vorteilen wirkt sich eine höhere Luftqualität positiv auf die Gesundheit aus. In Form der damit verbundenen Einsparung volkswirtschaftlicher Kosten resultiert ein beträchtlicher Co-Benefit von Umwelt- bzw. Klimaschutzmaßnahmen, dessen Bedeutung im klimapolitischen Prozess bislang kaum berücksichtigt wurde. Sofern es gelingt, diese Synergieeffekte im klimapolitischen Bewusstsein zu verankern, kann den stockenden globalen Klimaschutzbemühungen neuer Schub verliehen werden.

Die Ermangelung konzertierter globaler Luftreinhaltepolitiken erklärt sich v. a. durch den fehlenden institutionellen Rahmen. Saubere Luft als sog. ‚Allmende-Gut' kann nur erhalten werden, sofern klare, durchsetzbare (Nutzungs-)Rechte an diesem Gut definiert sind. Ist dies, wie in der aktuellen globalen umweltpolitischen Lage, nicht der Fall, resultiert eine ‚Übernutzung', die sich in der gegenwärtigen Luftverschmutzung manifestiert. Jüngst werden vermehrt Forderungen laut, saubere Luft als Menschenrecht zu deklarieren.[9] Dies mag als hehres Ziel erscheinen. Allerdings kann darin ein probates Mittel begründet liegen, um weltweit standardisierte, strikte Luftreinehaltestandards durchzusetzen. Zum einen wird damit die rechtliche Grundlage für eine weltweit abgestimmte Luftreinehaltepolitik geschaffen, die im Hinblick auf global wirksame Emissionen wie THG von entscheidender Bedeutung ist. Zum anderen wird der vernachlässigten ethischen Dimension der Luftverschmutzung Rechnung getragen. So leiden insbesondere ärmere Länder aufgrund mangelnder Umweltstandards oder fehlender Kapazitäten für die Anpassung an den Klimawandel unter den Folgen der Luftverschmutzung.[10] Aber auch in Industrieländern sind vornehmlich sozial schwächere Bevölkerungsschichten schlechter Luftqualität ausgesetzt.

Dieser Beitrag skizziert eine standardisierte (menschen-)rechtsbasierte Luftreinehaltepolitik, die gesundheits- und klimapolitische Ziele vereint. Abschnitt 1 fasst den aktuellen Stand der Wissenschaft bzgl. Klimawandel, Luftverschmutzung und NCDs zusammen (1.1), geht dabei auf deren Interdependenzen ein und unterstreicht damit die Notwendigkeit eines integrierten Lösungsansatzes (1.2). Abschnitt 2 beschreibt die Voraussetzungen der o. g. Luftreinhaltepolitik als Kernelement einer NCD-Präventionsstrategie. Abschnitt 2.1 begründet das dabei zugrunde liegende Konzept der ‚doppelten Dividende'. Abschnitt 2.2 legt die notwendigen institutionellen Voraussetzungen für die Realisierung dieser Dividende dar und plädiert für

9 Samet/Gruskin 2014.
10 WHO 2014a.

die Deklaration von sauberer Luft als Menschenrecht. Darauf aufbauend werden Eckpunkte einer effektiven politischen Agenda für saubere Luft, Klimaschutz und NCD-Prävention entworfen (Abschnitt 2.3). Abschnitt 3 fasst die wesentlichen Erkenntnisse zusammen.

## *1. Luftverschmutzung, anthropogener Klimawandel und NCDs*

### *1.1 Globale Dimension und Bedeutung*

#### *1.1.1 Luftverschmutzung*

Luftverschmutzung umfasst die Freisetzung umwelt- und gesundheitsschädlicher Stoffe in die Luft. Ihre Ausprägungen lassen sich hinsichtlich Ursprung (anthropogen vs. natürlich) und Wirkungsraum (Außen- vs. Innenluft, d. h. Luft im Gebäudeinneren) unterscheiden – siehe Abb. 1.

| | **Außenluft** | **Innenluft** |
|---|---|---|
| **Anthropogen** | *Energieerzeugung durch fossile Brennstoffe in Verkehr, Industrie und Haushalten*<br>→ Ammoniak, Feinstaub, Flüchtige Organische Verbindungen (volatile organic compounds, kurz VOCs), Kohlendioxid, Kohlenmonoxid, Lachgas, Methan, Schwefeldioxid, Stickoxide<br><br>*Industrielle Produktionsprozesse*<br>→ Feinstaub, Stickoxide, VOC, Kohlendioxid<br><br>*Landwirtschaft*<br>→ Kohlendioxid, Lachgas, Methan, Stickoxide, Stickstoff, Ammoniak<br><br>*Abfallbehandlung*<br>→ Kohlendioxid, Kohlenmonoxid, Lachgas, Methan, Schwefeloxide, Stickoxide | *Verbrennungsprozesse bzgl. Kochen, Heizen und Beleuchtung*<br>→ Feinstaub (particulate matter, kurz PM), Kohlenstoffmonoxid, Methan, Ruß<br><br>*Emissionen bzw. Ausdünstungen von Baustoffen und Reinigungs- oder Hygieneprodukten*<br>→ Asbest, Blei, Radongas, VOCs |
| **Natürlich** | *Vulkanausbrüche*<br>→ Kohlendioxid, Schwefeldioxid, Schwefelwasserstoff<br><br>*Aeroallergene*<br>→ Pollen, Pilzsporen | *Aeroallergene*<br>→ Pollen, Pilzsporen<br><br>*Feuchtigkeits-bedingte Emissionen durch Schimmel- und Bakterienbefall*<br>→ Div. Allergene und Reizstoffe |

*Abb. 1: Klassifizierung der wesentlichen Quellen und Ausprägungen der Luftverschmutzung nach Ursprung und Wirkungsraum (unterstrichen: THG gem. Definition des Kyoto-Protokolls) (Quelle: eigene Darstellung).*

Mit der Luftverschmutzung werden v. a. Schadstoffemissionen in die Außenluft assoziiert, die durch anthropogene Aktivitäten wie Energieerzeugung, Produktionsprozesse, Landwirtschaft oder Abfallbehandlung entstehen. Die Qualität der Außenluft kann aber auch durch natürliche Prozesse wie Vulkanausbrüche oder luftgetragene Allergene beeinträchtigt werden. Gleichermaßen kann die Luft im Gebäudeinneren Gegenstand anthropogener oder natürlicher Emissionen sein.

Fortan wird die anthropogene Außenluft-Verschmutzung fokussiert. Zum einen, da nur Emissionen anthropogenen Ursprungs durch politische Eingriffe adressiert werden können. Zum anderen kommt den anderen Verschmutzungsformen hinsichtlich der ökologischen und gesundheitlichen Auswirkungen nur eine untergeordnete Bedeutung zu.

Obgleich politische Maßnahmen und technische Innovationen die Luftqualität verbessert haben, sind die Schadstoffkonzentrationen in vielen Regionen weiterhin deutlich zu hoch. Dies betrifft v. a. urbane Gebiete in industrialisierten Ländern sowie Entwicklungs- und Schwellenländer. Weltweit leben immer noch große Bevölkerungsteile gemäß den WHO-Standards in einer nicht gesunden Umgebung. Auch die ökologischen Schäden, wie Versauerung und Eutrophierung[11] von Ökosystemen, spielen nach wie vor eine ernstzunehmende Rolle. Die ökonomische Dimension dieser adversen Effekte ist beträchtlich. Für 2015 wurden für die OECD-Staaten die einschlägigen Schadenskosten pro Kopf auf rd. 1.100 € beziffert, wobei bis 2020 mit einem Anstieg auf bis zu 2.540 € zu rechnen ist.[12]

Der resultierende Bedarf ambitionierterer Luftreinhaltepolitiken sieht sich mit zwei besonderen Herausforderungen konfrontiert. Zum einen gilt es komplexe Wechselwirkungen verschiedener Schadstoffe zu berücksichtigen. Zum anderen muss der räumlichen Wirkung der Schadstoffe Rechnung getragen werden. Die Schadenswirkung lokaler Schadstoffe, wie Schwefeldioxid, beschränkt sich prinzipiell auf die unmittelbare Umgebung der Emissionsquelle. Allerdings können diese durch meteorologische Prozesse über große Distanzen transportiert werden und somit eine überregionale Wirkung entfalten. Demgegenüber zeichnen sich Schadstoffe mit einer globalen Wirkung, wie THG, dadurch aus, dass deren Schadenspotential völlig unabhängig vom Ort der Emissionsquelle zu Tage tritt. Luftreinhaltepolitiken erfordern daher oft überregional bzw. international konzertierte Maßnahmen.

---

11 Eutrophierung bezeichnet einen übermäßigen, unerwünschten Nährstoffeintrag in Ökosysteme und daraus resultierendes schädliches Pflanzenwachstum.

12 EEA 2018.

### 1.1.2 Klimawandel

Das Klimasystem ist Gegenstand natürlicher äußerer Einflussfaktoren und interner Prozesse. Dennoch ist nach dem Stand der Wissenschaft zu konstatieren, dass die anthropogenen THG-Emissionen mit sehr hoher Wahrscheinlichkeit die Hauptursache für die seit Mitte des 20. Jahrhunderts verzeichnete Erderwärmung sind.[13] Deren Auswirkungen sind allgegenwärtig. So ist der Januar 2019 mit einer globalen Durchschnittstemperatur von 0,88°C über dem Mittel des 20. Jahrhunderts der drittwärmste Januar seit Beginn der weltweiten Temperaturaufzeichnungen im Jahre 1880. Die zehn wärmsten Januare haben sich allesamt seit 2002 zugetragen.[14] Im Vergleich zum vorindustriellen Zeitalter stieg die globale Durchschnittstemperatur um ca. 1°C an. Dies spiegelt auch die Zunahme der atmosphärischen THG-Konzentrationen von ca. 280 ppm[15] auf ca. 410 ppm wider. Die Erwärmung wird v. a. von dem langlebigen THG Kohlendioxid verursacht, das sich über Jahrhunderte in der Erdatmosphäre hält. Aber auch kurzlebigere Gase, wie Methan oder Lachgas, tragen zum Treibhauseffekt bei. Derzeit steigt die globale Durchschnittstemperatur mit einer Rate von ca. 0,2°C pro Jahrzehnt.[16]

Dadurch wächst einerseits die Wahrscheinlichkeit der nachteiligen bzw. schädlichen ökologischen Effekte des Klimawandels. Wärmere Luft trägt mehr Feuchtigkeit, mit der Folge veränderter Niederschlagsmuster. Diese können sich in Form von Starkregen bis hin zu Dürreperioden auswirken. Zudem beschleunigt der Temperaturzuwachs den Anstieg des Meeresspiegels und erschwert so die Anpassung sensibler Ökosysteme oder Kulturlandschaften. Schließlich verschlechtern sich die Lebensbedingungen für viele Tier- und Pflanzenarten, mit unmittelbaren Nachteilen für Wirtschaft und Gesellschaft.

Andererseits birgt der Temperaturanstieg erhöhte Risiken für die menschliche Gesundheit.

---

13 IPCC 2014.

14 NOAA 2019.

15 Maßeinheit für die THG-Konzentration in der Atmosphäre, gemessen in $CO_2$-Äquivalenten. Die Abkürzung ppm steht dabei für „parts per million", d. h. für den millionsten Teil einer Einheit.

16 IPCC 2018.

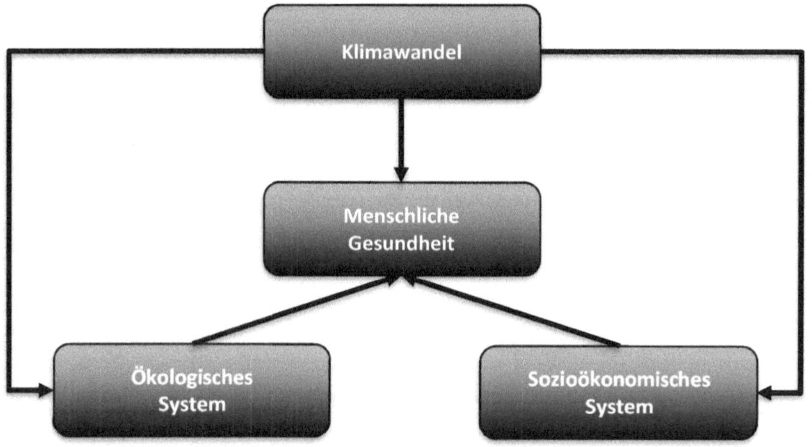


*Abb. 2: Direkte und indirekte Auswirkungen des Klimawandels auf die menschliche Gesundheit (Quelle: eigene Darstellung basierend auf Haines/Ebi 2019).*

Auf direktem Wege ist infolge einer größeren Häufigkeit von Extremwetterereignissen mit vermehrten Verletzungen, Todesfällen und mentalen Beeinträchtigungen zu rechnen. Hitzestress in Verbindung mit dem demographischen Wandel zieht vermehrte Krankheits- und Todesfälle nach sich. Auf indirektem Wege sind zum einen über das ökologische System vermittelte Gesundheitsbeeinträchtigungen zu verzeichnen. So begünstigt der Klimawandel die Ausbreitung übertragbarer Krankheiten wie Malaria[17], befördert aber auch die Inzidenz von NCDs, z. B. von Atemwegs-Erkrankungen (siehe Abschnitt 1.2.2). Zum anderen begründen sozioökonomische Auswirkungen des Klimawandels nicht zu vernachlässigende Gefahren für die menschliche Gesundheit. Dies betrifft v. a. wirtschaftlich schwache Länder. Mit dem Klimawandel einhergehende Ernteausfälle oder Produktivitätseinbußen sind der ohnehin geringen Wirtschaftskraft dieser Länder abträglich. Folglich stehen weniger Ressourcen für Investitionen in das Gesundheitssystem oder Anpassungsmaßnahmen zur Verfügung. Dies erhöht das Potential für Migration und kriegerische Konflikte, mit offensichtlichen adversen Gesundheitseffekten. Die Dimension dieser Effekte ist

17 Vgl. dazu den Beitrag von Elke Hertig in diesem Band.

beträchtlich. Die WHO rechnet bis zur Mitte des Jahrhunderts mit weltweit 250.000 zusätzlichen Todesfällen pro Jahr.[18]

Die ökonomische Bewertung der genannten Schäden bringt methodische Herausforderungen mit sich, ist aufgrund der komplexen Wirkungspfade mit Unsicherheiten behaftet und zudem abhängig von den zugrunde gelegten Szenarien. Dennoch decken sich die Ergebnisse der einschlägigen Studien dahingehend, dass auf globaler Ebene mit erheblichen Schadenkosten zu rechnen ist. Je nach Szenario wird ein Anstieg der jährlichen globalen Kosten des Klimawandels bis 2060 auf 1,0-3,3% des globalen Bruttoinlandsprodukts (relativ zu 2010) prognostiziert.[19]

In Anbetracht dessen sind die internationalen Klimaschutzbemühungen unzureichend. Das Ziel des Pariser Abkommens, die Erwärmung auf 1,5°C zu drosseln, scheint kaum erreichbar. Die bis dato kumulierten THG-Emissionen haben Stand 2015 bereits eine Erwärmung von 1,0°C hervorgerufen. Die Auswertung der nationalen Vermeidungsanstrengungen belegt, dass die notwendige Trendumkehr ausbleibt – vielmehr ist eine Zunahme der globalen Emissionen zu verzeichnen.[20] Die Ursachen dieser Diskrepanz zwischen klimapolitischen Versprechen und tatsächlichem Handeln sind vielfältig. Verantwortlich gemacht wird zum einen der Nachholbedarf an wirtschaftlichem Wachstum der Schwellenländer in Verbindung mit einer unzureichenden Gewichtung ökologischer Aspekte; zum anderen die heterogene Interessenlage der am Abkommen beteiligten Länder. So sind die für Emissionen hauptverantwortlichen Industrieländer – relativ zu Entwicklungsländern – weniger von den Auswirkungen des Klimawandels betroffen und betreiben somit zu wenig Klimaschutz. Ein möglicher Ausweg aus diesem Dilemma begründen bislang kaum berücksichtigte Co-Benefits von Klimaschutzmaßnahmen, die deren Attraktivität erhöhen. Insbesondere positive Gesundheitseffekte erweisen sich als gewichtiges Argument für eine ambitioniertere Klima- und Umweltpolitik (siehe Abschnitt 2.1).[21]

18 WHO 2014b.
19 Dellink et al. 2019.
20 Dröge/Rattani 2019.
21 Haines 2017.

### *1.1.3 NCDs*

NCDs lassen sich in die Krankheitsgruppen Herz-Kreislauf-Erkrankungen, Krebs, chronische Atemwegserkrankungen, Diabetes und psychische Erkrankungen untergliedern. Herz-Kreislauf-Erkrankungen beziehen sich auf Herz, Blutgefäße oder die Folgen verminderter Blutversorgung. Sie manifestieren sich in ischämischen, koronaren und hypertensiven Herzerkrankungen, kongestiver Herzinsuffizienz und Schlaganfall und begründen weltweit die größte monokausale Todesursache (rd. 30% aller Todesfälle).[22] Risikofaktoren betreffen vor allem den Lebensstil. So erklären Tabakkonsum, ungesunde Ernährung und mangelnde körperliche Aktivität rd. 80 % der NCD-Krankheitslast.[23]

Krebserkrankungen gehen auf das schnelle Wachstum abnormaler Zellen im Körper zurück. Diese verdrängen gesunde Zellen und haben die Fähigkeit zu metastasieren. So vielfältig wie die Ausprägungen der Krebserkrankungen sind auch deren Ursachen, die sich grob in Umweltgifte, Strahlung, und biologische Faktoren untergliedern lassen. Krebs ist die weltweit zweitgrößte Todesursache (rd. 9,6 Mio. Todesfälle 2018).[24]

Chronische Atemwegserkrankungen betreffen Atemwege und andere Strukturen der Lunge. Zu den wesentlichen Ausprägungen zählen Asthma, chronisch obstruktive Lungenerkrankungen (COPD), allergisch bedingte Rhinitis oder Asthma und berufsbedingte Lungenkrankheiten, die in der Summe für ca. 7% aller Todesfälle verantwortlich sind.[25] Risikofaktoren sind Tabakrauch, Luftverschmutzung sowie berufsbedingte Exposition gegenüber Chemikalien und Stäuben.

Diabetes als Stoffwechselerkrankung bedingt, dass der Körper nicht imstande ist, den Glukose-Gehalt im Blut in geeigneter Form zu regulieren. Die damit verbundene Mortalität ist vergleichsweise gering. Allerdings begründet die Krankheit einen wesentlichen Risikofaktor für andere Todesursachen und Erkrankungen (z. B. Herz-, Nieren- und neurologische Erkrankungen).[26]

Unter psychischen Erkrankungen sind Krankheitsbilder zu subsumieren, die das Denken, Fühlen, die Stimmung oder die sozialen Fähigkeiten einer Person einschränken. Weltweit sind Millionen Menschen von Störun-

22 WHO 2014a.
23 Gaziano et al. 2009.
24 Bray et al. 2018.
25 WHO 2007.
26 Ebd. 2019a.

gen wie Depressionen oder Schizophrenie betroffen, die u. a. in Alkohol- und Drogenmissbrauch oder Suizid münden (weltweit ca. 900.000 Todesfälle jährlich).[27]

NCDs entstehen aus dem Zusammenspiel nichtbeeinflussbarer Faktoren wie der genetischen und metabolischen Ausstattung des jeweiligen Individuums und beeinflussbaren (Umwelt-)Faktoren. Letztere umfassen individuelle Lebensstilfaktoren sowie Einflüsse der ökologischen bzw. biologischen Umwelt und auch der sozialen Umwelt (wie bspw. belastende Arbeitsbedingungen). Die WHO richtete den Fokus bisher auf den Bereich der Lebensstilfaktoren.[28] Als zentrale NCD-Risikofaktoren werden dabei Alkohol- und Tabakkonsum, ungesunde Ernährung und mangelnde körperliche Aktivität identifiziert. Jüngste Studien betonen jedoch den bislang vernachlässigten Aspekt, dass schädliche anthropogene Einflüsse auf die ökologische bzw. biologische Umwelt maßgeblich zur Entstehung von NCDs beitragen. Dabei spielt die anthropogene Luftverschmutzung eine zentrale Rolle. Im Jahr 2016 wurde diese als zweitgrößter NCD-Risikofaktor identifiziert und für weltweit 5,6 Mio. Todesfälle verantwortlich gemacht.[29] Basierend auf diesen Erkenntnissen hat die WHO ihre Strategie zur Prävention von NCDS um den Aspekt der Luftverschmutzung erweitert.[30]

### *1.2 Interdependenzen*

Der direkte Wirkungspfad (siehe #1 in Abb. 3) zwischen Luftverschmutzung und NCDs ist Gegenstand von Abschnitt 1.2.1, der indirekte Pfad über den Klimawandel (#2, 3) wird einschließlich dabei auftretender Rückkopplungseffekte (#4) in Abschnitt 1.2.2 analysiert.

---

27 WHO 2019a, 2014a.
28 Ebd. 2013.
29 Ebd. 2019a.
30 Ebd. 2018.

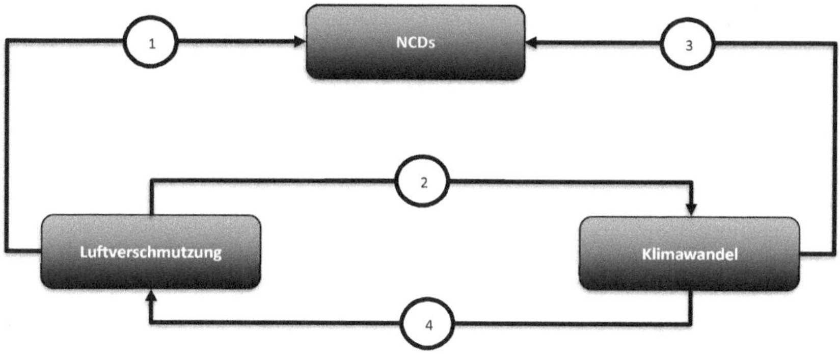


*Abb. 3: Interdependenzen (Ziffern 1-4) der gesellschaftlichen Herausforderungen „NCDs", „Luftverschmutzung" und „Klimawandel" (Quelle: eigene Darstellung).*

### *1.2.1 Direkter Einfluss der Luftverschmutzung auf NCDs*

Zu den zentralen anthropogenen Luftschadstoffen mit unmittelbarer gesundheitsschädlicher Wirkung zählen Schwefeldioxid ($SO_2$), Stickoxid, Stickstoffdioxid ($NO_2$), VOCs und Kohlenmonoxid (CO). Diese primären Schadstoffe werden von Industrie und Verkehr direkt in die Atmosphäre emittiert. Ferner können sich sekundäre Schadstoffe in der Atmosphäre aus dem Zusammenspiel von Primärschadstoffen formieren. Beispielsweise entsteht Ozon ($O_3$) aus Stickoxiden und Kohlenwasserstoffen.[31]

Die Schadenswirkung dieser Stoffe für das menschliche Gewebe hängt neben der individuellen Anfälligkeit von mehreren Determinanten (u. a. Wasserlöslichkeit, Konzentration und Oxidierungsfähigkeit) ab – siehe Abb. 4.

31 Schraufnagel et al. 2019.

| Schadstoff | Ausprägung der Schadenswirkungs-Determinanten | Geschädigte Gewebestrukturen |
|---|---|---|
| Schwefeldioxid | Hochlöslich | Obere Atemwege und Haut |
| Stickstoffdioxid<br>Ozon<br>Kohlenmonoxid | Weniger löslich (Stickstoffdioxid und Ozon wirken reizend) | Tieferliegende Bereiche der Lunge<br>Bronchiale & Bronchiolare Schäden<br>Gewebehypoxie |
| Feinstaub (große – $PM_{10}$, feine – $PM_{2,5}$ und ultrafeine Partikel – $PM_{0,1}$; tiefgestellte Zahl: Durchmesser in µm) | Schadenswirkung abhängig von Größe, Struktur und Zusammensetzung | Große Partikel: Schleimhäute, obere Atemwege<br>Kleine Partikel: Bronchien, Alveolen<br>Ultrafeine Partikel: Systemische Gewebereaktionen |

*Abb. 4: Ausprägung der Schadenswirkungs-Determinanten wesentlicher Luftschadstoffe und die von ihnen geschädigten Strukturen des menschlichen Gewebes (Quelle: eigene Darstellung in Anlehnung an Schraufnagel et al. 2019: 411).*

Neben diesen direkten Schädigungen von Gewebestrukturen und Organen verursachen Luftschadstoffe Entzündungen mit systemischen Auswirkungen. Diese Entzündungen, häufig in der Lunge verwurzelt, bedingen oxidativen Stress, der über freigesetzte Antioxidantien eine Ausweitung des Entzündungsherdes und somit die Mitleidenschaft anderer Organe hervorruft.[32] Im Falle wiederholter Schadstoffexposition können vaskuläre Schäden, Beeinträchtigungen des Stoffwechsels und chronische Entzündungen resultieren.

Darüber hinaus spielen Umwelt-Gen-Interaktionen eine zentrale Rolle. Bei Kindern wurde z. B. eine erhöhte Anfälligkeit für durch Luftverschmutzung verursachte Einschränkungen der Lungenfunktion bei Vorliegen von genetischen Veränderungen im Gluthation-Synthese-Weg gefunden. Lungen und Hautalterung zeigten sich ebenfalls stärker assoziiert mit spezifischen Genvarianten.[33] Individuelle Suszeptibilität beruht also auf genetischer Grundlage. Die Folge daraus allerding ist, dass sich Grenzwerte immer nach den vulnerablen Gruppen richten sollten.

Luftschadstoffe nehmen ferner Einfluss auf das angeborene und erworbene Immunsystem. Mitunter stören sie das Gleichgewicht der Th1- und Th2-Zellen und bereiten so den Weg für asthmatische Erkrankungen.[34], [35]

Schließlich deuten Studien darauf hin, dass eine wiederholte Luftschadstoffexposition epigenetische Prozesse beeinflusst und bedingt, die wiede-

32 Madl et al. 2014.
33 Vierkötter et al. 2015.
34 Alessandrini et al. 2006.
35 Schaumann et al. 2014.

rum genetische und physiologische Reaktionen auf Schadstoffe steuern, wodurch eine größere Anfälligkeit in Bezug auf Schadstoffe resultiert.[36]

In der Summe bedingen diese physiologischen Wirkungspfade der Luftschadstoffe mannigfache adverse Gesundheitseffekte. Einerseits sind grundlegende körperliche Beeinträchtigungen, wie verminderte Leistungsfähigkeit oder Schlafstörungen, zu verzeichnen. Andererseits stellen sich schwerwiegende Entwicklungsstörungen und Krankheitsbilder ein. Dabei sind Kinder aus ökologischen und biologischen Gründen besonders betroffen. Sie atmen im Vergleich zu Erwachsenen mehr Schadstoffpartikel pro Körpergewichtseinheit ein und verbringen oft mehr Zeit mit Freiluftaktivitäten. Auch in biologischer Hinsicht sind Kinder anfälliger für Luftschadstoffe. Diese können sowohl in der prä- als auch in der postnatalen Entwicklungsphase irreversible Schädigungen der Lunge und anderer Organe verursachen, bis hin zu einer erhöhten Kindersterblichkeit. Konkret können in der Kindheit Wachstumsstörungen der Lunge auftreten, die Lungenbeeinträchtigungen im Erwachsenenalter nach sich ziehen. Komplikationen im Verlauf der Schwangerschaft und fötale Fehlentwicklungen sind weitere Konsequenzen.[37] Die zentralen NCDs bilden sich aus dem Zusammenspiel der Luftschadstoffe, weiterer Umweltfaktoren sowie der (epi-)genetischen und metabolischen Ausstattung des jeweiligen Individuums heraus. Dazu kommen erschwerend additive oder multiplikative Effekte – z. B. erhöhen Herzerkrankungen die Empfänglichkeit für die adversen Gesundheitswirkungen der Luftverschmutzung.

### *1.2.2 Indirekter Einfluss via Klimawandel*

Analog zu den generellen Gesundheitswirkungen des Klimawandels (vgl. Abschnitt 1.1) lassen sich auch NCD-spezifisch direkte und indirekte Effekte unterscheiden:

36 Ladd-Acosta et al. 2019.

37 Clemens et al. 2017.

| Auswirkungen des Klimawandels | Wirkungspfad Klimawandel - NCD | NCD-spezifische Auswirkung |
|---|---|---|
| | *Direkt* | |
| Größere Häufigkeit und Intensität von Hitzeextremen | Hitzestress | Herz-Kreislauferkrankungen<br>Atemwegserkrankungen |
| Extremwetterereignisse (Stürme, Starkregen, Feuer) | Infrastrukturelle Schäden<br>Traumata | Verletzungen<br>Psychische Erkrankungen (PTBS) |
| | *Indirekt – natürliche Systeme* | |
| Erhöhte Temperaturen und verminderter Niederschlag | Erhöhte Konzentration von bodennahem Ozon und anderen Luftschadstoffen; dadurch erhöhte Allergenität von Pollen | Herz-Kreislauferkrankungen<br>Atemwegserkrankungen |
| Erhöhte Temperaturen und verminderter Niederschlag | Erhöhte Konzentration und längere Flugphasen von Pollen; Verbreitung allergener Neophyten | Atemwegserkrankungen |
| Veränderungen des stratosph. Ozons, des Niederschlags und der Bewölkung | Verstärkte Exposition ggü. UV-Strahlung | Autoimmunerkrankungen, Krebs |
| | *Indirekt – sozioökonomische Systeme* | |
| Dürreperioden, Überflutungen | Beeinträchtigungen der Landwirtschaft, Ernteausfälle, Nahrungsmittel-Unsicherheit | Schlechter allgemeiner Gesundheitszustand |
| Extremwetterereignisse (Stürme, Starkregen, Feuer) | Beeinträchtigung der Lebensgrundlagen, Verarmung | Psychische Erkrankungen (Angstzustände, Depressionen) |

*Abb. 5: Wesentliche Auswirkungen des Klimawandels auf NCDs (Quelle: eigene Darstellung, in Anlehnung an Friel et al. 2011: 135).*

## 2. Nutzung der ‚doppelten Dividende' einer ambitionierten Luftreinhaltepolitik

### 2.1 Hintergrund

Ursprünglich bezieht sich das Konzept der ‚doppelten Dividende' auf das umweltpolitische Instrument der Umweltsteuer. Neben der primären Dividende, der durch die Lenkungswirkung der Steuer vermiedenen Umweltschäden, kann ein volkwirtschaftlicher Zusatznutzen generiert werden, indem der Staat das Steueraufkommen rückerstattet und so den Produktionsfaktor ‚Arbeit' entlastet.[38]

Im weiteren Sinne lässt sich diese zweite Dividende auch realisieren, sofern beim Einsatz umweltpolitischer Instrumente weitere gesellschaftliche Herausforderungen adressiert werden und so ein Zusatznutzen entsteht, der über die Linderung des Umweltproblems hinausgeht. Im vorliegenden

38 Goulder 1995.

Fall der Luftreinhaltepolitik können Co-Benefits in Form eingesparter Gesundheitskosten generiert werden. Diese manifestieren sich direkt in Form vermiedener Behandlungskosten oder Produktivitätszuwächse aufgrund eines verbesserten Gesundheitszustands der Bevölkerung und indirekt in Form einer erhöhten durchschnittlichen Lebensdauer und -qualität. Die exakte ökonomische Bewertung ist aufgrund der Komplexität mit großen Unsicherheiten behaftet. Nichtsdestotrotz kann aus einschlägigen Studien gefolgert werden, dass der beschriebene Zusatznutzen von beträchtlichem Ausmaß ist. So veranschlagt die Internationale Energieagentur, dass mittels eines umfassenden Programms für Luftreinhaltung und Klimaschutz bis 2040 jährlich 3 Mio. vorzeitige NCD-bedingte Todesfälle vermieden werden könnten. In monetären Werten würde sich der damit verbundene Zusatznutzen im Bereich zwischen 50 und 380 US$ pro eingesparter Tonne $CO_2$ bewegen.[39] Hinzu kommen die schwer zu beziffernden Kosteneinsparungen hinsichtlich der nicht letalen Gesundheitsschäden.

Die beschriebene ‚doppelte Dividende' liefert also ein gewichtiges Argument für ambitionierte internationale Anstrengungen im Klimaschutz bzw. in der Luftreinhaltung. Allerdings findet dieses bislang kaum Berücksichtigung im politischen Prozess. So würde die vollumfängliche Umsetzung der Klimaschutzvereinbarungen des Pariser Abkommens von 2015 den Anstieg der globalen Durchschnittstemperatur bis zum Ende des 21. Jahrhunderts lediglich auf 3°C begrenzen.[40]

### 2.2 *(Menschen-) Recht auf saubere Luft als Wegbereiter global konzertierter Luftreinehaltepolitiken*

Die wesentliche Ursache für dieses Versäumnis besteht darin, dass die zugrundeliegende Zielgröße ‚saubere Luft' die Charakteristika eines sog. Allmende-Guts, d. h. einer frei zugänglichen, aber begrenzten Ressource aufweist. Die Kosten für die Nutzung dieses Gutes werden nicht vom Marktmechanismus erfasst und finden somit keine Berücksichtigung in den Entscheidungen der Marktteilnehmer. Im vorliegenden Fall wird die Funktion der Luft als Aufnahmemedium für Schadstoffe überstrapaziert, was die genannten ökologischen und gesundheitlichen Probleme nach sich zieht. In ihrer wegweisenden Arbeit hat Elinor Ostrom einen einfachen Ausweg aus

39 West et al. 2013.
40 UNEP 2018.

diesem Dilemma aufgezeigt.[41] Sofern es gelingt, klare und durchsetzbare Nutzungsrechte an dem Allmende-Gut zu definieren, werden die beteiligten Akteure das Gut aus eigenem Antrieb auf nachhaltige Weise verwalten, d. h. derart bewirtschaften, dass keine Überbeanspruchung resultiert. Die Definition und Durchsetzung dieser Nutzungsrechte erfolgt dabei durch umweltpolitische Eingriffe. Wird z. B. eine Emissionssteuer auf Luftschadstoffe erhoben, werden die Rechte implizit den Geschädigten der Schadstoffemission zugeteilt. Die ‚Schädiger' bzw. Emittenten müssen hingegen im Sinne des umweltpolitischen Verursacherprinzips die Rechte gegen ein Entgelt in Form des Steuersatzes erwerben.

Obgleich sich dieser Lösungsansatz als probat erwiesen hat, ermangelt es auf internationaler Ebene eines abgestimmten und standardisierten Einsatzes entsprechender umweltpolitischer Instrumente. Offenbar fehlt zur Überwindung dieses Hemmnisses ein allgemeiner, kulturenübergreifender Zugang. Eine Schlüsselrolle könnte dabei der menschenrechtlichen Dimension sauberer Luft zukommen.[42] Ausgangspunkt dieser Überlegungen ist das (Menschen-)Recht auf Gesundheit, wie es in der Verfassung der WHO eingefordert wird: „The enjoyment of the highest attainable standard of health is one of the fundamental rights of every human being."[43] Freilich lässt sich daraus unmittelbar kein grundsätzliches Recht auf eine gesundheitsfördernde Umwelt bzw. saubere Luft ableiten. Allerdings ist eine intakte Umwelt offensichtlich essentielle Voraussetzung um die Menschenrechte – sei es in Bezug auf Gesundheit, Versorgung mit Lebensmitteln und Wasser bis hin zur Selbstbestimmung – umzusetzen. Dieser Zusammenhang findet in der „UN Convention on the Rights of the Child" erstmalig Anerkennung.[44] Konkret wird darin die Notwendigkeit der Berücksichtigung von Umweltproblemen zur Bekämpfung von Krankheiten von Kindern hervorgehoben. Die wissenschaftliche Evidenz für die adversen Gesundheitseffekte der Luftverschmutzung bzw. des Klimawandels untermauert diese Forderung. Darauf aufbauend können aus den beiden genannten, auf globaler Ebene größtenteils anerkannten Rechtsnormen, umfassendere (Menschen-)Rechte auf eine saubere, ‚gesunde' Luft abgeleitet werden, welche die einzelnen Staaten als einheitliche und verbindliche Normen zur Umsetzung konkreter Luftreinhaltemaßnahmen verpflichten.

41 Ostrom 2015.
42 Samet/Gruskin 2014.
43 WHO 1948: 1.
44 UN General Assembly 1989.

So kann einerseits das Hemmnis zur Implementierung ambitionierter, international koordinierter Luftreinhaltepolitiken überwunden werden. Andererseits trägt die Definition eines (Menschen-)Rechts auf saubere Luft dazu bei, der ethischen Dimension der Luftverschmutzung gerecht zu werden. Das grundlegende moralische Dilemma besteht dabei darin, dass die Emittenten zu ihrem eigenen Vorteil die Luft als Schadstoff-Aufnahmemedium nutzen und Gesundheitsschäden Dritter billigend in Kauf nehmen. Verschärfend kommt hinzu, dass insbesondere ärmere Bevölkerungsschichten unter der Luftverschmutzung leiden, die daher eines besonderen, rechtlich untermauerten Schutzes bedürfen. Dies gilt sowohl in regionaler Hinsicht, da typischerweise sozial schwache Schichten gezwungen sind, in Umgebungen mit schlechter Luftqualität zu wohnen. Aber auch auf globaler Ebene sind die Bürden der Luftverschmutzung ungleich verteilt. Länder mit geringer Wirtschaftskraft sind relativ zu den Industrienationen deutlich stärker betroffen. Hier spielen ökologische Ziele in Anbetracht des niedrigen Wohlstandniveaus nur eine untergeordnete Rolle. Zudem fehlen finanzielle Mittel für Investitionen in saubere Technologien, Klimaanpassungsmaßnahmen oder in den Gesundheitssektor.[45]

### 2.3 *Eckpunkte einer effektiven politischen Agenda für saubere Luft, Klimaschutz und NCD-Prävention*

Ausgehend vom globalen Konsens bzgl. des Menschenrechts auf Gesundheit und dessen Weiterentwicklung hin zu einem Recht auf saubere Luft werden nunmehr Eckpunkte einer politischen Agenda skizziert, mit der eine Durchsetzung dieses Rechts gelingen kann. Prädestiniert als Kernelement dieser Agenda ist das klassische umweltpolitische Instrumentarium (Abschnitt 2.3.1). Dieses fungiert als effektiver Hebel, um die Luftschadstoffemissionen als gemeinsame Ursache von Klimawandel und NCDs zu adressieren. In Anbetracht der komplexen Interdependenzen dieser drei Probleme setzt der Erfolg der Agenda voraus, dass dieses Instrumentarium in einen integrativen Rahmen eingebettet wird, der einschlägige Synergieeffekte nutzt und verteilungspolitischen Aspekten Rechnung trägt (Abschnitt 2.3.2).

45 Friel et al. 2008.

### *2.3.1 Klassisches umweltpolitisches Instrumentarium als Kernelement*

Basierend auf einer Klassifikation der wesentlichen umweltpolitischen Instrumente (Abschnitt 2.3.1.1) werden diese einer vergleichenden Bewertung unterzogen und Empfehlungen zu deren Ausgestaltung abgeleitet (Abschnitt 2.3.1.2).

#### *2.3.1.1 Klassifikation der Instrumente*

Umweltpolitische Instrumente beschreiben Maßnahmen des Staates, die dieser zur Umsetzung seiner umweltpolitischen Ziele einsetzt. Sie verfolgen die Intention, das Verhalten von Wirtschaftsakteuren in nachhaltiger Weise zu verändern. Diese Einflussnahme kann über die verfügbaren Handlungsoptionen (ordnungsrechtliches Instrumentarium), ökonomische Anreize (ökonomisches Instrumentarium), oder Informationsweitergabe und Wertevermittlung (suasorisches Instrumentarium) erfolgen – siehe Abb. 6.

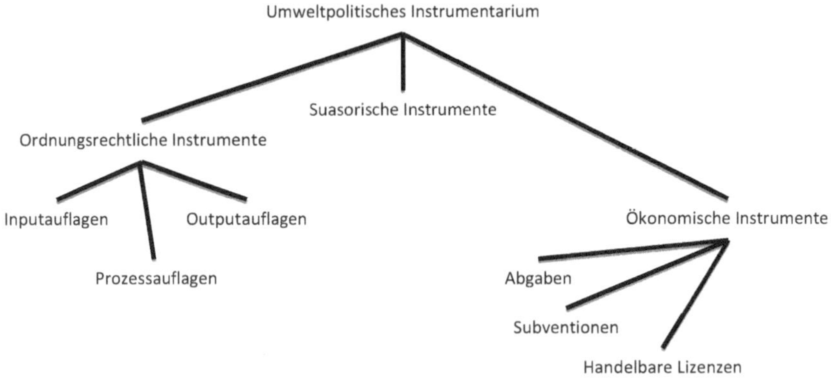


*Abb. 6: Klassifikation umweltpolitischer Instrumente (Quelle: Michaelis 1996).*

Ordnungsrechtliche Instrumente stellen den restriktivsten Eingriff in den Entscheidungsspielraum der Wirtschaftsakteure dar. Die Verhaltenssteuerung erfolgt direkt in Form von Ge- oder Verboten, die sich auf Produktionsfaktoren (Inputauflagen), Produktions- bzw. Reinigungsverfahren (Prozessnormen) oder Produkte und Emissionen (Outputauflagen) beziehen.

Im Gegensatz dazu nehmen die ökonomischen Instrumente indirekt Einfluss auf das Verhalten der Akteure, indem sie finanzielle Anreize schaffen. Abgaben erheben einen Preis auf die Umweltschädigung. Demgegenüber erhalten die Akteure im Falle von Subventionen eine Zahlung für unterlassene Schädigungen. Das Lizenz-Instrument kontingentiert bestimmte Umweltbeanspruchungen und macht diese dem freien Handel am Markt zugänglich.

Am wenigsten restriktiv operieren die suasorischen Instrumente, die auf eine Verhaltenssteuerung über Informationsgrundlagen und Werte abstellen. Konkret geschieht dies über die Bereitstellung von Informationen, Verhaltensappelle oder soziale Sanktionen.

#### *2.3.1.2 Bewertung und Empfehlungen zur Ausgestaltung der Instrumente*

Eine umfassende umweltpolitische Instrumentenanalyse, die den spezifischen Charakteristika aller NCD- und Klimawandel-relevanten Luftschadstoffe und deren Quellen Rechnung trägt, würde den Rahmen dieses Beitrags sprengen. Daher beschränkt sich dieser Abschnitt darauf, die grundsätzliche Eignung der klassischen umweltpolitischen Instrumente zur Adressierung der zentralen, für NCDs und Klimawandel gemeinsam verantwortlichen Schadstoff-Quellen zu prüfen und dabei die Rahmenbedingungen der wichtigsten zugrundeliegenden Sektoren zu berücksichtigen. Dabei werden die gängigen Bewertungskriterien der ökologischen Effektivität (zielgenaue Durchsetzung bestimmter Emissionsmengen), der ökonomischen Effizienz (Erreichung des Emissionsziels zu geringstmöglichen volkswirtschaftlichen Kosten), sowie des administrativen Aufwands und der (politischen) Durchsetzbarkeit herangezogen. Abb. 7 stellt das Ergebnis der vergleichenden Instrumentenanalyse überblicksartig dar.

| | Emittierende Sektoren | | | |
|---|---|---|---|---|
| Umweltpol. Instrumente | Industrie & Energieerzeugung | Verkehr | Landwirtschaft | |
| | | | Tierhaltung | Düngemittel |
| *Inputauflage* | | | | |
| Ökol. Effektivität | o | o | - | - |
| Ökon. Effizienz | - | - | o | o |
| Admin. Aufwand | - | - | + | + |
| (Polit.) Durchsetzbarkeit | - | - | - | + |
| *Prozessauflage* | | | | |
| Ökol. Effektivität | o | o | Nicht anwendbar. | |
| Ökon. Effizienz | - | - | | |
| Admin. Aufwand | + | + | | |
| (Polit.) Durchsetzbarkeit | + | + | | |
| *Outputauflage* | | | | |
| Ökol. Effektivität | + | + | Nicht anwendbar. | |
| Ökon. Effizienz | - | - | | |
| Admin. Aufwand | + | - | | |
| (Polit.) Durchsetzbarkeit | - | - | | |
| Abgaben | | | | |
| Ökol. Effektivität | - | - | - | - |
| Ökon. Effizienz | + | + | o | o |
| Admin. Aufwand | + | + | + | + |
| (Polit.) Durchsetzbarkeit | o | o | + | + |
| *Subventionen* | | | | |
| Ökol. Effektivität | - | - | - | - |
| Ökon. Effizienz | o | + | o | o |
| Admin. Aufwand | + | + | + | + |
| (Polit.) Durchsetzbarkeit | + | o | + | + |
| *Handelbare Lizenzen* | | | | |
| Ökol. Effektivität | + | - | - | - |
| Ökon. Effizienz | + | + | o | o |
| Admin. Aufwand | o | + | + | + |
| (Polit.) Durchsetzbarkeit | + | o | + | + |
| *Suasorische Instrumente* | | | | |
| Ökol. Effektivität | - | - | + | - |
| Ökon. Effizienz | o | o | o | o |
| Admin. Aufwand | + | + | + | + |
| (Polit.) Durchsetzbarkeit | + | + | + | + |

(Legende: + Kriterium erfüllt; - Kriterium nicht erfüllt; o Kriterium nur bedingt erfüllt/kein eindeutiges Ergebnis)

*Abb. 7: Vergleichende umweltpolitische Instrumentenanalyse bzgl. der Regulierung von Luftschadstoffemissionen in den dafür hauptverantwortlichen Sektoren (Quelle: eigene Darstellung).*

Der *industrielle Sektor, einschließlich Energieerzeugung*, zeichnet sich durch stationäre Emissionsquellen aus, die, v. a. bei der Verbrennung fossiler Stoffe, NCD-verursachende Schadstoffe und THG ausstoßen.[46] Prinzipiell könnten diese Emissionen treffsicher mittels Inputauflagen gesteuert werden, die sich allerdings als wenig praktikabel erweisen. Zunächst setzt die

46 Campbell-Lendrum/Prüss-Ustün 2018.

Treffsicherheit die genaue Kenntnis der Relation zwischen Input- und Emissionsmenge voraus, die stark prozess- und technologieabhängig ist. Die Informationsanforderungen und der damit verbundene administrative Aufwand sind immens. Zudem würde ein Flickenteppich industrie- bzw. prozessspezifischer Auflagen resultieren, der eine ökonomisch effiziente Zielerreichung unmöglich macht. Hinzu kommt, dass die Regulierung der Inputs in Politik und Wirtschaft auf große Widerstände stoßen würde. Eine wesentlich praktikablere Lösung stellen Prozessauflagen dar. Vorgaben bzgl. einzusetzender Produktions- und Filtertechnologien können mit einem deutlich geringeren Verwaltungsaufwand und – bei entsprechender Fristsetzung – geringerem Widerstand umgesetzt werden. Die infrage kommenden Technologien sind begrenzt und bekannt. Zudem bietet die Adressierung der Prozesse einen wirksamen Hebel, um mittels einer einheitlichen Auflage mehrere (gemeinsam auftretende) Schadstoffe treffsicher zu regulieren. Allerdings ermangelt es diesen Auflagen als Teil des ordnungspolitischen Instrumentariums der ökonomischen Anreizwirkung und damit der Fähigkeit, das Emissionsziel zu minimalen gesamtwirtschaftlichen Kosten zu erreichen. Selbiges gilt für Output- bzw. Emissionsauflagen, die eine direkte Regulierung der Emissionsmenge vorsehen. Dieses Instrument ist prädestiniert für die treffsichere Erreichung des Emissionsziels, zumal die dafür erforderliche Beobachtbarkeit und Messbarkeit der Emissionen für die wesentlichen Schadstoffe gegeben ist. Daraus folgt ein vertretbarer Verwaltungsaufwand. Allerdings stoßen quantitative Emissions- bzw. Output-Einschränkungen typischerweise auf Widerstände aus Politik und Wirtschaft.

Emissionsabgaben als ökonomisches Anreizinstrument ermöglichen die umweltpolitische Zielerreichung zu minimalen volkswirtschaftlichen Kosten.[47] Dies gilt auch in dynamischer Hinsicht, da der mit der Abgabe verbundene Kostendruck die Emittenten veranlasst, in innovative, emissionsärmere Technologien zu investieren. Allerdings verwehren Abgaben in der Regel die treffsichere Durchsetzung der gewünschten Emissionsmenge, da die dafür nötige Kenntnis der Vermeidungskosten der Emittenten seitens des Regulierers meist nicht vorliegt. Prinzipiell ist die Erhebung einer einheitlichen Steuer mit begrenztem administrativem Aufwand verbunden. Dieser nimmt allerdings zu, falls mehrere Schadstoffe zu regulieren sind, zwischen denen keine bekannte quantitative Beziehung vorliegt, was die Implementierung mehrerer, schadstoffspezifischer Abgeben erfordern würde. Die Erhebung eines Preises für Umweltbelastungen geht mit Wider-

47 Michaelis 1996.

ständen seitens der Emittenten einher; allerdings dürften diese relativ zum restriktiven ordnungsrechtlichen Instrumentarium geringer ausfallen. Das Instrument der Subventionen wirkt spiegelbildlich zu dem der Abgabe und ist daher prinzipiell analog zu bewerten. Allerdings übt es keinen Kostendruck auf die Emittenten aus, was sich nachteilig auf die dynamische Effizienz auswirkt. Ein weiterer Unterschied betrifft das Kriterium der politischen Durchsetzbarkeit, das die Subvention aufgrund der Umkehrung der Zahlungslast eindeutig erfüllt.[48] Handelbare Emissionslizenzen vereinen die Vorteile der Emissionsauflage und -steuer. Durch die Vergabe eines bestimmten Lizenzkontingents kann die resultierende Emissionsmenge exakt gesteuert werden. Die Handelbarkeit der Lizenzen führt darüber hinaus zu einer Erreichung des Emissionsziels zu minimalen volkwirtschaftlichen Kosten. Da das Instrument bereits implementiert ist, sollte eine etwaige Ausweitung auf andere Sektoren oder Schadstoffe durchsetzbar sein. Einzig hinsichtlich des administrativen Aufwands weist die Lizenzlösung keine markanten komparativen Vorteile auf – Hintergrund ist der erforderliche Aufbau und Betrieb des Lizenzmarktes. Analog zur Steuer steigt der Aufwand, sofern mehrere, voneinander unabhängige Schadstoffe zu regulieren sind.

Die ökologische Wirksamkeit suasorischer Instrumente, die Verhaltensänderungen auf freiwilliger Basis anstreben, ist im Falle wirtschaftsstarker Emittenten aus Industrie und Energieerzeugung als gering einzustufen. Auch die ökonomische Effizienz ist fraglich, da etwaige Emissionseinsparungen der Akteure in unkoordinierter Weise erfolgen. Vorteile der Anwendung dieses Instruments im Industrie-/Energiesektor sind lediglich der geringe administrative Aufwand und die leichte Durchsetzbarkeit. Darüber hinaus besteht die Möglichkeit, die einschlägigen Emissionen auf indirektem Wege, d. h. über Informationskampagnen, die auf das Verhalten der Konsumenten abzielen, zu beeinflussen. Ein spürbarer ökologischer Effekt ist aber aus analogen Gründen fraglich.

Im Gegensatz zum *Sektor* der Industrie und Energieerzeugung weist der *des Verkehrs* eine deutlich größere Anzahl an Emissionsquellen auf, die zudem nicht stationär, sondern mobil sind. Somit scheiden die quellenbezogenen ordnungsrechtlichen Instrumente der Input- und Outputauflage aufgrund des immensen administrativen Aufwands aus. Einzig die Prozessauflage kommt infrage, um eine wirksame Emissionsminderung mit vertretbarem Aufwand herbeizuführen. Dazu muss sie auf der Ebene der Hersteller ansetzen und diese dazu verpflichten, ihre Fahrzeugflotte mit bestimm-

48 Oehlmann et al. 2019.

ten Filtertechnologien bzw. klimafreundlichen Antrieben auszustatten. Die ökonomischen Instrumente stellen auch im Verkehrssektor ein probates Mittel zur Luftreinhaltung dar. Die komparativen Vor- und Nachteile entsprechen im Wesentlichen denen des Einsatzes im Industrie-/Energiesektor. Allerdings kommt der Ebene des umweltpolitischen Eingriffs eine entscheidende Rolle zu. Einerseits können die Hersteller bzw. die Durchschnittsemissionen ihrer Fahrzeugflotten als Ansatzpunkt der ökonomischen Instrumente herangezogen werden. Andererseits ist eine Regulierung der Endverbraucher bzw. Verkehrsmittelbetreiber denkbar. Hinsichtlich des administrativen Aufwands kommt hier aber nur die Emissionsabgabe infrage, die mit verhältnismäßigem Aufwand über eine entsprechende Treibstoffbesteuerung abgewickelt werden könnte. Eine Subventionierung aller Endverbraucher bzw. die Etablierung eines Lizenzhandels zwischen den selbigen ist nicht praktikabel. Ferner ist zu bedenken, dass die Durchsetzbarkeit des jeweiligen Eingriffs unproblematischer ist, wenn dieser auf Verbraucherebene ansetzt, da hier relativ zur Industrie mit geringerem bzw. weniger organisiertem Widerstand zu rechnen ist. Hinsichtlich der Bewertung suasorischer Instrumente ergeben sich keine markanten Unterschiede gegenüber dem Sektor Industrie und Energie.

Im *Sektor der Landwirtschaft* sind mit der Tierhaltung und dem Einsatz stickstoffhaltiger Düngemittel zwei wesentliche Quellen NCD- und klimarelevanter Schadstoffe zu unterscheiden. Die Emissionen eines gegebenen Tierbestands sind biologisch bedingt fixiert. Daher kommt aus dem ordnungsrechtlichen Instrumentarium nur eine inputbasierte Regulierung, konkret eine mengenmäßige Restriktion des Tierbestandes, vor, die aber derzeit politisch kaum durchsetzbar erscheint. Das ökonomische Instrumentarium hingegen ist als grundsätzlich geeignet einzustufen. Hier ergeben sich die analogen Schlussfolgerungen wie im Verkehrssektor. Ein Eingriff ist hier entweder auf Hersteller- oder Endverbraucherebene denkbar. Im letztgenannten Fall allerdings wiederum nur mittels einer Emissionsabgabe, die über eine Besteuerung des Fleischpreises abzuwickeln wäre. Suasorische Ansätze auf Verbraucherebene sind im Vergleich zu den anderen Sektoren etwas erfolgsversprechender, da bewusste Ernährung und Fleischverzicht gegenwärtige Trends darstellen, die durch Informationskampagnen weiter verstärkt werden können. Für die ordnungsrechtliche Regulierung des Düngemitteleinsatzes sind entsprechende Inputauflagen prädestiniert, wogegen Prozess- (Schadstoffemission nicht technologieabhängig) und Emissionsauflagen (Vielzahl nicht überwachbarer Quellen) nicht infrage kommen. Für das ökonomische Instrumentarium resultieren die bekannten Ergebnisse, mit der Besonderheit, dass die Implementierung eines speziellen Lizenzmarktes für den Düngemitteleinsatz aufgrund der Marktstruktur (viele kleine Emittenten) wenig praktikabel und administrativ unverhältnismäßig aufwendig wäre. Auch für die suasorischen Ansätze kann auf die vorhergehende Analyse verwiesen werden.

In der Gesamtschau kristallisieren sich somit handelbare Emissionslizenzen als primär geeigneter Ansatz zur ökologisch effektiven und ökonomisch effizienten Reduktion von NCD- und klimawirksamen Luftschadstoffen heraus. Über den Markt für THG-Emissionsrechte lässt sich der Großteil der NCD- und klimawirksamen Luftschadstoffe adressieren. Dabei gilt es, den bestehenden Markt um bislang nicht erfasste Emissionsquellen und Sektoren zu erweitern. Ferner sollte das Emissionskontingent gegenüber dem *Status Quo* deutlich verknappt werden. Die gegenwärtig legitimierte Emissionsmenge ist nicht nur aus klimapolitischer Sicht und dem Aspekt der NCD-Prävention bei Weitem zu hoch. Sie konterkariert zudem die ökonomische Effizienz des Lizenzhandels – insbesondere auch die dynamische Anreizwirkung. NCD-relevante Luftschadstoffe, die nicht in direkter Verbindung zu THG-Emissionen stehen, können ökonomisch effizient durch Emissionsabgaben reguliert werden. Sofern aber die ökologische Treffsicherheit im Vordergrund steht – etwa aufgrund schwerwiegender Gesundheitsbeeinträchtigungen – sind quantitative ordnungsrechtliche Instrumente, insbesondere die Emissionsauflage, vorzuziehen. Suasorische Ansätze können aufgrund ihrer unsicheren ökologischen Effektivität nur eine ergänzende Rolle spielen, etwa indem sie in Form von Informationskampagnen für die Akzeptanz ‚härterer' umweltpolitischer Eingriffe oder für umweltfreundliches Verhalten auf der individuellen Ebene werben.

Welches Emissionsziel bzw. welches Luftqualitätsniveau soll mit dem beschriebenen Instrumentenmix angestrebt werden? Das volkswirtschaftlich optimale, d. h. wohlstandsmaximierende Emissionsniveau stellt aufgrund der nicht realisierbaren Informationsanforderungen keinen pragmatischen Benchmark dar. Daher sollte die Festlegung des Zielwerts einerseits unter gesundheitspolitischen Gesichtspunkten erfolgen. Die Luftqualität sollte dabei grundsätzlich so gesundheitsförderlich wie möglich sein. Allerdings ist ein Qualitätsniveau, das sämtliche Gesundheitsrisiken ausschließt – vor allem auch unter ökonomischen Gesichtspunkten –, nicht realisierbar. Ein pragmatischer Ansatz liegt somit darin begründet, das Ziel anhand gängiger Prinzipien des Risikomanagements (z. B. Vorsichts- bzw. Vorsorgeprinzip) festzulegen.[49] Anderseits sollten kritische Schädigungen des Ökosystems in analoger Weise berücksichtigt werden.

49 Samet/Gruskin 2014.

Entscheidende Voraussetzung für die erfolgreiche Umsetzung dieser Ziele ist die Definition global einheitlicher Metriken zur Bewertung gesundheitlicher und ökologischer Risiken der Luftverschmutzung. Nur so ist die dringend erforderliche Koordination und Standardisierung der Luftreinhaltemaßnahmen auf internationaler Ebene möglich. [50]

### *2.3.2 Integrativer Rahmen – Mainstreaming und Verteilungspolitik*

Die im vorigen Abschnitt skizzierte, international koordinierte Luftreinhaltepolitik begründet zweifelsohne den Kern einer globalen Strategie zur gemeinschaftlichen Adressierung von Luftverschmutzung, NCDs und Klimawandel. Sie muss aber aus zwei wesentlichen Gründen in einen breiteren, integrativen politischen Rahmen eingebettet werden.

Zum einen sind die drei genannten Problembereiche interdependent und betreffen zahlreiche Sektoren und Politikbereiche. Daher erfordert deren nachhaltige Adressierung die Berücksichtigung NCD- bzw. umweltbezogener Aspekte in allen relevanten Sektoren und Bereichen – auch jenen, die keinen (primären) Bezug zur Gesundheit bzw. Umwelt haben. Wesentliche Synergieeffekte dieses sog. Mainstreamings sind in den folgenden Handlungsfeldern zu erwarten:[51] Die klimafreundliche Transformation des Energiesektors, die auf der Ersetzung fossiler Brennstoffe durch regenerative Energiequellen beruht, hat mannigfache positive Auswirkungen auf die menschliche Gesundheit, deren Berücksichtigung dem Transformationsprozess zusätzlichen Schub verleihen kann. Beträchtliche Synergiepotentiale sind auch im Bereich der Stadtplanung gegeben. Der Ausbau des städtischen ÖPNV und der Radwege wirkt nicht nur den Verkehrsemissionen und dem Klimawandel entgegen, sondern befördert auch die NCD-Prävention durch verbesserte Luftqualität und Anreize für eine körperlich aktive Fortbewegung. Aber auch Klimaanpassungsmaßnahmen können präventive Effekte entfalten, wie z. B. die Schaffung urbaner, allergikerfreundlicher Grünanlagen zu Reduktion von Hitzestress. Analog zur urbanen Mobilität kann mit überregionalen bzw. globalen klimafreundlichen Verkehrskonzepten ein bedeutender Beitrag zur NCD-Prävention geleistet werden – einerseits durch die Förderung klimafreundlicher Antriebssysteme und der entsprechenden Infrastruktur (z. B. E-Mobilität); andererseits durch den Ausbau und die intelligente Verknüpfung bestehender Verkehrsmittel wie

50 Figueres et al. 2018.
51 WHO 2019b.

Bahn- und Frachtschiffsverkehr. Schließlich bietet der Agrarsektor diverse Ansatzpunkte, um Klimawandel, Luftverschmutzung und NCDs gebündelt zu adressieren. Ein wesentlicher gemeinschaftlicher Treiber dieser drei Probleme ist der Fleisch- und Milchkonsum und die damit einhergehende Massentierhaltung, die THG und NCD-verursachende Luftschadstoffe in erheblichem Umfang freisetzt. Konzertierte agrar- und ernährungspolitische Kampagnen und Maßnahmen, die auf eine Reduktion des Konsums tierischer Produkte zugunsten einer pflanzlich basierten Ernährung abzielen, haben nicht nur positive Auswirkungen auf Klima und Luftqualität. Die Einschränkung des Konsums von Milch- und Fleischprodukten würde sich auch unmittelbar in geringeren Risiken für Herzkreislauf- oder Krebserkrankungen niederschlagen.[52]

Zum anderen gilt es, den umweltpolitischen Instrumentenmix in den globalen verteilungspolitischen Kontext einzubetten. Wie in Abschnitt 3.2 dargelegt, sind insbesondere Entwicklungsländer von den nachteiligen Auswirkungen der Luftverschmutzung und des Klimawandels betroffen. Das dringende Gebot internationaler verteilungspolitischer Anstrengungen zur Unterstützung dieser Länder bei der Überwindung der genannten Probleme speist sich aus zwei wesentlichen Gründen. Einerseits verlangen moralische Erwägungen, das einzufordernde (Menschen-)Recht auf saubere Luft auch solchen Ländern bzw. Bevölkerungsgruppen zu gewähren, die aus eigener Kraft nicht imstande sind, dieses zu erwirken – zumal die Industrieländer durch ihre Emissionen einen beträchtlichen Anteil der Luftverschmutzungs- und klimawandelbezogenen Schäden in den Entwicklungsländern verantworten. Anderseits bedingt die Globalität der genannten Umweltprobleme, dass diese nur dann nachhaltig bekämpft werden können, wenn die Entwicklungsländer zu eigenständigen Umwelt- und Klimaschutzmaßnahmen befähigt werden. Hierzu bieten bestehende entwicklungs- und klimapolitische Strukturen, wie die sog. flexiblen Mechanismen des Kyoto-Protokolls, zahlreiche Ansatzpunkte.

## 3. *Zusammenfassung und Schlussfolgerungen*

Der anthropogene Klimawandel sowie die zunehmende Verbreitung der NCDs begründen zwei zentrale globale Herausforderungen unserer Zeit, die ein beträchtliches ökologisches, gesundheitliches und auch ökonomisches Schadenspotential in sich bergen. Ihnen gemein ist die Luftver-

52 Woodcock et al. 2009.

schmutzung als wesentliche Ursache. Die Bewältigung dieser Herausforderungen kann nur durch eine integrierte und international abgestimmte politische Agenda gelingen, die die Bekämpfung der Luftverschmutzung als Hebel nutzt. Das enorme Synergiepotential einer solchen Agenda findet in den globalen Luftreinhalte- bzw. Klimaschutzanstrengungen bislang kaum Berücksichtigung, weshalb diese deutlich zu gering ausfallen. Hauptursache ist die Ermangelung eines global einheitlichen institutionellen Fundaments zur Adressierung der Luftverschmutzung. Dieses Versäumnis kann überwunden werden, indem, basierend auf dem international anerkannten (Menschen-)Recht auf Gesundheit, ein einschlägiges Recht auf eine intakte Umwelt, konkret, auf saubere Luft, abgeleitet wird.

Darauf aufbauend gilt es eine ambitionierte globale Agenda für Luftreinhaltepolitiken zu implementieren. Deren Kernelement bildet das klassische umweltpolitische Instrumentarium. Prädestiniert für die Adressierung globaler Luftschadstoff- bzw. THG-Emissionen ist das Instrument handelbarer Emissionslizenzen. Der bereits für THG etablierte Handel ist dabei unter Verknappung des Lizenzkontingents auf weitere Sektoren und Emissionsquellen auszuweiten. Schadstoffe, die nicht in unmittelbarem Zusammenhang zu THG entstehen oder ein besonders hohes gesundheitliches oder ökologisches Schadenspotential aufweisen, können dabei durch ergänzende ordnungsrechtliche oder ökonomische Instrumente reguliert werden. Zur nachhaltigen Bewältigung der Herausforderungen des Klimawandels und der NCDs muss dieser umweltpolitische Instrumentenmix in einen integrativen Rahmen eingebettet werden, der einerseits gesundheits- und umweltbezogene Aspekte in andere, relevante Politikbereiche und Sektoren mainstreamt. Andererseits verlangen moralische Erwägungen und die Globalität der Herausforderungen, dass Entwicklungsländer im Rahmen verteilungspolitischer Maßnahmen zu eigenständigen Umwelt- und Klimaschutzmaßnahmen befähigt werden.

Der Erfolg dieser Agenda hängt unter anderem maßgeblich davon ab, ob es gelingt, die ‚doppelte Dividende' der Luftreinhaltung bzw. des Klimaschutzes in Form des beträchtlichen gesundheitsbezogenen Co-Benefits im politischen Bewusstsein zu verankern. Grundlegende Voraussetzung hierfür ist die Schaffung einer standardisierten Metrik zur Messung und Bewertung der einschlägigen Gesundheitseffekte.

## Literatur

*Alessandrini, F/Schulz, H/Takenaka, S/Lentner, B/Karg, E/Behrendt, H/Jakob, T* (2006): Effects of ultrafine carbon particle inhalation on allergic inflammation of the lung. In: The Journal of allergy and clinical immunology, 117: 4, 824-830.

*Bloom, DE/Cafiero, ET/Jané-Llopis, E/Abrahams-Gessel, S/Bloom, LR/Fathima, S/Feigl* (2011): The Global Economic Burden of Non-communicable Diseases; 25.3.2019.

*Bray, F/Ferlay, J/Soerjomataram, I/Siegel, RL/Torre, LA/Jemal, A* (2018): Global cancer statistics 2018: GLOBOCAN estimates of incidence and mortality worldwide for 36 cancers in 185 countries. In: CA: A cancer journal for clinicians, 68: 6, 394-424.

*Campbell-Lendrum, D/Prüss-Ustün, A* (2018): Climate change, air pollution and non-communicable diseases. In: Bulletin of the World Health Organization, 97: 2, 160-161.

*Clemens, T/Turner, S/Dibben, C* (2017): Maternal exposure to ambient air pollution and fetal growth in North-East Scotland: A population-based study using routine ultrasound scans. In: Environment international, 2017: 107, 216-226.

*Dellink, R/Lanzi, E/Chateau, J* (2019): The Sectoral and Regional Economic Consequences of Climate Change to 2060. In: Environmental and Resource Economics, 72: 2, 309-363.

*Dröge, S/Rattani, V* (2019): Nach dem Klimagipfel in Kattowitz. Wichtige Elemente der EU-Klimaagenda 2019. Stiftung Wissenschaft und Politik (SWP). SWP-Aktuell 2019/A.

*Figueres, C/Landrigan, PJ/Fuller, R* (2018): Tackling air pollution, climate change, and NCDs: time to pull together. In: The Lancet, 392: 10157, 1502-1503.

*Friel, S/Bowen, K/Campbell-Lendrum, D/Frumkin, H/McMichael, AJ/Rasanathan, K* (2011): Climate change, noncommunicable diseases, and development: the relationships and common policy opportunities. Annual review of public health, 2011: 32, 133-147.

*Friel, S/Marmot, M/McMichael, AJ/Kjellstrom, T/Vågerö, D* (2008): Global health equity and climate stabilisation: a common agenda. In: The Lancet, 372: 9650, 1677-1683.

*Gaziano, TA/Bitton, A/Anand, S/Weinstein, MC* (2009): The global cost of nonoptimal blood pressure. In: Journal of hypertension, 27: 7, 1472-1477.

*GBD 2017 Risk Factor Collaborators* (2017): Global, regional, and national comparative risk assessment of 84 behavioural, environmental and occupational, and metabolic risks or clusters of risks, 1990-2016: a systematic analysis for the Global Burden of Disease Study 2016. In: The Lancet, 390: 10100, 1345-1422.

*Goulder, LH* (1995): Environmental taxation and the double dividend: A reader's guide. In: International Tax and Public Finance, 2: 2, 157-183.

*Haines, A* (2017): Health co-benefits of climate action. In: The Lancet Planetary Health, 1: 1, e4-e5.

*Haines, A/Ebi, K* (2019): The Imperative for Climate Action to Protect Health. In: The New England journal of medicine, 380: 3, 263-273.

*IPCC – The Intergovernmental Panel on Climate Change* (2014): Climate Change 2014: Synthesis Report. Contribution of Working Groups I, II and III to the Fifth Assessment Report of the Intergovernmental Panel on Climate Change [Core Writing Team, R.K. Pachauri and L.A. Meyer (eds.)]. IPCC, Geneva, Switzerland, 151 pp.

*IPCC – The Intergovernmental Panel on Climate Change* (2018): Global warming of 1.5°C. An IPCC Special Report on the impacts of global warming of 1.5°C above pre-industrial levels and related global greenhouse gas emission pathways, in the context of strengthening the global response to the threat of climate change, sustainable development, and efforts to eradicate poverty. Summary for Policymakers; 4.4.2019.

*Kinney, PL* (2018): Interactions of Climate Change, Air Pollution, and Human Health. In: Current environmental health reports, 5: 1, 179-186.

*Ladd-Acosta, C/Feinberg, JI/Brown, SC/Lurmann, FW/Croen, LA/Hertz-Picciotto, I/ Newschaffer, CJ/Feinberg, AP/Fallin, MD/Volk, HE* (2019): Epigenetic marks of prenatal air pollution exposure found in multiple tissues relevant for child health. In: Environment international, 2019: 126, 363-376.

*Landrigan, PJ/Fuller, R/Acosta, NJR/Adeyi, O/Arnold, R/Basu, N/Baldé, AB/Bertollini, R/Bose-O'Reilly, S/Boufford, JI/Breysse, PN/Chiles, T/Mahidol, C/Coll-Seck, AM/ Cropper, ML/Fobil, J/Fuster, V/Greenstone, M/Haines, A/Hanrahan, D/Hunter, D/ Khare, M/Krupnick, A/Lanphear, B/Lohani, B/Martin, K/Mathiasen, KV/McTeer, MA/Murray, CJL/Ndahimananjara, JD/Perera, F/Potočnik, J/Preker, AS/Ramesh, J/ Rockström, J/Salinas, C/Samson, LD/Sandilya, K/Sly, PD/Smith, KR/Steiner, A/Stewart, RB/Suk, WA/van Schayck, OCP/Yadama, GN/Yumkella, K/Zhong, M* (2018): The Lancet Commission on pollution and health. In: The Lancet, 391: 10119, 462-512.

*Madl, AK/Plummer, LE/Carosino, C/Pinkerton, KE* (2014): Nanoparticles, lung injury, and the role of oxidant stress. In: Annual review of physiology, 2014: 76, 447-465.

*Michaelis, P* (1996): Ökonomische Instrumente in der Umweltpolitik. Eine anwendungsorientierte Einführung. Heidelberg: Physica-Verlag HD.

*NOAA - National Oceanic and Atmospheric Administation* (2019): National Centers for Environmental Information, State of the Climate: Global Climate Report for January. URL: https://www.ncdc.noaa.gov/sotc/global/201901; 3.4.2019.

*Oehlmann, M/Linsenmeier, M/Klaas, K/Kahlenborn, W/Runkel, M/Wronski, R/Fiedler, S/Mahler, A/Beermann, A-C* (2019): Ökonomische Instrumente in der Luftreinhaltung. URL: https://www.umweltbundesamt.de/sites/default/files/medien/1410/publikationen/2019-03-27_texte_35-2019_oekonomische-instrumente-luftreinhaltung.pdf; 17.4.2019.

*Ostrom, E* (2015): Governing the commons. The evolution of institutions for collective action. Cambridge: Cambridge University Press.

*UNEP – United Nations Environment Programme* (2018): The Emissions Gap Report 2018. URL: https://www.unenvironment.org/resources/emissions-gap-report-2018; 14.4.2019.

*Samet, JM/Gruskin, S* (2014): Air Pollution, Health, and Human Rights. In: The Lancet. Respiratory medicine, 3: 2, 98-100.

*Schaumann, F/Frömke, C/Dijkstra, D/Alessandrini, F/Windt, H/Karg, E/Müller, M/Winkler, C/Braun, A/Koch, A/Hohlfeld, JM/Behrendt, H/Schmid, O/Koch, W/Schulz, H/Krug, N* (2014): Effects of ultrafine particles on the allergic inflammation in the lung of asthmatics: results of a double-blinded randomized cross-over clinical pilot study. In: Particle and Fibre Toxicology, 2014: 11, 39.

*Schraufnagel, DE/Balmes, JR/Cowl, CT/Matteis, S* de/*Jung, S-H/Mortimer, K/Perez-Padilla, R/Rice, MB/Riojas-Rodriguez, H/Sood, A/Thurston, GD/To, T/Vanker, A/Wuebbles, DJ* (2019): Air Pollution and Noncommunicable Diseases: A Review by the Forum of International Respiratory Societies' Environmental Committee, Part 2: Air Pollution and Organ Systems. In: Chest, 155: 2, 417-426.

*The National Academies of Sciences and Medicine from South Africa, Brazil, Germany, and the United States of America* (2019): Air pollution and health. A Science-Policy Initiative. URL: https://www.leopoldina.org/en/publications/detailview/publication/air-pollution-and-health-2019-1/; 28.6.2019.

*UN General Assembly* (1989): Convention on the Rights of the Child. URL: https://www.ohchr.org/Documents/ProfessionalInterest/crc.pdf; 16.4.2019.

*Vierkötter, A/Schikowski, T/Sugiri, D/Matsui, MS/Krämer, U/Krutmann, J* (2015): MMP-1 and -3 promoter variants are indicative of a common susceptibility for skin and lung aging: results from a cohort of elderly women (SALIA). In: The Journal of investigative dermatology, 135: 5, 1268-1274.

*West, JJ/Smith, SJ/Silva, RA/Naik, V/Zhang, Y/Adelman, Z/Fry, MM/Anenberg, S/Horowitz, LW/Lamarque, J-F* (2013): Co-benefits of Global Greenhouse Gas Mitigation for Future Air Quality and Human Health. In: Nature climate change, 3: 10, 885-889.

*Woodcock, J/Edwards, P/Tonne, C/Armstrong, BG/Ashiru, O/Banister, D/Beevers, S/Chalabi, Z/Chowdhury, Z/Cohen, A/Franco, OH/Haines, A/Hickman, R/Lindsay, G/Mittal, I/Mohan, D/Tiwari, G/Woodward, A/Roberts, I* (2009): Public health benefits of strategies to reduce greenhouse-gas emissions: urban land transport. In: The Lancet, 374: 9705, 1930-1943.

*WHO – World Health Organization* (1948): Constitution of the World Health Organization. URL: https://www.who.int/governance/eb/who_constitution_en.pdf; 16.4.2019.

*WHO – World Health Organization* (2007): Global surveillance, prevention and control of chronic respiratory diseases. A comprehensive approach. Geneva, Switzerland.

*WHO – World Health Organization* (2014a): Global Status Report on Noncommunicable Diseases 2014. Geneva, Switzerland.

*WHO – World Health Organization* (2014b): Quantitative risk assessment of the effects of climate change on selected causes of death, 2030s and 2050s. Geneva, Switzerland

*WHO – World Health Organization* (2016): Ambient air pollution: a global assessment of exposure and burden of disease. Geneva, Switzerland.

*WHO – World Health Organization* (2018): Non communicable diseases - fact sheet. URL: https://www.who.int/en/news-room/fact-sheets/detail/noncommunicable-diseases; 25.3.2019.

*WHO – World Health Organization* (2019a): Health statistics and information systems. Disease burden and mortality estimates. URL: https://www.who.int/healthinfo/global_burden_disease/estimates/en/index1.html; 8.4.2019.

*WHO – World Health Organization* (2019b): Noncommunicable diseases and air pollution. URL: http://www.euro.who.int/en/health-topics/environment-and-health/air-quality/publications/2019/noncommunicable-diseases-and-air-pollution-2019; 10.4.2019.

# Teil III
# Aktuelle Forschungsfelder

# Luftmassen, Wetterlagen und Schlaganfälle in der Region Augsburg

*Christoph Beck, Michael Ertl, Benjamin Kühlbach, Jasmin Hartmann, Gertrud Hammel, Annette Straub, Esther Giemsa, Stefanie Seubert, Verena Fricke, Andreas Philipp, Claudia Traidl-Hoffmann, Jens Soentgen, Jucundus Jacobeit und Markus Naumann*

*Inhaltsübersicht*

0. Einleitung 279
1. Datengrundlage und Vorgehensweise 282
2. Zusammenhänge zwischen Luftmassen bzw. Wetterlagen und Schlaganfällen 286
3. Zusammenfassung und Ausblick 288
Literatur 289

## *0. Einleitung*

Laut Weltgesundheitsorganisation (WHO) sind Schlaganfälle die wichtigste umweltassoziierte Erkrankung weltweit, diejenige, auf deren Konto die meisten Todesfälle gehen.[1] Schlaganfallerkrankungen sind nicht nur eine der häufigsten Todesursachen, sondern auch die häufigste Ursache für dauerhafte Pflegebedürftigkeit in Deutschland und weltweit[2]. Darüber hinaus schränken neurologische Folgeerkrankungen wie Aphasie, Hemiparese, Demenz oder Depressionen die Lebensqualität von Schlaganfallpatienten häufig nachhaltig stark ein.[3] Die höchsten Gesundheitskosten in Deutschland resultieren aus kardiovaskulären Erkrankungen und Schlaganfällen[4], denen daher für Medizin und Gesundheitsversorgung enorme – auch volkswirtschaftliche – Relevanz zukommt. Für Schlaganfall bekannte Risi-

1 WHO o. J.
2 Benjamin et al. 2017.
3 Béjot et al. 2016.
4 Robert Koch-Institut 2015.

kofaktoren sind vor allem Bluthochdruck, Diabetes mellitus, erhöhtes Cholesterin, Rauchen, Alkoholkonsum sowie Herzrhythmusstörungen.[5]

Aus einer Vielzahl von Studien ergeben sich deutliche Hinweise darauf, dass die Auftrittshäufigkeit und Schwere von Schlaganfallerkrankungen auch von den meteorologischen/witterungsklimatologischen und weiteren Umweltfaktoren, wie etwa der Luftqualität (beispielsweise Feinstaubkonzentration), beeinflusst wird. Zusammenhänge zwischen Lufttemperatur und Schlaganfällen bzw. Schlaganfall-Subtypen wurden beispielsweise in Großbritannien[6], Deutschland[7], Portugal[8], Italien[9], der Türkei[10], Japan[11], China[12], Russland[13] und den USA[14] ermittelt. Aus den genannten Studien ergaben sich überwiegend nachteilige Effekte von Temperaturanomalien – negativen wie positiven – sowie kurzfristigen Temperaturänderungen.

Nicht immer konsistente Effekte auf Schlaganfallerkrankungen konnten daneben aber auch für weitere meteorologische Parameter wie Luftdruck[15] und relative Luftfeuchtigkeit[16] aufgezeigt werden.

So konnten beispielsweise kurzfristige Luftdruckschwankungen für aneurysmatische Subarachnoidalblutungen[17], zerebrale Infarkte, intrazerebrale Blutungen und transitorisch ischämische Attacken (TIA)[18] verantwortlich gemacht werden. Die Wirkung der Luftdruckschwankungen zeigte sich hierbei teilweise bedeutsamer als die Lufttemperatureffekte.[19]

Über die schlaganfallrelevante Wirkung einzelner meteorologischer/witterungsklimatologischer Parameter wird insbesondere auch der kombinierten Wirkung von Anomalien verschiedener Variablen Bedeutung für

5 Benjamin et al. 2017; Robert Koch-Institut 2015.
6 Dawson et al. 2008; Kovats et al. 2004.
7 Rakers et al. 2015; Kyobutungi et al. 2005.
8 Maghalães et al. 2011; Azevedo et al. 1995.
9 Morabito et al. 2011.
10 Çevik et al. 2015.
11 Matsumoto et al. 2010; Ohwaki et al. 2004.
12 Goggins et al. 2012.
13 Feigin et al. 2000.
14 Rivera-Lara et al. 2015; Ebi et al. 2004.
15 Rakers et al. 2015; Morabito et al. 2011; Jimenez-Conde et al. 2008; Dawson et al. 2008.
16 Rakers et al. 2015; Goggins et al. 2012.
17 Zacharias 2012; Law et al. 2009; Abe et al. 2008; Setzer et al. 2007; Landers et al. 1997.
18 Kriszbacher et al. 2010.
19 Zacharias 2012; Jimenez-Conde et al. 2008; Landers et al. 1997.

Schlaganfallerkrankungen beigemessen.[20] Damit zeigt sich auch, dass es nicht ausreicht, nur einzelne Faktoren zu beachten, vielmehr kommt es auf das Zusammenwirken der Faktoren an. Und hier setzt unsere Forschung an.

Zur Untersuchung dieser synergetischen Gesundheitswirkung des Wetters können sogenannte Luftmassen- und/oder Wetterlagenklassifikationen eingesetzt werden, die unterschiedliche großskalige und/oder lokale meteorologische/witterungsklimatologische Parameter kombiniert zur Quantifizierung der atmosphärischen Situation heranziehen.[21] Entsprechende Klassifikationen werden erfolgreich in verschiedenen Bereichen der Klimawissenschaften zur Analyse der Zusammenhänge zwischen atmosphärischen Bedingungen und Umweltparametern eingesetzt.[22] Im Rahmen gesundheitsbezogener Studien findet eine Anwendung dieser Verfahren bisher allerdings selten statt.[23]

Die eingehende Untersuchung der geschilderten Zusammenhänge zwischen Umwelt- und Klimafaktoren und Schlaganfallerkrankungen in der Region Augsburg ist der Gegenstand einer Forschungskooperation zwischen Neurologen, Klima- und Umweltwissenschaftlern, Epidemiologen und Umweltmedizinern des Universitätsklinikums Augsburg (Klinik für Neurologie und klinische Neurophysiologie), der Universität Augsburg (Lehrstuhl für Physische Geographie mit Schwerpunkt Klimaforschung; Wissenschaftszentrum Umwelt – WZU), des Helmholtz Zentrums München (HMGU) und des Universitären Zentrums für Gesundheitswissenschaften am Klinikum Augsburg (UNIKA-T).

Die Forschungskooperation intendiert die detaillierte Untersuchung der Zusammenhänge zwischen verschiedenen Klima- und Umweltfaktoren und Schlaganfallerkrankungen und hierbei insbesondere die Identifikation derjenigen Einflussfaktoren, die nachweis- und quantifizierbaren Einfluss auf Schlaganfallerkrankungen in der Region Augsburg haben.

Ausgangspunkt war dabei die klinische Beobachtung, dass an bestimmten Tagen bestimmte Typen von Schlaganfällen sehr auffällig gehäuft auftraten. An anderen Tagen hingegen war es umgekehrt auffallend ruhig in den Ambulanzen des Klinikums. Dies führte zu der Vermutung, dass hier Umwelteinflüsse im Spiel sein könnten. Als diese Beobachtungen mit Um-

---

20 Berginer et al. 1989; Jimenez-Conde et al. 2008.

21 Z. B. Philipp et al. 2016.

22 Z. B. Beck et al. 2014; Beck et al. 2015.

23 Urban/Kyselý 2015; Hondula et al. 2014; Kyselý/Huth 2010a; Kyselý/Huth 2010b; Kassomenos et al. 2001.

weltwissenschaftlern der Universität Augsburg diskutiert wurden, war bald die Idee für ein gemeinsames Forschungsprojekt geboren.

Der vorliegende Beitrag stellt die Datengrundlagen, zentrale Vorgehensweisen und erste Ergebnisse unserer Studien vor, die im Rahmen der interdisziplinären Forschungskooperation zu den Zusammenhängen zwischen Luftmassen/Wetterlagen und der Auftrittshäufigkeit von Schlaganfallerkrankungen in der Region Augsburg durchgeführt und zum Teil bereits an anderer Stelle publiziert worden sind.[24]

Das Verständnis und die quantitative Erfassung dieser Zusammenhänge ist unerlässliche Voraussetzung für geplante weiterführende Forschungsarbeiten, die – auf der Grundlage belastbarer Erkenntnisse zur Wirkung von Klima-/Umwelteinflüssen auf Schlaganfallerkrankungen – Abschätzungen kurzfristiger, wetter- und umweltbedingter Variationen sowie Projektionen möglicher langfristiger klimawandelbedingter Änderungen des Schlaganfallrisikos bis zum Ende des 21. Jahrhunderts liefern sollen.

Entsprechende – hinreichend verlässliche – Aussagen sollen es im Weiteren Patienten und medizinischen Versorgungseinrichtungen erlauben, rechtzeitig adäquate präventive und kurative Maßnahmen zu treffen. Wenn man wüsste, dass bei bestimmtem Wetter mit einer erhöhten Häufigkeit von Schlaganfällen in unserer Region gerechnet werden muss, kann man Vorsorge treffen: gewissermaßen anhand der Wettervorhersage. Und Vorsorge könnte nicht nur das Klinikum treffen, auch die Patienten selbst könnten sich vorsehen, indem man sie darauf aufmerksam macht, dass bei diesem oder jenem Wetter eine erhöhte Wahrscheinlichkeit für einen Schlaganfall besteht. Im Idealfall könnte damit zukünftig das Auftreten von Schlaganfällen verhindert bzw. die Folgenschwere der Erkrankung durch eine adäquate medizinische Versorgung minimiert werden.

## *1. Datengrundlage und Vorgehensweise*

Zur Untersuchung der Zusammenhänge zwischen Luftmassen/Wetterlagen und Schlaganfällen in der Region Augsburg bestehen am Forschungsstandort Augsburg ausgezeichnete Voraussetzungen. Man benötigt einerseits, um Statistik betreiben zu können und zu verlässlichen Aussagen zu gelangen, eine hohe Zahl an Patienten, die auch gut dokumentiert sind.

Genau dies ist in Augsburg gegeben: Das Universitätsklinikum Augsburg verfügt über eine in Deutschland einzigartige Versorgungssituation

---

24 Ertl et al. 2019.

von Schlaganfallpatienten: durch die starke Zentralisierung auf einen Maximalversorger in der Region und das Fehlen weiterer neurologischer Kliniken und *Stroke Units* im Umkreis von bis zu 50 km erfolgt hier eine lückenlose Erfassung betroffener Patienten. Dies führt zu einer sehr umfangreichen Patientenzahl (~ 1.800/Jahr) und gewährt eine flächendeckende und homogene Datenerfassung. Für den Zeitraum seit 2006 umfasst die verfügbare Datenbasis ca. 18.000 Schlaganfälle, die zusätzlich nach unterschiedlichen Kriterien (ICD – *International Statistical Classification of Diseases and Related Health Problems*, TOAST – *Trial of Org 10172 in Acute Stroke Treatment*) in Subtypen kategorisiert sind.

Andererseits müssen Umweltfaktoren über lange Zeiträume und in hoher Qualität gemessen werden, wenn mit Aussicht auf Erfolg versucht werden soll, Zusammenhänge festzustellen. Auch diese Voraussetzung ist in Augsburg erfüllt: Am Institut für Geographie (Lehrstuhl für Physische Geographie mit Schwerpunkt Klimaforschung) sind meteorologische Datensätze und verschiedene methodische Ansätze zur Klassifikation von Luftmassen und Wetterlagen verfügbar.[25]

Im Rahmen der hier vorgestellten Untersuchungen erfolgte die quantitative Charakterisierung der schlaganfallrelevanten meteorologisch-witterungsklimatologischen Bedingungen in der Region Augsburg in Form einer sogenannten Luftmassenklassifikation.[26] Zur Ermittlung relevanter Luftmassen werden hierbei meteorologische Messwerte der offiziellen Beobachtungsstation des Deutschen Wetterdienstes in Augsburg-Mühlhausen herangezogen. Aus spezifischen Kombinationen von Messwerten der Lufttemperatur, der Luftfeuchtigkeit, der Windgeschwindigkeit und weiterer Kenngrößen ergibt sich hierbei die Zuordnung einzelner Tage des Untersuchungszeitraums zu sieben Luftmassenkategorien, die sich maßgeblich hinsichtlich der mit ihrem Auftreten verbundenen Lufttemperatur- und Luftfeuchtigkeitsverhältnisse unterscheiden lassen.

Die sieben unterschiedenen Luftmassen sind maßgeblich charakterisiert zum einen durch ihre jeweiligen Luftfeuchtigkeitsverhältnisse – *moist* (M), *dry* (D) – und zum anderen durch ihre unterschiedlichen Temperaturniveaus – *tropical* (T), *moderate* (M), *polar* (P). Zusätzlich zu den sechs Luftmassenkategorien, die sich aus Kombinationen der Temperatur- und Feuchtigkeitsniveaus ergeben, wird eine siebte Luftmassenkategorie TR

25 Z. B. Beck et al. 2007, Philipp et al. 2016.

26 Kalkstein/Corrigan 1986; Davis/Kalkstein 1990; Sheridan 2002; Beck et al. 2018; Kühlbach 2018.

(*transient*) definiert, die durch eine ausgeprägte kurzfristige Wechselhaftigkeit der Temperatur- und Luftfeuchtigkeitsverhältnisse gekennzeichnet ist. Insgesamt ergeben sich die folgenden sieben Luftmassenkategorien:

DT – trocken-tropisch
DM – trocken-gemäßigt
DP – trocken-polar
MP – feucht-polar
MM – feucht-gemäßigt
MT – feucht-tropisch
TR – transient/wechselhaft

deren klimatische Charakteristika in Abbildung 1 dargestellt sind.

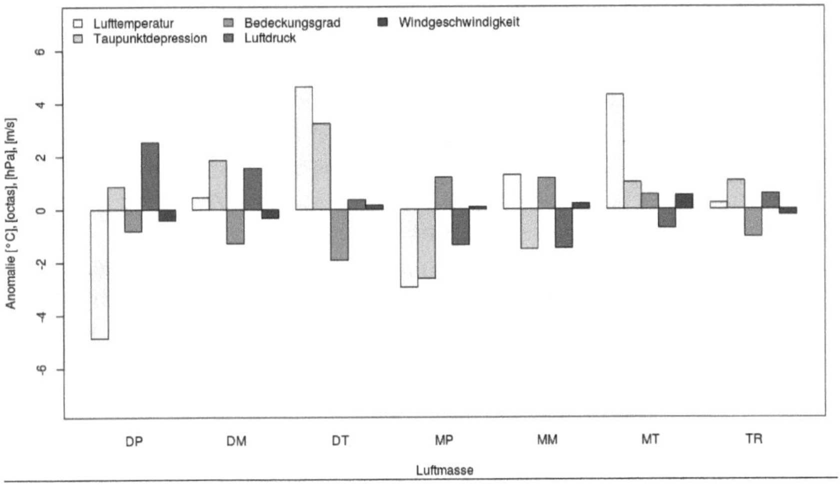


*Abb. 1: Mittlere monatliche meteorologische Anomaliecharakteristika der sieben Luftmassenkategorien im Zeitraum 2006-2015*[27]

27 Dargestellt sind Anomalien – mittlere Differenzen zum jeweiligen monatlichen Mittelwert – der Tageswerte der Lufttemperatur (° C); des Luftdruckes (hPa); der Taupunkterniedrigung um 15 UTC (° C); des Bedeckungsgrades (octas); der Windgeschwindigkeit (m/s). Für die Luftmassenkategorien DP, dry polar; DM, dry moderate; DT, dry tropical; MP, moist polar; MM, moist moderate; MT, moist tropical; TR, transitional.

Die sieben resultierenden Luftmassen unterscheiden sich aber nicht nur bezüglich eines spezifischen meteorologischen Parameters – z. B. der Lufttemperatur oder der Luftfeuchtigkeit – sondern repräsentieren unterschiedliche meteorologische/witterungsklimatologische Bedingungen, unter Berücksichtigung des Zusammenspiels verschiedener meteorologischer Parameter. So zeigen sich zwischen den Luftmassenkategorien beispielsweise auch deutliche Differenzierungen bezüglich des Bedeckungsgrades oder des Luftdruckes (Abb. 1).

Die im Jahresverlauf variablen Auftrittshäufigkeiten der Luftmassenkategorien in Augsburg sind in Abbildung 2 dokumentiert.

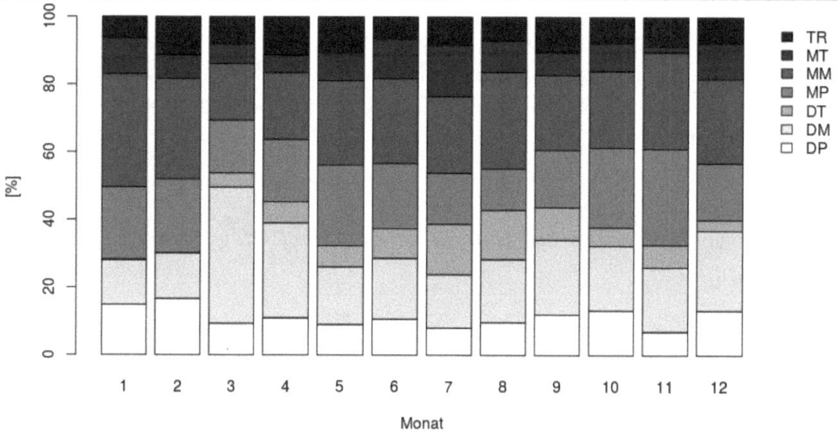


*Abb. 2: Relative monatliche Auftrittshäufigkeiten der Luftmassenkategorien im Zeitraum 2006-2015*[28]

Die in der Region Augsburg am häufigsten auftretenden Luftmassenkategorien sind MM (*moist moderate* – feucht-gemäßigt) und DM (*dry moderate* – trocken-gemäßigt). Im Wesentlichen auf die Sommermonate beschränkt ist das Auftreten der trockenen tropischen Luftmassen.

Über die hier vorgestellte Luftmassenklassifikation hinaus beziehen weiterführend angewendete fortgeschrittenere Ansätze der Wetterlagenklassifikation zum einen neben den lokalen meteorologischen Bedingungen auch die großräumigen atmosphärischen Verhältnisse – etwa die Luftdruckver-

28 TR, transitional type; MT, moist tropical; MM, moist moderate; MP, moist polar; DT, dry tropical; DM, dry moderate; DP, dry polar.

teilung über Europa – und zum anderen beispielsweise auch relevante Parameter aus verschiedenen atmosphärischen Niveaus in die Bestimmung der Wetterlagen mit ein, um auf diese Weise die potentiell schlaganfallrelevanten atmosphärischen Bedingungen möglichst umfassend zu berücksichtigen.[29]

In einem weiterführenden Untersuchungsschritt werden die ermittelten Luftmassen- bzw. Wetterlagenkategorien sodann bezüglich der Häufigkeit der mit ihrem Auftreten verbundenen Schlaganfallerkrankungen statistisch analysiert, um auf diese Weise diejenigen Luftmassen bzw. Wetterlagen zu identifizieren, deren Auftreten mit einem statistisch signifikant erhöhten bzw. reduzierten Schlaganfallrisiko verbunden sind. Hierbei werden neben den zeitlich synchronen Zusammenhängen zwischen Einflussfaktoren und Zielgröße – vorherrschende Luftmassenkategorie am Tag des Schlaganfalles - auch zeitversetzte Effekte – Veränderungen der Luftmassencharakteristik im Vorfeld (bis zu fünf Tage) des Schlaganfalles - adäquat berücksichtigt.

## 2. *Zusammenhänge zwischen Luftmassen bzw. Wetterlagen und Schlaganfällen*

Aus den oben skizzierten initialen Untersuchungen ergeben sich statistisch signifikante Erkenntnisse zu den Zusammenhängen zwischen Luftmassen und Schlaganfällen in der Region Augsburg. Es ist dabei allerdings festzuhalten, dass die Zusammenhänge bei Betrachtung unterschiedlicher Patientengruppen (kategorisiert nach z. B. Alter, Geschlecht, Risikofaktoren), verschiedener Schlaganfall-Subtypen (z. B. makroangiopathische oder kardiogen-embolische Schlaganfälle) und bei Zugrundelegung unterschiedlicher jahreszeitlicher Zusammenfassungen durchaus uneinheitlich und teilweise sogar gegensätzlich ausgebildet sein können.[30] Es ist also nicht so, dass sich einfach sagen ließe: Wenn es sonniges, trockenes Wetter ist, haben wir mehr (oder weniger) Schlaganfälle. Das liegt unter anderem daran, dass mit dem Wort „Schlaganfall“ recht unterschiedliche Erkrankungen bezeichnet werden. So gibt es den ischämischen Schlaganfall, der durch Blutgefäßverstopfung zustandekommt. Ein anderer Schlaganfalltypus ist der hämorrhagische, bei dem Gefäßwände reißen und Blut austritt. Beiden Erkrankungen liegen unterschiedliche Ursachen zugrunde, auch unter-

29 Z. B. Fricke 2018.
30 Ertl et al. 2019.

schiedliche Mechanismen, auch wenn die Symptome ähnlich oder gar identisch sein können. Weil aber der Mechanismus ein jeweils anderer ist, wird dann auch plausibel, dass Umwelteinflüsse wie etwa die hier herangezogenen Luftmassen sich unterschiedlich auswirken können. Dies ist auch, was wir tatsächlich beobachten konnten.

Bei gesamtjährlicher Betrachtung treten für einige Schlaganfall-Subtypen bei trockenen und warmen Luftmassen (*dry tropical* – DT) statistisch signifikant erhöhte Schlaganfallhäufigkeiten auf während das Schlaganfallrisiko bei trockenen und kalten Luftmassen (*dry polar* – DP) signifikant reduziert erscheint (siehe Abbildung 3). Betrachtet man ergänzend die Temperaturentwicklung im Vorfeld des Schlaganfallereignisses so scheint sich ein Anstieg der Lufttemperatur positiv (reduzierend), ein Temperaturabfall dagegen negativ (erhöhend) auf das Schlaganfallrisiko auszuwirken.

Differenzierungen dieser Zusammenhänge ergeben sich zum einen mit Blick auf verschiedene Schlaganfall-Subtypen (nicht gezeigt). So bedingen trockene und warme Luftmassen (DT) zwar einerseits ein geringeres Risiko für hämorrhagische Schlaganfälle, sie sind aber andererseits mit erhöhten Häufigkeiten makroangiopathischer Schlaganfälle verbunden. Von makroangiopathischen Schlaganfällen spricht man, wenn ein Verschluss eines hirnversorgenden Blutgefäßes vorliegt. Trockene und kalte (DP) Luftmassen weisen erhöhte Häufigkeiten intrazerebraler Blutungen und gleichzeitig ein geringeres Risiko für ischämische Schlaganfalltypen auf. Feuchte Luftmassen scheinen mit reduzierten Häufigkeiten makroangiopathischer Schlaganfälle einherzugehen.

Ausgeprägte Temperaturanstiege über fünf Tage sind mit reduzierten Auftrittshäufigkeiten hämorrhagischer Schlaganfälle, Temperaturzunahmen generell mit geringerem Auftreten makroangiopathischer und kardiogen-embolischer Schlaganfälle verbunden. Hingegen sind distinkte Temperaturabfälle mit einem erhöhten Risiko für makroangiopathische Schlaganfälle assoziiert.

Zum anderen zeigen sich aber auch ausgeprägte Unterschiede der Zusammenhänge zwischen Luftmassen und Schlaganfallhäufigkeiten bei Berücksichtigung verschiedener nichtklimatischer Einflussfaktoren wie Alter, Geschlecht oder spezifischer Risikofaktoren wie etwa Nikotinkonsum, Bluthochdruck, Übergewicht, erhöhtem Cholesterin oder Diabetes.[31]

31 Ertl et al. 2019.

Die diesen Befunden potentiell zugrundeliegenden pathophysiologischen Wirkzusammenhänge sind in einem jüngst publizierten Artikel von Ertl und Co-Autoren[32] ausführlicher erläutert.

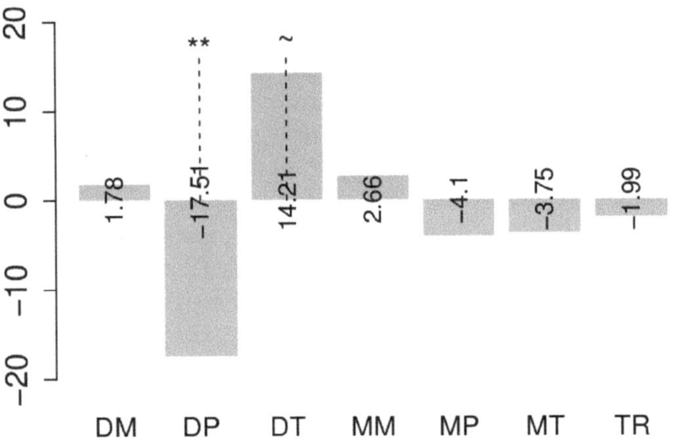


*Abb. 3: Relativ erhöhte/reduzierte Schlaganfallmorbiditäten der sieben Luftmassenkategorien in Augsburg*[33]

## 3. *Zusammenfassung und Ausblick*

Auf der Grundlage einer umfangreichen Schlaganfall-Datenbasis für die Region Augsburg und unter Verwendung synoptisch-klimatologischer Klassifikationsmethoden konnten statistisch signifikante Zusammenhänge zwischen dem Auftreten unterschiedlicher Luftmassenkategorien und der Auftrittshäufigkeit von Schlaganfallerkrankungen nachgewiesen werden. Darüber hinaus konnte die Relevanz kurzfristiger Temperaturänderungen für das Auftreten von Schlaganfällen/Schlaganfallsubtypen bestätigt werden.

32 Ertl et al. 2019.

33 Für gesamtjährliche Betrachtung, ohne Differenzierung nach Schlaganfall-Subgruppen ** bzw. ~ indizieren statistische Signifikanz der Abweichungen für $\alpha = 0.01$ bzw. $\alpha = 0.1$ ($\alpha$ = zugrundegelegte Irrtumswahrscheinlichkeit des verwendeten Ein-Stichproben t-Tests).

Aufbauend auf den hier dokumentierten Untersuchungen und den sich daraus ergebenden initialen Resultate sind im Rahmen der interdisziplinären Forschungskooperation zum übergeordneten Thema „Umweltfaktoren und Schlaganfälle in der Region Augsburg" weiterführende Analysen geplant, die vertiefte Erkenntnisse zu den Zusammenhängen zwischen Umweltfaktoren und Schlaganfällen in der Region Augsburg liefern werden.

Ein wesentliches Element dieser zukünftigen Forschungen wird insbesondere die Entwicklung optimierter Wetterlagenklassifikationen darstellen[34], die in noch höherem Maße als die bisher eingesetzten Klassifikationsansätze geeignet sein werden die bedeutsamsten schlaganfallrelevanten meteorologisch-witterungsklimatologischen Einflussgrößen zu identifizieren und bezüglich ihrer Gesundheitseffekte zu quantifizieren. Hierbei werden verstärkt auch relevante nichtklimatische Umweltfaktoren, insbesondere Luftqualitätsparameter, in die Untersuchungen integriert werden, um den gesundheitsrelevanten Wechselwirkungen zwischen klimatischen und nichtklimatischen Parametern angemessen Rechnung zu tragen.

Auf der Grundlage solchermaßen optimierter Zusammenhangsanalysen sollen schließlich statistische Modelle entwickelt werden, die eine begründete Abschätzung des mit spezifischen Umweltfaktoren verbundenen Schlaganfallrisikos in der Region Augsburg erlauben und die damit die Grundlage für die langfristig angestrebte Entwicklung von ‚Schlaganfall-Warnsystemen' darstellen können.

So kann dann aus dieser Grundlagenforschung ein sehr konkreter Nutzen für die Patienten entstehen. Zwar können die Risikofaktoren – das Wetter – nicht nach Belieben verändert werden, man kann aber die Versorgung optimieren und damit die Folgen von Schlaganfällen so gering wie möglich halten. Bedenkt man, dass eine sofortige optimale Versorgung bei Schlaganfällen von ebenso entscheidender Wichtigkeit ist wie bei Herzinfarkten, erkennt man, wie wichtig eine solche Zielsetzung ist.

## *Literatur*

*Abe, T/Ohde, S/Ishimatsu, S/Ogata, H/Hasegawa, T/Nakamura, T/Tokuda, Y* (2008): Effects of meteorological factors on the onset of subarachnoid hemorrhage. In: Journal of Clinical Neuroscience, 15: 9, 1005-1010.

*Azevedo, E/Ribeiro, HA/Lopes, F/Martins, R/Barros, H* (1995): Cold: a risk factor for stroke? In: Journal of Neurology, 242: 4, 217-221.

34 Fricke 2018.

*Beck, C/Jacobeit, J/Jones, PD* (2007): Frequency and within-type variations of large scale circulation types and their effects on low-frequency climate variability in Central Europe since 1780. In: Int. J. Climatol., 27: 4, 473-491.

*Beck, C/Weitnauer C/Jacobeit, J* (2014): Downscaling of monthly PM10 indices at different sites in Bavaria (Germany) based on circulation type classifications. In: Atmospheric Pollution Research, 5: 4, 741-752.

*Beck, C/Philipp, A/Jacobeit, J* (2015): Interannual drought index variations in Central Europe related to the large-scale atmospheric circulation - application and evaluation of statistical downscaling approaches based on circulation type classifications. In: Theoretical and Applied Climatology, 121: 3-4, 713-732.

*Beck, C/Kühlbach, B/Ertl, M/Naumann, M/Straub, A/Giemsa, E/Seubert, S/Soentgen, J/Jacobeit, J* (2018): Stroke occurrence in the Augsburg region (Southern Germany) related to air masses and weather types. In: Geophysical Research Abstracts, 2018: 20 10117.

*Béjot, Y/Bailly, H/Durier, J/Giroud, M* (2016): Epidemiology of stroke in Europe and trends for the 21st century. In: La Presse Médicale, 45: 12, 391-398.

*Benjamin, EJ/Blaha, MJ/Chiuve, SE/Cushman, M/Das, SR/Deo, R/de Ferranti, SD/Floyd, J/Fornage, M/Gillespie, C/Isasi, CR/Jiménez, MC/Chaffin Jordan, L/Judd, E/Lackland, D/Lichtman, JH/Lisabeth, L/Liu, S/Longenecker, CT/Mackey, RH/Matsushita, K/Mozaffarian, D/Mussolino, ME/Nasir, K/Neumar, RW/Palaniappan, L/Pandey, DK/Thiagarajan, RR/Reeves, MJ/Ritchey, M/Rodriguez, CJ/Roth, GA/Rosamond, WD/Sasson, C/Towfighi, A/Tsao, CW/Turner, MB/Virani, SS/Voeks, JH/Willey, JZ/Wilkins, JT/Wu, JH/Alger, HM/Wong, SS/Muntner, P On behalf of the American Heart Association Statistics Committee and Stroke Statistics Subcommittee* (2017): Heart Disease and Stroke Statistics – 2017 Update: A Report From the American Heart Association. In: Circulation, 135: 10, 146-603.

*Berginer, VM/Goldsmith, J/Batz, U/Vardi, H/Shapiro, Y* (1989): Clustering of strokes in association with meteorologic factors in the Negev Desert of Israel: 1981-1983. In: Stroke, 20: 1, 65-69.

*Çevik, YN/Doğan, Ö/Daş, M/Ahmedali, A/Kul, S/Bayram, H* (2015): The association between weather conditions and stroke admissions in Turkey. In: International Journal of Biometeorology, 59: 7, 899-905.

*Davis, R/Kalkstein, L* (1990): Development of an automated spatial synoptic climatological classification. In: Int J Climatol, 10: 8, 769-794.

*Dawson, J/Weir, C/Wright, F/Bryden, C/Aslanyan,S/Lees, K/Bird, W/Walters, M* (2008): Associations between meteorological variables and acute stroke hospital admissions in the west of Scotland. In: Acta Neurologica Scandinavia, 117: 2, 85-89.

*Ebi, KL/Exuzides, KA/Lau, E/Kelsh, M/Barnston, A* (2004): Weather changes associated with hospitalizations for cardiovascular diseases and stroke in California, 1983-1998. In: International Journal of Biometeorology, 49: 1, 48-58.

*Ertl, M/Beck, C/Kühlbach, B/Hartmann, J/Hammel, G/Straub, A/Giemsa, E/Seubert, S/Philipp, A/Traidl-Hoffmann, C/Soentgen, J/Jacobeit, J/Naumann, M* (2019): New insights into weather and stroke: influences of specific air masses and temperature changes on stroke incidence. In: Cerebrovasc Dis, 47: 5-6, 275-284.

*Feigin, VL/Nikitin, YP/Bots, ML/Vinogradova, TE/Grobbee, DE* (2000): A population-based study of the associations of stroke occurrence with weather parameters in Siberia, Russia (1982–92). In: European Journal of Neurology, 7: 2, 171-178.

*Fricke, V* (2018): Zusammenhänge zwischen Wetterlagen und Schlaganfällen im Raum Augsburg. Master Thesis University of Augsburg.

*Goggins, WB/Woo, J/Ho, S/Chan, EYY/Chau PH* (2012): Weather, season, and daily stroke admissions in Hong Kong. In: International Journal of Biometeorology, 56: 5, 865-872.

*Hondula, DM/Vanos, JK/Gosling, SN* (2014): The SSC: a decade of climate-health research and future directions. In: International Journal of Biometeorology, 58: 2, 109-120.

*Jimenez-Conde, J/Ois, A/Gomis, M/Rodriguez-Campello, A/Cuadrado-Godia, E/Subirana, I* (2008): Weather as a trigger of stroke. Daily meteorological factors and incidence of stroke subtypes. In: Cerebrovascular Disease, 26: 4, 348-354.

*Kalkstein, LS/Corrigan, P* (1986): A synoptic climatological approach for geographical analysis: assessment of sulfur dioxide concentrations. In: Ann Assoc Am Geogr., 76: 3, 381-395.

*Kassomenos, P/Gryparis, A/Samoli, E/Katsouyanni, K/Lykoudis, S/Flocas, HA* (2001): Atmospheric circulation types and daily mortality in Athens. In: Environmental Health Perspectives, 109: 6, 591-596.

*Kovats, RS/Hajat, S/Wilkinson, P* (2004): Contrasting patterns of mortality and hospital admissions during hot weather and heat waves in Greater London, UK. In: Occupational and Environmental Medicine, 61: 11, 893-898.

*Kriszbacher, I/Csoboth, I/Fülöp, A/Boncz, I/Kőhalmi, A/Müller, A/Bódis, J* (2010): The influence of meteorological factors on cerebral infarction, intracerebral hemorrhage, subarachnoid hemorrhage and transient ischemic attack. In: Value in Health, 13: 7, A344.

*Kühlbach, B* (2018): Development of a synoptic air mass classification and statistical relationships with strokes in the Augsburg region. Master Thesis University of Augsburg.

*Kyobutungi, C/Grau, A/Stieglbauer, G/Becher, H* (2005): Absolute temperature, temperature changes and stroke risk: A case-crossover study. In: European Journal of Epidemiology, 20: 8, 693-698.

*Kyselý, J/Huth, R* (2010a): Evaluating heat-related mortality in Korea by objective classifications of 'air masses'. In: International Journal of Climatology, 30: 10, 1484-1501.

*Kyselý, J/Huth, R* (2010b): Relationships between summer air masses and mortality in Seoul: Comparison of weather-type classifications. In: Physics and Chemistry of the Earth, 35: 9, 536-543.

*Landers, AT/Narotam, PK/Govender, ST/van Dellen, JR* (1997): The effect of changes in barometric pressure on the risk of rupture of intracranial aneurysms. In: British Journal of Neurosurgery, 11: 3, 191-195.

*Law, HY/Wong, GK/Chan, DT/Wong, L/Poon, WS* (2009): Meteorological factors and aneurysmal subarachnoid haemorrhage in Hong Kong. In: Hong Kong Medical Journal, 15: 2, 85-89.

*Magalhães, R/Carolina Silva, M/Correia, M/Bailey, T* (2011): Are stroke occurrence and outcome related to weather parameters? Results from a population-based study in northern Portugal. In: Cerebrovascular Diseases, 32: 6, 542-551.

*Matsumoto, M/Ishikawa, S/Kajii, E* (2010): Cumulative Effects of Weather on Stroke Incidence: A Multi-Community Cohort Study in Japan. In: Journal of Epidemiology, 20: 2, 136-142.

*Morabito, M/Crisci, A/Vallorani, R/Amedeo Modesti, P/Gensini, GF/Orlandini, S* (2011): Innovative approaches helpful to enhance knowledge on weather-related stroke events over a wide geographical area and a large population. In: Stroke, 42: 3, 593-600.

*Ohwaki, K/Yano, E/Murakami, H/Nagashima, H/Nakagomi, T* (2004): Meteorological factors and the onset of hypertensive intracerebral hemorrhage. In: International Journal of Biometeorology 49: 2, 86-90.

*Philipp, A/Beck, C/Huth, R/Jacobeit, J* (2016): Development and comparison of circulation type classifications using the COST 733 dataset and software. In: Int. J. Climatol. 36: 7, 2673-2691.

*Rakers, F/Schiffner, R/Rupprecht, S/Brandstadt, A/Witte, OW/Walther, M/Schlattmann, P/Schwab, M* (2016): Rapid weather changes are associated with increased ischemic stroke risk: a case-crossover study. In: Eur J Epidemiol, 31: 2, 137-146.

*Rivera-Lara, L/Kowalski, LB/Schneider, EB/Tamargo, RJ/Nyquist, P* (2015): Elevated Relative Risk of Aneurysmal Subarachnoid Hemorrhage With Colder Weather in the Mid-Atlantic Region. In: Journal of Clinical Neuroscience, 22: 10, 1582-1587.

*Sheridan, S* (2002): The redevelopment of a weather-type classification scheme for North America. In: Int. J Climatol, 22: 1, 51-68.

*Urban, A/Kyselý, J* (2015): Application of spatial synoptic classification in evaluating links between heat stress and cardiovascular mortality and morbidity in Prague, Czech Republic. In: International Journal of Biometeorology, 62: 1, 85-96.

*WHO – World Health Organisation* (o. J.): Environment and Health: The big picture. URL: https://www.who.int/quantifying_ehimpacts/publications/PHE-prevention-diseases-infographic-EN.pdf; 24.9.2019.

*Zacharias, S* (2012): Literaturstudie zum Einfluss des Wetters auf die menschliche Gesundheit. Umweltbundesamt: UBA-FB-00.

# Verbreitung von *Anopheles*-Vektoren der Malaria im europäischen und mediterranen Raum bis Ende des 21. Jahrhunderts

*Elke Hertig*

*Inhaltsübersicht*

0. Einführung 294

1. Daten und Methoden 295

2. Ergebnisse 296

2.1 Einflussgrößen 296

2.2 Projektionen der Vektorverbreitung 297

2.3 Potentielle Transmissionsstabilität im 21. Jahrhundert 299

3. Diskussion und Schlussfolgerungen 300

Literatur 301

Ein Aspekt des Klimawandels, der in der öffentlichen Debatte bislang wenig Beachtung fand, ist die Ausbreitung sogenannter vektorübertragener Krankheiten, also Krankheiten, die von einem erregertragenden Organismus übertragen werden. Dazu zählt zum Beispiel Malaria, die von *Anopheles*, einer Stechmücken-Gattung übertragen wird. Die Verstärkung *Anopheles*-freundlicher klimatischer Bedingungen könnte zu einer Ausbreitung dieser Stechmücken und infolgedessen zu einem Erstarken von Malaria in Europa und dem Mittelmeerraum führen. Wie genau diese Ausbreitung aussehen und in welchem Tempo sie vor sich gehen könnte, war bislang nicht genau abschätzbar. Der folgende Text versucht, mithilfe eines Modells eine Antwort auf diese Frage zu geben. Mit dem geostatistischen Ansatz *boosted regression trees* (BRT) wird das Vorkommen der Mücken in Europa bis zum Ende dieses Jahrhunderts modelliert. Das Ergebnis ist, dass Veränderungen in Temperatur und Niederschlag zu einem deutlichen Ausbreiten von Malariamücken in Richtung Norden führen werden. Günstig für die Insekten sind vor allem die zu erwartenden wärmeren Frühlingstemperaturen und die kräftigeren Niederschläge in Sommer und Herbst.

Nur in einzelnen Gebieten des Mittelmeerraums, für die sinkende Niederschlagsmengen projiziert werden, wird das Mückenvorkommen sinken. Die deutlichsten Zuwächse der Transmissionsstabilität der Malaria sind gegen Ende unseres Jahrhunderts in Süd- und Südosteuropa zu erwarten.

## 0. *Einführung*

In Europa und dem Mittelmeerraum konnte während des 20. Jahrhunderts eine umfassende Ausrottung der Malaria erreicht werden.[1] Der Rückgang der Malaria ist dabei eng mit sozioökonomischen Verbesserungen wie erhöhtem Wohlstand, höherer Lebenserwartung und Urbanisierung verbunden.[2] Auch Landnutzungsänderungen spielten eine wichtige Rolle, wie insbesondere die Trockenlegung größerer Feuchtgebiete.[3] In der jüngeren Vergangenheit lässt sich jedoch eine Zunahme importierter Malariafälle beobachten, die durch den internationalen Reiseverkehr und Migration aus endemischen Ländern bedingt sind.[4] Zusammen mit dem Vorhandensein sogenannter vektorkompetenter *Anopheles*-Mücken (solcher Mückenarten also, die Malaria übertragen können) und günstigen Klimabedingungen können wieder autochthone Malariafälle in Ländern auftreten, in denen Malaria bereits als ausgerottet galt. So traten seit den späten 1990er Jahren lokale Übertragungen in Deutschland, den Niederlanden, Spanien, Frankreich, Italien, Griechenland und der Türkei auf.[5] Aufgrund des temperierten Klimas in Europa ist die Malariaübertragung stark jahreszeitenabhängig. Der Mittelmeerraum, gekennzeichnet durch milde, feuchte Winter und heiße, trockene Sommer, war und ist eine geeignete Region für eine Malariaübertragung. Die dominanten Arten der *Anopheles*-Vektoren (also Überträger) in Europa und dem Mittelmeerraum stellen derzeit *Anopheles (An.) atroparvus, An. labranchiae, An. messeae, An. sacharovi, An. sergentii* und *An. superpictus* dar.[6] Autochthone Malaria in Europa wird vor-

1 Feachem et al. 2010.
2 Zhao et al. 2016.
3 Blackbourn 2008.
4 Odolini et al. 2012.
5 Piperaki/Daikos 2016.
6 Sinka et al. 2010.

nehmlich durch den Malaria-Erreger *Plasmodium (P.) vivax* verursacht, der durch diese Mücken übertragen wird.[7]

Projektionen des zukünftigen Klimawandels zeigen signifikante Erwärmungsraten bis Ende des 21. Jahrhunderts, mit stärksten Zunahmen über dem nordöstlichen Europa im Winter und über Zentraleuropa und dem Mittelmeerraum im Sommer. Niederschlagszunahmen werden vor allem über Nordeuropa im Winter projiziert, wohingegen für Südeuropa und den Mittelmeerraum ganzjährig Niederschlagsrückgänge abgeschätzt werden.[8] Eine Zusammenschau verschiedener globaler Klima- und Malariamodelle ergibt bis Ende des 21. Jahrhunderts eine mögliche Nordwärtsverlagerung des epidemischen Gürtels über Zentral- und Nordeuropa.[9] Verschiedene regionale Studien zeigen eine deutliche Verlängerung der Malariaübertragungssaison in verschiedenen Teilen Europas im Verlauf des 21. Jahrhunderts auf.[10]

Dieser Aufsatz beschäftigt sich mit klimawandelbedingten Änderungen der Verbreitung der dominanten *Anopheles*-Vektoren der menschlichen Malaria in Europa und dem Mittelmeerraum für das 21. Jahrhundert. Unter Verwendung der neuesten Generation hochaufgelöster regionaler Klimamodellsimulationen wurden Veränderungen in den Verbreitungsmustern modelliert. Darüber hinaus wurde die potentielle Transmissionsstabilität (mögliche Stabilität der Übertragung) der Malaria in Europa und dem Mittelmeerraum auf Basis eines Vektorstabilitätsindex abgeschätzt.

## *1. Daten und Methoden*

Mittels *Boosted Regression Trees* (BRTs)[11] wurde die klimaabhängige Verbreitung der in Europa und dem Mittelmeerraum dominanten *Anopheles*-Vektoren *An. atroparvus* (Verbreitung in Mittel- und Osteuropa), *An. messeae* (Nordeuropa), *An. sacharovi* (Balkan und östlicher Mittelmeerraum), *An. labranchiae* und *An. sergentii* (beide mediterranes Nordafrika) modelliert. Die benötigten Daten bezüglich der Verbreitung der *Anopheles*-Vektoren wurden der Arbeit von Marianne Sinka et al.[12] entnommen. Als klimatologische Datengrundlage diente der hochaufgelöste, gegitterte E-OBS Daten-

7 Caminade et al. 2014.
8 IPCC 2013.
9 Caminade et al. 2014.
10 Medlock/Leach 2015; Schröder/Schmidt 2008.
11 Elith et al. 2008.
12 Sinka et al. 2010.

satz[13], der in einer räumlichen Auflösung von 0,25° für Europa und Teile des Mittelmeerraums vorliegt. Neben der Berücksichtigung klimatischer Faktoren wurden Landnutzungsklassen aus Fernerkundungsdaten[14] einbezogen.

Projektionen der Vektorverbreitung bis Ende des 21. Jahrhunderts basieren auf einem statistischen Downscalingansatz. Mittels Bias-Korrektur wurden zunächst die benötigten kleinskaligen Klimavariablen direkt aus hochaufgelösten regionalen Klimamodellsimulationen (CORDEX-RCM-Simulationen[15]) unter Verwendung der gegitterten Beobachtungsdaten als Referenz korrigiert. Anschließend wurden die biaskorrigierten Modellwerte der klimatischen Faktoren in die statistischen Modelle der Vektorverbreitung als neue Prädiktoren eingesetzt. Daraus resultieren hochaufgelöste Verbreitungsmuster für Europa und den Mittelmeerraum im Verlauf des 21. Jahrhunderts.

Für die Analyse des Malariapotentials wurde eine modifizierte Version des *Vector Stability Index* nach Anthony Kiszewski et al.[16] verwendet, welcher auf den wichtigsten Komponenten der Vektorkapazität beruht und die Erreger-, Vektor- und Wirtinteraktionen berücksichtigt. Der Index erfasst die Effekte der Umgebungstemperatur auf die Stärke der Malariaübertragung, angegeben durch die Länge der extrinsischen Inkubationszeit und des Anteils der Vektorpopulation, die überlebt, um infektiös zu werden.

## 2. *Ergebnisse*

### 2.1 *Einflussgrößen*

Im Rahmen der BRTs wurden als wichtigste Einflussgröße für die Vektorverbreitung die Temperaturbedingungen zu Beginn des Frühjahrs ausgewählt. Dies zeigt die Bedeutung der Temperaturbedingungen am Ende der Hibernationsphase/Beginn der aktiven Phase auf. Für *An. superpictus* und *An. messeae* spielen auch die Maximumtemperaturen im Herbst eine wichtige Rolle. Insgesamt zeigen die Vektorverbreitungen einen sehr hohen Zusammenhang mit den Temperaturbedingungen in den Übergangsjahreszeiten am Beginn/Ende der aktiven Phase und Hibernationsphase.

13 Haylock et al. 2008.
14 Bontemps et al. 2011.
15 Jacob et al. 2014.
16 Kiszewski et al. 2004.

Der Beitrag des Niederschlags im Sommer in den BRTs für *An. atroparvus* indiziert die Bedeutung der Wasserverfügbarkeit während des aquatischen Lebenszyklus (die Eier, Larven und Puppen der Mücken leben im Wasser). Für *An. messeae* ist der Niederschlag im Frühjahr und Frühsommer relevant, während *An. sacharovi* eine hohe Abhängigkeit von den klimatischen Bedingungen (Temperatur und Niederschlag) im Sommer zeigt, der Hauptzeit der adulten Aktivität. Das Auftreten der nordafrikanischen Art *An. sergentii* ist fast ausschließlich an die Regenbedingungen im Sommer geknüpft. Im Allgemeinen ist das Auftreten der Vektoren positiv mit Niederschlägen korreliert, sehr hohe Niederschlagssummen können jedoch auch einen gegenteiligen Effekt haben. So bevorzugen zum Beispiel *An. messeae* und *An. sergentii* Frischwasserhabitate mit sehr langsamer oder stagnierender Strömung, so dass eine Unterbindung von geeigneten Brutplätzen durch hohe Niederschlagsmengen auftreten kann.

Landnutzungsklassen, die ein Auftreten von *An. atroparvus*, *An. labranchiae* und *An. superpictus* begünstigen stellen vor allem verschiedene Typen landwirtschaftlich genutzter Flächen dar. Insgesamt dominieren in den BRTs jedoch stark die klimatischen Variablen als wichtige Einflussgrößen.

## 2.2 *Projektionen der Vektorverbreitung*

Abbildung 1 zeigt die modellierte Auftrittswahrscheinlichkeit des für Europa bedeutsamsten Vektors *An. atroparvus*. Dargestellt ist die Vektorverbreitung in der historischen Periode 1985-2005 und in den beiden Zeiträumen 2040-2060 und 2080-2100 unter RCP8.5-Szenariobedingungen (RCP8.5: „Repräsentative Konzentrationspfade" der Treibhausgase bei einem zusätzlichen Strahlungsantrieb von 8,5 W/m$^2$ bis Ende des 21. Jahrhunderts). Projektionen unter schwächeren RCP4.5-Szenarioannahmen ergeben ein gleichartiges Bild, jedoch mit geringeren Verbreitungsänderungen (nicht dargestellt). Am deutlichsten tritt die Ausbreitung nordwärts in Erscheinung. Eine nach Norden gerichtete Verlagerung wird auch für *An. messeae* modelliert, jedoch mit einem gleichzeitigen Verschwinden dieser Art in den westlichen Teilen Europas. Auch die Vektoren *An. labranchiae*, *An. sacharovi* und *An. superpictus* zeigen eine nordwärts gerichtete Ausbreitung, jedoch mit geringeren Auftrittswahrscheinlichkeiten in den neu entstehenden Gebieten. Im Gegensatz dazu ergibt sich größtenteils ein Rückgang der Vektorverbreitung im Mittelmeerraum, vor allem für *An. superpictus*, *An. sacharovi* und *An. sergentii* über dem östlichen Mittelmeerraum und Nordafrika unter zukünftigen Klimabedingungen.

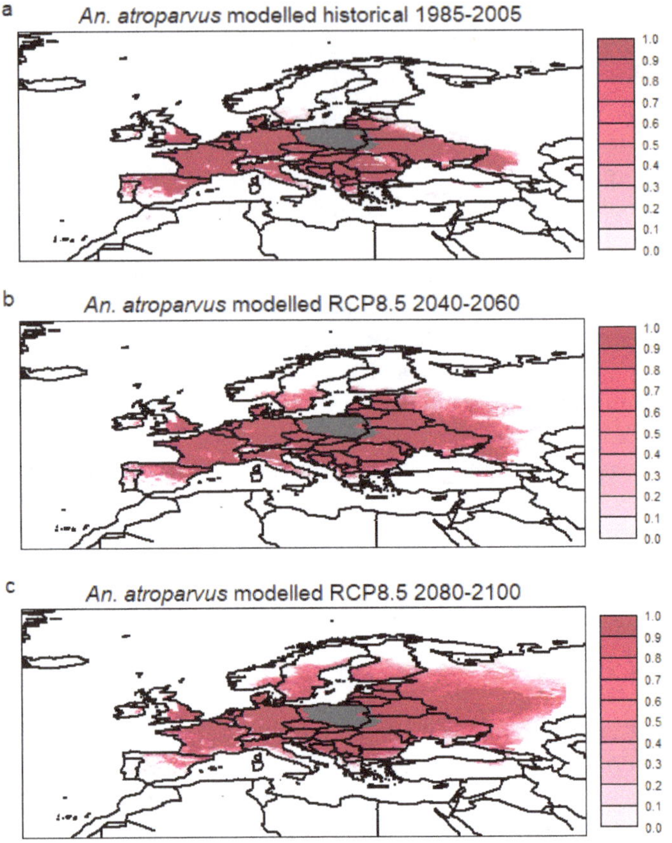


*Abb. 1: Modellierte Auftrittswahrscheinlichkeiten des Vektors An. atroparvus (verändert nach Hertig 2019)*[17]

Die Änderungen in der Vektorverbreitung werden in hohem Maße durch die Erhöhung der Temperatur beeinflusst. Die starken Temperaturerhöhungen über dem nordöstlichen Europa und dem Mittelmeerraum im Frühjahr und Herbst spielen hier eine bedeutsame Rolle für die beschrie-

17 Dargestellt sind die Ergebnisse für die historische Periode 1985-2005 (a) und die Zeiträume 2040-2060 (b) und 2080-2100 (c) unter RCP8.5-Szenarioannahmen. Graue Signatur: Gitterboxen mit beobachteter Vektorverbreitung, aber Fehlen klimatologischer Daten. Beachte die östliche Grenze der Klimamodellsimulationen bei 45° Ost.

benen Veränderungen in der Verbreitung. Darüber hinaus stehen die Veränderungen des Niederschlags im Sommer, mit Zunahmen über dem nordöstlichen Europa und starken Rückgängen über dem Mittelmeerraum in Zusammenhang mit den modellierten Veränderungen, vor allem für *An. messeae* und *An. sergentii.* Beide Arten, und insbesondere *An. sergentii,* sind auf sommerliche Niederschläge angewiesen, so dass unter zukünftigen Klimabedingungen ein deutlicher Rückgang ihrer Auftrittswahrscheinlichkeiten resultiert.

## *2.3 Potentielle Transmissionsstabilität im 21. Jahrhundert*

Die potentielle Transmissionsstabilität wurde mittels des *Vector Stability Index* abgeschätzt. Der räumliche Index beinhaltet die wichtigsten intrinsischen Eigenschaften des Moskito-Vektors der Malaria, welche mit dem Klima interagieren und die vektorielle Kapazität bestimmen. Der Index beurteilt die potentielle Transmissionsstabilität und beinhaltet demnach "anophelism (with as well as) without malaria".[18]

Abbildung 2 veranschaulicht die Veränderungen des *Vector Stability Index* unter RCP8.5-Szenarioannahmen. Unter historischen Klimabedingungen existiert nur eine geringe Transmissionsstärke in Europa. Unter RCP8.5-Bedingungen treten weite Teile des südlichen und südöstlichen Europas mit relativ hoher potentieller Stabilität in Erscheinung. Südlich und nördlich des Bandes hoher Indexwerte zeigt sich hingegen eine reduzierte Transmissionsstabilität. Die Reduktion der Transmissionsstabilität nach Süden steht vor allem mit den projizierten Niederschlagsrückgängen in Verbindung, die zu einer trockenheitsbedingten Unterbindung des aquatischen Lebenszyklus der Vektoren *An. sergentii* und teils auch *An. labranchiae* führt. Der Rückgang der Transmissionsstabilität nach Norden lässt sich hingegen durch die Temperaturlimitierung der Malariatransmission erklären. Die Temperaturerhöhungen bis Ende des 21. Jahrhunderts reichen aus, um eine Vektorausbreitung über dem gesamten europäischen Raum zu ermöglichen, über Nordeuropa bleibt die extrinsische Inkubationszeit (Zeitspanne zwischen Aufnahme des Krankheitserregers und der Möglichkeit, ihn an andere Wirte weiter zu geben) jedoch weiterhin temperaturlimitiert.

---

18 Kiszewski et al. 2004.

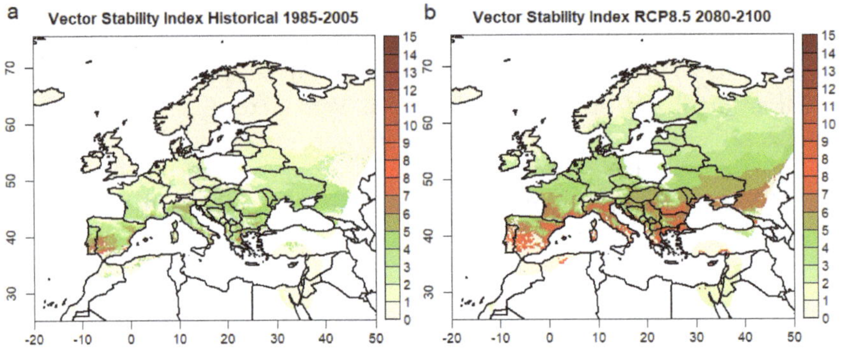


*Abb. 2: Vector Stability Index (verändert nach Hertig 2019)*[19]

## 3. Diskussion und Schlussfolgerungen

Die vorliegende Arbeit zeigt auf, dass mit erheblichen Änderungen der Verbreitung der dominanten Vektoren der menschlichen Malaria unter den Bedingungen des Klimawandels gerechnet werden muss. Temperatur- und Niederschlagsänderungen führen zu einer nordwärts gerichteten Ausbreitung der *Anopheles*-Mücken. Für einige Regionen des Mittelmeerraums könnten die Auftrittswahrscheinlichkeiten jedoch aufgrund der projizierten Niederschlagsrückgänge zurückgehen.

Die abgeschätzten Erweiterungen der Vektor-Verbreitungen in der Zukunft implizieren jedoch nicht automatisch eine Erhöhung der potentiellen Transmissionsstabilität. Diese wird nur in Gebieten erhöht, in denen der Klimawandel das Vektorauftreten begünstigt, sowie die Temperaturerhöhung stark genug ausfällt, um sich auf die vektorielle Kapazität auszuwirken. Als Konsequenz zeigt sich die stärkste Erhöhung des *Vector Stability Index* über den südlichen und südöstlichen Teilen Europas. Länder, die mit einem erhöhten Malariarisiko rechnen müssen, stellen zum Beispiel Spanien, Südfrankreich, Italien, Griechenland, die osteuropäischen Länder Bulgarien, Rumänien, Mazedonien und Serbien, sowie die südliche Ukraine und Russland dar.

19 Dargestellt sind die Werte für den historischen Zeitraum 1985-2005 und für den zukünftigen Zeitraum 2080-2100 unter RCP8.5-Szenarioannahmen. Weiße Signatur: Fehlen observationsbasierter und/oder modellierter Klimadaten.

Neben der Verfeinerung der Klima-Vektor-Beziehungen in den Modellen, sollen in weitergehenden Analysen auch wichtige nicht klimatische Faktoren wie Bevölkerungswachstum, Verstädterung und Migration berücksichtigt werden. Der Rückgang der Malaria in Europa im Verlauf des 20. Jahrhunderts erfolgte rasch aufgrund der Implementierung nationaler Eliminierungsprogramme, die zum Beispiel die Trockenlegung von Feuchtgebieten, Insektizide und Verbesserungen der Gesundheitsinfrastruktur beinhalteten.[20] In jüngerer Vergangenheit wird jedoch eine hohe Anzahl importierter Malariafälle beobachtet, zum Beispiel 2169 Fälle pro Jahr in Frankreich und 637 Fälle pro Jahr in Italien im Zeitraum 2005-2017.[21] Darüber hinaus lassen sich jüngst lokale Wiederausbreitungen in manchen Teilen Südeuropas beobachten.[22] Migration und ökonomische Not werden als kritische Variablen in Bezug auf die Vulnerabilität einer Region angesehen.[23] Zudem ergeben sich durch die fortschreitende Verstädterung neue Brutplätze. Besondere Aufmerksamkeit kommt in diesem Kontext der Art *An. plumbeus* zu, welche urbane, künstliche Brutplätze ausnutzt und den besonders gefährlichen tropischen Erreger *P. falciparum* übertragen kann.[24] Daher soll in zukünftigen Untersuchungen dieser Vektor ebenfalls einbezogen werden.

## *Literatur*

*Blackbourn, D* (2008): Die Eroberung der Natur. Eine Geschichte der deutschen Landschaft. München: Pantheon.

*Bontemps, S/Defourny, P/Bogaert, EV/Arino, O/Kalogirou, V/Perez JR* (2011): GLOBCOVER 2009. Products description and validation report. https://doi.org/10.1594/PANGAEA.787668.

*Caminade, C/Kovats, S/Rocklov, J/Tompkins, AM/Morse, AP/Colón-González, FJ/Stenlund, H/Martens, P/Lloyd, SJ* (2014): Impact of climate change on global malaria distribution. In: Proc Natl Acad Sci., 2014: 111 (9), 3286-3291.

*Elith, J/Leathwick, JR/Hastie, T* (2008): A working guide to boosted regression trees. In: J Anim Ecol., 2008: 77 (4), 802-813.

20 Piperaki/Daikos 2016.
21 Tatem et al. 2017.
22 Odolini et al. 2012.
23 Piperaki/Daikos 2016.
24 Schaffner et al. 2012.

*Feachem, RG/Phillips, AA/Hwang, J/Cotter, C/Wielgosz, B/Greenwood, BM/Sabot, O/ Rodriguez, MH/Abeyasinghe, RR/Ghebreyesus, TA/Snow, RW* (2010): Shrinking the malaria map: progress and prospects. In: The Lancet, 2010: 376 (9752), 1566-1578.

*Haylock, MR/Hofstra, N/Klein Tank, AMG/Klok, EJ/Jones, PD/New M* (2008): A European daily high resolution gridded data set of surface temperature and precipitation for 1950–2006. In: J Geophys Res., 2008: 113, D20119: 1-12.

*Hertig, E* (2019): Distribution of Anopheles Vectors and Potential Malaria Transmission Stability in Europe and the Mediterranean Area under Future Climate Change. In: Parasites & Vectors, 2019: 12 (18), 1-9.

*IPCC – Intergovernmental Panel on Climate Change* (2013): The Physical Science Basis. Contribution of Working Group I to the Fifth Assessment Report of the Intergovernmental Panel on Climate Change. Stocker, TF/Qin, D/Plattner, G-K/ Tignor, M/Allen, SK/Boschung, J et al. (Hg.). Cambridge University Press, Cambridge, United Kingdom and New York, NY, USA, 1535 pp, 2013, DOI:10.1017/ CBO9781107415324.

*Jacob, D/Petersen, J/Eggert, B/Alias, A/Christensen, OB/Bouwer, LM/Braun, A/Colette, A/ Déqué, M/Georgievski, G/Georgopoulou, E/Gobiet, A/Menut, L/Nikulin, G/Haensler, A/Hempelmann, N/Jones, C/Keuler, K/Kovats, S/Kröner, N/Kotlarski, S/Kriegsmann, A/Martin, E/van Meijgaard, E/Moseley, C/Pfeifer, S/Preuschmann, S/Radermacher, C/ Radtke, K/Rechid, D/Rounsevell, M/Samuelsson, P/Somot, S/Soussana, J-F/Teichmann, C/Valentini, R/Vautard, R/Weber, B/Yiou, P* (2014): EURO-CORDEX: new high resolution climate change projections for European impact research. In: Reg Environ Change., 2014: 14 (2), 563-578.

*Kiszewski, A/Mellinger, A/Spielman, A/Malaney, P/Sachs, SE/Sachs, J* (2004): A global index representing the stability of malaria transmission. In: Am J Trop Med Hyg., 2004: 79 (5), 486-498.

*Medlock, JM/Leach, SA* (2015): Effect of climate change on vector-borne disease risk in the UK. In: Lancet Infect Dis., 2015: 15 (6), 721-730.

*Odolini, S/Gautret, P/Parola, P* (2012): Epidemiology of imported malaria in the Mediterranean region. In: Mediterr J Hematol Infect Dis., 2012: 4 (1), e2012031.

*Piperaki, ET/Daikos, GL* (2016): Malaria in Europe: emerging threat or minor nuisance? In: Clin Microbiol Infect., 2016: 6, 487-493.

*Tatem, AJ/Jia, P/Ordanovich, D/Falkner, M/Huang, Z/Howes, R/Hay, SI/Gething, PW/ Smith, DL* (2017): The geography of imported malaria to non-endemic countries: a meta-analysis of nationally reported statistics. In: Lancet Infect Dis., 2017: 17 (1), 98-107.

*Schaffner, F/Thiéry, I/Kaufmann, C/Zettor, A/Lengeler, C/Mathis, A/Bourgouin, C* (2012): Anopheles plumbeus (Diptera: Culicidae) in Europe: a mere nuisance mosquito or potential malaria vector? In: Malar J. 2012: 1, 393.

*Schröder, W/Schmidt, G* (2008): Spatial modelling of the potential temperature-dependent transmission of vector-associated diseases in the face of climate change: main results and recommendations from a pilot study in Lower Saxony (Germany). In: Parasitol Res., 2008: 103), 55.

*Sinka, ME/Bangs, MJ/Manguin, S/Coetzee, M/Mbogo, CM/Hemingway, J/Patil, AP/Temperley, WH/Gething, PW/Kabaria, CW/Okara, RM* (2010): The dominant Anopheles vectors of human malaria in Africa, Europe and the Middle East: occurrence data, distribution maps and bionomic précis. In: Parasit Vectors, 2010: 3, 117.

*Zhao, X/Smith, DL/Tatem, AJ* (2016): Exploring the spatiotemporal drivers of malaria elimination in Europe. In: Malar J., 2016: 15 (122), 1-13.

# Meteorologische Faktoren gesundheitsrelevanter troposphärischer Ozonkonzentrationen am Bespiel täglicher Herzinfarktfälle in der Region Augsburg

*Elke Hertig, Christa Meisinger, Alexandra Schneider, Annette Peters, Wolfgang von Scheidt und Bernhard Kuch*

*Inhaltsübersicht*

0. Einführung 305
1. Daten und Methoden 307
2. Ergebnisse 309
2.1 Charakterisierung der Ozonkonzentrationen in der Region Augsburg 309
2.2 Einfluss von Wetterlagen und Luftmasseneigenschaften auf das tägliche Ozonmaximum 311
2.3 Beziehungen zwischen Ozonkonzentrationen und Herzinfarktfällen in der Region Augsburg 313
3. Diskussion und Schlussfolgerungen 318
Danksagung 321
Literatur 321

## *0. Einführung*

Zwischen den atmosphärischen Umweltbedingungen und der menschlichen Gesundheit besteht ein unmittelbarer Zusammenhang. Dabei können grundlegend verschiedene Wirkungskomplexe unterschieden werden, die vornehmlich die thermischen, chemischen und aktinischen (strahlungsbezogenen) Komponenten betreffen. Über spezifische Wetterereignisse sowie physikalische und chemische Einwirkungen ergeben sich komplexe Beziehungen mit der Gesundheit des Menschen.[1] So kann zum Beispiel die Exposition gegenüber bodennahem Ozon erhebliche gesundheitliche

1 D'Amato et al. 2015; Laschewski/Endler 2014.

Auswirkungen haben. Ozon hat die chemische Formel $O_3$. Es unterscheidet sich vom gewöhnlichen Luftsauerstoff, der die Formel $O_2$ hat, mithin dadurch, dass es von drei Sauerstoffatomen gebildet wird. Ozon ist instabiler als normaler Luftsauerstoff und damit deutlich reaktiver. Ozon kommt in der Atmosphäre auch in großen Höhen vor (in der Stratosphäre) und bildet dort die sogenannte Ozonschicht, die bekanntlich für die Abschirmung harter UV-Strahlung eine erhebliche Bedeutung hat. Doch auch in Bodennähe bildet sich Ozon. Hier wird es jedoch, aufgrund seiner Reaktivität, als Luftschadstoff gewertet.

Ozon ist ein Gas, das bei erhöhten Konzentrationen in der Luft Reizerscheinungen an Augen, Schleimhäuten und Atemwegen bewirkt. Das Ausmaß der Beschwerden wird vornehmlich über die Expositionsdauer und -stärke bestimmt. Neben akuten Reaktionen können langzeitliche Effekte, wie Verminderung des Selbstreinigungsmechanismus der Bronchien, Schädigung des Lungengewebes und Entstehung von Asthma, auftreten.[2] Gleichzeitig können vorhandene chemische oder biologische Allergene tiefer in das geschädigte Gewebe eindringen, was eine Allergisierung begünstigen kann. Daneben wird Ozon auch mit kardiologischen Gesundheitsgefährdungen in Verbindung gebracht. Hierzu gehören lebensbedrohliche Herzrhythmusstörungen, Herzinfarkte und Herzversagen.[3] Derzeit gibt es jedoch noch erhebliche Unsicherheiten hinsichtlich der spezifischen Zusammenhänge zwischen Ozonkonzentration und Gesundheitswirkung und damit auch bei der Festlegung geeigneter Indikatoren.[4]

Troposphärisches (also bodennahes) Ozon stellt einen sekundären Luftschadstoff dar, der überwiegend durch photochemische Reaktionen bei solarer Einstrahlung und erhöhten Temperaturen, unter Beteiligung von Stickoxiden, Kohlenmonoxid, Methan und flüchtigen organischen Verbindungen, gebildet wird. Beobachtungsdaten zeigen einen Anstieg der globalen troposphärischen Ozonkonzentration im Verlauf des 20. Jahrhunderts. Für Europa lässt sich zwischen 1950-1979 und 2000-2010 ein signifikanter Trend in der Hintergrundkonzentration von 1-5 ppbv/Dekade (ppbv = parts per billion by volume, entspricht Volumenmischungsverhältnis von $10^{-9}$ Vol. %) feststellen, was einem Anstieg von 9-55 % in den verschiedenen Regionen Europas seit den 1970er Jahren entspricht.[5] Dabei lassen sich je-

2 WHO 2006.
3 Eis et al. 2010.
4 WHO 2013.
5 Cooper et al. 2014.

doch regionale Unterschiede beobachten. So stellen Rebecca Wilson et al.[6] im Zeitraum 1996-2005 signifikant positive Trends vor allem in Zentraleuropa und Nordwesteuropa fest, wohingegen die wenigen signifikant negativen Trends vorwiegend im östlichen und südwestlichen Europa auftreten. Die beobachtete Wettersituation beeinflusst dabei die bodennahen Ozonkonzentrationen über Transport und/oder Anreicherung von Ozon und seinen Vorläufersubstanzen. In Europa und dem Mittelmeerraum werden die höchsten Ozonkonzentrationen im Frühjahr und im Sommer festgestellt, die durch einen starken Stratosphäre-Troposphäre-Austausch und hohe photochemische Nettoproduktion bedingt sind.[7]

Im vorliegenden Beitrag werden zunächst die in Augsburg gemessenen Ozonkonzentrationen charakterisiert. Auf Basis meteorologischer Variablen und eines Wetterlagenkatalogs wird anschließend untersucht, welche spezifischen Wetterlagen und Luftmasseneigenschaften (Temperatur, spezifische und relative Feuchte) für die täglich maximalen einstündigen Ozonkonzentrationen verantwortlich sind. In einem weiteren Schritt werden Zusammenhänge zwischen den täglich maximalen Ozonkonzentrationen und der Anzahl der täglichen Herzinfarktfälle in der Region Augsburg analysiert. Die Fragestellung ist dabei, ob ein Zusammenhang zwischen der Ozonbelastung und der Zahl der Herzinfarkte festgestellt werden kann. Hierbei werden ebenfalls die jeweils vorherrschende Wetterlage, sowie die lokalen meteorologischen Bedingungen berücksichtigt.

## *1. Daten und Methoden*

Die stationsbasierten Ozondaten stammen vom Bayerischen Landesamt für Umwelt. Für die Untersuchungen wurde die Station Augsburg LfU (Landesamt für Umwelt) herangezogen, welche städtische Hintergrundkonzentrationen für den Raum Augsburg abbildet. Daten der Temperatur und der Luftfeuchte wurden von der Station Augsburg-Mühlhausen des Deutschen Wetterdienstes verwendet. Die Luftdruckdaten für die Erstellung des Wetterlagen-Katalogs, sowie weitere herangezogene großskaligere Einflussvariablen wurden der ERA-Interim Reanalyse des *European Centre for Medium-Range Weather Forecasts* entnommen. Die Daten über die täglichen Herzinfarktfälle stammen aus dem KORA-Herzinfarktregister (KORA: Kooperative Gesundheitsforschung in der Region Augsburg) des Helmholtz Zen-

6 Wilson et al. 2012.

7 Pope et al. 2016.

trum München. Es wurden alle Fälle in der Stadt Augsburg und den Landkreisen Augsburg und Aichach-Friedberg in der Alterskategorie der 25- bis 74-Jährigen herangezogen. Alle Untersuchungen wurden auf täglicher Basis für den Zeitraum 2000-2017 durchgeführt. Da sich gesundheitsrelevante Ozonkonzentrationen auf das Frühjahr und den Sommer konzentrieren, beziehen sich alle Analysen auf die Monate März bis September.

Die täglichen Bodenluftdruckfelder im Ausschnitt 30°N-60°N, 20°W-40°O wurden nach der Jenkinson-Collison-Klassifikation[8] klassifiziert. Die Klassifikation beruht auf der Verwendung der Richtung und Stärke der Anströmung sowie eines *Vorticity*- Parameters. Daraus ergeben sich 27 Klassen – acht richtungsabhängige Wetterlagen, zwei Wetterlagen, die die atmosphärische Rotation beschreiben, 16 kombinierte Wetterlagen, sowie eine ‚unklassifizierte' Wetterlage, welche in erster Linie schwache Windströmungsverhältnisse beschreibt.

Für die Ermittlung des Einflusses von Wetterlagen und Luftmasseneigenschaften auf täglich maximale Ozonkonzentrationen wurden lasso-Regressionen (lasso: least absolute shrinkage and selection[9]) verwendet. Die lasso-Regression ist dabei spezifisch geeignet die Vorhersagegenauigkeit und Interpretierbarkeit der statistischen Modelle zu optimieren, vor allem bei Vorliegen voneinander abhängiger Einflussgrößen. Neben der Verwendung der Zeitreihen der Wetterlagen und der großräumigeren Lufttemperatur und -feuchte, wurden auch Saisonalität und Ozonpersistenz als Einflussgrößen auf die täglich maximalen Ozonkonzentrationen in Betracht gezogen. Die Auswahl der maßgeblichen Prädiktoren basierte auf einem *bootstrap*-Verfahren mit 100.000 Stichproben, wobei zwei Drittel der Daten jeweils zur Kalibrierung der Modelle verwendet wurden und das restliche Drittel der Daten zur Validierung herangezogen wurde. Prädiktoren, die in mindestens 95 % der 100.000 lasso-Regressionen ausgewählt wurden, bildeten das finale Prädiktorenset.

Beziehungen zwischen täglich maximalen Ozonkonzentrationen und täglichen Herzinfarktfällen in der Region Augsburg basierten auf generalisierten additiven Modellen (GAM[10]). Mit GAM lassen sich sowohl lineare als auch nichtlineare Zusammenhänge modellieren. Als Zielvariable wurden die täglichen Herzinfarkthäufigkeiten verwendet, als Expositionsvariable dienten die täglich maximalen Ozonkonzentrationen. Als weitere unabhängige Variablen wurden die lokale Temperatur und Luftfeuchte in Be-

8 Jenkinson/Collison 1977; Jones et al. 2013.

9 Tibshirani 1996.

10 Wood 2017.

tracht gezogen, sowie die Zeitreihen der Wetterlagen. Daneben wurde in den statistischen Modellen Wochentag, Saisonalität und zeitlicher Trend berücksichtigt. Die Eignung verschiedener Modellkonfigurationen wurde anhand regressionsanalytischer Parameter beurteilt. Daneben wurde für die Auswahl herzinfarktrelevanter Wetterlagen abermals ein *bootstrap*-Verfahren verwendet. Hier wurde die Eignung jeder Wetterlage als Prädiktor anhand jeweils 1000 statistischer Modelle überprüft. Eine Wetterlage, die in mindestens 1/3 der 1.000 Modelle ausgewählt wurde, ging in das finale Prädiktorenset ein.

Ergänzend wurde zur Veranschaulichung der Beziehungen zwischen den ozonrelevanten Wetterlagen (W) und denjenigen täglich maximalen Ozonkonzentrationen, die mit signifikant erhöhten Herzinfarkthäufigkeiten in Beziehung stehen (HI-$O_3$), folgende Wahrscheinlichkeiten P berechnet:

> P(HI-$O_3$): Wahrscheinlichkeit für täglich maximale Ozonkonzentrationen, die mit einer erhöhten Herzinfarkthäufigkeit in Beziehung stehen.
> P(W): Auftrittswahrscheinlichkeit Wetterlage.
> P(HI-$O_3$|W): Bedingte Wahrscheinlichkeit für Auftreten herzinfarktrelevanter Ozonkonzentrationen bei Auftreten einer bestimmten Wetterlage.
> P(W|HI-$O_3$): Bedingte Wahrscheinlichkeit für das Auftreten einer bestimmten Wetterlage an einem Tag mit herzinfarktrelevanter Ozonkonzentration.

Darüber hinaus wurden sowohl für die spezifischen ozonrelevanten Wetterlagen als auch für diejenigen Wetterlagen, die in den Ozon-Herzinfarkt-Modellen als zusätzliche Variablen gewählt wurden, jeweils die mittlere Temperatur- und Luftfeuchtecharakteristik analysiert.

## 2. *Ergebnisse*

### 2.1 *Charakterisierung der Ozonkonzentrationen in der Region Augsburg*

In Augsburg treten die höchsten Ozonkonzentrationen vorwiegend in den Nachmittagsstunden im Frühjahr und im Sommer auf. Im Zeitraum 2000-2017 erreichten die mittleren stündlichen Ozonkonzentrationen zwischen März und September tagsüber generell Werte über 70 $\mu g/m^3$, im Juni und Juli über 100 $\mu g/m^3$ (Abb. 1). Einzelwerte der stündlichen Ozonkonzentrationen lagen häufig deutlich höher und überschritten teilweise auch den Informationsschwellenwert von 180 µg/m³ nach der 39. Verordnung des Bundes-Immissionsschutzgesetzes (nicht dargestellt).

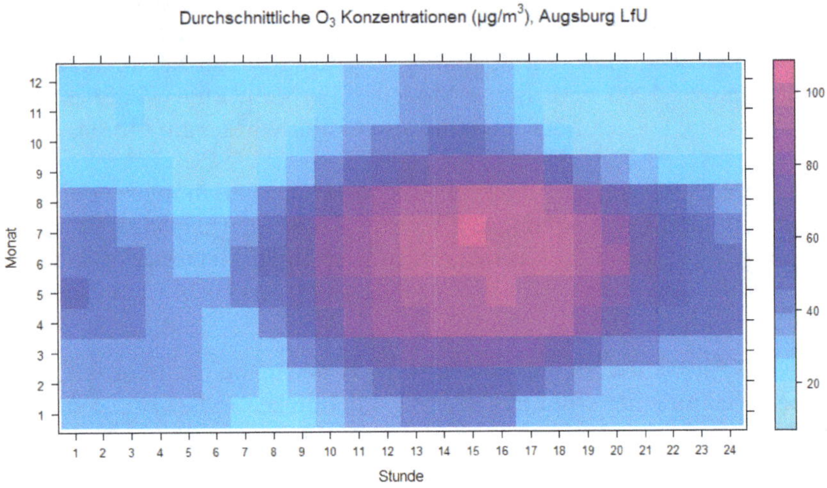


*Abb. 1: Jahres- und Tagesgang der stündlichen Ozonkonzentrationen in der Region Augsburg (Quelle: eigene Darstellung)*

Im Gegensatz zu anderen Luftinhaltsstoffen, wie z. B. Feinstaub und Stickstoffdioxid, lässt sich im betrachteten Zeitraum kein abnehmender Trend der mittleren monatlichen Ozonkonzentrationen feststellen[11] (Abb. 2). Gut zu erkennen ist in Abb. 2 zudem der ausgeprägte Jahresgang des Ozons mit höchsten Werten im Sommer. Dies resultiert aus der Abhängigkeit der photochemischen Ozonbildung von der Intensität der solaren Einstrahlung.

11 LfU 2018.

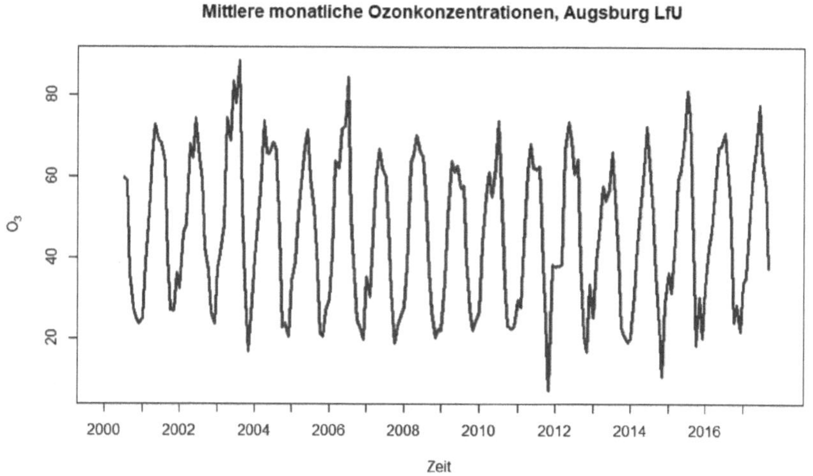


*Abb. 2: Verlauf der Monatsmittelwerte des Ozons in der Region Augsburg (Quelle: eigene Darstellung)*

## 2.2 *Einfluss von Wetterlagen und Luftmasseneigenschaften auf das tägliche Ozonmaximum*

Die Abhängigkeit der täglichen Maximalwerte des Ozons von Wetterlagen und Luftmasseneigenschaften wurde mit einem regressionsanalytischen Ansatz untersucht. Aus den 100.000 verwendeten statistischen Modellen ergab sich ein über alle Modelle gemittelter Korrelationskoeffizient von 0,84, der *Mean Squared Error Skill Score* (Maß für die Güte der Modelle im Vergleich zu einer Referenzabschätzung; 100 % = perfekte Abschätzung, 0 = keine Performanz) betrug 70 %, sowohl in der Kalibrierung als auch in der Validierung. Es zeigte sich, dass für die Abschätzung der täglich maximalen Ozonkonzentrationen der Jahresgang, die Ozonpersistenz (Ozonkonzentration des Vortages), das tägliche Temperaturmaximum und die relative Feuchte unerlässlich sind. So wurden diese Variablen in allen 100.000 statistischen Modellen als Einflussgrößen selektiert. Daneben wurden auch spezifische Wetterlagen als erklärende Variablen in den Modellen herangezogen. Tabelle 1 zeigt die Prädiktoren, die in mindestens 95 % aller Regressionsmodelle als Einflussgrößen auf die täglich maximale Ozonkonzentration ausgewählt wurden.

*Tab. 1: Prozentuale Häufigkeit und standardisierte Regressionskoeffizienten der Prädiktoren Jahresgang (sin_sc, cos_sc), Ozonpersistenz (O3_persist), tägliches Temperaturmaximum (maxT), relative Feuchte (RH) und der Wetterlagen ‚unklassifiziert' (U), Süd (S), antizyklonal Nordwest (ANW), und Nordwest (NW). Tabelliert sind nur Prädiktoren, die in mehr als 95 % der 100.000 Modelle selektiert wurden (Quelle: eigene Darstellung).*

| Prädiktor | sin_sc | cos_sc | O3_persist | maxT | RH | U | S | ANW | NW |
|---|---|---|---|---|---|---|---|---|---|
| Häufigkeit | 100 | 100 | 100 | 100 | 100 | 100 | 99,99 | 99,82 | 98,85 |
| Regressionskoeffizient | 4,5 | 1,6 | 10,1 | 11,9 | -7,5 | 4,0 | -7,8 | -3,9 | -3,3 |

Aus Tabelle 1 können zudem anhand der standardisierten Regressionskoeffizienten der Prädiktoren Stärke und Richtung der Zusammenhänge für die Variablen Ozonpersistenz, Temperaturmaximum und relative Feuchte abgeleitet werden. So zeigen Ozonpersistenz und maximale Temperatur einen starken positiven Zusammenhang mit dem Tagesmaximum der Ozonkonzentration auf. Dies bedeutet, dass hohe Ozonkonzentrationen am Vortag und hohe Lufttemperaturen eine hohe maximale Ozonkonzentration bedingen. Im Gegensatz dazu zeigt sich für die relative Feuchte ein stark negativer Zusammenhang, d. h. hohe Werte der relativen Luftfeuchte hemmen die Ozonbildung. Darüber hinaus wurden vier ozonrelevante Wetterlagen im Rahmen der statistischen Modellierung identifiziert (Tab. 1, Abb. 3). Während das Auftreten der strömungsarmen Wetterlage ‚unklassifiziert' (U) mit einer erhöhten Ozonkonzentration einhergeht, kommt es bei Auftreten der Wetterlagen Süd (S), Nordwest (NW) und antizyklonal (im Uhrzeigersinn drehend) Nordwest (ANW) zu verringerten Ozonkonzentrationen. Die hohen Ozonkonzentrationen bei Auftreten der Wetterlage U lassen sich dabei auf hohe solare Einstrahlung, hohe Lufttemperaturen und geringe Windgeschwindigkeiten zurückführen, welche mit dieser Wetterlage verbunden sind.

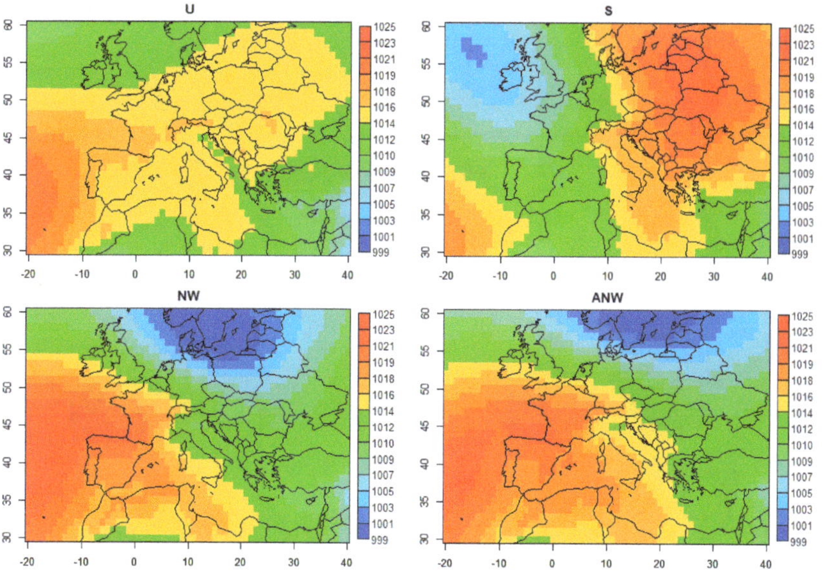


*Abb. 3: Mittlerer Bodenluftdruck (in hPa) der Wetterlagen, die mit täglich maximalen Ozonkonzentrationen in Zusammenhang stehen. (Quelle: eigene Darstellung)*[12]

## *2.3 Beziehungen zwischen Ozonkonzentrationen und Herzinfarktfällen in der Region Augsburg*

Generalisierte Additive Modelle (GAM) wurden verwendet, um die Beziehungen zwischen täglich maximalen Ozonkonzentrationen und der Anzahl täglicher Herzinfarktfälle in der Region Augsburg zu untersuchen. Abb. 4 zeigt die tägliche Anzahl der Herzinfarktfälle pro Monat während der ‚Ozonsaison' zwischen März und September. Durchschnittlich wurden im März und April drei Herzinfarktfälle pro Tag registriert, was dem Durchschnitt in den Wintermonaten entspricht. In den Monaten Mai bis September lag der Durchschnitt bei zwei Fällen. Insgesamt zeigt sich eine hohe tägliche Variabilität mit Häufigkeiten zwischen keinem Fall und

12 U: ‚unklassifiziert' (schwache Strömungsverhältnisse), S: Süd, NW: Nordwest, ANW: antizyklonal Nordwest

sechs (Juli-September) bis acht (März, Mai) Fällen, im Extremfall sogar bis zu zehn Fällen.

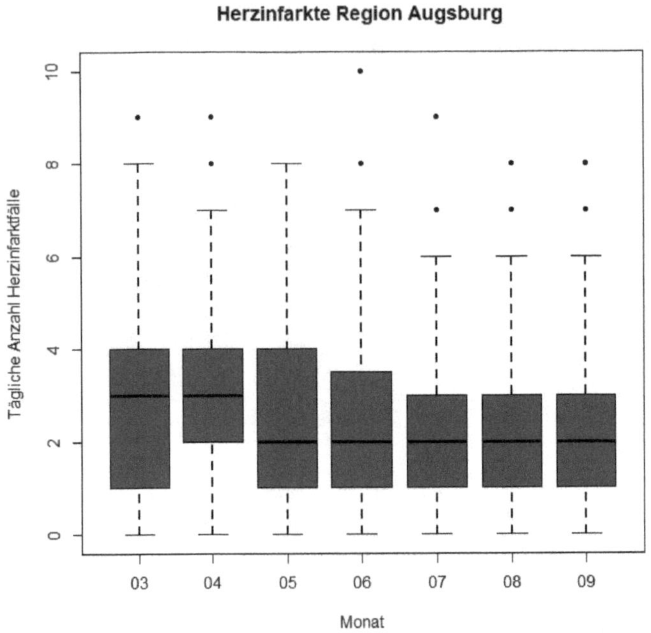


*Abb. 4: Tägliche Herzinfarkthäufigkeiten in den Monaten März bis September in der Region Augsburg (Quelle: eigene Darstellung)*

Die beste Modellkonfiguration ergab sich unter Verwendung eines nichtlinearen Zusammenhangs zwischen täglichen Herzinfarkthäufigkeiten und täglich maximalen Ozonkonzentrationen unter Annahme einer Poisson-Verteilung mit Überdispersion für die abhängige Variable. Als weitere unabhängige Variablen gingen auch Wochentag, Saisonalität und zeitlicher Trend in die statistischen Gleichungen ein, jeweils in Form nichtlinearer Terme. Alle nichtlinearen Terme waren auf dem 99,9 %- Signifikanzniveau signifikant. Der Einbezug der lokalen Temperatur und lokalen Luftfeuchtigkeit, sowie die Berücksichtigung eines zeitlichen Versatzes von einem bis zu zehn Tagen führte hingegen zu keiner Modellverbesserung. Die Unbedeutendheit der atmosphärischen Temperatur und Feuchte in den Modellen könnte dabei durch den bereits indirekten Einbezug dieser Variablen über die Ozonzeitreihe erklärt sein.

Interessanterweise wurde jedoch in den statistischen Modellen ein signifikanter Zusammenhang (min. 95 %-Signifikanzniveau) mit den Wetterlagen zyklonal Nord (signifikanter Prädiktor in 63,5 % der 1.000 statistischen Modelle), West (43,5 %) und Antizyklonal (37,4 %) ermittelt. Dabei führt das Auftreten der Wetterlage zyklonal (gegen den Uhrzeiger drehend) Nord zu einer Erhöhung der Infarkthäufigkeit, während die Wetterlagen West und Antizyklonal mit einer Verminderung des Infarktrisikos in Zusammenhang stehen. Abb. 5 zeigt die Wetterlagen, die in den GAM der Herzinfarkt-Ozon-Zusammenhänge ausgewählt wurden.

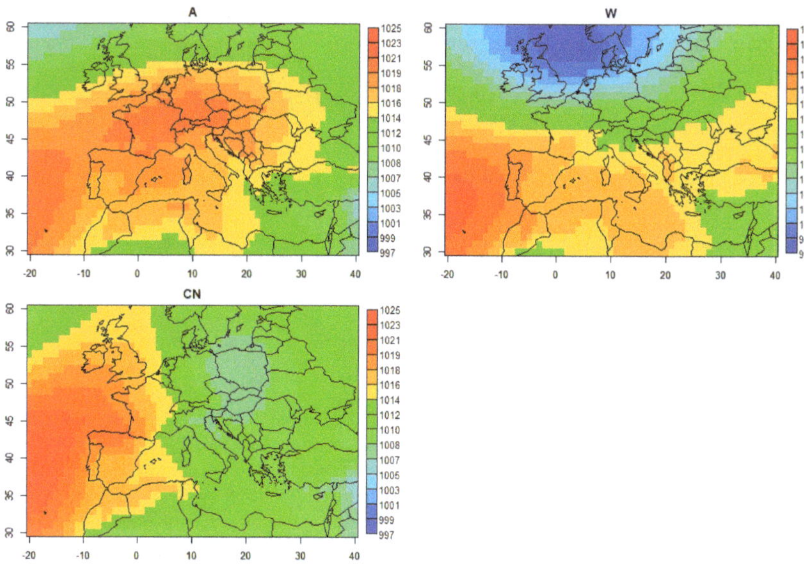


*Abb. 5: Mittlerer Bodenluftdruck (in hPa) der Wetterlagen, die direkt mit täglichen Herzinfarkthäufigkeiten in Zusammenhang stehen. (Quelle: eigene Darstellung)*[13]

Abb. 6 zeigt die kumulativen Exposition-Wirkung-Beziehungen der täglichen maximalen Ozonkonzentrationen und Herzinfarkthäufigkeiten. Als Bezugswert für die Berechnung der Exposition-Wirkung-Kurven wurde das beobachtete Ozonminimum der Zeitreihe (18 µg/m$^3$) festgelegt. Aus Abb. 5 wird deutlich, dass insgesamt kein linearer Zusammenhang zwischen

13 A: Antizyklonal, W: West, CN: zyklonal Nord

Ozonkonzentrationen und Herzinfarkthäufigkeiten besteht, sondern dass signifikant erhöhte Herzinfarkthäufigkeiten bei mittleren Werten des täglichen Ozonmaximums im Bereich zwischen 102 µg/m³ und 126 µg/m³ auftreten. Dabei steigen zunächst die Herzinfarkthäufigkeiten bis zum 75 %-Ozonperzentil (115 µg/m³) fast linear an. Hingegen kann vermutet werden, dass die anschließende Abnahme des Herzinfarktrisikos bei hohen und extremen Ozonkonzentrationen mit einer entsprechenden Verhaltensänderung der Bevölkerung (verkürzte/keine Aufenthalte im Freien, Vermeidung von körperlicher Aktivität) einhergehen könnte. Dies erscheint insbesondere plausibel vor dem Hintergrund multipler Expositionsbedingungen, im Sinne, dass sehr hohe Ozonkonzentrationen häufig in Kombination mit hohen Lufttemperaturen auftreten.

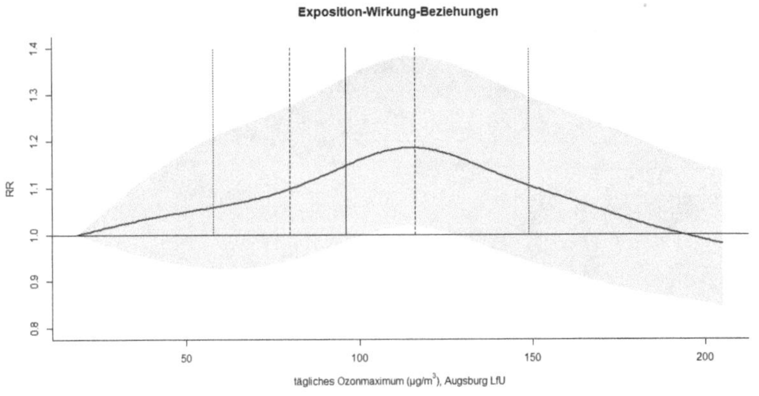


*Abb. 6: Kumulative Exposition-Wirkung-Beziehungen der täglichen maximalen Ozonkonzentrationen und Herzinfarkthäufigkeiten in der Region Augsburg (Quelle: eigene Darstellung)*[14]

Um den Einfluss spezifischer Wetterlagen auf herzinfarktrelevante Ozonkonzentrationen näher zu beleuchten, wurden verschiedene Wahrscheinlichkeiten berechnet, die die Zusammenhänge näher charakterisieren. Aus Tabelle 2 wird deutlich, dass herzinfarktrelevante Ozonkonzentrationen (definiert als täglich maximale Ozonkonzentrationen im Bereich zwischen 102 µg/m³ und 126 µg/m³) an rund 27 % aller Tage des Untersuchungszeit-

14 Referenzwert: 18 µg/m3, Graue Signatur: 90 %-Konfidenzintervall. Vertikale Linien: 50 %- (durchgezogen), 25 %-, 75 %- (gestrichelt) und 5 %-, 95 %- (gepunktet) Perzentile der täglich maximalen Ozonkonzentrationen.

raums auftraten. Die Auftrittshäufigkeiten der ‚unklassifizierten' Wetterlage „U" und der Hochdruckwetterlage Antizyklonal in den Monaten März bis September summieren sich auf ca. 45 % aller Tage und überwiegen deutlich vor den Auftrittshäufigkeiten anderer Wetterlagen. Mit Bezug auf herzinfarktrelevante Ozonkonzentrationen, kommt wieder der ‚unklassifizierten' Wetterlage „U" eine hervorgehobene Bedeutung zu. An gut 30 % aller Tage, an denen die Wetterlage auftritt, lassen sich herzinfarktrelevante Ozonkonzentrationen feststellen und knapp an einem Viertel aller Tage mit herzinfarktrelevanten Ozonkonzentrationen herrscht diese Wetterlage vor. Die großräumigere Lufttemperatur über der Region Augsburg in den Monaten März bis September betrug im Mittel 19,2°C, die relative Feuchte 70,2 %. Aus Tabelle 2 können jeweils die mittleren Abweichungen für die spezifischen Wetterlagen entnommen werden. Dabei zeigen sich je nach Anströmungs- und Rotationsrichtung charakteristische Unterschiede.

*Tab. 2: Beziehungen zwischen herzinfarktrelevanten täglich maximalen Ozonkonzentrationen im Bereich 102 µg/m³ und 126 µg/m³ und ozonrelevanten Wetterlagen (blau) sowie Charakteristika der direkt herzinfarktrelevanten Wetterlagen (rot)*[15]

| | $O_3$ | U | S | NW | ANW | A | W | CN |
|---|---|---|---|---|---|---|---|---|
| $P(HI\text{-}O_3)$ | 27,3 % | - | - | - | - | - | - | - |
| P(W) | - | 18,8 % | 1,8 % | 1,5 % | 1,5 % | 25,8 % | 4,0 % | 0,5 % |
| $P(HI\text{-}O_3 \mid W)$ | - | 31,6 % | 22,1 % | 3,6 % | 22,0 % | - | - | - |
| $P(W \mid HI\text{-}O_3)$ | - | 21,7 % | 1,5 % | 0,2 % | 0,9 % | - | - | - |
| maxT(W) | - | 23,2°C | 21,5°C | 15,1°C | 16,5°C | 20,1°C | 17,0°C | 16,4°C |
| RH(W) | - | 68,6 % | 66,0 % | 77,4 % | 75,4 % | 66,9 % | 76,1 % | 85,5 % |

15 P(HI-O3): Wahrscheinlichkeit für täglich maximale Ozonkonzentrationen, die mit einer signifikant erhöhten Herzinfarkthäufigkeit in Beziehung stehen. P(W): Auftrittswahrscheinlichkeit Wetterlage. P(HI-O3|W): Bedingte Wahrscheinlichkeit für Auftreten herzinfarktrelevanter Ozonkonzentrationen bei Auftreten einer bestimmten Wetterlage. P(W|HI-O3): Bedingte Wahrscheinlichkeit für das Auftreten einer bestimmten Wetterlage an einem Tag mit herzinfarktrelevanter Ozonkonzentration. maxT(W): Wetterlagenspezifisches mittleres tägliches Temperaturmaximum. RH(W): Wetterlagenspezifische mittlere tägliche relative Feuchte (Quelle: eigene Darstellung).

## *3. Diskussion und Schlussfolgerungen*

Die statistischen Modelle der Zusammenhänge der täglich maximalen Ozonkonzentrationen in Augsburg mit großskaligeren Wetterlagen und meteorologischen Variablen verdeutlichen die bekannten Korrelationen einer verstärkten Ozonbildung bei hohen Lufttemperaturen und niedrigen Werten der relativen Feuchte. So kann das tägliche Lufttemperaturmaximum in der Regel als eine Näherungsvariable für die solare Einstrahlung herangezogen werden. Da Ozon photochemisch gebildet wird, zeigt sich eine positive Korrelation zwischen Ozonmaximum und Lufttemperaturmaximum. Darüber hinaus kommt es bei hohen Temperaturen zu einer verstärkten Bildung flüchtiger organischer Verbindungen, von Hydroxyl-Radikalen und Stickstoffdioxid, welche eine wichtige Funktion als Vorläufersubstanzen für die Ozonbildung haben. Eine hohe Luftfeuchtigkeit deutet hingegen in der Regel auf eine starke Bewölkung und Labilität der atmosphärischen Schichtung hin und impliziert dadurch verminderte Ozonkonzentrationen. Darüber hinaus spielt auch die Ozonkonzentration des Vortages eine wichtige Rolle für die tagesaktuellen Werte, welche besonders im Falle austauscharmer Wetterlagen einen bedeutenden Faktor darstellt.

Mit Bezug auf ozonrelevante Wetterlagen treten vier verschiedene Wetterlagen in Erscheinung, die in den statistischen Modellen als wichtige Einflussvariablen selektiert wurden. Dabei wirkt die ‚unklassifizierte' Wetterlage, welche vor allem schwache Strömungsverhältnisse beschreibt, ozonerhöhend. Das Auftreten dieser Wetterlage ist mit einer Stagnation der Luftmassen verbunden, d. h. es kommt zu einer langen Verweildauer der Luftmassen, so dass es an Tagen mit Vorherrschen dieser Wetterlage zu einer starken Ozonbildung und -anreicherung kommen kann. Zusätzlich wirken sich die mit dieser Wetterlage verbundene relativ hohe Lufttemperatur und geringe Luftfeuchte (Tab. 2) ozonfördernd aus. Aufgrund der hohen Auftrittshäufigkeit dieser Wetterlage und ihrem starken Beitrag zu herzinfarktrelevanten Ozonkonzentrationen kommt dieser Wetterlage eine hervorgehobene Bedeutung zu. Im Gegensatz dazu vermindern Luftmassenströmungen aus südlicher Richtung die Ozonkonzentration im Raum Augsburg. In diesem Fall werden Luftmassen herantransportiert, die vermutlich eine relativ geringe Konzentration an Vorläufersubstanzen enthalten. Die Lage der Messstation am südlichen Rand des Stadtgebietes könnte hier ebenfalls eine Rolle spielen. Nordwestliche Anströmungsrichtungen sind ebenfalls mit unterdurchschnittlichen Ozonkonzentrationen verbunden, da hier Luftmassen herangeführt werden, die sich durch ein relativ niedriges Temperaturniveau und hohe relative Feuchtewerte auszeichnen

(Tab. 2), welche ebenfalls die Ozonbildung hemmen. Insgesamt treten die ozonhemmenden Wetterlagen S, NW und ANW jedoch relativ selten auf und tragen nur zu einem geringen Anteil zu den herzinfarktrelevanten Ozonkonzentrationen bei.

Die täglich maximalen Ozonkonzentrationen zeigen einen deutlichen nichtlinearen Zusammenhang mit Herzinfarkthäufigkeiten in der Region Augsburg, d. h. ein Anstieg der Ozonkonzentrationen geht nicht einfach parallel mit einer Erhöhung der Infarkthäufigkeiten einher, sondern es liegt ein erhöhtes Herzinfarktrisiko vor allem für mittelhohe bis hohe Ozonkonzentrationen vor. Für die Region Augsburg ergibt sich demnach ein Bereich signifikant erhöhten Risikos für Ozonkonzentrationen zwischen ca. 100 $\mu g/m^3$ und 125 $\mu g/m^3$. Bei noch höheren täglichen Ozonkonzentrationen findet hingegen ein Rückgang des Herzinfarktrisikos statt, der in Zusammenhang mit Adaptionsmaßnahmen der Bevölkerung stehen könnte. Da sehr hohe Ozonkonzentrationen häufig zeitgleich mit hohen Lufttemperaturen einhergehen, kann es zu einer kombinierten lufthygienisch-thermischen Belastungssituation kommen, welcher die Bevölkerung durch Aufenthalt in Innenräumen und Vermeidung körperlicher Aktivität im Freien entgegenwirkt. Entsprechende Warnmeldungen des Deutschen Wetterdienstes (ab einer gefühlten Temperatur von 32°C) und des Umweltbundesamtes (bei Überschreitung des Ozon-Informationsschwellenwertes von 180 $\mu g/m^3$ bzw. des Alarmschwellenwertes von 240 $\mu g/m^3$) könnten hier ebenfalls eine Rolle spielen.

Die nichtlinearen Exposition-Wirkung-Beziehungen implizieren somit auch, dass mit Bezug auf Herzinfarktrisiken die aktuellen Schwellen- und Zielwerte zum Schutz der menschlichen Gesundheit nicht vollumfänglich geeignet erscheinen (Schwellenwerte s. oben; derzeitiger Zielwert zum Schutz der menschlichen Gesundheit: maximaler 8-Stunden-Wert eines Tages darf an höchstens 25 Tagen pro Kalenderjahr, gemittelt über 3 Jahre, den Wert von 120 $\mu g/m^3$ überschreiten). Die Indizien für zu hohe Schwellen- und Zielwerte stehen in Einklang mit einer Einschätzung der WHO[16], dass die derzeit geltenden Zielwerte aus gesundheitlicher Sicht zu hoch einstuft sind. Hierbei muss jedoch beachtet werden, dass regionsspezifische Abschätzungen nur für die betrachtete Region als repräsentativ anzusehen sind. So stellen zum Beispiel Michelle Bell et al.[17] eine große Spannbreite von Ozon-Mortalitäts-Beziehungen für 95 US-amerikanische urbane Räume fest. Dabei spielen vor allem stadtspezifische Unterschiede in der

16 WHO 2013.
17 Bell et al. 2004.

Charakteristik der Luftverunreinigungen, der Aufenthaltszeit im Freien/Inneren und sozioökonomische Faktoren eine Rolle. Des Weiteren könnten auch stadtinterne Variationen der Ozoncharakteristik eine gewisse Modifikation der Zusammenhänge bedingen. In der hier vorliegenden Studie wurde nur eine Ozon-Messstation des städtischen Hintergrunds mit langjährigen Messwerten herangezogen. Eine höhere räumliche Differenzierung könnte hier zu einem detaillierteren Bild gesundheitsrelevanter Ozonkonzentrationen führen.

Bezüglich des Einflusses von Wetterlagen auf tägliche Herzinfarkthäufigkeiten kann zwischen einem indirekten Effekt und einem direkten Effekt unterschieden werden. Ersterer bezieht sich auf den Einfluss spezifischer Wetterlagen auf gesundheitsrelevante Ozonkonzentrationen (Kap. 3.2, Abb. 3), während letzterer auf einen direkten Zusammenhang zwischen Auftreten bestimmter Wetterlagen und Herzinfarktfällen verweist (Kap. 3.3, Abb. 5). In der Zusammenschau ergibt sich hier ein differenziertes Bild. So fördert die strömungsarme ‚unklassifizierte' Wetterlage das Auftreten herzinfarktrelevanter Ozonkonzentrationen (s. oben). Dagegen wird die Wetterlage Antizyklonal, welche Hochdruckbedingungen mit Zentrum direkt über der Region Augsburg beschreibt, nicht in den statistischen Ozon-Modellen ausgewählt, sondern sie spielt eine Rolle in den Herzinfarkt-Modellen. Hier wirkt sie verringernd auf das Herzinfarktrisiko. Die Hochdruckwetterlage tritt dabei ebenfalls sehr häufig in den Monaten März bis September auf und ist durch eine höhere Lufttemperatur und niedrigere Luftfeuchte im Vergleich zu den allgemeinen Mittelwerten gekennzeichnet. Auch mit Bezug auf die Wetterlagen mit nördlicher Strömungskomponente zeigen sich unterschiedliche Wirkungen. Die Wetterlagen sind generell durch kühle Temperaturen und hohe Luftfeuchtewerte charakterisiert. Während das Auftreten der Wetterlagen Nordwest und antizyklonal Nordwest mit verringerten Ozonkonzentrationen einhergeht und damit ein ozon-bezogenes Infarktrisiko gesenkt wird, steht das Auftreten der kalt-feuchten Tiefdruckwetterlage zyklonal Nord direkt mit einer Erhöhung des Herzinfarktrisikos in Zusammenhang. Hinzuweisen ist hierbei jedoch darauf, dass die nördlichen Wetterlagen nur geringe Auftrittshäufigkeiten in den betrachteten Monaten aufweisen.

Insgesamt zeigt sich ein komplexes Bild der Zusammenhänge zwischen Wetterlagen, meteorologischen Bedingungen, Ozonkonzentrationen und Herzinfarkthäufigkeiten in der Region Augsburg. Es wird jedoch deutlich sichtbar, dass Ozon ein Luftschadstoff ist, der in Verbindung mit erhöhten Herzinfarkthäufigkeiten gesehen werden muss. Die vorliegende Untersuchung deutet auch darauf hin, dass entsprechende Grenz- und Zielwerte weiter evaluiert werden müssen, um ihre Wirksamkeit für den Schutz der menschlichen Gesundheit zu gewährleisten. Darüber hinaus sollte der Untersuchung kombinierter thermischer-lufthygienischer Belastungssituationen eine besondere Rolle zukommen.

## *Danksagung*

Besonderer Dank gilt dem Bayerischen Landesamt für Umwelt, dem Deutschen Wetterdienst, dem *European Centre for Medium-Range Weather Forecasts* und dem Helmholtz Zentrum München Institut für Epidemiologie für die Bereitstellung der Daten.

Die Forschungsplattform KORA (Kooperative Gesundheitsforschung in der Region Augsburg) wurde initiiert und finanziert vom Helmholtz Zentrum München – Deutsches Forschungszentrum für Gesundheit und Umwelt, das vom Bundesministerium für Bildung und Forschung (BMBF) sowie vom Freistaat Bayern gefördert wird.

## *Literatur*

*Bell, M L/McDermott, A/Zeger, S L/Samet, J M/Dominici, F (2004):* Ozone and short-term mortality in 95 US urban communities, 1987-2000. In: Jama, 2004: 292 (19), 2372-2378.

*Cooper, O R/Parrish, D D/Ziemke, J/Balashov, N V/Cupeiro, M/Galbally, I E/Gilge, S/Horowitz, L/Jensen, N R)/Lamarque J F/Naik, V/Oltmans S J/Schwab, J/Shindell, D T/Thompson A M/Thouret, V/Wang, Y/Zbinden, RM* (2014): Global distribution and trends of tropospheric ozone: An observation-based review. In: Elementa, 2014: 2, 1-28.

*D'Amato, G/Holgate, S T/Pawankar, R/Ledford, D K/Cecchi, L/Al-Ahmad, M/Al-Enezi, F/Al-Muhsen, S/Ansotequi, I/Baena-Cagnani, C E/Baker, DJ/Bayram, H/Bergmann, K C/Boulet, L P/Buters, J T/D'Amato, M/Dorsano, S/Douwes, J/Finlay, S E/Garrasi, D/Gómez, M/Haathela, T/Halwani, R/Hassani, Y/Mahboub, B/Marks, G/Michelozzi, P/Montagni, M/Nunes, C/Oh, J J/Popov, T A/Portnoy, J/Ridolo, E/Rosário, N/Rottem, M/Sánchez-Borges, M/Sibanda, E/Sienra-Monge, J J/Vitale, C/Annesi-Maesano, I* (2015): Meteorological conditions, climate change, new emerging factors, and asthma and related allergic disorders. A statement of the World Allergy Organization. World Allergy Organization Journal, 2015: 8 (1), 1-52.

*Eis, D/Helm, D/Laußmann, D/Stark, K* (2010): Klimawandel und Gesundheit – Ein Sachstandsbericht. Berlin: Robert Koch-Institut.

*Jenkinson, A F/Collison, F P* (1977): An initial climatology of gales over the North Sea. Synoptic Climatology Branch Memorandum No. 62, Meteorological Office, Bracknell.

*Jones, P D/Harpham, C/Briffa, KR* (2013): Lamb weather types derived from reanalysis products. In: International Journal of Climatology, 2013: 33 (5), 1129-1139.

*Laschewski, G/Endler, C* (2014): Das Humanbioklima im Wandel: Wirkungen der atmosphärischen Umwelt auf das Wohlbefinden und die Gesundheit des Menschen. In: Lozán, JL/Grassl, H/Karbe, L/Jendritzky, G (Hg.). Warnsignal Klima: Gefahren für Pflanzen, Tiere und Menschen. Hamburg: Universität Hamburg (Kap. 1.2). URL: http://www.klima-warnsignale.uni-hamburg.de ;11.1.2019.

*LfU (Bayerisches Landesamt für Umwelt)* (2018): Langzeitverläufe der Schadstoffbelastung an den bayerischen LÜB-Messstationen. Feinstaub-$PM_{10}$; Feinstaub-$PM_{2.5}$, Stickstoffdioxid. URL: https://www.lfu.bayern.de/luft/immissionsmessungen/auswertungen/langzeitverlaeufe/index.htm; 24.1.2019.

*Pope, R J/Butt, E W/Chipperfield, M P/Doherty, R M/Fenech, S/Schmidt, A/Arnold S R/ Savage, N H* (2016): The impact of synoptic weather on UK surface ozone and implications for premature mortality. In: Environmental Research Letters, 2016: 11 (12), 1-10.

*Tibshirani, R* (1996): Regression shrinkage and selection via the lasso. In: Journal of the Royal Statistical Society. Series B (Methodological). 1996: 58, 267-288.

*WHO – World Health Organization* (2006): Air quality guidelines: global update 2005: particulate matter, ozone, nitrogen dioxide, and sulfur dioxide. Kopenhagen: World Health Organization.

*WHO – World Health Organization* (2013): Review of evidence on health aspects of air pollution –REVIHAAP Project. Technical Report. Kopenhagen: World Health Organization.

*Wilson, RC/Fleming, ZL/Monks, PS/Clain, G/Henne, S/Konovalov, IB/Szopa, S/Menut, L* (2012): Have primary emission reduction measures reduced ozone across Europe? An analysis of European rural background ozone trends 1996–2005. Atmospheric Chemistry and Physics, 12(1), 437-454.

*Wood, SN* (2017): Generalized additive models: an introduction with R. Boca Raton: Chapman and Hall/CRC.

# Stickoxide in der Umgebungsluft und ihre gesundheitliche Bedeutung

*Josef Cyrys und Barbara Hoffmann*

*Inhaltsübersicht*


0. Luftschadstoff Stickstoffdioxid 323
1. Richtwerte und Grenzwerte für Luftschadstoffe 325
2. Überwachung der Luftqualität in Deutschland 326
3. Immissionsentwicklung von PM10-Feinstaub und NO2 in Deutschland 328
4. Gesundheitliche Wirkungen von Stickstoffdioxid 332
   4.1 Stickstoffdioxid in Luftreinhaltung und Gesundheitsschutz 332
   4.2 Biologische Wirkungsweisen 333
   4.3 Methodik von Studien zur Untersuchung von Luftschadstoffeffekten 336
   4.4 Epidemiologie 337
      4.4.1 Mortalität 337
      4.4.2 Morbidität 339
5. Ist der aktuelle Grenzwert für Stickstoffdioxid wissenschaftlich plausibel? 339

Literatur 342


## *0. Luftschadstoff Stickstoffdioxid*

*Stickoxide* (auch *Stickstoffoxide*) ist ein Sammelbegriff für zahlreiche gasförmige Oxide des Stickstoffs, die aus den Atomen Stickstoff (N) und Sauerstoff (O) aufgebaut sind. Vereinfacht werden nur die beiden wichtigsten Verbindungen Stickstoffmonoxid (NO) und Stickstoffdioxid ($NO_2$) als Stickoxide ($NO_x$) bezeichnet, wobei $NO_2$ in Bezug auf die negativen Auswirkungen auf die menschliche Gesundheit von größerer Bedeutung ist.

In Deutschland zählen Stickoxide, neben Feinstaub und Ozon ($O_3$), aus lufthygienischer Sicht zu den bedeutsamsten Luftschadstoffen in der Umgebungsluft. Gemäß der Definition vom Verein der Deutschen Ingenieure

(VDI) ist ein Luftschadstoff „eine Beimengung der Luft, die sowohl die menschliche Gesundheit als auch die Biosphäre gefährden kann. Die Herkunft eines Luftschadstoffes kann sowohl natürlich (z. B. Schwefeldioxid, $SO_2$, aus Vulkanen) als auch anthropogen (vom Menschen verursacht) bedingt sein."[1] Das Umweltbundesamt (UBA) führt folgende Luftschadstoffe auf, für die es in Deutschland entweder Richtlinien über nationale Emissionshöchstmengen (wie zum Beispiel für Ammoniak), Zielwerte oder Grenzwerte gibt: Ammoniak ($NH_3$), Stickoxide ($NO_x$, $NO_2$), Ozon ($O_3$), Feinstaub (unter besonderer Berücksichtigung der Größenfraktionen $PM_{10}$ (Partikel, deren aerodynamischer Durchmesser kleiner als 10 Mikrometer ist) und $PM_{2.5}$ (Partikel, deren aerodynamischer Durchmesser kleiner als 2,5 Mikrometer ist)), flüchtige organische Verbindungen ohne Methan (NMVOC), Kohlenstoffmonoxid (CO), Schwefeldioxid ($SO_2$), Benzo(a)pyren im Feinstaub, Metalle (Arsen, Blei, Cadmium, Nickel) im Feinstaub und Benzol.[2]

Wie andere Luftschadstoffe bilden sich auch Stickoxide sowohl durch natürliche als auch durch anthropogene Vorgänge in der Atmosphäre. Sie entstehen vor allem bei Verbrennungsprozessen bei hohen Temperaturen durch Reaktion von Sauerstoff mit Stickstoff. Dabei reagiert Sauerstoff mit Stickstoff und bildet Stickstoffmonoxid (NO) und zu einem geringeren Ausmaß Stickstoffdioxid ($NO_2$). In weiteren Oxidationsreaktionen wird NO unter Beteiligung von Sauerstoff, Ozon und organischen Verbindungen zu $NO_2$ aufoxidiert. $NO_2$ ist sehr reaktiv und nimmt in Gegenwart von Sonnenlicht gemeinsam mit organischen Verbindungen und Sauerstoff an der Bildung von Ozon und anderen Photooxidantien sowie Salpetersäure teil. Somit sind Stickoxide für die sommerliche Ozonbildung mitverantwortlich. Über die Reaktion von Salpetersäure mit Ammoniak tragen sie zudem zur Entstehung von Ammoniumnitrat und damit zur sekundären Feinstaubbildung bei.

Zu den anthropogenen Hauptquellen von Stickoxiden zählen Verbrennungsmotoren und Feuerungsanlagen für Kohle, Öl, Gas, Holz und Abfälle. In Ballungsgebieten ist der Straßenverkehr die bedeutendste $NO_x$-Quelle. Hohe $NO_2$-Werte werden überwiegend in direkter Nachbarschaft vielbefahrener Straßen gemessen, da $NO_2$ insbesondere durch Kraftfahrzeuge mit Dieselmotoren (Dieselmotoren von Pkw, leichten und schweren Nutzfahrzeugen sowie Bussen mit Dieselantrieb) freigesetzt wird.

---

1 VDI 2003.
2 UBA 2018a.

Stickoxide entstehen auch aufgrund natürlicher atmosphärischer Vorgänge, zum Beispiel tragen Blitze ganz erheblich zu deren Entstehung in der Atmosphäre bei.

## 1. *Richtwerte und Grenzwerte für Luftschadstoffe*

Grundsätzlich muss man bei der Betrachtung der Luftreinhaltung zwischen Richtwerten und Grenzwerten für die einzelnen Luftschadstoffe unterscheiden. Die Richtwerte werden in der Regel unter Leitung der Weltgesundheitsorganisation (WHO) von internationalen Expertengremien durch Sichtung der gesamten verfügbaren wissenschaftlichen Literatur erarbeitet und in den WHO Luftqualitätsrichtlinien (WHO Air Quality Guidelines) festgehalten. Dafür wird die gesamte verfügbare wissenschaftliche Literatur intensiv diskutiert und nach systematischen, transparenten und replizierbaren Kriterien bewertet sowie extern begutachtet. Zuletzt wurden im Jahr 2005 die aktuell gültigen Empfehlungen der WHO basierend auf den neu publizierten Studien abgleitet.[3] Die Ableitung eines Richtwertes war insbesondere für Feinstaub und Stickstoffdioxid schwierig, da die epidemiologischen Studien keinen Hinweis auf Werte zuließen, unter denen keine schädlichen Gesundheitsfolgen zu erwarten wären.[4] Der Richtwert für $NO_2$ von 40 µg/$m^3$ (s. Tabelle 1) wurde auf der Basis von Langzeit-Tierexperimenten und von bevölkerungsbezogenen Studien festgelegt.[5]

Die Richtwerte dienen als Ausgangspunkt für den politischen Prozess, der die Grenzwerte unter Berücksichtigung von wissenschaftlichen Empfehlungen festlegt. Die Grenzwerte werden benötigt, um die Außenluft hinsichtlich ihrer Qualität verbindlich zu beurteilen und bei Bedarf Maßnahmen zur Verbesserung der Luftqualität zu ergreifen. In diesem Prozess werden neben den gesundheitlichen Argumenten auch weitere Aspekte, zum Beispiel die wirtschaftlichen Folgen und die technische Machbarkeit, berücksichtigt. Das kann dazu führen, dass sich die festgelegten Grenzwerte erheblich von den Empfehlungen (Richtwerten) der WHO unterscheiden können.

In der Europäischen Union (EU) werden die Grenzwerte zum Gesundheitsschutz der Bevölkerung durch das EU Parlament verabschiedet und in nationales Recht umgesetzt. Innerhalb der EU gilt das Vorsorgeprinzip, das

3 WHO 2006.
4 Ebd.
5 Ebd.

heißt, dass die Bevölkerung auch vor nur möglicherweise gesundheitsgefährdenden Substanzen zu schützen ist, selbst wenn Schäden durch wissenschaftliche Methoden nicht eindeutig nachgewiesen werden können. Besonders Schutzbedürftige wie Asthmatiker, Kleinkinder und alte Menschen sind ausdrücklich in die EU-Luftqualitätsrichtlinie einbezogen. Weil Luftschadstoffe sowohl akut wirken können als auch langfristig über Jahre hinweg, werden einerseits Jahresmittelwerte und andererseits die kurzfristigen Immissionen mit Grenzwerten für Tagesmittelwerte oder Stundenmittelwerte reguliert. In Tabelle 1 sind die heute (2020) gültigen WHO-Richtwerte und EU-Grenzwerte für den $PM_{10}$- und $PM_{2.5}$-Feinstaub sowie für $NO_2$ dargestellt. Wie aus der Tabelle ersichtlich, stützt sich die EU nur in Teilen auf die Empfehlungen der WHO und weicht damit vom Vorsorgeprinzip ab. So wurde zwar die Empfehlung der WHO für den Langzeitgrenzwert von Stickstoffdioxid von 40 µg/m³ für die EU übernommen, für den Feinstaub wurde aber nur ein deutlich weniger schützender Grenzwert von 25 µg/m³ umgesetzt (statt des von der WHO empfohlenen Grenzwertes von 10 µg/m³ $PM_{2.5}$).

*Tab. 1: Vergleich der aktuellen WHO-Richtwerte und der in Deutschland geltenden EU-Grenzwerte**

| Schadstoff | WHO-Richtwerte | EU-Grenzwerte |
|---|---|---|
| $PM_{2.5}$ | 10 µg/m³ Jahresmittelwert | 25 µg/m³ Jahresmittelwert |
| | 25 µg/m³ 24-Stunden-Maximum (3) | |
| $PM_{10}$ | 20 µg/m³ Jahresmittelwert | 40 µg/m³ Jahresmittelwert |
| | 50 µg/m³ Tagesmittelwert (3) | 50 µg/m³ Tagesmittelwert (35) |
| $NO_2$ | 40 µg/m³ Jahresmittelwert | 40 µg/m³ Jahresmittelwert |
| | 200 µg/m³ 1-Stunden-Maximum | 200 µg/m³ 1-Stunden-Maximum (18) |

*Zahl in Klammern = Anzahl der maximal erlaubten Überschreitungen pro Jahr*

**Die vollständige und jeweils aktuelle Liste ist unter folgender Adresse zu erhalten: http://ec.europa.eu/environment/air/quality/standards.htm.*

## 2. *Überwachung der Luftqualität in Deutschland*

Die Einhaltung der geltenden Grenzwerte (und damit auch die Qualität der Außenluft) ist in der EU nach einheitlichen Vorgaben zu überwachen und zu bewerten. Die gesetzliche Grundlage hierfür ist die EU-Luftqualitätsrichtlinie 2008/50/EG mit ihrer Änderung 2015/1480/EG.[6] Diese europäische Richtlinie und deren Änderung sind mit der 39. Verordnung zum Bundes-Immissionsschutzgesetz[7] in das deutsche Recht überführt worden.

Die für die Überwachung der Luftqualität in Deutschland verantwortlichen Behörden der Länder betreiben Luftgütemessstationen, die nach rechtlichen Vorgaben aufzustellen und zu betreiben sind.[8] Zum Schutz der menschlichen Gesundheit sollen die Messstationen zum einem die höchsten Schadstoffkonzentrationen erfassen, denen die Bevölkerung ausgesetzt ist. Zum anderen sollen Konzentrationsdaten erfasst werden, die für die Exposition der Bevölkerung allgemein repräsentativ sind. Deshalb findet man besonders viele Messstationen in Städten und Ballungsräumen und dort entweder direkt in der Nähe von vielbefahrenen Straßen (50 % verkehrsnahe Messstationen) oder in typischen städtischen Wohngebieten (30 % Stationen im städtischen Hintergrund). Vorschriften zur Standortauswahl der Luftmessstationen (städtischer und ländlicher Hintergrund, verkehrs- und industriebezogen) enthält Anlage 3 der 39. BImSchV. Für verkehrsbezogene Stationen gilt[9]: (a) *soweit möglich* nicht mehr als 10 Meter vom Fahrbahnrand und (b) *soweit möglich* mehr als 25 Meter von der nächsten Kreuzung. Messstationen für den städtischen Hintergrund müssen grundsätzlich für eine Fläche von mehreren Quadratkilometern repräsentativ sein.[10] Der Zusatz „soweit möglich" macht klar, dass diese Regelungen nicht starr sind und einen Ermessensspielraum einräumen, um lokale Faktoren und Gegebenheiten zu berücksichtigen. Auch Störfaktoren (z. B. Bäume, Balkone), Sicherheit, Zugänglichkeit und Stromversorgung müssen bei der Standortwahl berücksichtigt werden.

In Deutschland werden die Luftschadstoffkonzentrationen an mehr als 650 Messstationen überwacht. Eine aktuelle Karte aller Messstationen in Deutschland (sortiert nach Luftschadstoffen) kann auf der Internetseite des Umweltbundesamtes unter Luftbelastung („Aktuelle Luftdaten") abgerufen werden (Reiter „Stationen").[11] Die Anzahl der Messstationen, ihre Lage und die an jeder Messstation gemessenen Luftschadstoffe (das Messprogramm ist nicht an jeder Station gleich) werden von den verantwortlichen Landesbehörden dokumentiert und veröffentlicht.

6 European Commission 2008.
7 39. BImSchV.
8 Ebd., Anlage 3, B, 1.a.
9 Ebd., Anlage 3, C.
10 Ebd., Anlage 3, B, 1.c.
11 https://www.umweltbundesamt.de/daten/luftbelastung/aktuelle-luftdaten/.

## *3. Immissionsentwicklung von PM10-Feinstaub und NO2 in Deutschland*

Entscheidend für die gesundheitlichen Wirkungen sind die Immissionen, die auf den Menschen wirken. Die meisten Menschen leben in städtischen Gebieten oder urbanen Ballungsräumen. Dort setzt sich die Immissionsbelastung typischerweise aus einer *regionalen Hintergrundbelastung*, einer *urbanen Hintergrundbelastung* die durch lokale städtische Quellen entsteht sowie einer weiteren *lokalen Belastung* (so genannte *Hot Spots*) zusammen. In Abbildung 1 sind die drei Kategorien der Luftschadstoffbelastung schematisch dargestellt. Die regionale Hintergrundbelastung ist durch Schadstoffe dominiert, die über weite Entfernungen transportiert werden. Lokale städtische Quellen (Hausfeuerungsanlagen, Gewerbebetriebe, industrielle Anlagen, Kfz-Verkehr) tragen zur Entstehung der *urbanen Hintergrundbelastung* bei. Die Spitzenbelastungen in einer Stadt (*Hot Spots*) treten in unmittelbarer Nähe von starken lokalen Quellen wie zum Beispiel von verkehrsreichen Straßen oder im Abwind von Industrieanlagen auf und nehmen stark mit der Entfernung von den Quellen ab.

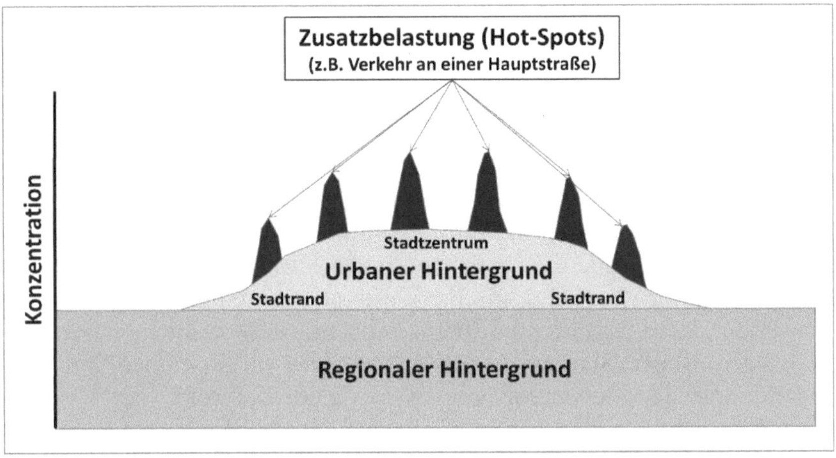


*Abb. 1: Schema der Luftschadstoffbelastung in einem urbanen Ballungsraum (Quelle: angepasst nach Lenschow et al. 2001 und Schneider et al. 2018)*[12]

12 Die Schadstoffbelastung setzt sich aus dem regionalen Hintergrund, dem urbanen Hintergrund und einer lokalen Belastung, z. B. Verkehr an einer Hauptstraße, zusammen.

Der zeitliche Trend der $NO_2$- Jahresmittelwerte in Deutschland ist in Abbildung 2 getrennt für die drei Kategorien der Messstationen (regionaler Hintergrund, städtischer Hintergrund, verkehrsnah (*Hot Spots*)) dargestellt. Die Jahresmittelwerte der $NO_2$-Belastung haben bis zum Ende der 1990er Jahre abgenommen. Nach einer Stagnationsphase 2000-2006 ist in den darauffolgenden Jahren erneut ein leichter Rückgang erkennbar. Die zwischenjährlichen Schwankungen sind vor allem auf witterungsbedingte Einflüsse zurückzuführen. Ballungsräume und Städte sind erwartungsgemäß aufgrund der dort im Vergleich zum Umland hohen lokalen Emissionen von einer stärkeren NO2-Belastung betroffen. Je nach Lage der Messstation werden Jahresmittelwerte zwischen 30 und 60 µg/m³, vereinzelt sogar um 80 µg/m³ gemessen. Mit zunehmender Entfernung zu verkehrsreichen Straßen verringert sich die $NO_2$-Konzentration in der Luft. Die $NO_2$-Jahresmittelwerte der städtischen Hintergrundbelastung, die als typisch für städtische Wohngebiete anzusehen ist, lagen in den letzten Jahren im Bereich von 20 bis 30 µg/m³.

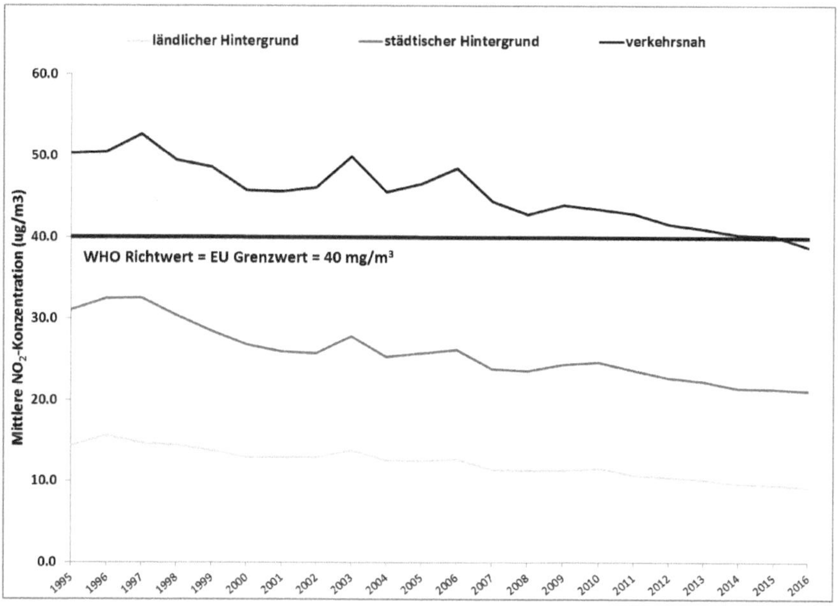


*Abb. 2: Trend der $NO_2$-Jahresmittelwerte (Quelle: Umweltbundesamt 2018b)*

Parallel zum Rückgang der $NO_2$-Konzentrationen seit 1995 sanken auch die gemessenen $PM_{10}$-Konzentrationen in der Umgebungsluft (Abbildung 3). Die zeitliche Entwicklung der $PM_{10}$-Konzentrationen wird noch stärker als bei $NO_2$ von witterungsbedingten Schwankungen zwischen den einzelnen Jahren überlagert (Belastungsspitzen, besonders deutlich in den Jahren 1996, 2003 und 2006 erkennbar). Für die nächsten Jahre ist zu erwarten, dass die $PM_{10}$-Konzentration in der Außenluft nur noch langsam abnehmen wird.

Wie schon beim $NO_2$ sind die gemessenen $PM_{10}$-Konzentrationen im städtischen Umfeld bedeutend höher als im ländlichen Hintergrund. Dies ist durch eine höhere Zahl und Dichte an Emittenten in urbanen Gebieten bedingt. Besonders hohe Feinstaubkonzentrationen werden unter anderem wegen der verkehrsbedingten Emissionen (Kfz-Abgase, Reifenabrieb sowie aufgewirbelter Staub) an verkehrsnahen Messstationen registriert. Wie beim $NO_2$ beobachtet man auch bei den $PM_{10}$-Konznetrationen eine hohe zeitliche Korrelation der Jahresmittelwerte zwischen den unterschiedlichen Messstandorten (ländlicher Hintergrund, städtischer Hintergrund, verkehrsnah).

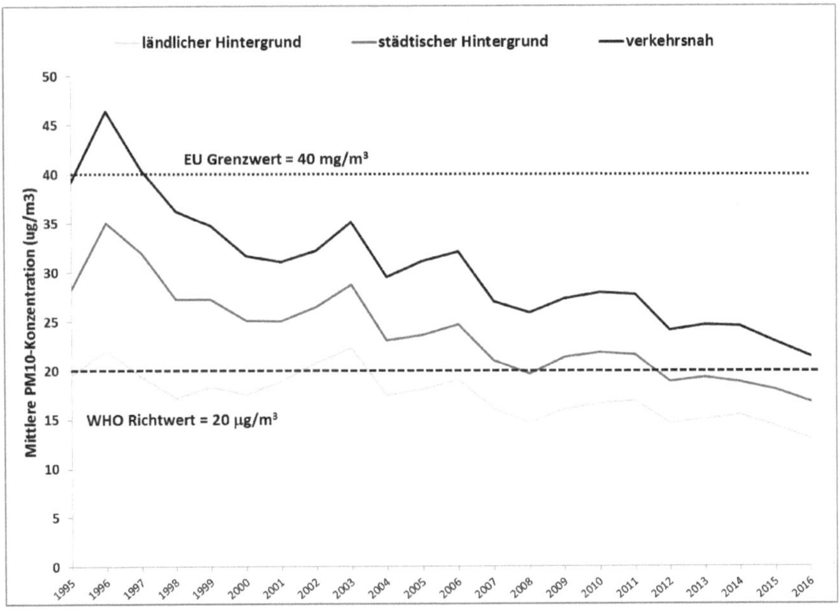


*Abb. 3: Trend der $PM_{10}$-Jahresmittelwerte (Quelle: Umweltbundesamt 2018c)*

Dem abfallenden Trend der Luftschadstoffkonzentrationen folgt auch eine Abnahme der Grenzwertüberschreitungen für Jahres- und Tagesmittelwerte, die besonders deutlich für $PM_{10}$-Feinstaub ist. In den letzten Jahren wurden fast keine Überschreitungen der Grenzwerte für $PM_{10}$-Feinstaub in Deutschland beobachtet.

Demgegenüber werden die Grenzwerte für $NO_2$ nach wie vor an vielen Messstation überschritten, insbesondere an den verkehrsnahen Messstationen in urbanen Gebieten (Abbildung 4). In den Jahren 2010 und 2011 lagen die $NO_2$-Jahresmittelwerte an über 70 % der verkehrsnahen Messstationen über dem gesetzlichen Grenzwert. Ab 2012 ist nur ein leichter Rückgang der Überschreitungen zu beobachten, sodass im Jahr 2016 immer noch an 59 % der städtischen verkehrsnahen Luftmessstationen Überschreitungen des Jahresgrenzwertes registriert wurden. An städtischen Hintergrundmessstellen und in ländlichen Gebieten traten dagegen ab 2014 keine Überschreitungen mehr auf.

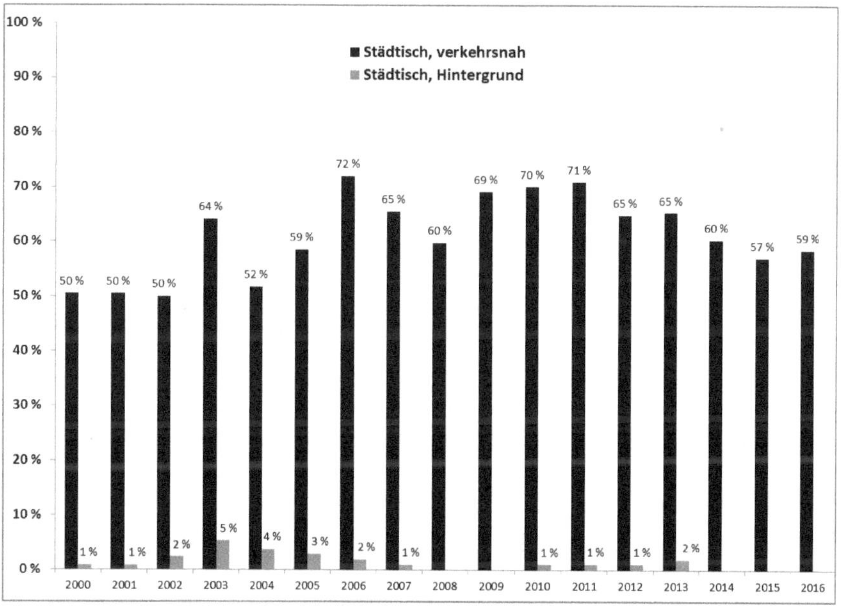


*Abb. 4: Prozentualer Anteil der Messstationen mit Überschreitung des Stickstoffdioxid-Jahresgrenzwertes (mehr als 40 µg/m³) bezogen auf den jeweiligen Stationstyp (Quelle: Umweltbundesamt 2018d)*

## *4. Gesundheitliche Wirkungen von Stickstoffdioxid*

### *4.1 Stickstoffdioxid in Luftreinhaltung und Gesundheitsschutz*

Bei der Betrachtung der gesundheitlichen Wirkungen von $NO_2$ ist es wichtig, die unterschiedlichen Rollen und Beiträge von $NO_2$ bei der Entstehung und Wirkung von Luftschadstoffen zu beachten.

(1) Zunächst ist $NO_2$ per se ein Reizgas und wirkt als sehr reaktive Verbindung (Oxidationsmittel). Hieraus resultieren unter anderem kurzfristige Wirkungen bei Konzentrationen, die z. B. an stark befahrenen Straßen oder auch im Auto auftreten und die sich unter experimentellen Bedingungen im Labor in Expositionskammern nachweisen lassen. Langfristige Wirkungen sind schwieriger zu untersuchen, da hierfür keine Experimente an Menschen zur Langzeitbelastung durchgeführt werden können. Es liegt aber inzwischen auch eine zunehmend große Zahl an epidemiologischen Untersuchungen vor, bei denen mit hinreichender Sicherheit die isolierten Wirkungen von $NO_2$ auf verschiedene Erkrankungen untersucht wurden.[13] Diese direkten Wirkungen von $NO_2$ auf die Gesundheit sind insgesamt schwächer als die direkten Wirkungen von Feinstaub.[14] Darüber hinaus sind sie bisher weniger intensiv untersucht und die wissenschaftlichen Erkenntnisse mit größeren Unsicherheiten behaftet als dies bei Feinstaub der Fall ist.

(2) Eine zweite wichtige Rolle von $NO_2$ ist die Rolle als Vorläufersubstanz für die Bildung von Feinstaub und bodennahem Ozon (siehe Kapitel 1). Feinstaub ist (pro Masseeinheit) gesundheitsschädlicher als $NO_2$.[15] Er führt zu einer großen Zahl an akuten und chronischen Gesundheitseffekten, von Auswirkungen auf den Atemtrakt, das Herz-Kreislaufsystem, den Stoffwechsel bis hin zu einer erhöhten Sterblichkeit. Diese Wirkungen sind in einer großen Zahl an Studien mit unterschiedlichen Designs belegt worden und basieren auf einem inzwischen gut ausgearbeiteten biologischen Wirkungsmodell. Wegen der sowohl akuten wie auch chronischen gesundheitlichen Auswirkungen von Feinstaub wird Feinstaub (als $PM_{2.5}$ und $PM_{10}$) in der Umgebungsluft direkt gemessen und reguliert (s. Tabelle 1). Um die Bildung von Feinstaub zu reduzieren, werden darüber hinaus die $NO_2$-Emissionen, also der Ausstoß einer wichtigen Vorläufersubstanz, reguliert. Auch für andere Vorläufersubstanzen von Feinstaub existieren

13 Schneider et al. 2018.
14 COMEAP 2018.
15 WHO 2013.

gesetzliche Vorschriften zur Senkung der Emissionen, was in Europa unter anderem in der *National Emission Ceiling Directive*[16] gesetzlich verankert wurde.

(3) Die dritte Rolle von $NO_2$ ist die Indikatorfunktion für den Mix aus Luftschadstoffen, der im Verkehr entsteht. Neben $NO_2$ entstehen im Straßenverkehr eine große Zahl an weiteren Luftschadstoffen, darunter Feinstäube mit hohem Metallgehalt durch Bremsabrieb, Partikel durch Reifen- und Straßenabrieb, Ruß, ultrafeine Partikel und Umweltgifte, die maligne Erkrankungen auslösen können, wie z. B. polyzyklische aromatische Kohlenwasserstoffe (PAK) oder Benzol. $NO_2$ ist mit diesen Schadstoffen korreliert und daher ein gut geeigneter Indikator zur Erfassung der Belastung der Bevölkerung durch diese Mischung von Luftschadstoffen aus dem Straßenverkehr. Bei dieser Rolle des $NO_2$ geht es also explizit nicht allein um die direkte und isolierte Wirkung von $NO_2$, sondern um die Wirkung der gesamten Luftverschmutzung, die aus dem Verkehr kommt, deren einzelne Bestandteile aber nicht routinemäßig gemessen werden.

### *4.2 Biologische Wirkungsweisen*

Das Verständnis über die biologischen Wirkungspfade und die gesundheitlichen Auswirkungen von Luftschadstoffen ist aufgrund zahlreicher toxikologischer, experimenteller und epidemiologischer Studien in den letzten Jahren stark angewachsen.[17] Gasförmige Luftschadstoffe wie $NO_2$ und $O_3$ und Feinstaubpartikel werden in erster Linie über die Atmung (Inhalation) aufgenommen. $NO_2$ und $O_3$ werden wegen ihrer geringen Wasserlöslichkeit bis in die tiefergelegenen Atemwege in der Lunge transportiert. Feinstaubpartikel haben je nach Größe eine unterschiedliche Eindringtiefe und können als submikrone (<1 µm) oder ultrafeine Partikel (<100 nm) bis in die Lungenbläschen (Alveolen) vordringen, wo Partikelbestandteile oder auch ganze Partikel über biologische Membranen passieren können und in die Blutbahn eindringen können. Nach Kontakt mit und Aufnahme von Luftschadstoffen resultieren die gesundheitlichen Wirkungen aus vier Hauptwirkungspfaden, die zu Wirkungen an verschiedenen Organen bzw. Organsystemen führen können.

(1) Nach Inhalation von Feinstaubpartikeln und den Reizgasen $NO_2$ und $O_3$ lösen die Schadstoffe durch Kontakt mit den Zellen der Bronchial-

16 Europäische Union 2016.
17 Franklin et al. 2015.

wand und der Alveolen lokale entzündliche Vorgänge aus, die mit einer Ausschüttung von Entzündungsmediatoren (z. B. Interleukin) einhergehen. Darüber hinaus können die als Oxidationsmittel wirkenden Schadstoffe zur Produktion von Sauerstoffradikalen führen und hierdurch oxidativen Stress auslösen, der wiederum die Entzündungsreaktion verstärken kann. Die entstehende lokale Entzündung kann die Atemmechanik und das Lungenwachstum beeinträchtigen. Speziell bei empfindlichen Personen und bei Vorerkrankungen der Atemwege kann eine akute Kontraktion der glatten Muskulatur der Bronchien ausgelöst werden und hierdurch Husten, Atemnot, eine Verschlechterung der Lungenfunktion bis hin zu Asthmaanfällen auslösen. Langfristig wurde beobachtet, dass das Lungenwachstum im Kindesalter verringert ist und die Abnahme der Lungenfunktion im Alter beschleunigt wird. Das Eindringen von kanzerogenen Luftschadstoffen, die z. B. an Partikel angelagert in die Lunge transportiert werden, kann langfristig zur Entstehung von Lungenkrebs beitragen.

(2) Durch Übertritt von Entzündungsmediatoren aus dem Lungengewebe in die Blutbahn kommt es zu einer subklinischen systemischen Entzündungsreaktion. Dabei kann die systemische Entzündungsreaktion sowohl akut wenige Stunden nach einer Erhöhung von Luftschadstoffen in der Umgebungsluft gemessen werden, als auch langfristig bei Menschen, die in einer Region mit höherer Luftverschmutzung leben. Diese systemische Entzündungsaktivität bewirkt biologische Vorgänge im Organismus, die dauerhaft zur Entwicklung und Progression einer Vielzahl von gesundheitlichen Störungen in unterschiedlichen Organsystemen beitragen können. Hierzu gehören eine Abnahme der endothelialen Funktion und der Reaktivität der Blutgefäße, eine Zunahme der Thromboseneigung und eine Abnahme der Insulinsensitivität.[18] Folgen dieser Veränderungen sind kardiovaskuläre und zerebrovaskuläre Ereignisse wie Herzinfarkte und Schlaganfälle, unter anderem durch einen Anstieg der Thromboseneigung, sowie langfristig die Entwicklung eines Diabetes mellitus Typ 2 und möglicherweise einer Beschleunigung der Entwicklung einer Arteriosklerose.[19] Langfristige entzündliche Vorgänge im Gehirn werden auch verantwortlich gemacht für die beobachteten Zusammenhänge mit kognitiven Funktionseinschränkungen bei älteren Menschen und mit einer verzögerten neurokognitiven Entwicklung bei Kindern.[20]

18 Brook et al. 2010, Franklin et al. 2015.

19 Künzli et al. 2011.

20 Block et al. 2012.

(3) Ein dritter Wirkungspfad besteht in einer Beeinflussung des autonomen Nervensystems durch Aktivierung von pulmonalen Rezeptoren durch Feinstaubpartikel. Hierdurch kommt es zu einer verstärkten sympathikotonen Reaktion, was wiederum akut zu einem Anstieg von Herzfrequenz und Blutdruck sowie einer Zunahme der Arrhythmieneigung führt.[21] Langfristige Auswirkungen einer verstärkten sympathikotonen vegetativen Lage sind bisher weniger umfassend untersucht, stellen aber aus pathophysiologischer Sicht einen wichtigen Weg zur Entwicklung von kardiometabolischen Erkrankungen (Diabetes mellitus, koronare Herzerkrankung) dar.[22]

(4) Ein vierter Wirkungspfad besteht aus dem Eindringen von Partikeln oder Komponenten von Partikeln bzw. angelagerten Schadstoffen über die Luft-Blut-Schranke in die Blutbahn und von dort potentiell in alle Organe und Organsysteme. Speziell für die kleinsten Partikel (ultrafeine Partikel <100 nm), die vor allem bei Verbrennungsprozessen wie z. B. im Straßenverkehr entstehen, konnte gezeigt werden, dass sie auch biologische Membranen passieren können.[23] Darüber hinaus wurde gezeigt, dass ultrafeine Partikel entlang des *Nervus olfactorius* direkt ins Gehirn gelangen können.[24] Durch den Übertritt von Partikeln oder Partikelbestandteilen in die Blutbahn und in die Organe können prinzipiell alle Organe von Gesundheitseffekten betroffen sein.

Die hier geschilderten biologischen Wirkungspfade wirken zusammen in ihrer Auswirkung auf den Organismus und manifestieren sich sowohl als akute gesundheitliche Störungen, als auch als langfristige Gesundheitsfolgen durch eine Beeinflussung von zugrunde liegenden Krankheitsprozessen. So können akute Anstiege von Luftschadstoffen über ihre Wirkung auf die lokale entzündliche Aktivität in der Bronchialschleimhaut zu der Auslösung von Asthmaanfällen führen oder eine erhöhte Thrombose- und Arrhythmieneigung zu der Auslösung von Herzinfarkten und Schlaganfällen führen. Langfristig kann durch Eingreifen in basale physiologische Vorgänge (oxidativer Stress, Erschöpfung der antioxidativen Kapazitäten, subklinische systemische Entzündung und Thromboseneigung, Insulinresistenz, direkte toxische und kanzerogene Wirkungen von Schadstoffen) ungünstige Prozesse wie Kanzerogenese, die Entwicklung einer Hypertonie,

21 Brook et al. 2010.
22 Rao et al. 2015.
23 Franklin et al. 2015.
24 Block et al. 2012.

Arteriosklerose, Diabetes Typ 2 und chronische Lungenerkrankungen eintreten.[25]

## *4.3 Methodik von Studien zur Untersuchung von Luftschadstoffeffekten*

Die Erkenntnisse zu den gesundheitlichen Kurz- und Langzeitwirkungen von $NO_2$ und anderen Luftschadstoffen auf den Menschen wurden anhand von Zellexperimenten, Tierversuchen, experimentellen Untersuchungen an Menschen (Kammerexperimente) und aus Beobachtungsstudien in der Bevölkerung (epidemiologische Untersuchungen) gewonnen. Bei experimentellen Untersuchungen können durch gezielte Manipulation der Exposition durch den Untersucher die Wirkungen von $NO_2$ oder anderer Luftschadstoffe isoliert werden. In Zell- und Tierexperimenten kann man sowohl kurzfristige als auch zum Teil langfristige Effekte von Luftschadstoffen ganz gezielt untersuchen. Allerdings ist die Übertragbarkeit auf den Menschen nur sehr eingeschränkt möglich. Am Menschen lassen sich kontrollierte Expositionsstudien durchführen. Solche Untersuchungen eignen sich um kurzfristige, vorübergehende Wirkungen von einzelnen Schadstoffen bei unterschiedlicher Dosis oder Kombinationswirkungen mit anderen Schadstoffen zu untersuchen. Allerdings handelt es sich bei derartigen Kammerexperimenten immer um eine künstlich erzeugte Belastungssituation, die an einer kleinen, stark selektierten Gruppe von Probanden untersucht wird. Eine Übertragung der Ergebnisse auf die allgemeine Bevölkerung und auf besonders empfindliche Teile der Bevölkerung (z. B. Säuglinge, Kleinkinder, Patienten mit Vorerkrankungen) ist nur mit großen Einschränkungen möglich. Außerdem können in Kammerexperimenten immer nur kurzfristige Wirkungen untersucht werden. Aus diesen Gründen sind auch Beobachtungsstudien in der Bevölkerung unter realen Bedingungen der Außenluft notwendig. Hierzu werden epidemiologische Beobachtungsstudien durchgeführt, bei denen der Untersucher nicht eingreift. Beobachtungsstudien können langfristige Belastungssituationen untersuchen (z. B. die Untersuchung von Effekten einer langfristigen Belastung an der Wohnung in einer mehrjährigen Kohortenstudie) oder kurzfristige Effekte von täglichen Schwankungen der Luftschadstoffbelastung (z. B. der Zusammenhang zwischen täglicher Luftschadstoffkonzentration und täglicher Mortalität in einer Zeitreihenstudie) untersuchen.

25 Langrish et al. 2013.

Bei der Untersuchung von gesundheitlichen Auswirkungen von $NO_2$ und anderen Luftschadstoffen in epidemiologischen Studien besteht die Situation, dass $NO_2$ und andere Luftschadstoffe zum Teil den gleichen Quellen entstammen und daher die Expositionsmuster für verschiedene Luftschadstoffe ähnlich sein können. Dies manifestiert sich in moderaten bis hohen Korrelationen der Belastung von $NO_2$ und anderen Luftschadstoffen, z. B. den ultrafeinen Stäuben und dem Ruß.[26] Bei stärkerer Korrelation der Schadstoffe ist eine statistische Kontrolle für den jeweils anderen Schadstoff naturgemäß nur bedingt möglich. Damit kann eine Isolierung des Effektes von $NO_2$ von den Effekten anderer, korrelierter Schadstoffe, unmöglich sein. Dies führt dazu, dass die Interpretation der Effektschätzer aus solchen Studien nicht eindeutig nur die Wirkung von $NO_2$ anzeigt, sondern die Wirkungen anderer Schadstoffe, in dem Maße wie sie mit $NO_2$ korrelieren, miterfasst werden.

Zur Ableitung der Kausalität der Beziehung zwischen einem Luftschadstoff und einem Gesundheitseffekt werden sowohl toxikologische, experimentelle als auch epidemiologische Studien gemeinsam herangezogen. Die formale Bewertung der Stärke der Beziehung und der Kausalität folgt dabei klar festgelegten Kriterien und transparenten Prozessen. Solche formalen Bewertungen werden regelmäßig von verschiedenen Institutionen vorgenommen, so z. B. von der US-amerikanischen Umweltbehörde.[27]

## *4.4 Epidemiologie*

### *4.4.1 Mortalität*

Inzwischen wurden mehr als 40 epidemiologische Studien zu den Effekten einer Langzeitbelastung über Jahre und mehr als 20 Studien zu den Effekten eine Kurzzeitbelastung (Tage bis wenige Wochen) von $NO_2$ auf die Mortalität durchgeführt.[28] Diese Studien lassen sich nochmals unterteilen in solche, welche die Gesamtmortalität betrachten, und solche, welche die todesursachenspezifische Mortalität untersuchen.

Im kürzlich erschienenen Bericht des *Committee on the Medical Effects of Air Pollutants*, einer Expertenkommission der britischen Regierung, wird die Evidenz zu den Effekten einer Langzeitexposition gegenüber $NO_2$ auf

26 COMEAP 2018.

27 US-EPA 2016.

28 Schneider et al. 2018; COMEAP 2018.

die Gesamtmortalität und eine Schätzung des Gesamteffektes sowie des isolierten Effektes von $NO_2$ in sehr detaillierter Weise vorgenommen.[29] Auswirkungen auf Erkrankungen wurden nicht untersucht. Die Sicherheit, mit der eine kausale Wirkung aus den vorhandenen Studien abgeleitet werden kann, wurde kontrovers diskutiert. Die Mehrheit der Autoren kommt zu dem Schluss, dass pro 10 µg/m³ $NO_2$ Langzeitbelastung die Gesamtmortalität um 2,3 % (95 % KI 0.8-3,7 %) ansteigt. Dieser Gesamteffekt beinhaltet neben dem Effekt von $NO_2$ auch den Effekt von verkehrsbedingten Schadstoffen in dem Maße wie sie mit $NO_2$ korreliert sind. Darüber hinaus wird für die isolierte Wirkung von $NO_2$ eine Risikoerhöhung um 0,6-1,3 % angegeben. Für Berechnungen von Benefits durch Reduzierung der verkehrsbedingten Schadstoffe empfiehlt das gesamte Komitee die Nutzung des $NO_2$-Koeffizienten von 1,023 (95 % Vertrauensbereich: 1,008, 1,037 pro 10 µg/m³). Maßnahmen zur Reduktion des Verkehrs, die über eine Abnahme der $NO_2$ Konzentration quantifiziert werden, würden somit gleichzeitig über eine Reduktion von Feinstaub und anderen Schadstoffen wirken.

Für die todesursachenspezifische Mortalität wird die Evidenz in dem kürzlich publizierten Bericht des Umweltbundesamtes zusammengefasst.[30] Mehr als 20 Studien haben jeweils die kardiovaskuläre und die respiratorische Mortalität untersucht, wobei sich für die kardiovaskuläre Mortalität konsistente Assoziationen in verschiedenen Populationen und mit variierenden Studienmethoden gezeigt wurden. Aus den vorliegenden Studien wurde eine Risikoerhöhung von 3 % (95 % KI 1-5 %) pro 10 µg/m³ $NO_2$ abgeleitet. Für die respiratorische Mortalität wurde die Evidenz für einen Zusammenhang als deutlich schwächer eingestuft.

Der Zusammenhang einer kurzfristigen $NO_2$-Belastung mit der Gesamtmortalität sowie mit der respiratorischen Mortalität wurde jeweils als stark eingestuft und in einer Metaanalyse mit jeweils 1,7 % (95 % KI 0-3,4 %) für die Gesamtmortalität und 4,0 % (95 % KI 1,8-6,1 %) berechnet.[31] Die Evidenz für kurzfristige Effekte auf die kardiovaskuläre Mortalität wurde lediglich als moderat eingestuft.

---

29 COMEAP 2018.

30 Schneider et al. 2018.

31 Ebd.

### *4.4.2 Morbidität*

Zum Teil sehr umfangreiche Übersichtsarbeiten haben in den letzten Jahren die Evidenz aus toxikologischen, experimentellen und epidemiologischen Studien zu Gesundheitseffekten von $NO_2$ auf verschiedene Organsysteme und Erkrankungen untersucht und zusammengefasst.[32] Dabei werden je nach Institution etwas unterschiedliche Schlussfolgerungen für einzelne Krankheitsgruppen getroffen, was aus unterschiedlichen Kriterien und der jeweiligen Datenlage bei Durchführung der Literaturrecherche resultiert. Gesundheitliche Risiken, die mit einer Langzeitbelastung gegenüber $NO_2$ in Verbindung gebracht werden, sind die Entwicklung von Asthma und chronisch obstruktiver Lungenerkrankung, das Auftreten von Schlaganfällen, Herzinsuffizienz und Hypertonie, und die Entwicklung eines Diabetes mellitus.[33]

Gesicherte Evidenz besteht für die Auslösung von akuten Atemwegsbeschwerden nach kurzfristiger Belastung. Hierzu zählen Asthma-Exazerbationen und vermehrte Krankenhausaufnahmen wegen Asthma, eine Abnahme der Lungenfunktion und eine pulmonale Entzündungsreaktion.[34] Für kardiovaskuläre Effekte bestehen konsistente Zusammenhänge mit Krankenhausaufnahmen wegen Herz-Kreislauferkrankungen, hierbei vornehmlich wegen koronarer Herzkrankheit und Herzinfarkten.[35]

## *5. Ist der aktuelle Grenzwert für Stickstoffdioxid wissenschaftlich plausibel?*

In Deutschland wurde 2019 in einer breiten öffentlichen Debatte sehr kontrovers diskutiert, ob die Grenzwerte für $NO_2$ und Feinstaub wissenschaftlich belegt sind. In einer Erklärung zweifelten einige Lungenärzte und Ingenieure die Grenzwerte für $NO_2$ und Feinstaub an und forderten ihre Aussetzung. Sie kritisierten die wissenschaftlichen Daten als fehlerhaft, verzerrt und einseitig interpretiert.[36] Inzwischen liegen zahlreiche Reaktionen aus der Wissenschaft vor, sowohl auf der nationalen als auch auf der internationalen Ebene.[37]

---

32 US EPA 2016; Schneider et al. 2018; WHO 2013.

33 Schneider et al. 2018.

34 US EPA 2016.

35 Ebd.

36 Köhler et al. 2019.

37 Bruckmann et al. 2019; Harrison et al. 2019; Leopoldina 2019; Peters et al. 2019; Wichmann et al. 2019.

Eine Expertise im Namen der Internationalen Gesellschaft für Umweltepidemiologie (ISEE) und der *European Respiratory Society* (ERS) bekräftigt, dass insbesondere die Luftschadstoffe Feinstaub, Ozon und Stickstoffdioxid die Gesundheit in Deutschland gefährden. Es gilt als gesichert, dass durch die Überschreitung der derzeit geltenden Grenzwerte für Luftschadstoffe die Lebenszeit verkürzt wird und Lungenerkrankungen und Herzkreislauferkrankungen ausgelöst werden. Es wird darauf hingewiesen, dass neuere Studien Auswirkungen auch unterhalb der gegenwärtig geltenden Grenzwerte dokumentieren. In diesem Dokument werden auch die von Köhler und Kollegen[38] vorgebrachten Argumente im Einzelnen analysiert und dargelegt, warum diese wissenschaftlich nicht haltbar sind.[39] In einer weiteren Stellungnahme erläutern Experten in Fragen der Risikobewertung und Grenzwertfestsetzung aus Europa und Kanada zur Behauptungen von Köhler et al.[40], wo deren Fehler in der Einschätzung der WHO-Richtwerte und der EU-Grenzwerte liegen.[41]

Die Deutsche Gesellschaft für Pneumologie (DGP) verweist auf ihr Positionspapier.[42] Darin werden die relevanten Studien ausführlich diskutiert. Laut Positionspapier sind ältere oder chronisch kranke Menschen sowie kleine Kinder von den Auswirkungen der Luftschadstoffe besonders betroffen. Die DGP fordert Politik, Industrie und Bevölkerung zum Umdenken auf und ruft die Politiker dazu auf, entsprechende Regularien und Anreize zur Schadstoffvermeidung zu schaffen. Es werden Vorschläge zur Senkung der Schadstoffbelastung insbesondere durch den Verkehr gemacht.

Bedingt durch die derzeit geführte öffentliche Diskussion beschreiben Bruckmann und Kolleg*innen[43] in ihrem Beitrag „Wissenschaft trifft Politik – die Basis der europäischen Grenzwerte für Stickstoffdioxid und Feinstaub“ sehr detailliert wie die Richt- und Grenzwerte, insbesondere der EU-Grenzwert für $NO_2$, entstanden sind und was sie bedeuten.[44] Sie betonen, dass die Ableitung des Richtwerts für $NO_2$ ursprünglich auf der Grundlage von Untersuchungen zum Zusammenhang zwischen Symptomen von Atemwegserkrankungen bei Kindern und der $NO_2$-Belastung in Wohnungen erfolgte. Der Richtwert von 40 µg/m$^3$ wurde so festgelegt, dass das Risiko für Atemwegserkrankungen höchstens 20 % über dem Risiko lag, das

38 Köhler et al. 2019.
39 Peters et al. 2019.
40 Köhler et al. 2019.
41 Harrison et al. 2019.
42 Schulz et al. 2018.
43 Bruckmann et al. 2019.
44 Ebd.

sich bei der damals gefundenen minimalen $NO_2$-Belastung in Wohnungen ergab. Der Richtwert ist also kein Null-Risiko-Wert. Die in der Zwischenzeit hinzugekommenen epidemiologischen Daten zu Wirkungen von $NO_2$ in der Außenluft haben letztlich zu keiner Änderung des Richtwertes geführt, da die neuen Daten mit dem bestehenden Richtwert in Einklang stehen. In allen Beratungen der WHO wurde aber herausgestellt, dass nicht klar ist, inwieweit die außen gemessene $NO_2$-Konzentration als Indikator nicht nur das Gas $NO_2$ sondern auch andere verkehrsabhängige Schadstoffe repräsentiert.[45]

Die Autoren betonen, dass in die Grenzwertfestsetzung der EU neben wissenschaftlichen Überlegungen zusätzliche Gesichtspunkte mit einfließen. So werden bereits vor der Festlegung der Grenzwerte die Belastungssituation und die Minderungsmaßnahmen geprüft und zahlreiche politische Instanzen sowie NGOs und Industrievertreter angehört. Wie schon oben erläutert, müssen daher die Grenzwerte nicht identisch mit den Richtwerten der WHO sein. Besonders wichtig für die Festlegung des Grenzwertes für $NO_2$ auf 40 $\mu g/m^3$ waren Modellrechnungen, die erwarten ließen, dass dieses Ziel durch die festgelegten Minderungsmaßnahmen auch erreichbar war. Bei diesen Rechnungen wurde die Einhaltung der vorgeschriebenen Emissionsbegrenzungen unterstellt, z. B. die Verringerung der Emissionen durch EURO-4 bis EURO-6 auch im realen Fahrbetrieb. Erst später wurde die große Diskrepanz zwischen dem realen Fahrbetrieb und dem Testzyklus durch Messungen nachgewiesen. Die Modellrechnungen unterschätzten somit erheblich die Probleme bei der Einhaltung des Grenzwertes von 40 $\mu g/m^3$ für Stickstoffdioxid an verkehrsnahen Messorten. Somit haben letztlich auch die Angaben der Automobilindustrie über den deutlichen Rückgang der Emissionen, die sich in der Folge im realen Verkehr nicht bestätigt haben, zum Grenzwert für $NO_2$ beigetragen.[46]

Einen wichtigen Aspekt der Diskussion um die Grenzwerte stellt die Tatsache dar, dass negative gesundheitliche Auswirkungen auch unterhalb dieser Werte zu erwarten sind. Die derzeitige Fixierung der öffentlichen Debatte ausschließlich auf die Grenzwerte kann den Eindruck entstehen lassen, dass oberhalb des Grenzwertes die Gesundheit gefährdet ist, bei Einhaltung des Grenzwertes aber der Schutz der Bevölkerung vor Luftschadstoffen (hier $NO_2$) vollkommen gewährleistet sei. Dies stimmt jedoch nicht mit dem wissenschaftlichen Kenntnisstand überein, der von einem Kontinuum größerer und kleinerer Risiken oberhalb und unterhalb der

45 Bruckmann et al. 2019.
46 Ebd.

Grenzwerte ausgeht. Somit sind die Grenzwerte als ein wichtiger, aber keinesfalls ausreichender Bestandteil der Gesamtstrategie anzusehen. Sie sind gesetzlich verankert, können eingeklagt werden, und erhöhen den politischen Druck für die Durchsetzung von Maßnahmen im Rahmen der Luftreinhaltestrategie zur Absenkung der allgemeinen Exposition. So ist es innerhalb einer Gesamtstrategie enorm wichtig, Auswirkungen von Reduktionsmaßnahmen sowohl auf die bestehenden Spitzenbelastungen als auch auf die allgemeine Exposition der Bevölkerung zu betrachten.

In Hinblick auf die wahrscheinliche Rolle von $NO_2$ als Indikator für verkehrsabhängige Luftschadstoffe insgesamt, ist es zudem wichtig, die Konzentrationen anderer Komponenten wie z. B. von ultrafeinen Partikeln und Ruß routinemäßig zu erfassen. Nur so wird es in Zukunft möglich sein, in epidemiologischen Studien die Wirkungen der einzelnen Komponenten abzugrenzen und damit zielgenauere Empfehlungen für Umweltschutzpolitik bezüglich der Luftschadstoffe auszusprechen.

## *Literatur*

*Block, ML/Elder, A/Auten, RL/Bilbo, SD/Chen, H/Chen, JC/Cory-Slechta, DA/Costa, D/Diaz-Sanchez, D/Dorman, DC/Gold, DR/Gray, K/Jeng, HA/Kaufman, JD/Kleinman, MT/Kirshner, A/Lawler, C/Miller, DS/Nadadur, SS/Ritz, B/Semmens, EO/Tonelli, LH/Veronesi, B/Wright, RO/Wright RJ* (2012): The Outdoor Air Pollution and Brain Health Workshop. In: Neurotoxicology, 33: 5, 972-984.

*Brook, RD/Rajagopalan, S/Pope CA 3rd/Brook, JR/Bhatnagar, A/Diez-Roux, AV/Holguin, F/Hong, Y/Luepker, RV/Mittleman, MA/Peters, A/Siscovick, D/Smith, SC Jr/Whitsel, L/Kaufman, JD* (2010): Particulate matter air pollution and cardiovascular disease: An update to the scientific statement from the American Heart Association. In: Circulation, 2010: 121, 2331-2378.

*Bruckmann, P/Krämer, U/Wichmann, HE* (2019): Wissenschaft trifft Politik – die Basis der europäischen Grenzwerte für Stickstoffdioxid und Feinstaub – Diskussionsbeitrag. In: Umweltmed – Hygiene – Arbeitsmedizin, 24: 2, 83-100.

*COMEAP – Committee on the Medical Effects of Air Pollutants* (2018): Associations of long-term average concentrations of nitrogen dioxide with mortality. A report by the Committee on the Medical Effects of Air Pollutants. URL: https://assets.publishing.service.gov.uk/government/uploads/system/uploads/attachment_data/file/734799/COMEAP_NO2_Report.pdf; 10.10.2019.

*Europäische Union* (2016): National Emission Ceilings Directive. Directive (EU) 2016/2284 of the European Parliament and of the Council of 14 December 2016 on the reduction of national emissions of certain atmospheric pollutants. URL: https://www.eea.europa.eu/themes/air/national-emission-ceilings; 10.10.2019.

*European Commission* (2008): Luftqualität und saubere Luft für Europa. RICHTLINIE 2008/50/EG DES EUROPÄISCHEN PARLAMENTS UND DES RATES vom 21. Mai 2008 über Luftqualität und saubere Luft für Europa. URL: https://eur-lex.europa.eu/legal-content/DE/TXT/PDF/?uri=CELEX:32008L0050&from=DE; 10.10.2019.

*European Environment Agency* (2019): Air quality in Europe — 2018 report. URL: https://www.eea.europa.eu//publications/air-quality-in-europe-2018; 10.10.2019.

*Franklin, BA/Brook, R/Pope CA 3rd* (2015): Air pollution and cardiovascular disease. In: Curr. Probl. Cardiol., 2015: 40, 207-38.

*DGEpi – Deutsche Gesellschaft für Epidemiologie/GMDS – Deutsche Gesellschaft für Medizinische Informatik, Biometrie und Epidemiologie/DGPH – Deutsche Gesellschaft für Public Health/DGSMP – Deutsche Gesellschaft für Sozialmedizin und Prävention* (2019): NOx und Feinstaub. Gemeinsame Stellungnahme der Deutschen Gesellschaft für Epidemiologie (DGEpi), der Deutschen Gesellschaft für Medizinische Informatik, Biometrie und Epidemiologie (GMDS), der Deutschen Gesellschaft für Public Health (DGPH) und der Deutschen Gesellschaft für Sozialmedizin und Prävention (DGSMP) vom 30.1.2019. https://dgepi.de/assets/News/84b5207b3d/NOxFeinstaubStellungnahme2019_01_29.pdf; 10.10.2019.

*Harrison, RM/Brauer, M/Grigg, J/Künzli N* (2019): Internationale Experten zu Stellungnahme von Lungenärzten. Sciencemediacenter, 25.01.2019. URL: https://www.sciencemediacenter.de/alle-angebote/rapid-reaction/details/news/internationale-experten-zu-stellungnahme-von-lungenaerzten/; 10.10.2019.

*Köhler, D/Hetzel, M/Klingner, M/Koch, T* (2019). Stellungnahme zur Gesundheitsgefährdung durch umweltbedingte Luftverschmutzung, insbesondere Feinstaub und Stickstoffverbindungen (NO2). URL: https://www.lungenaerzteimnetz.de/fileadmin/pdf/Stellungnahme__NOx_und__Feinstaub.pdf; 10.10.2019.

*Künzli, N/Perez, L/von Klot S/Baldassarre, D/Bauer, M/Basagna, X/Breton C/Dratva, J/Elosua, R/de Faire, U/Fuks, K/de Groot, E/Marrugat, J/Penell, J/Seissler, J/Peters, A/Hoffmann, B* (2011) Investigating air pollution and atherosclerosis in humans: concepts and outlook. In: Prog. Cardiovasc. Dis., 2011: 53, 334-343.

*Lenschow, P/Abraham, HJ/Kutzner, K/Lutz, M/Preu, JD/Reichenbacher, W* (2001): Some ideas about the sources of PM10. In: Atmospheric Environment, 2001: 35 (Suppl.1), 23-33.

*Leopoldina* (2019): Saubere Luft – Stickstoffoxide und Feinstaub in der Atemluft: Grundlagen und Empfehlungen (Ad hoc-Stellungnahme). Herausgegeben von Deutsche Akademie der Naturforscher Leopoldina e. V. – Nationale Akademie der Wissenschaften. URL: https://www.leopoldina.org/uploads/tx_leopublication/2019_Stellungnahme_Saubere_Luft_Vorabdruck_final.pdf; 24.4.2019.

*Peters, A/Hoffmann, B/Brunekreef, B/Künzli, N/Joss, MK/Probst-Hensch, N/Ritz, B/Schulz, H/Straif, K/Wichman, HE* (2019): Die Rolle der Luftschadstoffe für die Gesundheit. Eine Expertise im Namen der Internationalen Gesellschaft für Umweltepidemiologie (ISEE) und der European Respiratory Society (ERS). In: Umweltmedizin – Hygiene – Arbeitsmedizin, 24: 1, 9-14.

*Rao, X/Montresor-Lopez, J/Puett, R/Rajagopalan S/Brook RD* (2015): Ambient air pollution: an emerging risk factor for diabetes mellitus. In: Curr. Diab. Rep., 2015: 15, 603.

*Schneider, A/Cyrys, J/Breitner, S/Kraus, U/Peters, A/Diegmann, V/Neunhäuserer, L* (2018): Quantifizierung von umweltbedingten Krankheitslasten aufgrund der Stickstoffdioxid-Exposition in Deutschland. *Umweltbundesamt* 2018, 01/2018.

*Schulz, H/Karrasch, S/Bölke, G/Cyrys, J/Hornberg, C/Pickford, R/Schneider, A/Witt, C/ Hoffmann, B* (2018). Atmen: Luftschadstoffe und Gesundheit. Positionspapier der DGP vom 27.11.2018. https://pneumologie.de/fileadmin/DGP_Luftschadstoffe_Positionspapier_20190129.pdf; 10.10.2019.

*UBA – Umweltbundesamt* (2018a): Luftschadstoffe im Überblick. URL: https://www.umweltbundesamt.de/themen/luft/luftschadstoffe-im-ueberblick; 10.10.2019.

*UBA – Umweltbundesamt* (2018b): Trend der Stickstoffdioxid-Jahresmittelwerte. URL: https://www.umweltbundesamt.de/daten/luft/stickstoffdioxid-belastung#textpart-1; 10.10.2019.

*UBA – Umweltbundesamt* (2018c): Trend der $PM_{10}$-Jahresmittelwerte. URL: https://www.umweltbundesamt.de/daten/luft/feinstaub-belastung#textpart-1; 10.10.2019.

*UBA – Umweltbundesamt* (2018d): Prozentualer Anteil der Messstationen mit Überschreitung des Stickstoffdioxid-Jahresgrenzwertes. URL: https://www.umweltbundesamt.de/daten/luft/stickstoffdioxid-belastung#textpart-2; 10.10.2019.

*US EPA – United States Enviromental Protection Agency* (2016): Integrated Science Assessment for Oxides of Nitrogen – Health Criteria (Final Report, 2016. https://cfpub.epa.gov/ncea/isa/recordisplay.cfm?deid=310879; 10.10.2019

*VDI – Verein Deutscher Ingenieure* (2003): VDI 3782 Blatt 7: 2003-11. Umweltmeteorologie – Kfz-Emissionsbestimmung – Luftbeimengungen. Berlin: Beuth Verlag.

*WHO – World Health Organization* (2006): Air quality guidelines. Global update 2005. Copenhagen: WHO Regional Office for Europe.

*WHO – World Health Organization* (2013): Review of evidence on health aspects of air pollution – REVIHAAP. Technical Report. Copenhagen: WHO Regional Office for Europe.

*Wichmann, HE* (2019): Gesundheitsrisiken durch Luftschadstoffe: Helfen Fahrverbote weiter? – Editorial. In: Umweltmed – Hygiene – Arbeitsmed, 24: 1, 5-8.

*39. BImSchV – Neununddreißigste Verordnung zur Durchführung des Bundes-Immissionsschutzgesetzes* (Verordnung über Luftqualitätsstandards und Emissionshöchstmengen. URL: https://www.gesetze-im-internet.de/bimschv_39/; 10.10.2019.

# Thunderstorm Asthma in der Region Augsburg

*Annette Straub, Stefanie Seubert, Athanasios Damialis, Franziska Kolek, Daniela Bayr, Michael Gerstlauer, Christoph Beck und Andreas Philipp*

*Inhaltsübersicht*

0. Einleitung 345
1. Datengrundlage und Vorgehen 349
2. Regionale Gewitter- und Asthmastatistik 352
3. Wetterlagenklassifikationen 354
4. Statistische Zusammenhangsanalyse 358
5. Zusammenfassung und Ausblick 361
Danksagung 361
Finanzierung 361
Literatur 362

## 0. *Einleitung*

Im zeitlichen und räumlichen Umfeld von Gewittern können erhöhte Anzahlen zum Teil schwerer Asthmaanfälle auftreten, ein Phänomen, das als *Thunderstorm Asthma* bzw. gewitterbedingtes Asthma bezeichnet wird.[1] Studien extremer *Thunderstorm Asthma*-Ereignisse aus Kanada[2], Italien[3], Großbritannien[4], Australien[5] und dem Iran[6] zeigen teilweise um 5- bis 10-fach erhöhte Zahlen asthmabedingter Notfälle. Beim bislang stärksten dokumentierten Event dieser Art, das sich im November 2016 in Melbourne

1 Grundstein/Sarnat 2009: 45.
2 Wardmann et al. 2002.
3 D'Amato et al. 2008; Losappio et al. 2011.
4 Packe/Ayres 1985; Alderman et al. 1986; Celenza et al. 1996; Pulimood et al. 2007; Elliot et al. 2014.
5 Bellomo et al. 1992; Girgis et al. 2000.
6 Forouzan et al. 2014.

ereignet hat, zog ein heftiger Gewittersturm mit Böenfront über die Stadt. Hiermit verbunden war eine plötzliche Abnahme der Lufttemperaturen um 10° C und eine Zunahme der relativen Luftfeuchte auf ca. 80 %. Hinzu kamen Grenzwertüberschreitungen der $PM_{10}$-Konzentrationen (Feinstaub der Fraktion mit aerodynamischem Durchmesser kleiner als 10 µm) mit Maxima von 942,5 µg/m$^3$ sowie ein massiver Anstieg der Pollenkonzentrationen, insbesondere von Gräsern, deren Wachstum durch feuchte Verhältnisse in den vorausgehenden Wochen begünstigt war. Infolgedessen wurden 3.500 Patienten in Notaufnahmen registriert, wodurch die medizinische Notfallversorgung überfordert war, es kam zu 10 Todesfällen. Betroffen waren, wie auch bei anderen *Thunderstorm Asthma*-Ereignissen, neben Asthmapatienten auch Pollenallergiker ohne vorherige Asthmadiagnose.[7] Die Anzahl der Patienten wird jedoch möglicherweise unterschätzt, wenn nur Notrufzahlen berücksichtigt werden, da davon auszugehen ist, dass sich ein Teil der Betroffenen selbst behandelt hat, anstatt einen Arzt aufzusuchen.[8] Zudem mussten neben einem Anstieg der Patientenzahlen in den Notaufnahmen bei einem *Thunderstorm Asthma*-Ereignis in Großbritannien auch deutlich mehr Asthmafälle beim ärztlichen Bereitschafsdienst[9] sowie in Praxen niedergelassener Ärzte[10] behandelt werden, es wurden also Auswirkungen auf die gesamte Gesundheitsversorgung festgestellt. Abgesehen von derartigen, relativ seltenen Extremereignissen wurden jedoch bereits generell erhöhte Auftrittshäufigkeiten von Asthma an Gewittertagen verglichen mit Tagen ohne Gewitter beobachtet.[11]

Welche Prozesse genau zu *Thunderstorm Asthma* beitragen ist noch nicht eindeutig geklärt. Häufig genannt wird ein Zusammenspiel verschiedener meteorologischer Mechanismen, die zu einem Anstieg der Allergenkonzentrationen führen und in Abbildung 1 schematisch dargestellt sind. Während die Produktion von Pollen und Pilzsporen vor allem von der Jahreszeit sowie den Temperatur- und Niederschlagsverhältnissen über einen längeren Zeitraum abhängt, ist deren Freisetzung oftmals durch die Windgeschwindigkeit bedingt, bei einigen Pilzarten auch durch zeitnahen Niederschlag, momentane relative Feuchte und Lufttemperatur. Demnach kommt es durch böige Winde bei Gewittern zu einer verstärkten Freisetzung und dem Transport von Bioaerosolen.[12] Intakte Pollenkörner, die oft

7 Thien et al. 2018: 257 ff., 261.
8 Clayton-Chubb et al. 2019: 76.
9 Higham et al. 1997: 237.
10 Hajat et al. 1997: 639.
11 Anderson et al. 2001: 432; Dales et al. 2003: 748; Grundstein et al. 2008: 660.
12 Taylor/Jonsson 2004: 411; Grundstein/Sarnat 2009: 52.

mehr als 20 µm im Durchmesser betragen, können aufgrund ihrer Größe nicht in die tieferen Atemwege gelangen.[13] Sie können jedoch durch Aufwinde in die Gewitterwolke gelangen und dort im Kontakt mit Regentropfen oder bereits an der Pflanze im Kontakt mit Feuchtigkeit sowohl osmotisch bedingt aufplatzen als auch aufkeimen.[14] Laborexperimente ergeben, dass dadurch aus einem einzigen Gras-Pollenkorn bis zu 700 lungengängiger Fragmente in der Größenordnung zwischen 0,6 µm und 2,5 µm freigesetzt werden können. Die Konzentrationen solcher Partikel waren bei Messungen während der Pollensaison an Tagen nach Niederschlagsereignissen um das 50-fache erhöht.[15] Aber auch bei Birken-, Erlen- und Haselpollen konnte die Freisetzung von lungengängigen Pollenfragmenten gezeigt werden.[16] Hinzu kommt möglicherweise eine effektivere Freisetzung von Partikeln aus Pollenkörnern durch den Kontakt mit dem elektrischen Feld im Zuge des Gewitters[17] sowie die rein mechanische Beschädigung der Pollenkörner durch den Aufprall auf feste Oberflächen im Zusammenhang mit windgetragenem Transport[18]. Neben den bereits genannten Pollenarten werden auch Olive[19] und *Parietaria* (Glaskräuter) sowie Pilzsporen, insbesondere der Arten *Alternaria*, *Cladosporium* und *Didymella*, als bedeutsam angesehen.[20] In Kombination mit den relativ kühlen, trockenen Abwinden der Gewitterzelle, die eine Konzentration der Pollen und Sporen sowie deren Fragmente in bodennahen Luftschichten bewirken, führt dies zu einer starken Erhöhung der Allergengehalte und damit einer Verschärfung der Expositionssituation für Allergiker.[21] Das elektrische Feld könnte zusätzlich zur Verstärkung der allergischen Reaktionen beitragen, da sich positive Ionen an die Aerosole anlagern können und diese geladenen Partikel verstärkt im Lungengewebe abgelagert werden.[22] Dass *Thunderstorm Asthma* ein saisonales Phänomen ist, das meist während der Pollensaison auftritt, spricht für diese Mechanismen.

13 Taylor et al. 2002: 51.
14 Suphioglu et al. 1992: 569; Taylor et al. 2002: 55; Grote et al. 2003: 1020; Taylor/Jonsson 2004: 410.
15 Suphioglu et al. 1992: 571f.
16 Grote et al. 2003: 1020; Taylor et al. 2004: 1595.
17 Vaidyanathan et al. 2006: 157.
18 Visez et al. 2015: 81.
19 Losappio et al. 2011: 1511.
20 Packe/Ayres 1985: 202; Dales et al. 2003: 748f.; Pulimood et al. 2007: 615; D'Amato et al. 2016a: 392f.
21 Marks et al. 2001: 471; Taylor/Jonsson 2004: 412.
22 O'Leary et al. 2005: 781.

Andererseits wurden erhöhte Konzentrationen von Bioaerosolen nicht bei allen *Thunderstorm Asthma*-Ereignissen festgestellt.[23] Möglich sind daher auch andere Erklärungen. Beispielsweise entsteht bei Gewitterblitzen natürlicherweise $NO_2$ (Stickstoffdioxid), das sowohl selbst ein Reizgas als auch eine Vorläufersubstanz für die Bildung troposphärischen Ozons ($O_3$) ist. Die Konzentrationen beider Gase können daher durch Gewitter erhöht werden[24] und zu erhöhten Asthmahäufigkeiten beitragen[25].

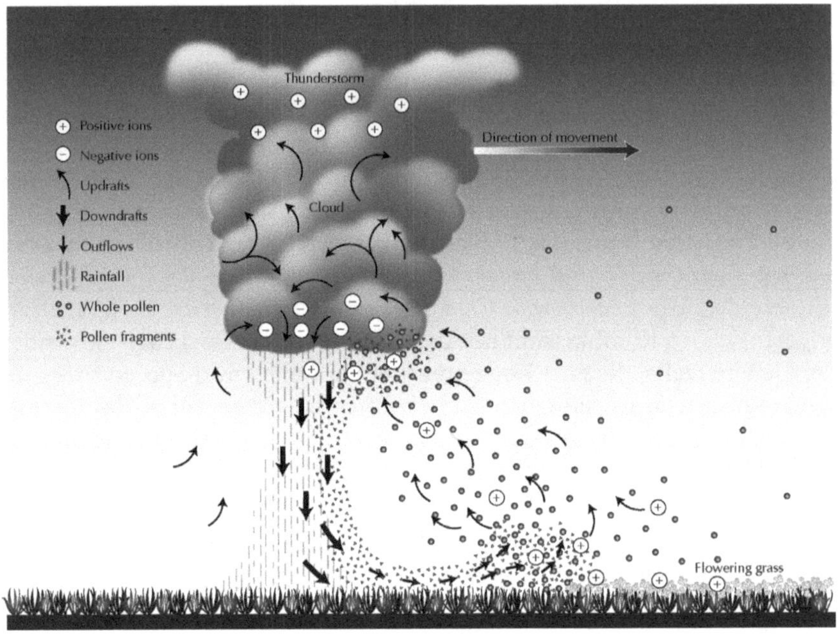


*Abb. 1: Schematische Darstellung möglicher Mechanismen zur Erklärung des Zusammenhangs zwischen Gewittern und Asthma (Quelle: Taylor/Jonsson 2004: 412).*

In Mitteleuropa gehört Süddeutschland zu den Regionen mit der höchsten Gewittertätigkeit.[26] In Folge des Klimawandels wird zudem eine regionale Zunahme der Gewitteraktivität im Alpenraum erwartet.[27] Eine Zunahme

23 Anderson et al. 2001: 432.
24 Bond et al. 2001: 708; Kaynak et al. 2008: 5154ff.
25 Cecchi et al. 2013: 106.
26 Wapler 2013: 177ff.
27 Schefczyk/Heinemann 2017: 6.

der Häufigkeit von Allergien und Asthmaerkrankungen wird in Industrieländern bereits beobachtet und teilweise begründet durch ein Zusammenspiel verschiedener Umweltfaktoren, insbesondere Temperatur und Luftqualität, die durch die zunehmende Urbanisierung und den Klimawandel beeinflusst werden.[28] Im Zusammenhang mit *Thunderstorm Asthma* sind die Effekte von Umwelteinflüssen auf die Aeroallergene hervorzuheben. Temperatur, Wasserverfügbarkeit und $CO_2$-Konzentrationen beeinflussen die Pflanzenbiologie und die Phänologie direkt. Zu erwarten sind daher Veränderungen in der räumlichen und zeitlichen Verteilung von Aeroallergenen, die eine Erhöhung der Pollenkonzentrationen, eine Verlängerung der Pollensaison, eine Zunahme der Ereignisse mit besonders hohen Konzentrationen sowie Veränderung des Artenspektrums durch Anpassung der Habitate der Pflanzen beinhalten können. Eine Zunahme der Allergengehalte in Pollenkörnern kommt in Folge erhöhter $CO_2$-Konzentrationen sowie höherer Lufttemperaturen außerdem hinzu.[29]

Studien zum *Thunderstorm Asthma*-Risiko existieren für Mitteleuropa nach Kenntnisstand der Autoren bisher nicht. Ziel des Forschungsprojekts *Thunderstorm Asthma in der Region Augsburg* ist es, den statistischen Zusammenhang zwischen dem Auftreten von Gewittern und erhöhten Asthma-Auftrittshäufigkeiten in Bayern, mit Fokus auf die Region Augsburg, zu quantifizieren.

Kooperationspartner sind die Universität Augsburg, Lehrstuhl für Physische Geographie mit Schwerpunkt Klimaforschung (Leitung PD Dr. Andreas Philipp) und das Wissenschaftszentrum Umwelt (PD. Dr. Jens Soentgen), das Universitätsklinikum Augsburg, II. Klinik für Kinder und Jugendliche (Dr. Michael Gerstlauer) sowie die Technische Universität München, Universitäres Zentrum für Gesundheitswissenschaften am Klinikum Augsburg (Dr. Athanasios Damialis).

## *1. Datengrundlage und Vorgehen*

Um den Zusammenhang zwischen dem Auftreten von Gewittern und erhöhten Asthma-Auftrittshäufigkeiten in Bayern zu untersuchen, werden meteorologische Daten, Pollen- und Pilzsporendaten sowie Gesundheitsdaten miteinander verknüpft.

---

28 Andrae et al. 1988: 478; Cecchi et al. 2013: 107; D'Amato et al. 2016b: 393f.
29 Cecchi et al. 2013: 107ff.

Basierend auf Blitzdaten der Firma Siemens für den süddeutschen Raum für den Zeitraum von 1992 bis 2017 und flächendeckenden Niederschlagsdaten des Deutschen Wetterdienstes (Radolan) für die Jahre 2005 bis 2017 wird Gewittertätigkeit und deren Maxima detektiert und Zeitreihen von Gewittertagen und -ereignissen berechnet. Ein Gewittertag wurde hierbei als ein Tag mit mindestens einem Wolke-Boden-Blitz im Umkreis von 20 km um einen Ort definiert und bezieht sich somit auf die Hörweite des Donners.[30] Eine Vielzahl meteorologischer Parameter zur Charakterisierung der großräumigen atmosphärischen Zirkulation (Geopotentielle Höhe (Höhe der Flächen gleichen Luftdrucks), Lufttemperatur, relative Luftfeuchte, Windverhältnisse) und der Schichtungsstabilität (Höhe der planetaren Grenzschicht, CAPE-Index, *Lifted Index*, *Convective Inhibition*, vertikale Windscherung) steht flächendeckend aus dem *Global Forecast System* der NOAA (*National Oceanic and Atmospheric Administration*) zur Verfügung. Der CAPE-Index (*convective available potential energy*) misst die Energie, die in der Atmosphäre zur konvektiven Hebung eines Luftpakets zur Verfügung steht, hängt von der Temperaturschichtung und dem Wasserdampfgehalt der Atmosphäre ab und ist ein Maß für die Gewitterneigung, wobei höhere Werte auf höhere Gewitterwahrscheinlichkeit hindeuten.[31] Der *Lifted Index* berechnet sich aus der Temperaturdifferenz zwischen einem Luftpaket, das ohne Austausch mit der Umgebung auf ein bestimmtes Niveau angehoben wird, und der dortigen Umgebungsluft und ist ebenfalls ein Maß für die Stabilität der atmosphärischen Schichtung. Negative Werte des *Lifted Index* treten bei labiler Schichtung auf, positive bei stabiler Schichtung.[32] Die *Convective Inhibition* (Konvektionshemmung) beschreibt die Stärke der Energie, die ein Luftpaket am Aufstieg hindert, bei größeren Werten sind Gewitter unwahrscheinlicher.[33] Die vertikale Windscherung ist die Änderung des Windvektors (bestehend aus Windgeschwindigkeit und -richtung) mit der Höhe und spielt für die Intensität und die Lebensdauer von Gewitterzellen eine wichtige Rolle.[34] Zur Beschreibung der lokalen Situation werden darüber hinaus Wetterdaten der bayerischen Messstationen des Deutschen Wetterdienstes einbezogen.

30 Reap/Orville 1990: 94; Finke/Hauf 1996: 370.
31 Moncrieff/Miller 1976: 380.
32 Galway 1956: 528.
33 Colby 1984: 2240.
34 Klose 2008: 297.

Die Allergengehalte der Umgebungsluft für Augsburg werden aus gemessenen Pollen- und Pilzsporenkonzentrationen abgeschätzt. Diese mit Pollenfallen nach dem Hirst-Prinzip[35] durch das Universitäre Zentrum für Gesundheitswissenschaften am Klinikum Augsburg (UNIKA-T) gesammelten und manuell ausgezählten Daten differenzieren die in Bezug auf Allergien relevanten Pollen- und Pilzsporen-Arten und liegen in subtäglicher zeitlicher Auflösung vor.

Schließlich werden anonymisierte Daten zu asthmabedingen Notarzteinsätzen für ganz Bayern von der Kassenärztlichen Vereinigung Bayern (KVB) bereitgestellt (insgesamt ca. 15.000 Fälle flächendeckend in ganz Bayern für den Zeitraum von Januar 2010 bis März 2017) und sollen durch Asthmadaten des Uniklinikums Augsburg ergänzt werden. Diese Daten liegen differenziert nach verschiedenen Subtypen der Asthmaerkrankung nach ICD-10 (*International Classification of Diseases and Related Health Problems*, 10. Revision) vor. In die Analyse wurden zunächst diejenigen Codes einbezogen, die die Erkrankung am genauesten beschreiben. Diese umfassen allergisches Asthma (J45.0), nicht-allergisches Asthma (J45.1), Mischformen des *Asthma bronchiale* (J45.8), nicht näher bezeichnetes *Asthma bronchiale* (J45.9), schweres Asthma (J46) sowie akute Atemnot (R06.0). Die Notfalldaten ermöglichen eine räumlich differenzierte Identifizierung von Situationen mit erhöhten Asthmahäufigkeiten auf täglicher Basis, beispielsweise anhand der Berechnung der relativ erhöhten Morbidität[36], einer Maßzahl, die über eine Standardisierung der Daten die Abschätzung der Abweichungen zwischen beobachteten und erwarteten Auftrittshäufigkeiten einer Erkrankung ermöglicht.

Mit Hilfe dieser Eingangsdaten werden Wetterlagenklassifikationen berechnet und optimiert, die detektierten Gewitterereignisse werden bezüglich verschiedener meteorologischer Kenngrößen sowie des Allergengehalts charakterisiert. Dies ermöglicht die Identifizierung asthma-relevanter (Gewitter-)wetterlagen, deren umfangreiche Beschreibung sowie statistische Analysen und Signifikanzprüfungen des Zusammenhangs mit (erhöhten) Asthmahäufigkeiten auf unterschiedlichen Raum- und Zeitskalen mittels verschiedener bi- und multivariater Verfahren.

35 Hirst 1952.

36 Nach Urban/Kyselý 2018: 86f.

## *2. Regionale Gewitter- und Asthmastatistik*

Die Gewitteraktivität in Bayern, gemessen an der monatlichen Anzahl der Gewittertage, weist einen charakteristischen Jahresgang mit einem deutlichen Maximum im Sommer auf (vgl. Abbildung 2). Die Hauptgewittersaison dauert von Mai bis August, innerhalb dieses Zeitraums treten in Bayern ca. 93 % der Wolke-Boden-Blitze eines Jahres auf (nicht dargestellt). Die mittlere Anzahl der Gewittertage pro Monat in der Region Augsburg, definiert als rechteckiger Gitternetzausschnitt, der die Landkreise Augsburg, Aichach-Friedberg, Donau-Ries sowie Dillingen an der Donau enthält, weist im gesamten Jahresverlauf Werte unterhalb des bayerischen Durchschnitts auf. Die interannuelle Variabilität der Monatssummen ist jedoch hoch, insbesondere in der Gewittersaison (vgl. Abbildung 2).

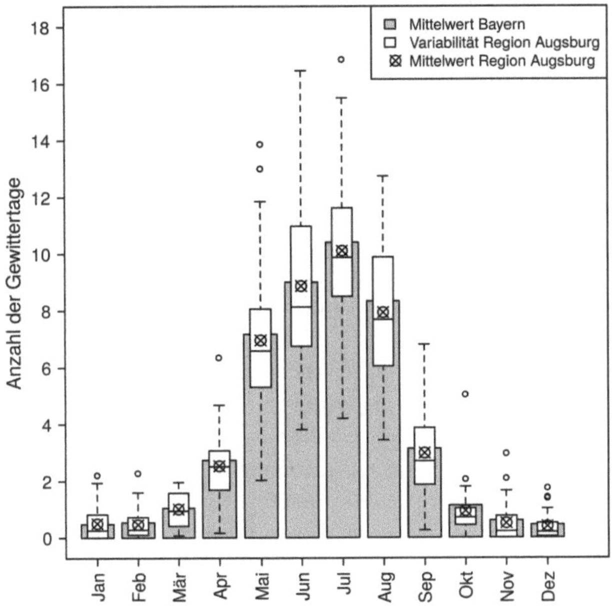


*Abb. 2: Mittlere monatliche Anzahl der Gewittertage für Bayern sowie die Region Augsburg unter Einbezug der Jahre 1992-2017 (Datenquelle: Siemens)*[37]

37 Box-Whisker-Plots: Boxen zeigen den Median sowie das 1. und 3. Quartil (untere/obere Begrenzung der Box), Whisker zeigen den 1,5-fachen Interquartilabstand ausgehend vom oberen/unteren Ende der Box.

Der Tagesgang der Gewittertätigkeit zeigt analog zum Tagesgang der Lufttemperatur insbesondere im Frühjahr und Sommer ein Minimum in den Morgenstunden (6 bzw. 8 Uhr UTC) und ein Maximum am Nachmittag (15 bis 16 Uhr UTC). In diesen Jahreszeiten herrschen konvektive Gewitter vor, die sich meist nachmittags ereignen. Im Herbst und insbesondere im Winter ist der Anteil von Frontalgewittern, die nicht an den Tagesverlauf der Einstrahlung gebunden sind, höher, weshalb deutliche Abweichungen von diesem typischen Tagesgang der Blitzsummen zu beobachten sind. Im Herbst treten zwar ebenfalls am Nachmittag die meisten Blitze auf, aber in den Morgenstunden ist ein sekundäres Maximum zu erkennen, das Minimum befindet sich etwas später als im Frühjahr und Sommer (9 Uhr UTC). Zudem ist zu beachten, dass die Amplitude des Tagesgangs im Herbst und Winter deutlich geringer ist als in der Gewittersaison (vgl. Abbildung 3). Dieser jahreszeitlich variierende Tagesgang der Gewitteraktivität stimmt gut mit den Ergebnissen von Kathrin Wapler[38] für Zentraleuropa überein.

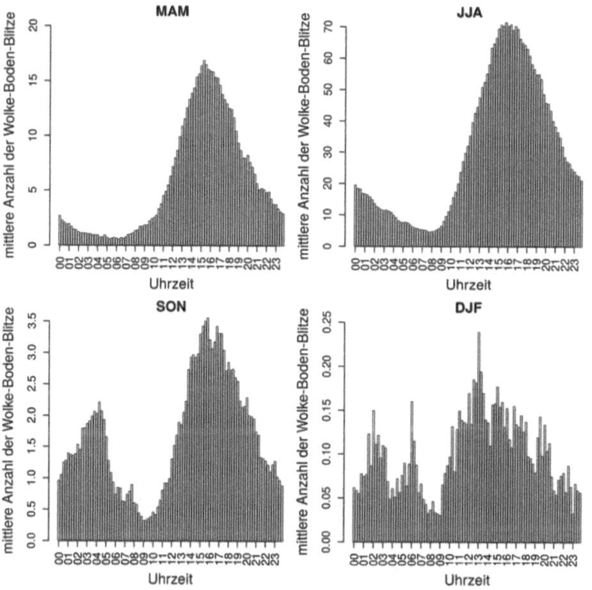


*Abb. 3: Mittlerer Tagesgang der Anzahl der Wolke-Boden-Blitze in Bayern (in 15-Minuten-Schritten), Jahre 1992-2017 (Datenquelle: Siemens)*[39]

38 Wapler 2013.

Die räumliche Verteilung der Blitzdichte in Bayern (hier nicht gezeigt) weist eine Differenzierung anhand der Höhenlage auf. Die höchsten Werte kommen im Alpenvorland und insbesondere in den Alpen vor, im Norden Bayerns sind sie deutlich geringer. Aber auch innerhalb der Region Augsburg bestehen räumliche Unterschiede, beispielsweise treten nördlich und südlich der Stadt lokale Maxima der Blitzdichte auf.

Der mittlere Jahresgang der asthmabedingten Notarzteinsätze für Bayern (gesamt) sowie für die Städte München, Nürnberg und Augsburg ist weitaus weniger ausgeprägt als bei der Gewitteraktivität. Er weist zwar analog zum Jahresverlauf der Gewittertage ein schwaches Maximum im Juli auf, jedoch sind im Frühjahr und Herbst zudem sekundäre Maxima zu erkennen. Letztere treten in den verschiedenen Städten nicht simultan auf, in München kommt ein weiteres Maximum im Dezember hinzu (vgl. Abbildung 4). Eine deutliche interannuelle Variabilität der Monatssummen ist zudem zu beachten (nicht gezeigt), ebenso die Tatsache, dass in die Asthmastatistik die Daten von lediglich sieben Jahren eingehen, sodass sich die Aussagen möglicherweise nicht auf die Grundgesamtheit der Asthmanotfälle übertragen lassen. Andererseits werden ähnliche Jahresverläufe der Asthma-Auftrittshäufigkeit auch in der Literatur beschrieben. Dabei wird beispielsweise für Melbourne das Maximum im Frühjahr saisonalen Allergien zugeschrieben, der winterliche Peak einer erhöhten Anzahl von Virusinfektionen der Atemwege. Das Maximum im Herbst tritt vor allem bei der Altersgruppe der Schulkinder auf und wird mit dem Schulbeginn nach Ende der Sommerferien in Zusammenhang gebracht.[40] Ob diese Erklärungsansätze auch für die Asthma-Auftrittshäufigkeiten in Bayern plausibel sind, ist allerdings unklar, da für die hier untersuchten Asthmadaten der KVB keine Differenzierung nach Altersgruppen vorliegt.

## 3. *Wetterlagenklassifikationen*

Wetterlagenklassifikationen können dazu dienen, Zusammenhänge zwischen der großräumigen atmosphärischen Zirkulation und lokalen Ausprägungen verschiedenartiger Zielgrößen zu untersuchen. Dabei kann es sich ebenfalls um meteorologische Größen handeln, aber auch um Maße

39 MAM: Frühjahr (März-Mai), JJA: Sommer (Juni-August), SON: Herbst (September-November), DJF: Winter (Dezember-Februar)

40 Silver et al. 2018.

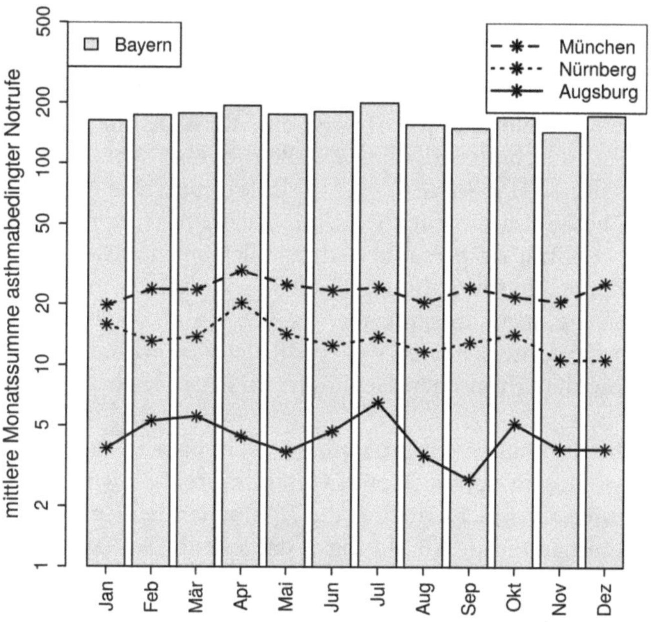


*Abb. 4: Mittlerer Jahresgang der Asthmafälle, bezogen auf Monatssummen, für Bayern sowie ausgewählte Städte für die Jahre 2010-2016, zu beachten ist die logarithmische Skalierung der y-Achse (Datenquelle: KVB).*

der Luftqualität oder, wie in diesem Fall, Gesundheitsdaten. Ein einfacher Ansatz ist die Kompositenbildung. Hierbei werden mittlere Karten einer großräumigen Variablen für Situationen mit unterschiedlichen Ausprägungen der lokalen Zielgröße berechnet, beispielsweise für Tage mit unter- im Vergleich zu überdurchschnittlichen Werten. Diese Methode wird zu den *environment-to-circulation*-Verfahren gezählt, da die großräumige Situation anhand einer lokalen Variable klassifiziert wird. Davon unterschieden wird der *circulation-to-environment*-Ansatz, bei dem zuerst die Klassifikation der Zirkulationsdaten erfolgt und die Zielgröße anschließend mit den gebildeten Klassen in Verbindung gebracht wird.[41]

In dieser Studie wurden zunächst Kompositen der großräumigen meteorologischen Analyse-Variablen gebildet, um erste Einschätzungen über

41 Yarnal 1993: 7f., 108ff.

mögliche Zusammenhänge des großskaligen atmosphärischen Zustands mit lokalen Werten der Asthma-Auftrittshäufigkeit sowie der Gewitteraktivität, gemessen an der Blitzdichte, zu erhalten. Für die Anzahl der Asthmafälle pro Tag in Augsburg wurden zunächst zwei Klassen gebildet, eine für Tage ohne asthmabedingte Notfälle (CL01) und eine für Tage mit mindestens einem Fall (CL02, durchschnittlich 1,12 Fälle pro Tag). Abbildung 5 zeigt mittlere Karten der 12 Uhr-Werte des CAPE-Index (*convective available potential energy*) für beide Klassen für die Sommermonate (Juni-August). Dessen Werte sind an Sommertagen mit Asthmafällen im Südosten Bayerns, aber auch im Raum Augsburg, höher als an Tagen ohne Asthma. Obwohl sich das räumliche Verteilungsmuster des CAPE-Indexes zwischen den beiden Klassen kaum unterscheidet, weisen die deutlich erhöhten Werte auf einen Zusammenhang zwischen Gewittern und Asthma in Südbayern hin.

Zudem wurden die Anomalien der großskaligen Variablen an Tagen mit bzw. ohne Asthmanotfälle im Vergleich zum Gesamtmittel betrachtet. Für die Höhe der planetaren Grenzschicht sind die Anomalien beider Klassen für Augsburg für Sommertage in Abbildung 6 dargestellt. An Tagen mit Asthmanotfällen befindet sich ein Gebiet mit deutlich erhöhten Werten, das auch die Region Augsburg umfasst, vor allem im Südwesten Bayerns, aber auch im Nordosten des Untersuchungsgebiets treten höhere Werte auf, als im Durchschnitt. Da bei größeren Höhen der planetaren Grenzschicht die Durchmischung derselben kräftiger ist, ist in solchen Situationen mit mehr Konvektion und somit stärkerer Gewittertätigkeit zu rechnen.[42]

Bei solchen Betrachtungen ist zu beachten, dass die beiden Klassen aus sehr unterschiedlichen Situationen bestehen können. Die Variabilität innerhalb der Klassen stellt bei allen Wetterlagenklassifikationen ein Problem dar, ist jedoch unvermeidlich. Bei aufwändigeren Methoden wird versucht, die Variation innerhalb der Klassen zu minimieren und zwischen den Klassen zu maximieren.[43] Daher können Kompositen lediglich als erster Hinweis auf die Relevanz von *Thunderstorm Asthma* im Untersuchungsgebiet dienen.

42 Garratt 1994: 90.
43 Yarnal 1993: 11f.

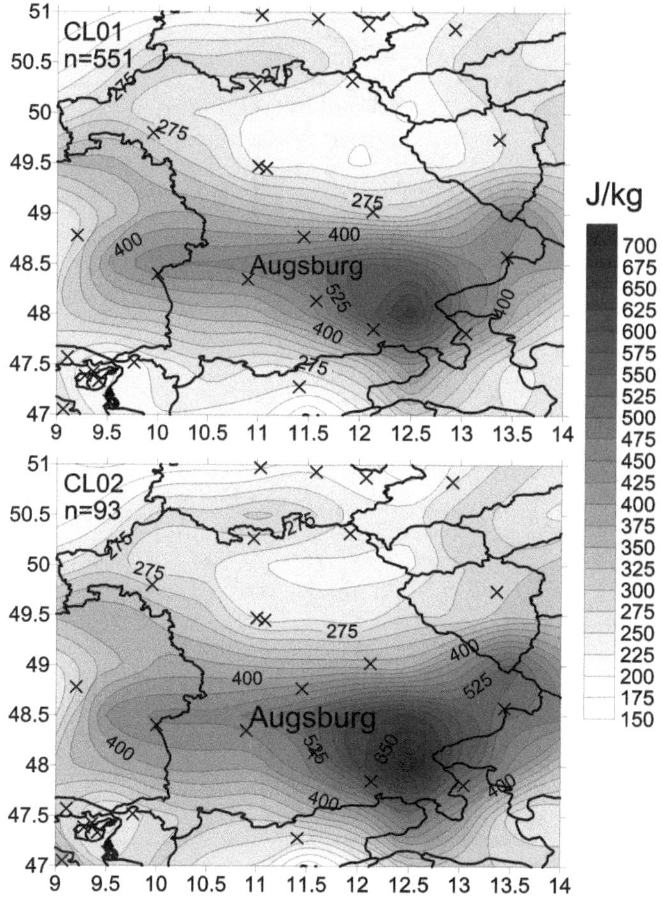


*Abb. 5: Kompositen der 12 Uhr-Werte des CAPE-Index [J/kg] der Jahre 2007-2017 im bayerischen Raum für 551 Tage ohne (oben) und 93 Tage mit (unten) Asthma-Auftritten in Augsburg im Sommer (Juni, Juli, August), Kreuze zeigen die Lage ausgewählter Städte an.*

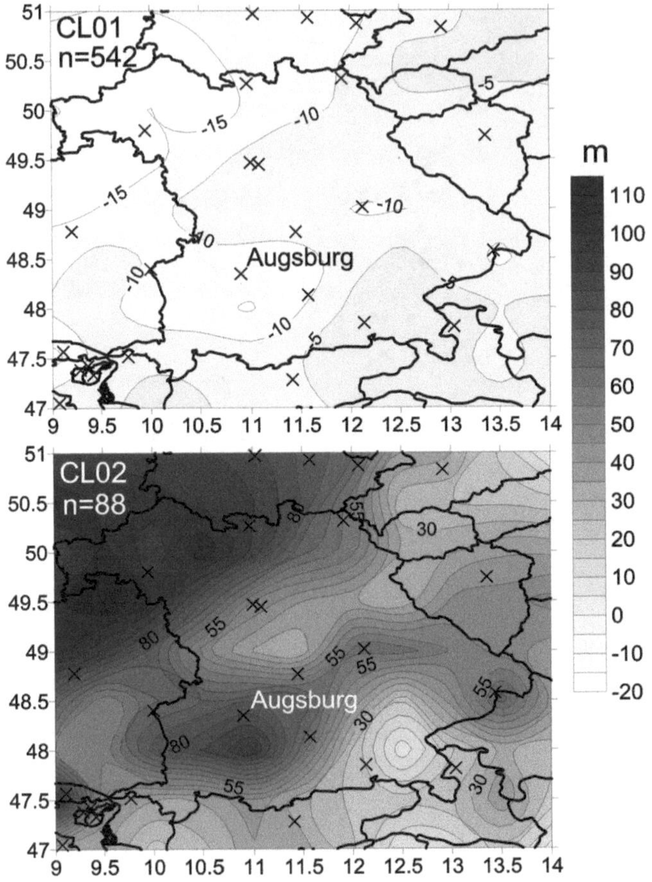


*Abb. 6: Anomalien der 18 Uhr-Werte der planetaren Grenzschichthöhe [m] zum Gesamtmittel im bayerischen Raum für 542 Tage ohne (oben) und 88 Tage mit (unten) Asthma-Auftritten in Augsburg im Sommer (Juni, Juli, August), Kreuze zeigen die Lage ausgewählter Städte an.*

## 4. *Statistische Zusammenhangsanalyse*

Zur Prüfung des Zusammenhangs zweier kategorialer Variablen eignen sich Kreuztabellen bzw. Kontingenztafeln und der nicht-parametrische Chi-Quadrat-Test auf Unabhängigkeit. Im speziellen Fall der Vierfelder-Tafeln haben beide Variablen lediglich zwei Ausprägungen[44], in diesem Fall wurde zwischen Gewitter- und Nicht-Gewittertagen bzw. Asthma- und Nicht-Asthmatagen unterschieden. Die beobachteten Häufigkeiten der vier möglichen Ereignisse werden mit den Häufigkeiten verglichen, die unter Annahme der Unabhängigkeit der beiden Variablen zu erwarten wären. Aus deren Differenzen berechnet sich die Prüfgröße $\chi^2$, als Signifikanzniveau wurde 90 % ($\alpha$=0,1) angesetzt. Zudem geben die standardisierten Residuen eine Einschätzung über die Signifikanz der Abweichungen zwischen beobachteten und erwarteten Häufigkeiten, die insbesondere für das Ereignis „Zusammentreffen von Gewittertag und Asthmatag" von Interesse ist. Bei Verwendung von $\alpha$=0,1 sind dabei Beträge von über 1,645 signifikant.[45] Außerdem wurde der korrigierte Kontingenzkoeffizient nach Pearson berechnet, ein Maß, das zu Einschätzung der Stärke des Zusammenhangs dient.[46] Varianten für verschiedene räumliche (Augsburg (A), München (M) und Nürnberg (N) sowie diese drei Städte zusammen (AMN) und die Regionen Augsburg (RegA1, RegA2) und Nürnberg (RegN1, RegN2) jeweils in einer enger und weiter gefassten Variante) und zeitliche (saisonale) Teilmengen der Daten und Definitionen eines Asthmatages (Tage mit Asthma-Auftrittshäufigkeiten oberhalb variierender Schwellenwerte, Tage mit positiven Werten der relativ erhöhten Morbidität) wurden getestet.

Signifikante Zusammenhänge zwischen den Variablen „Asthmatag" und „Gewittertag" bestehen für einige Jahreszeiten bei Definitionen eines „Asthmatages" mittels verschiedener Schwellenwerte und für verschiedene Varianten des betrachteten räumlichen Ausschnitts (vgl. Abbildung 7). Die Werte des korrigierten Kontingenzkoeffizienten sind in allen Fällen gering (maximal 0,16 für München im Winter), was auf einen schwachen Zusammenhang hinweist. Es ergeben sich jedoch einige signifikante Zusammenhänge (grau unterlegt) in denen an Gewittertagen mehr Asthmanotfälle als erwartet auftreten. Aber auch zwei Fälle im Frühjahr und ein Fall im Winter werden dokumentiert, in denen in den Regionen Augsburg und Nürnberg an Gewittertagen weniger Asthmaanfälle als erwartet auftreten. Ob hier ein ursächlicher Mechanismus zugrunde liegt, etwa in Zusammenhang mit Frischluftzufuhr bei Durchmischung, der die in der Literatur beschriebenen Mechanismen überwiegt oder es sich einfach um statistisches

44 Schönwiese 2013: 149f.

45 Sharpe 2015: 2f., Schönwiese 2013: 286.

46 Toutenburg et al. 2006: 51f.

Rauschen handelt, soll neben den Details der positiven Zusammenhänge in Zukunft näher untersucht werden.

**ALL**

| | A | M | N | RegA1 | RegA2 | RegN1 | RegN2 | AMN |
|---|---|---|---|---|---|---|---|---|
| n>=4 | | 0.7<br>0.38<br>0.01 | 0.88<br>0.15<br>0 | | 0.65<br>-0.45<br>0.01 | 0.19<br>-1.32<br>0.04 | 0.95<br>0.06<br>0 | 0.61<br>0.51<br>0.01 |
| n>=3 | 0.54<br>-0.61<br>0.02 | 0.74<br>-0.34<br>0.01 | 0.74<br>0.34<br>0.01 | 0.21<br>-1.26<br>0.03 | 0.73<br>-0.34<br>0.01 | 0.69<br>0.4<br>0.01 | 0.34<br>0.96<br>0.03 | 0.98<br>-0.02<br>0 |
| n>=2 | 0.44<br>0.78<br>0.02 | 0.47<br>0.73<br>0.02 | 0.38<br>0.89<br>0.02 | 0.27<br>-1.09<br>0.03 | 0.93<br>-0.09<br>0 | 0.35<br>0.93<br>0.03 | 0.07<br>1.78<br>0.05 | 0.12<br>1.53<br>0.02 |
| n>=1 | 0.56<br>0.58<br>0.02 | 0.09<br>1.67<br>0.05 | 0.6<br>0.52<br>0.01 | 0.92<br>-0.1<br>0 | 0.72<br>0.36<br>0.01 | 0.46<br>0.73<br>0.02 | 0.3<br>1.04<br>0.03 | 0.06<br>1.87<br>0.03 |
| EM>0 | 0.62<br>0.5<br>0.01 | 0.13<br>1.52<br>0.04 | 0.83<br>0.21<br>0.01 | | | | | |

**TH**

| | A | M | N | RegA1 | RegA2 | RegN1 | RegN2 | AMN |
|---|---|---|---|---|---|---|---|---|
| n>=4 | | 0.23<br>1.19<br>0.06 | 0.63<br>0.48<br>0.02 | | | 0.64<br>-0.47<br>0.02 | 0.31<br>1.01<br>0.05 | 0.2<br>1.28<br>0.04 |
| n>=3 | 0.39<br>-0.86<br>0.04 | 0.53<br>0.63<br>0.03 | 0.88<br>-0.15<br>0.01 | 0.19<br>-1.31<br>0.06 | 0.8<br>-0.25<br>0.01 | 0.9<br>0.13<br>0.01 | 0.57<br>0.57<br>0.03 | 0.68<br>0.42<br>0.01 |
| n>=2 | 0.61<br>-0.51<br>0.02 | 0.32<br>0.99<br>0.05 | 0.49<br>0.69<br>0.03 | 0.16<br>-1.41<br>0.07 | 0.67<br>-0.43<br>0.02 | 0.11<br>1.61<br>0.08 | 0.07<br>1.82<br>0.09 | 0.21<br>1.25<br>0.03 |
| n>=1 | 0.49<br>-0.68<br>0.03 | 0.12<br>1.55<br>0.07 | 0.47<br>0.72<br>0.03 | 0.32<br>-1<br>0.05 | 0.87<br>0.16<br>0.01 | 0.54<br>0.61<br>0.03 | 0.34<br>0.96<br>0.05 | 0.21<br>1.25<br>0.03 |
| EM>0 | 0.49<br>-0.68<br>0.03 | 0.36<br>0.91<br>0.04 | 0.67<br>0.43<br>0.02 | | | | | |

**MAM**

| | A | M | N | RegA1 | RegA2 | RegN1 | RegN2 | AMN |
|---|---|---|---|---|---|---|---|---|
| n>=4 | | 0.75<br>-0.32<br>0.02 | 0.42<br>-0.81<br>0.04 | | | 0.21<br>-1.26<br>0.07 | 0.98<br>-0.02<br>0 | 0.48<br>-0.7<br>0.02 |
| n>=3 | | 0.83<br>-0.22<br>0.01 | 0.54<br>-0.62<br>0.03 | 0.48<br>-0.71<br>0.04 | 0.23<br>-1.2<br>0.07 | 0.58<br>-0.56<br>0.03 | 0.77<br>0.29<br>0.02 | 0.64<br>-0.47<br>0.02 |
| n>=2 | 0.56<br>0.58<br>0.03 | 0.98<br>0.02<br>0 | 0.81<br>0.24<br>0.01 | 0.25<br>-1.14<br>0.06 | 0.17<br>-1.38<br>0.08 | 0.29<br>1.05<br>0.06 | 0.01<br>2.48<br>0.14 | 0.7<br>0.38<br>0.01 |
| n>=1 | 0.2<br>-1.27<br>0.07 | 0.87<br>-0.16<br>0.01 | 0.76<br>-0.3<br>0.02 | 0.06<br>-1.87<br>0.1 | 0.07<br>-1.84<br>0.1 | 1<br>0<br>0 | 0.65<br>0.45<br>0.02 | 0.45<br>-0.76<br>0.02 |
| EM>0 | 0.2<br>-1.28<br>0.07 | 0.56<br>0.58<br>0.03 | 0.33<br>-0.98<br>0.05 | | | | | |

**JJA**

| | A | M | N | RegA1 | RegA2 | RegN1 | RegN2 | AMN |
|---|---|---|---|---|---|---|---|---|
| n>=4 | | 0.37<br>0.9<br>0.05 | 0.37<br>0.9<br>0.05 | | | 0.76<br>-0.3<br>0.02 | 0.49<br>0.69<br>0.04 | 0.2<br>1.27<br>0.04 |
| n>=3 | 0.37<br>-0.89<br>0.05 | 0.84<br>0.2<br>0.01 | 0.55<br>0.6<br>0.03 | 0.18<br>-1.33<br>0.07 | 0.75<br>-0.32<br>0.02 | 0.67<br>0.42<br>0.02 | 0.57<br>0.56<br>0.03 | 0.75<br>0.31<br>0.01 |
| n>=2 | 0.69<br>-0.41<br>0.02 | 0.14<br>1.48<br>0.08 | 0.56<br>0.58<br>0.03 | 0.29<br>-1.06<br>0.06 | 0.76<br>-0.3<br>0.02 | 0.38<br>0.89<br>0.05 | 0.3<br>1.04<br>0.06 | 0.12<br>1.57<br>0.05 |
| n>=1 | 0.86<br>0.18<br>0.01 | 0.13<br>1.52<br>0.08 | 0.37<br>0.89<br>0.05 | 0.88<br>0.15<br>0.01 | 0.3<br>1.03<br>0.06 | 0.63<br>0.48<br>0.03 | 0.46<br>0.74<br>0.04 | 0.09<br>1.71<br>0.06 |
| EM>0 | 0.86<br>0.18<br>0.01 | 0.41<br>0.82<br>0.05 | 0.39<br>0.86<br>0.05 | | | | | |

**SON**

| | A | M | N | RegA1 | RegA2 | RegN1 | RegN2 | AMN |
|---|---|---|---|---|---|---|---|---|
| n>=4 | | 0.53<br>-0.62<br>0.03 | | | | 0.59<br>-0.54<br>0.03 | 0.56<br>-0.59<br>0.03 | 0.56<br>-0.59<br>0.02 |
| n>=3 | | 0.38<br>0.88<br>0.05 | 0.04<br>2.02<br>0.11 | 0.82<br>-0.23<br>0.01 | 0.29<br>1.06<br>0.06 | 0.09<br>1.71<br>0.1 | 0.35<br>0.94<br>0.05 | 0.05<br>1.94<br>0.06 |
| n>=2 | 0.73<br>-0.35<br>0.02 | 0.98<br>-0.03<br>0 | 0.22<br>1.23<br>0.07 | 0.3<br>-1.03<br>0.06 | 0.31<br>1.02<br>0.06 | 0.98<br>0.03<br>0 | 0.85<br>-0.19<br>0.01 | 0.39<br>0.86<br>0.03 |
| n>=1 | 0.24<br>1.18<br>0.07 | 0.26<br>1.13<br>0.06 | 0.58<br>0.56<br>0.03 | 0.2<br>1.27<br>0.07 | 0.26<br>1.12<br>0.06 | 0.57<br>0.57<br>0.03 | 0.53<br>0.63<br>0.04 | 0.06<br>1.86<br>0.06 |
| EM>0 | 0.24<br>1.18<br>0.07 | 0.04<br>2.1<br>0.12 | 0.39<br>0.87<br>0.05 | | | | | |

**DJF**

| | A | M | N | RegA1 | RegA2 | RegN1 | RegN2 | AMN |
|---|---|---|---|---|---|---|---|---|
| n>=4 | | 0<br>2.96<br>0.16 | 0.91<br>-0.11<br>0.01 | | 0.87<br>-0.17<br>0.01 | 0.69<br>-0.4<br>0.02 | 0.6<br>-0.52<br>0.03 | 0<br>2.97<br>0.09 |
| n>=3 | 0.91<br>-0.12<br>0.01 | 0.56<br>0.58<br>0.03 | 0.73<br>-0.34<br>0.02 | 0.83<br>-0.21<br>0.01 | 0.74<br>-0.34<br>0.02 | 0.5<br>-0.68<br>0.04 | 0.44<br>-0.78<br>0.04 | 0.64<br>0.47<br>0.01 |
| n>=2 | 0<br>2.81<br>0.15 | 0.94<br>0.07<br>0 | 0.45<br>-0.76<br>0.04 | 0.14<br>1.48<br>0.08 | 0.92<br>0.1<br>0.01 | 0.49<br>-0.69<br>0.04 | 0.29<br>-1.06<br>0.06 | 0.66<br>0.45<br>0.01 |
| n>=1 | 0.06<br>1.91<br>0.1 | 0.12<br>-1.57<br>0.08 | 0.59<br>-0.54<br>0.03 | 0.46<br>0.73<br>0.04 | 0.52<br>-0.64<br>0.03 | 0.41<br>-0.82<br>0.04 | 0.08<br>-1.73<br>0.09 | 0.66<br>-0.44<br>0.01 |
| EM>0 | 0.07<br>1.83<br>0.1 | 0.31<br>-1.02<br>0.06 | 0.77<br>-0.29<br>0.02 | | | | | |

*Abb. 7: Übersicht der Ergebnisse aller Vierfelder-Tests, saisonal differenziert, für verschiedene Orte und Definitionen eines „Asthmatages"*[47]

47 Grau hinterlegte Felder zeigen Signifikanz ($\alpha=0.1$) des Chi-Quadrat-Tests auf Unabhängigkeit, grau schraffierte Felder weisen auf p-Werte $< 0.14$ und somit nahe der Signifikanz hin, die obersten Zahlen in jedem Kästchen sind die p-Values des Chi-Quadrat-Tests, die mittleren die standardisierten Residuen, die unteren die korrigierten Kontingenzkoeffizienten, weiße Felder zeigen an, dass der Test für diese Kombination entweder nicht durchgeführt wurde oder zu

## 5. Zusammenfassung und Ausblick

Erste Analysen liefern Hinweise auf einen Zusammenhang zwischen dem Auftreten von Asthmanotfällen und Gewittern in Bayern, der jedoch in weiteren Schritten noch genauer spezifiziert werden soll. Hierzu sollen aufwändigere Klassifikationsmethoden angewendet werden, wodurch für das Auftreten von *Thunderstorm Asthma* relevante zirkulationsdynamische und lokale meteorologische sowie aerobiologische Situationen umfassend charakterisiert werden sollen. Von zentraler Bedeutung hierfür ist auch die Verwendung verschiedener räumlicher und zeitlicher Skalen, auf denen nach überzufälligen Zusammenhangssignalen zwischen dem Auftreten von Asthma und Gewittern gesucht wird. Neben den statistischen Analysen sollen Fallstudien einzelner Tage bzw. Ereignisse zur Untersuchung der Wirkungszusammenhänge dienen.

*Danksagung*

Die Autoren bedanken sich bei der Kassenärztlichen Vereinigung Bayern (KVB) und der Firma Siemens für die Bereitstellung der jeweiligen Datensätze zur Verwendung in diesem Forschungsprojekt.

*Finanzierung*

Im Rahmen des Verbundprojektes Klimawandel und Gesundheit wird das Forschungsvorhaben durch das Bayerische Staatsministerium für Umwelt und Verbraucherschutz (StMUV) sowie durch das Bayerische Staatsministerium für Gesundheit und Pflege (StMGP) gefördert.

---

wenig Beobachtungen vorhanden waren. ALL=gesamtes Jahr, TH=Gewittersaison (Mai-August), MAM=Frühjahr, JJA=Sommer, SON=Herbst, DJF=Winter, A=Augsburg, M=München, N=Nürnberg, RegA1=Region Augsburg bestehend aus Augsburg + Gersthofen + Friedberg, RegA2=Region Augsburg bestehend aus Augsburg + Gersthofen + Friedberg + Donauwörth + Dillingen + Günzburg + Schwabmünchen, RegN1=Region Nürnberg bestehend aus Nürnberg + Fürth + Erlangen, RegN2=Region Nürnberg bestehend aus Nürnberg + Fürth + Erlangen + Langenzenn + Herzogenaurach + Roth, AMN=Augsburg + München + Nürnberg zu einer Stichprobe zusammengefasst, EM>0=Asthmatag definiert als Tag mit relativ erhöhter Morbidität, $n \geq x$: Asthmatag definiert als Tag mit $\geq x$ Asthmanotfällen am jeweiligen Ort/in der jeweiligen Region.

## Literatur

*Alderman, PM/Sloan, JP/Basran, GS* (1986): Asthma and thunderstorms. In: Archives of Emergency Medicine, 1986: 3 (4), 260-262.

*Anderson, W/Prescott, GJ/Packham, S/Mullins, J/Brookes, M/Seaton, A* (2001): Asthma admissions and thunderstorms: a study of pollen, fungal spores, rainfall, and ozone. In: Quarterly Journal of Medicine, (2001): 94, 429-433.

*Andrae, S/Axelson, O/Björkstén, B/Fredriksson, M/Kjellman, N-IM* (1988): Symptoms of bronchial hyperreactivity and asthma in relation to environmental factors. In: Archives of Disease in Childhood, 1988: 63, 473-478.

*Bellomo, R/Holmes, P/Gigliotti, P/Treloar, A/Suphioglu, C/Singh, MB/Knox, B* (1992): Two consecutive thunderstorm associated epidemics of asthma in the city of Melbourne: the possible role of rye grass pollen. In: Medical Journal of Australia, 1992: 156, 834-837.

*Bond, DW/Zhang, R/Tie, X/Brasseur, G/Huffines, G/Orville, RE/Boccippio, DJ* (2001): $NO_X$ production by lightning over the continental United States. In: Journal of Geophysical Research, 2001: 106 (D21), 701-710.

*Cecchi, L/D'Amato, G/Maesano, IA* (2013): Climate, Urban Air Pollution, and Respiratory Allergy. In: Climate Vulnerability, 2013: 1, 105-113.

*Celenza, A/Fothergill, J/Kupek, E/Shaw, RJ* (1996): Thunderstorm associated asthma: a detailed analysis of environmental factors. In: BMJ, 1996: 312, 604-607.

*Clayton-Chubb, D/Con, D/Rangamuwa, K/Taylor, D/Thien, F/Wadhwa, V* (2019): Thunderstorm asthma: revealing a hidden at-risk population. In: Internal Medicine Journal, 2019: 49, 74-78.

*Colby, FP* (1984): Convective Inhibition as a Predictor of Convection during AVE-SESAME II. In: Monthly Weather Review, 1984: 112, 2239-2252.

*D'Amato, G/Cecchi, L/Liccardi, G* (2008): Thunderstorm-related asthma: Not only grass pollen and spores. In: Journal of Allergy and Clinical Immunology, 121: 2, 537-538.

*D'Amato, G/Vitale, C/D'Amato, M/Cecchi, L/Liccardi, G/Molino, A/Vatrella, A/Sanduzzi, A/Maesano, C/Annesi-Maesano, I* (2016a): Thunderstorm-related asthma: what happens and why. In: Clinical & Experimental Allergy, 2016: 46, 390-396.

*D'Amato, G/Pawankar, R/Vitale, C/Lanza, M/Molino, A/Stanziola, A/Sanduzzi, A/Vatrella, A/D'Amato, M* (2016b): Climate Change and Air Pollution: Effects on Respiratory Allergy. In: Allergy, Asthma & Immunology Research, 2016: 8 (5), 391-395.

*Dales, RE/Cakmak, S/Judek, S/Dann, T/Coates, F/Brook, JR/Burnett, RT* (2003): The Role of Fungal Spores in Thunderstorm Asthma. In: CHEST, 2003: 123, 745-750.

*Elliot, AJ/Hughes, H E/Hughes, T C/Locker, TE/Brown, R/Sarran, C/Clewlow, Y/Murray, V/Bone, A/Catchpole, M/McCloskey, B/Smith, GE* (2014): The impact of thunderstorm asthma on emergency department attendances across London during July 2013. In: Emergency Medicine Journal, 2014: 31, 675-678.

*Finke, U/Hauf, T* (1996): The Characteristics of Lightning Occurrence in Southern Germany. In: Beiträge zur Physik der Atmosphäre, 1996: 69 (3), 361-374.

*Forouzan, A/Masoumi, K/Shoushtari, MH/Idani, E/Tirandaz, F/Feli, M/Assarehzadegan, MA/Darian, AA* (2014): An Overview of Thunderstorm-Associated Asthma Outbreak in Southwest of Iran. In: Journal of Environmental and Public Health, 2014, Article ID 504017.

*Galway, JG* (1956): The Lifted Index as a Predictor of Latent Instability. In: Bulletin of the American Meteorological Society, 37: 10, 528-529.

*Garratt, JR* (1994): Review: the atmospheric boundary layer. In: Earth-Science Reviews, 1994: 37, 89-134.

*Girgis, ST/Marks, GB/Downs, SH/Kolbe, A/Car, GN/Paton, R* (2000): Thunderstorm-associated asthma in an inland town in south-eastern Australia. Who is at risk? In: European Respiratory Journal, 2000: 16, 3-8.

*Grote, M/Valenta, R/Reichelt, R* (2003): Abortive pollen germination: A mechanism of allergen release in birch, alder, and hazel revealed by immunogold electron microscopy. In: Journal of Allergy and Clinical Immunology, 2003: 111, 1017-1023.

*Grundstein, A/Sarnat, SE/Klein, M/Shepherd, M/Naeher, L/Mote, T/Tolbert, P* (2008): Thunderstorm-associated asthma in Atlanta, Georgia. In: Thorax, 2008: 63 (7), 659-660.

*Grundstein, A/Sarnat, SE* (2009): Meteorological Mechanisms Explaining Thunderstorm-Related Asthma. In: Geography Compass, 2009: 3 (1), 45-63.

*Hajat, S/Goubet, SA/Haines, A* (1997): Thunderstorm-associated asthma: the effect on GP consultations. In: British Journal of General Practice, 1997: 47, 639-641.

*Higham, J/Venables, K/Kopek, E/Bajekal, M* (1997): Asthma and thunderstorms: description of an epidemic in general practice in Britain using data from a doctors' deputising service in the UK. In: Journal of Epidemiology and Community Health, 1997: 51, 233-238.

*Hirst, JM* (1952): An automatic volumetric spore trap. In: Annals of Applied Biology, 39: 2, 257-265.

*Kaynak, B/Hu, Y/Martin, RV/Russell, AG/Choi, Y/Wang, Y* (2008): The effect of lightning NOx production on surface ozone in the continental United States. In: Atmospheric Chemistry and Physics, 2008: 8, 5151-5159.

*Klose, B* (2008): Meteorologie. Eine interdisziplinäre Einführung in die Physik der Atmosphäre. Berlin: Springer.

*Losappio, L/Heffler, E/Contento, F/Cannito, C/Rolla, G* (2011): Thunderstorm-related asthma epidemic owing to Olea Europaea pollen sensitization. In: Allergy, 2011: 66, 1510-1511.

*Marks, GB/Colquhoun, JR/Girgis, ST/Hjelmroos Koski, M/Treloar, ABA/Hansen, P/Downs, SH/Car, NG* (2001): Thunderstorm outflows preceding epidemics of asthma during spring and summer. In: Thorax, 2001: 56, 468-471.

*Moncrieff, MW/Miller, MJ* (1976): The dynamics and simulation of tropical cumulonimbus and squall lines. In: Quarterly Journal of the Royal Meteorological Society, 1976: 102, 373-394.

*O'Leary, M/Koolpiruck, D/Balachandran, W/Emberlin, J/Lewis, R* (2005): The Role of Electrostatic Charge Accumulated by Respirable Sized Allergens with regard to Thunderstorm Asthma. In: Fourtieth IAS Annual Meeting. Conference Record of the 2005 Industry Applications Conference, 2005: 2, 778-783.

*Packe, GE/Ayres, JG* (1985): Asthma outbreak during a thunderstorm, In: The Lancet, 326: 8448, 199-203.

*Pulimood, TB/Corden, JM/Bryden, C/Sharples, L/Nasser, SM* (2007): Epidemic asthma and the role of the fungal mold Alternaria alternate. In: Journal of Allergy and Clinical Immunology, 2007: 120 (3), 610-617.

*Reap, RM/Orville, RE* (1990): The Relationships between Network Lightning Locations and Surface Hourly Observations of Thunderstorms. In: Monthly Weather Review, 1990: 118, 94-108.

*Schefczyk, L/Heinemann, G* (2017): Climate change impact on thunderstorms: Analysis of thunderstorm indices using high-resolution regional climate simulations. In: Meteorologische Zeitschrift, 26: 4, 409-419.

*Schönwiese, C-D* (2013): Praktische Statistik für Meteorologen und Geowissenschaftler, 5. Auflage. Stuttgart: Borntraeger.

*Sharpe, D* (2015): Your Chi-Square Test is Statistically Significant: Now What? In: Practical Assessment, Research & Evaluation, 20: 8, 1-10.

*Silver, JD/Sutherland, MF/Johnston, FH/Lampugnani, ER/McCarthy, MA/Jacobs, SJ/ Pezza, AB/Newbigin, EJ* (2018): Seasonal asthma in Melbourne, Australia, and some observations on the occurrence of thunderstorm asthma and its predictability. In: PLoS ONE, 13: 4, e0194929.

*Suphioglu, C/Singh, MB/Taylor, P/Bellomo, R/Holmes, P/Puy, R/Knox, RB* (1992): Mechanism of grass-pollen-induced asthma. In: Lancet, 1992: 339, 569-572.

*Taylor, PE/Flagan, RC/Valenta, R/Glovsky, MM* (2002): Release of allergens as respirable aerosols: A link between grass pollen and asthma. In: Journal of Allergy and Clinical Immunology, 2002: 109, 51-56.

*Taylor, PE/Flagan, RC/Miguel, AG/Valenta, R/Glovsky, MM* (2004): Birch pollen rupture and the release of aerosols of respirable allergens. In: Clinical and experimental allergy, 2004: 34, 1591-1596.

*Taylor, PE/Jonsson, H* (2004): Thunderstorm Asthma. In: Current Allergy and Asthma Reports, 2004: 4, 409-413.

*Thien, F/Beggs, PJ/Csutoros, D/Darvall, J/Hew, M/Davies, JM/Bardin, PG/Bannister, T/ Barnes, S/Bellomo, R/Byrne, T/Casamento, A/Conron, M/Cross, A/Crosswell, A/ Douglass, JA/Durie, M/Dyett, J/Ebert, E/Erbas, B/French, C/Gelbart B/Gillman, A/ Harun, N-S/Huete, A/Irving, L/Karalapillai, D/Ku, D/Lachapelle, P/Langton, D/Lee, J/Looker, C/MacIsaac, C/McCaffrey, J/McDonald, CF/McGain, F/Newbigin, E/ O'Hehir, R/Pilcher, D/Prasad, S/Rangamuwa, K/Ruane, L/Sarode, V/Silver, JD/Southcott, AM/Subramaniam, A/Suphioglu, C/Susanto, NH/Sutherland, MF/Taori, G/ Taylor, P/Torre, P/Vetro, J/Wigmore, G/Young, AC/Guest, C* (2018): The Melbourne epidemic thunderstorm asthma event 2016: an investigation of environmental triggers, effect on health services, and patient risk factors. In: Lancet Planet Health, 2018: 2, 255-263.

*Toutenburg, H/Schomaker, M/Wißmann, M* (2006): Arbeitsbuch zur deskriptiven und induktiven Statistik. Berlin: Springer.

*Urban, A/Kyselý, J* (2018): Application of spatial synoptic classification in evaluating links between heat stress and cardiovascular mortality and morbidity in Prague, Czech Republic. In: International Journal of Biometeorology, 62: 1, 85-96.

*Vaidyanathan, V/Miguel, AG/Taylor, PE/Flagan, RC/Glovsky, MM* (2006): Effects of Electric Fields on Pollen Rupture. In: Journal of Allergy and Clinical Immunology, 117: 2, 157.

*Visez, N/Chassard, G/Azarkan, N/Naas, O/Sénéchal, H/Sutra, J-P/Poncet, P/Choël, M* (2015): Wind-induced mechanical rupture of birch pollen: Potential implications for allergen dispersal. In: Journal of Aerosol Science, 2015: 89, 77-84.

*Wapler, K* (2013): High-resolution climatology of lightning characteristics within Central Europe. In: Meteorology and Atmospheric Physics, 2013: 122, 175-184.

*Wardmann, AED/Stefani, D/MacDonald, JC* (2002): Thunderstorm-associated asthma or shortness of breath epidemic: A Canadian case report. In: Canadian Respiratory Journal, 9: 4, 267-270.

*Yarnal, B* (1993): Synoptic Climatology in Environmental Analysis. London: Belhaven Press.

# Autor*innen- und Herausgeber*innenverzeichnis

Augst, Ann Kristin; M.A. Soziologie; Doktorandin und wissenschaftliche Mitarbeiterin an der Professur für Soziologie mit Schwerpunkt Gesundheitssoziologie, Mitglied im Zentrum für Interdisziplinäre Gesundheitsforschung (ZIG), Universität Augsburg; Promotionsthema: Die »Unordnung der Geschlechter« im deutschen Gesundheitssystem. Eine Untersuchung geschlechtsspezifischer Begriffe und Praktiken in Medizin und Gesundheitsversorgung; *Arbeitsschwerpunkte*: Körper- und Geschlechterforschung aus wissenssoziologischer Perspektive; Wissenschaftsforschung im Gesundheitswesen und der Medizin; *ausgewählte Veröffentlichungen*: *Augst, AK* (2018): Quo vadis, (Gender) Medizin? Denkanstöße zur (Regel-) Gesundheitsversorgung von trans Personen. In: amatom. ein Magazin von kritischen, jungen Mediziner*innen, 31, 11-12. Korrespondenzadresse: ann.kristin.augst@phil.uni-augsburg.de.

Bayr, Daniela; Dipl. Geografin; wissenschaftliche Mitarbeiterin im Bereich Biostatistik der Forschungsgruppe „Aerobiologie“, Lehrstuhl und Institut für Umweltmedizin, UNIKA-T, Technische Universität München; *Arbeitsschwerpunkte*: Forschung zur Interaktion von Umwelt, Klima, und Gesundheit mit Fokus auf allergische Erkrankungen. Korrespondenzadresse: daniela.bayr@tum.de.

Beck, Christoph; PD Dr. rer. nat., Geograf; Akademischer Oberrat am Lehrstuhl für Physische Geographie mit Schwerpunkt Klimaforschung, Mitglied im Zentrum für Interdisziplinäre Gesundheitsforschung, Universität Augsburg; *Arbeitsschwerpunkte*: Synoptische Klimatologie, Stadtklimatologie, Klima-/Klimawandel und Gesundheit; *ausgewählte Veröffentlichungen*: *Beck, C/Straub, A/Breitner, S/Cyrys, J/Philipp, A/Rathmann, J/Schneider, A/Wolf, K/Jacobeit, J* (2018): Air temperature characteristics of Local Climate Zones in the Augsburg urban area (Bavaria, Southern Germany) under varying synoptic conditions. In: Urban Climate, 25, 152-166; *Beck, C/Weitnauer C/Jacobeit, J* (2014): Downscaling of monthly PM10 indices at different sites in Bavaria (Germany) based on circulation type classifications. In: Atmospheric Pollution Research, 5, 741-752; *Ertl, M/Beck, C/Kühlbach, B/Hartmann, J/Hammel, G/Straub, A/Giemsa, E/Seubert, S/Philipp, A/Traidl-Hoffmann, C/Soentgen, J/Jacobeit, J/Naumann, M* (2019): New insights into weather and stroke: influences of specific air masses and temperature changes on stroke incidence. In: Cerebrovasc Dis, 47: 5-6, DOI: https://doi.org/10.1159/000501843. Korrespondenzadresse: christoph.beck@geo.uni-augsburg.de.

Cyrys, Josef; Dr. rer. nat., Chemiker; Leiter der Arbeitsgruppe „Environmental Exposure Assessment" am Institut für Epidemiologie, Helmholtz Zentrum München; *Arbeitsschwerpunkte*: Abschätzung der Populationsexposition für epidemiologische Kurzstudien zu Auswirkungen von Luftschadstoffen auf menschliche Gesundheit; *ausgewählte Veröffentlichungen*: *de Jesus, A/Cyrys, J et al.* (2019): Ultrafine particles and $PM_{2.5}$ in the air of cities around the world: Are they representative of each other? In: Environment International, 2019: 129, 118-135; *Wolf, K/Cyrys, J et al.* (2017): Land use regression modeling of ultrafine particles, ozone, nitrogen oxides and markers of particulate matter pollution in Augsburg, Germany. Science of the Total Environment, 2017: 579, 1531-1540; *Cyrys. J et al.* (2014): Low Emission Zones Reduce $PM_{10}$ Mass Concentrations and Diesel Soot in German Cities. In: Journal of the Air & Waste Management Association, 64: 4, 481-487; *Cyrys, J et al.* (2012): Variation of $NO_2$ and NO concentrations between and within 38 European study areas: results from the ESCPAE study. In: Atmospheric Environment, 62, 374-390.

Damialis, Athanasios; Dr. phil., Biologe; Leiter der Forschungsgruppe „Aerobiologie" am Lehrstuhl und Institut für Umweltmedizin, UNIKA-T, Technische Universität München; *Arbeitsschwerpunkte*: Pflanzen- und Pilz-Biologie und -Ökologie, Biometeorologie, Umweltmedizin und Klimawandelforschung; *ausgewählte Veröffentlichungen*: *Damialis, A et al.* (2019): Climate Change and Pollen Allergies. In: Marselle, M/Stadler, J/Korn, H/Irvine, K/Bonn, A (Hg.): Biodiversity and Health in the Face of Climate Change. Cham: Springer, 47-66; *Ziska, L/Damialis, A et al.* (2019): Temperature-related changes in airborne allergenic pollen abundance and seasonality across the northern hemisphere: a retrospective data analysis. In: The Lancet Planetary Health, 3, e124-e131; *Damialis, A et al.* (2017): Estimating the abundance of airborne pollen and fungal spores at variable elevations using an aircraft: how high can they fly? In: Scientific Reports, 7, 44535. Korrespondenzadresse: thanos.damialis@tum.de.

Ertl, Michael; PD Dr. med. habil.; Klinik für Neurologie und klinische Neurophysiologie, Universitätsklinikum Augsburg; *Arbeitsschwerpunkte*: Klinische Schlaganfallneurologie, spezielle neurologische Ultraschalldiagnostik, neurologische Ultraschallforschung, Erfor-schung von Umwelteinflüssen auf Schlaganfallerkrankungen; *ausgewählte Veröffentlichungen*: *Ertl,*

*M/Beck, C/Kühlbach, B/Hartmann, J/Hammel, G/Straub, A/Giemsa, E/Seubert, S/Philipp, A/Traidl-Hoffmann, C/Soentgen, J/Jacobeit, J/Naumann, M* (2019): New insights into weather and stroke: influences of specific air masses and temperature changes on stroke incidence. In: Cerebrovasc Dis, 47, 275-284, DOI: https://doi.org/10.1159/000501843; *Ertl, M/Weber, S/Hammel, G/ Schroeder, C/Krogias, C* (2018): Transorbital Sonography for Early Prognostication of Hypoxic-Ischemic Encephalopathy After Cardiac Arrest. In: J Neuroimaging, 28: 5, 542-548. Korrespondenzadresse: michael.ertl@uk-augsburg.de.

FRICKE, Verena; M. Sc.; wissenschaftliche Mitarbeiterin am Lehrstuhl für Physische Geogra-phie und Klimaforschung am Institut für Geographie, Universität Augsburg; *Arbeitsschwer-punkte*: Klima und Gesundheit, Geostatistik. Korrespondenzadresse: verena.fricke@geo.uni-augsburg.de.

FUCHS, Thomas; Prof. Dr. med., Dr. phil., Psychiater und Philosoph; Karl-Jaspers-Professor für philosophische Grundlagen der Psychiatrie und Psychotherapie an der Universität Heidelberg; *Arbeitsschwerpunkte*: Phänomenologische Psychologie, Psychopathologie und Anthropologie, Theorien der Verkörperung und der Neurowissenschaften; *ausgewählte Veröffentlichungen*: *Fuchs ,T/Iwer, L/Micali, M* (Hg.) (2016): Das Gehirn – ein Beziehungsorgan. Eine phänomenologisch-ökologische Konzeption, 5. Auflage. Stuttgart: Kohlhammer; *Fuchs, T/Iwer, L/Micali, M* (Hg.) (2018): Das überforderte Subjekt. Zeitdiagnosen einer beschleunigten Gesellschaft. Frankfurt am Main: Suhrkamp Verlag; *Fuchs, T* (2020, im Erscheinen): Verteidigung des Menschen. Grundfragen einer verkörperten Anthropologie. Frankfurt am Main: Suhrkamp Verlag. Korrespondenzadresse: thomas.fuchs@urz.uni-heidelberg.de.

GASSNER, Ulrich M.; Prof. Dr. iur., Mag. rer. publ., M. Jur. (Oxon.); Professur für Öffentliches Recht, Mitglied im Zentrum für Interdisziplinäre Gesundheitsforschung (ZIG), Universität Augsburg; *Arbeitsschwerpunkte*: Arzneimittel- und Medizinprodukterecht, E-Health-Recht, Recht der Life Sciences, Krankenversicherungsrecht, deutsches und internationales Gesundheitsrecht, Umweltrecht, Kartellrecht, Europarecht, Verfassungsrecht; *ausgewählte Veröffentlichungen*: *Gassner, UM* (2018): Zertifizierungszentrierte und nichtzertifizierungszentrierte klinische Prüfungen. In: MPR, 2, 37-48 (Teil 1) und 73-79 (Teil 2); *Gassner, UM* (2017): Informed Consent und Digital Health. In: Stiftung Datenschutz (Hg.): Big Data und E-Health. Berlin: Erich Schmidt Verlag, 35-58; *Gassner, UM* (2017): Regulierung der additiven Fertigung in der Medizin. In: Leupold, A/Glossner, S (Hg.): 3D

Printing. Recht, Wirtschaft und Technik des industriellen 3D-Drucks. München: C.H. Beck, 665-706. Korrespondenzadresse: ulrich.gassner@jura.uni-augsburg.de.

Gerstlauer, Michael; Dr. med.; Oberarzt Kinderpulmologie/-allergologie, II. Klinik für Kinder und Jugendliche, Universitätsklinikum Augsburg. Korrespondenzadresse: Michael.Gerstlauer@uk-augsburg.de.

Giemsa, Esther; M.Sc. Klima- und Umweltwissenschaften; wissenschaftliche Mitarbeiterin am Wissenschaftszentrum Umwelt (WZU) der Universität Augsburg, Promovendin am Lehrstuhl für Physische Geographie mit Schwerpunkt Klimaforschung der Universität Augsburg; *Arbeitsschwerpunkte*: Herkunftsanalysen und Quellbeitragsuntersuchungen von Klimagasen und (ultrafeinen) Aerosolen; *ausgewählte Veröffentlichungen*: *Giemsa, E/Jacobeit, J/Ries, L/Hachinger, S* (2019): Investigating regio-nal source and sink patterns of Alpine CO2 and CH4 concentrations based on a back trajectory model. In: Environmental Sciences Europe, 31, 49, DOI: https://doi.org/10.1186/s12302-019-0233-x; *Ertl, M/Beck, C/Kühlbach, B/Hartmann, J/Hammel, G/Straub, A/Giemsa, E/Seubert, S/Philipp, A/Traidl-Hoffmann, C/Soentgen, J/Jacobeit, J/Naumann, M* (2019): New insights into weather and stroke: influences of specific air masses and temperature changes on stroke incidence. In: Cerebrovasc Dis, 47, 275-284, DOI: https://doi.org/10.1159/000501843. Korrespondenzadresse: esther.giemsa@geo.uni-augsburg.de.

Hammel, Gertrud; Dipl.-Soz.; Leitung des Studienzentrums am Lehrstuhl und Institut für Umweltmedizin am UNIKA-T Augsburg; *Arbeitsschwerpunkte*: methodische Planung und Durchführung klinischer Studien, soziologische Aspekte in der medizinischen Forschung. Korrespondenzadresse: gertrud.hammel@tum.de.

Hartmann, Jasmin; Dr. med.; Assistenzärztin für Neurologie am Universitätsklinikum Augsburg; *Arbeitsschwerpunkt*: vaskuläre Neurologie; *ausgewählte Publikationen*: *Lilla, N/Hartmann, J/Koehler, S/Ernestus, R/Westermaier, T* (2016): Early No-donor treatment improves acute perfusion deficit and brain damage after experimental subarachnoid hemorrhage in rats. In: J Neurol Sci, 370, 312-319. Korrespondenzadresse: jasmin.hartmann@uk-augsburg.de.

Hayek, Julia von; Dr., Soziologin; wissenschaftliche Geschäftsführerin des Zentrums für Interdisziplinäre Gesundheitsforschung (ZIG), Universität

Augsburg; ehemals Referentin für Presse-und Öffentlichkeitsarbeit beim Deutschen Hospiz- und PalliativVerband e. V. (DHPV); *Arbeitsschwerpunkt*: Viele Jahre Konzeption, Planung und Durchführung wissenschaftlicher und öffentlichkeitsrelevanter Projekte im Hospiz- und Palliativbereich; heute Aufbau und Entwicklung des Zentrums für Interdisziplinäre Gesundheitsforschung als zentrale Forschungseinrichtung der Universität Augsburg; *ausgewählte Veröffentlichungen*: *Kortas, AZ/Polenz, J/Hayek, J von/ Rüdiger, S/Rottbauer, W/Storr, U/Wibmer, T* (2017): Screening for Infectious Diseases Among Asylum Seekers Newly Arrived in Germany in 2015. A Systematic Single-Centre Analysis. In: Public Health, 153, 1-8; *Hayek, J von* (2006): Hybride Sterberäume in der reflexiven Moderne. Eine ethnographische Studie im ambulanten Hospizdienst. Münster: Lit. Korrespondenzadresse: von-hayek@zig.uni-augsburg.de.

Hertig, Elke; Prof. Dr., Geografin; Professur für Regionalen Klimawandel und Gesundheit, Universität Augsburg; *Arbeitsschwerpunkte*: Klimatologie, regionaler und lokaler Klimawandel, statistisches Downscaling, thermische Belastung, anthropogene Luftinhaltsstoffe, Klima- und Umweltfaktoren vektorübertragener Krankheiten, Stadtökologie; *ausgwählte Veröffentlichungen*: *Hertig, E/Schneider, A/Peters, A/von Scheidt, W/Kuch, B/Meisinger, Ch* (2019): Meteorological and synoptic factors of health-relevant ozone concentrations exemplified with daily infarction rates in the city of Augsburg, Southern Germany. In: Atmos. Environment, 217, DOI: 10.1016/ j.atmosenv. 2019.116975; *Hertig, E* (2019): Distribution of *Anopheles* vectors and potential malaria transmission stability in Europe and the Mediterranean area under future climate change. In: Parasites & Vectors, 12: 1, 18; *Hertig, E/Maraun, D/Bartholy, J/Pongracz, R/Vrac, M/Mares, I/Gutiérrez, JM/ Wibig, J/Casanueva, A/Soares, PMM* (2018): Validation of extremes from the Perfect-Predictor Experiment of the COST Action VALUE. In: Int. J. Climatol, 39: 9, 3846-3867, DOI: 10.1002/joc.5469. Korrespondenzadresse: elke.hertig@med.uni-augsburg.de.

Heuson, Clemens; Dr. rer. pol., Volkswirt; seit Herbst 2014 Leiter der Geschäftsstelle des Universitären Zentrums für Gesundheitswissenschaften am Klinikum Augsburg – UNIKA-T; *Forschungsinteressen*: Umweltökonomie, Klimapolitik, Klimawandel und Gesundheit; *ausgewählte Veröffentlichungen*: *Heuson, C/Peters, W/Schwarze, R/Topp, AK* (2015): Voluntary international climate finance under the post Kyoto framework: the strategic consequences of differ-ent modes of funding. In: Climate Change Economics, 6: 4, 1-26; *Heuson, C/Peters, W/Schwarze, R/Topp, AK* (2013): Investment and adaptation as commitment devices in climate policy. In: Environmental and Resource Economics, 62: 4, 769-790; *Heuson, C* (2010): Weitzman revisited: Emission standards versus taxes with uncertain abatement costs and market power of polluting firms. In: Environmental and Resource Economics, 47: 3, 349-369. Korrespondenzadresse: clemens.heuson@unikat.uni-augsburg.de.

HOFFMANN, Barbara; Prof. Dr. med., MPH; Professur für Umweltepidemiologie, Mitglied im Centre for Health and Society, Heinrich Heine Universität Düsseldorf; *Arbeitsschwerpunkte*: akute und chronische Wirkungen verschiedener Umweltfaktoren auf die Herz-Kreislaufgesundheit, die Lunge und das Gehirn, Wirkungen von Luftverschmutzung und Lärm; *ausgewählte Veröffentlichungen*: *Fuks, K et al.* (2017): Long-term exposure to ambient air pollution and traffic noise and incident hypertension in seven cohorts of the european study of cohorts for air pollution effects (Escape). In: Eur Heart J, 38, 983-990; *Tzivian, L et al.* (2016): Long-term air pollution and traffic noise exposures and mild cognitive impairment in older adults: A cross-sectional analysis of the Heinz Nixdorf Recall study. In: Environ Health Perspect, 124, 1361-1368; *Weinreich, G et al.* (2015): Association of short-term ozone and temperature with sleep disordered breathing. In: Eur Respir J, 46, 1361-1369; *Newby, DE et al.* (2015): On behalf of ESC Working Group on Thrombosis, European Association for Cardiovascular Prevention and Rehabilitation, and ESC Heart Failure Association. Expert position paper on air pollution and cardiovascular disease. In: Eur Heart J, 36: 2, 83-93; *Kälsch, H et al.* (2014): Are air pollution and traffic noise independently associated with atherosclerosis – the Heinz Nixdorf Recall Study. In: Eur Heart J, 2014: 35, 853-860; *Cesaroni, G* (2014): Long-term exposure to ambient air pollution and incidence of acute coronary events. Analysis of eleven European cohorts from the ESCAPE Project. In: BMJ, 348, f7412.

HORNBERG, Claudia; Prof. Dr. med., Dipl.-Biol., Dipl.-Ökol.; Fachärztin für Hygiene und Umweltmedizin, Medizinische Fakultät & Fakultät für Gesundheitswissenschaften, Universität Bielefeld; *Arbeitsschwerpunkte*: Frauen- und Männergesundheit, Lebenssituation von Menschen mit Behinderungen, Environmental Justice/Umweltgerechtigkeit, Environmental Burden of Disease, Multiresistente Erreger/nosokomiale Infektionen; *ausgewählte Veröffentlichungen*: *Ernst, C/Wattenberg, I/Hornberg, C* (2016): Wie kommen geschlechtersensible, gesundheitliche Information in die Praxis? Der Praxis-Wissenschaft-Praxis-Transfer des Kompetenzzentrums Frauen und Gesundheit NRW. In: Journal des Netzwerks Frauen und Geschlechterforschung NRW, 38, 22-24; *Nowak, AC/Schmidt, PF/Hornberg, C* (2017): Kommunale

Umsetzungsstrategien bei der Versorgung von Flüchtlingen und AsylbewerberInnen in NRW. In: Das Gesundheitswesen, 79: 10, 743-744; *Ernst, C/Wattenberg, I/Hornberg, C* (2017): Gynäkologische und geburtshilfliche Versorgungssituation und -bedarfe von gewaltbetroffenen Schwangeren und Müttern mit Flüchtlingsgeschichte. In: IZGOnZeit, 6, 19-24; *Wattenberg, I/Lätzsch, R/Hornberg, C* (2018): Gesundheit, Krankheit und Geschlecht. Ein gesundheitswissenschaftlicher Zugang zu Einflussfaktoren und Versorgungssystem. In: Kortendiek, B/Riegraf, B/Sabisch, K (Hg.): Handbuch Interdisziplinäre Geschlechterforschung (Geschlecht und Gesellschaft). Wiesbaden: Springer VS, 1-10. Korrespondenzadresse: claudia.hornberg@uni-bielefeld.de.

Jacobeit, Jucundus; Prof. i.R., Dr. rer. nat., Geograf; ehem. Inhaber des Lehrstuhls für Physische Geographie, Vorstandsmitglied des Wissenschaftszentrums Umwelt (WZU), Universität Augsburg; *Arbeitsschwerpunkte*: Klimadynamik und Klimawandel (natürlich und anthropogen), atmosphärische Zirkulationsdynamik, klimatische Extremereignisse, statistisches Downscaling; *ausgewählte Veröffentlichungen*: *Giemsa, E/Jacobeit, J/Ries, L/Hachinger, S* (2019): Investigating regional source and sink patterns of Alpine CO2 and CH4 concentrations based on a back trajectory receptor model. In: Environmental Sciences Europe, 31, 49, DOI: 10.1186/s12302-019-0233-x; *Jacobeit, J/Homann, M/Philipp, A/Beck, C* (2017): Atmospheric circulation types and extreme areal precipitation in southern central Europe. In: Advances in Science and Research, 14, 71-75, DOI: 10.5194/asr-14-71-2017; *Beck, C/Weitnauer, C/Jacobeit, J* (2014): Downscaling of monthly $PM_{10}$ indices at different sites in Bavaria (Ger-many) based on circulation type classifications. In: Atmospheric Pollution Research, 5, 741-752, DOI: 10.5094/APR.2014.083. Korrespondenzadresse: jucundus.jacobeit@geo.uni-augsburg.de.

Kersten, Jens; Prof. Dr. jur.; Lehrstuhl für öffentliches Recht und Verwaltungswissenschaften, Ludwig-Maximilians-Universität München; *Arbeitsschwerpunkte*: Staats-, Verwaltungs- und Europarecht, Biomedizin und Recht, Natur und Gesellschaft im Anthropozän, Digitale Governance und Demokratie, Demographischer Wandel und sozialer Zusammenhalt; *ausgewählte Veröffentlichungen*: *Kersten, J/Neu, C/Vogel, B* (2019): Politik des Zusammenhalts. Über Demokratie und Bürokratie. Hamburg: Hamburger Edition; *Kersten, J* (2017): Schwarmdemokratie. Der digitale Wandel des liberalen Verfassungsstaats. Tübingen: Mohr Siebeck; *Kersten, J* (2014): Das Anthropozän-Konzept. Kontrakt – Komposition – Konflikt. Baden-Baden: Nomos. Korrespondenzadresse: jens.kersten@jura.uni-muenchen.de.

Kolek (geb. Häring), Franziska; Dipl. Geogr.; Doktorandin und wissenschaftliche Mitarbeiterin am Lehrstuhl und Institut für Umweltmedizin, UNIKA-T; Promotionsthema: Spatial and temporal monitoring of birch pollen in the region of Augsburg; *Arbeitsschwerpunkte*: Pflanzen- und Pilz-Biologie und -Ökologie, Biometeorologie, Umweltmedizin, Klimawandelforschung, Aerobiologie, Aeroallergen-Klassifizierung; *ausgewählte Veröffentlichungen: Damialis, A/Häring, F et al.* (2018): Human exposure to airborne pollen and relationships with symptoms and immune responses: Indoors versus outdoors, circadian patterns and meteorological effects in alpine and urban environments. In: Science of the Total Environment, 653, 190-199; *Obersteiner, A/Häring, F et al.* (2016): Pollen-associated microbiome correlates with pollution parameters and the allergenicity of pollen. In: PLoS ONE, 11, e0149545. Korrespondenzadresse: franziska.kolek@tum.de.

Kühlbach, Benjamin; M.Sc.; ehem. Masterstudent und wissenschaftliche Hilfskraft am Institut für Physische Geographie und Quantitative Methoden, Universität Augsburg; *Arbeits-schwerpunkte*: Klima und Gesundheit, Datensammlung Temperatur- und Luftfeuchtemessnetz Region Augsburg (in Zusammenarbeit mit dem Helmholtz Zentrum München); *ausgewählte Veröffentlichungen*: *Kühlbach, B* (2017): Erstellung einer synoptischen Luftmassenklassifikation und Analyse der statistischen Zusammenhänge mit Schlaganfällen in der Region Augsburg (2006-2015). Masterarbeit, Institut für Geographie und Quantitative Methoden, Universität Augsburg. Korrespondenzadresse: benny.k91@web.de.

Kuch, Bernhard; Prof. Dr.; Facharzt für Innere Medizin, Kardiologie, Internistische Intensivmedizin, Donau-Ries Kliniken und Seniorenheime, Standort Nördlingen.

Manzei, Alexandra; Prof. Dr. phil., Dipl.-Soz.; Professur für Soziologie mit Schwerpunkt Gesundheitssoziologie, Mitglied im Zentrum für Interdisziplinäre Gesundheitsforschung (ZIG), Universität Augsburg; *Arbeitsschwerpunkte*: Körper- und Geschlechterforschung in Medizin und Gesundheitswesen, Wissenschafts- und Technikforschung der Medizin, Bio- und Medizinethik aus soziologischer Perspektive; *ausgewählte Veröffentlichungen*: *Manzei, A* (2018): Was heißt Geschlecht? Geschlechtergesundheit zwischen Identitätspolitik und (De)Konstruktion. In: Gassner, UM/Manzei, AM/von Hayek, J/Steger, F (Hg.): Geschlecht und Gesundheit. Baden-Baden: Nomos Verlag, 23-81; *Manzei, A* (2018): Sind Standards objektiv und neutral? Zur Ambivalenz von Standardisierungsprozessen. In: Klinke, S/ Kadmon, M (Hg.): Ärztliche Tätigkeit im 21. Jahrhundert – Profession oder Dienstleistung. Berlin: Springer, 207-229; *Manzei, A* (2016): Organ Shortage as a Structural Problem in Transplantation Medicine. In: Jox, R/ Assadi, G/Marckmann, G (Hg.): Organ Transplantation in Times of Donor Shortage. Cham: Springer, 127-140.

MEISINGER, Christa; Prof. Dr. med., MPH; Oberärztin und stellvertretende Institutsleitung am UNIKA-T, Lehrstuhl für Epidemiologie, Ludwig-Maximilians-Universität München und Independent Research Group Clinical Epidemiology, Helmholtz Zentrum München.

NAUMANN, Markus; Prof. Dr. med., Facharzt für Neurologie; Direktor der Klinik für Neurologie und Klinische Neurophysiologie, Universitätsklinikum Augsburg; *Arbeitsschwerpunkte*: Bewegungsstörungen inkl. M. Parkinson, Dystonie, Botulinumtoxin, Neurophysiologie, Um-weltmedizin und Neurologie; *ausgewählte Publikationen*: *Ertl, M/Beck, C/Kühlbach, B/Hartmann, J/Hammel, G/Straub, A/Giemsa, E/Seubert, S/Philipp, P/Traidl-Hoffmann, C/Soentgen, J/Jacobeit, J/Naumann, M* (2019): New insights into weather and stroke: influences of specific air masses and temperature changes on stroke incidence. In: Cerebrovasc Dis, 47, 275-284, DOI: https://doi.org/10.1159/000501843; *Simpson, DM/Hallett, M/Ashman, EJ/Comella, CL/ Green, MW/Gronseth, GS/Armstrong, MJ/Gloss, D/Potrebic, S/Jankovic, J/Karp, BP/Naumann, M/So, YT/Yablon, SA* (2016): Practice guideline update summary: Botulinum neurotoxin for the treatment of blepharospasm, cervical dystonia, adult spasticity, and headache: Report of the Guideline Development Subcommittee of the American Academy of Neurology. In: Neurology, 86: 19, 1818-26. DOI: 10.1212/WNL.0000000000002560; *Volkmann, J/ Wolters, A/Kupsch, A/Müller, J/Kühn, AA/Schneider, GH/Poewe, W/Hering, S/ Eisner, W/Müller, JU/Deuschl, G/Pinsker, MO/Skogseid, IM/Roeste, GK/Krause, M/Tronnier, V/Schnitzler, A/Voges, J/Nikkhah, G/Vesper, J/Classen, J/Naumann, M/Benecke, R* (2012): DBS study group for dystonia. Pallidal deep brain stimulation in patients with primary generalised or segmental dystonia: 5-year follow-up of a randomised trial. In: Lancet Neurol, 11: 12, 1029-38, DOI: 10.1016/S1474-4422(12)70257-0; *Kupsch, A/Benecke, R/Müller, J/Trottenberg, T/Schneider, GH/Poewe, W/Eisner, W/Wolters, A/Müller, JU/Deuschl, G/Pinsker, MO/Skogseid, IM/Roeste, GK/Vollmer-Haase, J/Brentrup, A/Krause, M/Tronnier, V/Schnitzler, A/Voges, J/Nikkhah, G/Vesper, J/Naumann, M/Volkmann, J* (2006): Deep-Brain Stimulation for Dystonia Study Group. Pallidal deep-brain stimulation in primary generalized or segmental dystonia. In: N Engl J Med, 355: 19, 1978-90, PubMed PMID: 17093249; *Naumann, M/*

*Magyar-Lehmann, S/Reiners, K/Erbguth, F/Leenders, KL* (2000): Sensory tricks in cervical dystonia: perceptual dysbalance of parietal cortex modulates frontal motor programming. In: Ann Neurol, 47: 3, 322-328, PubMed PMID: 10716251. Korrespondenzadresse: markus.naumann@uk-augsburg.de.

Pauli, Andrea; Dipl. Sozialpädagogin (FH), Master of Public Health (MPH); Arbeitsgruppe Umwelt und Gesundheit an der Fakultät für Gesundheitswissenschaften, Universität Bielefeld; *Arbeitsschwerpunkte*: Frauen- und Männergesundheitsforschung, Gender-Medizin, Umweltgerechtigkeit (Environmental Justice) – soziale und räumliche (Ungleich)Verteilung gesundheitsrelevanter Umweltqualität; Gesundheitsfördernde Stadtentwicklung unter den Bedingungen sozial benachteiligter Lebensumwelten; *ausgewählte Veröffentlichungen: Pauli, A/Hornberg, C/Wrede, B* (Hg.) (2016): Medizin – Gesundheit – Geschlecht. Eine gesundheitswissenschaftliche Perspektive (Geschlecht und Gesellschaft). Wiesbaden: Springer VS; *Pauli, A/Hornberg, C/Liebig-Gonglach, M* (2018): Gesundheitsförderung – Ein Konzept und seine Entwicklung in Deutschland (Forschungsberichte der ARL). In: Baumgart, S/Köckler, H/Ritzinger, A/Rüdiger, A (Hg.): Planung für gesundheitsfördernde Städte, Band 8. Hannover: ARL – Akademie für Raumforschung und Landesplanung, 37-58. Korrespondenzadresse: andrea.pauli@uni-bielefeld.de.

Peters, Annette; Prof. Dr., Biologin und Epidemiologin; Direktorin des Instituts für Epidemiologie, Helmholtz Zentrum München, Institut für Medizinische Informationsverarbeitung Biometrie und Epidemiologie, Ludwig-Maximilians-Universität München und Deutsches Zentrum für Herz-Kreislauf-Forschung e. V. (DZHK), München.

Philipp, Andreas; PD Dr. habil., Geograf; Akademischer Oberrat am Lehrstuhl für Physische Geographie mit Schwerpunkt Klimaforschung, Mitglied im Wissenschaftszentrum Umwelt der Universität Augsburg; *Arbeitsschwerpunkte*: Synoptische Klimatologie, Stadt- und Grenzschichtklimatologie, Umweltmonitoring mit unbemannten Luftfahrtsystemen, GIS; *ausgewählte Veröffentlichungen: Philipp, A/Beck, C/Huth, R/Jacobeit, J* (2016): Development and comparison of circulation type classifications using the COST 733 dataset and software. In: Int. J. Climatol., 36, 2673-2691; *Seidel, J/Ketzler, G/Bechtel, B/Thies, B/Philipp, A/Böhner, J/Egli, S/Eisele, M/Herma, F/Langkamp, T/Petersen, E/Sachsen, T/Schlabing, D/Schneider, C* (2016): Mobile measurement techniques for local and micro-scale studies in urban and topo-climatology. In: Die Erde, 147: 1, 15-39; *Philipp, A/Della-Marta, PM/Jacobeit, J/Fereday, DR/Jones, PD/Moberg, A/Wanner, H* (2007): Long term variability of daily north atlantic-european pressure patterns since 1850 classified by simulated annealing clustering. In: Journal of Climate, 20: 16, 4065-4095. Korrespondenzadresse: a.philipp@geo.uni-augsburg.de.

PÖSL, Nora Feline.; M.A. Sozialwissenschaft/Gender Studies; wissenschaftliche Mitarbeiterin an der Universität Bielefeld, tätig in den Projekten „Kompetenzzentrum Frauen und Gesundheit NRW" und „Familiengesundheit in Bochum"; *Arbeitsschwerpunkte*: Interdisziplinäre Geschlechterforschung insbesondere in Bezug auf gesundheitliche Perspektiven, Konstruktion von Behinderung aus soziologischer Perspektive, Alternativmedizin und Esoterik im Kontext von Verschwörungstheorien und rechten Ideologien; *ausgewählte Veröffentlichungen*: *Pösl, NF/Wattenberg, I/Lätzsch, R/Hornberg, C* (2020): Gesundheit von Frauen mit Behinderung in Deutschland. Fokuskapitel. In: Robert Koch-Institut, Frauengesundheitsbericht (im Druck).

RATHMANN, Joachim; Dr., Geograf; wissenschaftlicher Mitarbeiter am Lehrstuhl für Geographie und Regionalforschung der Julius-Maximilians Universität Würzburg, Mitglied im Zentrum für Interdisziplinäre Gesundheitsforschung, Universität Augsburg; *Arbeitsschwerpunkte*: Klimatologie, Ökosystemleistungen, Landschaftstheorie (Landschaftsästhetik, Therapeutische Landschaften); *ausgewählte Veröffentlichungen*: *Meyer, M/Rathmann, J/Schulz, C* (2019): Spatially-explicit mapping of forest benefits and analysis of motivations for everyday-life's visitors on forest pathways in urban and rural contexts. In: Landscape and Urban Planning, 185, 83-95; *Rathmann, J/Brumann, S* (2017): Therapeutische Landschaften in der Psychoonkologie. In: Gaia, 26: 3, 254-258; *Wirths, H/Rathmann, J/Michaelis, P* (2017): Climate Feedback in the DICE 2013R Modell. In: Environmental Economics and Policy Studies, 20: 1, 109-124, DOI: 10.1007/s10018-017-0186-5; *Rathmann, J* (2009): Klima- und Zirkulationsvariabilität im südhemisphärischen Afrika seit Beginn des 20. Jahrhunderts. In: Geographica Augustana, 6, 413; *Rathmann, J/Jacobeit, J* (2009): Solar signals in southern hemisphere African climate since 1901. In: Advanced Science Letters, 2, 1-9; *Rathmann, J* (2008): Kausalität in der Systemtheorie: ein Problemaufriss. In: Egner, H/Ratter, B/Dikau, R (Hg): Umwelt als System – System als Umwelt? Systemtheorien auf dem Prüfstand. München: oekom Verlag, 55-71. Korrespondenzadresse: joachim.rathmann@uni-wuerzburg.de.

SEUBERT, Stefanie; Dr. rer. nat.; ehemals Institut für Geographie und Wissenschaftszentrum Umwelt (WZU) der Universität Augsburg, Mitglied des WZU der Universität Augsburg; *ausgewählte Veröffentlichungen*: *Ertl, M/Beck, C/Kühlbach, B/Hartmann, J/Hammel, G/Straub, A/Giemsa, E/Seubert, S/*

*Philipp, A/Traidl-Hoffmann, C/Soentgen, J/Jacobeit, J/Naumann, M* (2019): New insights into weather and stroke: influences of specific air masses and temperature changes on stroke incidence. In: Cerebrovascular Diseases, 47: 5-6, DOI: 10.1159/000501843; *Seubert, S/Fernandez-Montes, S/Philipp, A/ Hertig, E/Jacobeit, J/Vogt, G/Paxian, A/Paeth, H* (2013): Mediterranean climate extremes in synoptic downscaling assessments. In: Theoretical and Applied Climatology, 117: 1-2, 257-275, DOI: 10.1007/s00704-013-0993-y.

Scheidt, Wolfgang von; Prof. Dr.; Chefarzt I. Medizinische Klinik, Internist, Kardiologe, Universitätsklinikum Augsburg.

Schneider, Alexandra; PD Dr., Dipl.-Meteorologin, MPH; Leiterin der Forschungsgruppe „Environmental Risks", Institut für Epidemiologie, Helmholtz Zentrum München.

Soentgen, Jens; PD Dr. phil.; studierte Chemie, Philosophie und Politik (Staatsexamen 1994), lehrte anschließend Philosophie an verschiedenen Universitäten in Deutschland und Brasilien; zugleich Tätigkeit als Journalist für Print, Hörfunk und Fernsehen; seit 2002 wissenschaftlicher Leiter des Wissenschaftszentrums Umwelt der Universität Augsburg sowie Adjunct Professor of Philosophy, Memorial University of St. John's, Newfoundland, Canada; er ist Hauptherausgeber der Zeitschrift Gaia – Interdisciplinary Perspectives for Science and Society sowie Herausgeber der Buchreihe Stoffgeschichten (oekom Verlag, München); *Arbeitsschwerpunkte*: Environmental Health Sciences; Environmental Studies; Environmental Philosophy; Philosophy of Chemistry; Substance Stories; *zuletzt veröffentlicht*: *Soentgen, J* (2019): Konfliktstoffe. Über Kohlendioxid, Heroin und andere strittige Substanzen. München: oekom Verlag; *Soentgen, J* (2018): Ökologie der Angst. Berlin: Matthes und Seitz; *Soentgen, J* (2019): Die Nebelspur. Wie Charles Wilson den Weg zu den Atomen fand. Wuppertal: Peter Hammer Verlag. Korrespondenzadresse: soentgen@wzu.uni-augsburg.de.

Sperlich, Pia Sophie; M.Sc. Public Health; wissenschaftliche Mitarbeiterin an der Universität Bielefeld, tätig für das Kompetenzzentrum Frauen und Gesundheit in Nordrhein-Westfalen; *Arbeitsschwerpunkte*: Public Health und Gesundheit & Diversity insbesondere in Bezug auf geschlechtssensible Perspektiven, psychische Gesundheit von Heranwachsenden.

Straub, Annette; M.Sc., Geografin; wissenschaftliche Mitarbeiterin am Lehrstuhl für Physische Geographie mit Schwerpunkt Klimaforschung, Universität Augsburg; *Arbeitsschwerpunkte*: Effekte von Klima/Wetter und

Umweltfaktoren auf die Gesundheit, Stadt- und Geländeklimatologie; *ausgewählte Veröffentlichungen*: *Straub, A/Berger, K/Breitner, S/Cyrys, J/Geruschkat, U/Jacobeit, J/Kühlbach, B/Kusch, T./Philipp, A/Schneider, A/Umminger, R/ Wolf, K/Beck, C* (2019): Statistical modelling of spatial patterns of the urban heat island intensity in the urban environment of Augsburg, Germany. In: Urban Climate, 29, DOI: 10.1016/j.uclim.2019.100491; *Straub, A/Seubert, S/Damialis, A/Gerstlauer, M/Beck, C/Philipp, A* (2019): Estimation of the thunderstorm asthma risk in Bavaria, southern Germany, using weather type classifications. In: EGU General Assembly, 2019; *Ertl, M/Beck, C/Kühlbach, B/Hartmann, J/Hammel, G/Straub, A/Giemsa, E/Seubert, S/Philipp, A/ Traidl-Hoffmann, C/Soentgen, J/Jacobeit, J/Naumann, M* (2019): New insights into weather and stroke: influences of specific air masses and temperature changes on stroke incidence. In: Cerebrovasc Dis, 47: 5-6, DOI: https:// doi.org/10.1159/000501843. Korrespondenzadresse: annette.straub@geo.uni-augsburg.de.

Traidl-Hoffmann, Claudia; Prof. Dr. med.; Universitäres Zentrum für Gesundheitswissenschaften am Klinikum Augsburg, UNIKA-T, Professur für Umweltmedizin der Technischen Universität München (TUM), Direktorin für Umweltmedizin am Universitätsklinikum Augsburg, Direktorin für Umweltmedizin am Helmholtz Zentrum München – Deutsches Forschungszentrum für Gesundheit und Umwelt (HMGU), Mitglied im Zentrum für Interdisziplinäre Gesundheitsforschung (ZIG), Universität Augsburg; *Arbeitsschwerpunkte*: chronisch entzündliche Hauterkrankungen; Klimawandel und dessen Folgen für Natur und Mensch, molekulare Mechanismen der Mensch-Umwelt und Umwelt-Umwelt-Interaktion, Edukation von Patienten und medizinischen Personal; *ausgewählte Veröffentlichungen*: *Gilles, S et al.* (2019): Pollen exposure weakens innate defense against respiratory viruses. In: Allergy, 2019, DOI: 10.1111/all.14047; *Damialis A et al.* (2019): Climate Change and Pollen Allergies. In: Marselle RM/Stadler J/ Korn H/Irvine KN/Bonn, A (Hg.): Biodiversity and Health in the Face of Climate Change. Cham: Springer, 47-66; *Harter K et al.* (2019) Different Psychosocial Factors are Associated with Seasonal and Perennial Allergies in Adults: Cross-Sectional Results of the KORA FF4 Study. In: Int Arch Allergy Immunol, 179: 4, 262-272; *Altunbulakli C et al.* (2018): Relations between epidermal barrier dysregulation and Staphylococcus species-dominated microbiome dysbiosis in patients with atopic dermatitis. In: J Allergy Clin Immunol., 142: 5, 1643-1647; *Heuson C/Traidl-Hoffmann, C* (2018): Bedeutung von Klima- und Umweltschutz für die Gesundheit mit besonderer Berücksichtigung von Schädigungen der Hautbarriere und allergischen Folgeerkrankungen. In: Bundesgesundheitsblatt, Juni 2018.

Tretter, Felix; Prof. Dr. med., Dr. phil., Dr. rer. pol.; Professor für klinische Psychologie, Ludwigs-Maximilians-Universität München; *Arbeitsschwerpunkte*: Anthropologie (Menschenbild multidisziplinär), Wissenschaftstheorie, Grundfragen und Theorie der Humanmedizin, Humanökologie (Grundfragen, Ökologie der Person), Grundlagen und medizinische Anwendungen der Systemwissenschaft (Systemmedizin, Gesundheitsmanagement, Versorgungssystemanalyse); *ausgewählte Veröffentlichungen*: *Tretter, F/Löffler-Stastka, H* (2018) Steps Toward an Integrative Clinical Systems Psychology. Front. In: Psychol., 9, 1616, DOI: 10.3389/fpsyg.2018.01616; *Tretter, F* (2018): "From mind to molecules and back to mind – epistemological limits and options for neuropsychiatry". In: Chaos 28, 2018, 106325; *Tretter, F* (2018): Das Gesundheitswesen – von der Ökonomik zur systemischen Perspektive. In: psychopraxis. Neuropraxis, 2018: 21, 186-191, DOI: https://doi.org/10.1007/s00739-018-0498-7; *Tretter, F (2019):* Systems medicine in the view of von Bertalanffy's organismic biology and systems theory. In: Systems Research & Behavioral Science, 36, 346-362; *Tretter, F/ Adam, D/Batschkus, M* (2019): Medizin in der Zange zwischen Technologie und Ökonomie. Bayer. Ärzteblatt, Juni 2019.

# G.IP – ZIG – WZU

## *G.IP – Gesundheitsforschung. Interdisziplinäre Perspektiven*

2018 erstmals erschienen, ist die G.IP eine wissenschaftliche Buchreihe, die aktuelle und gesellschaftlich brisante Gesundheits- und Krankheitsthemen aus interdisziplinärer Sicht beleuchtet. Ziel ist es, die neuesten Forschungsergebnisse verschiedener Disziplinen themenbezogen zusammenzubringen. National und international renommierte Expertinnen und Experten arbeiten hierzu Hand in Hand. Adressatinnen und Adressaten der Reihe sind sowohl die einzelnen wissenschaftlichen Fächer wie auch die vielfältigen Multiplikatoren im Gesundheitswesen, wie Bildungseinrichtungen, Krankenkassen, Ärzte und Pflegeverbände, u. a. m.

Herausgegeben wird die Buchreihe von einem interdisziplinären Team von Wissenschaftlerinnen und Wissenschaftlern aus der Rechtswissenschaft, der Medizin, der Soziologie und der Informatik, die am Zentrum für Interdisziplinäre Gesundheitsforschung der Universität Augsburg angesiedelt sind und in einem breiten, fachübergreifenden Verbund mit Kolleginnen und Kollegen aus geistes-, sozial-, rechts- und wirtschaftswissenschaftlichen sowie natur- und technikwissenschaftlichen Disziplinen zum Themenfeld Gesundheit forschen.

## *ZIG – Zentrum für Interdisziplinäre Gesundheitsforschung*

Das ZIG wurde 2014 an der Universität Augsburg als interdisziplinäre Forschungseinrichtung gegründet. Es vereint 62 Forscherinnen und Forscher aus allen 8 Fakultäten und 7 Einrichtungen der Universität sowie assoziierte Mitglieder aus der Region. Gemeinsam mit Kooperationspartnern arbeiten Forscherinnen und Forscher an zentralen Fragen zu Gesundheit und Krankheit, zur Medizin und zum Gesundheitssystem. Hierfür ist neben einer modernen Medizin gleichermaßen eine rechts-, wirtschafts-, sozial-, kultur-, technik- und geisteswissenschaftliche Forschung notwendig, damit durch eine solche integrative Vorgehensweise bedeutende Problemfelder und aktuelle Herausforderungen im Gesundheitsbereich in den Blick genommen, grundlegend und umfassend analysiert und kritisch reflektiert werden können. Unterstützt und begleitet wird der Auf- und Ausbau des

Forschungszentrums zudem durch einen hochkarätig besetzten Beirat aus Politik und Gesellschaft.

*WZU – Wissenschaftszentrum Umwelt*

Das WZU wurde 2000 gegründet und ist heute eine zentrale Einrichtung der Universität Augsburg. Es entwickelt und realisiert disziplinübergreifende Forschungsprojekte, aber auch Lehrveranstaltungen, z. B. die jedes Semester stattfindende Vortragsreihe „Umweltschutz heute", die gemeinsam mit dem Bayerischen Landesamt für Umwelt durchgeführt wird und als ökologisches Studium Generale konzipiert ist. Die Forschungsschwerpunkte des WZU sind Stoffgeschichten und Ressourcenstrategie (seit 2000), *Environmental Health Sciences* (seit 2003) und *Environmental Humanities* (seit 2015). Zudem entwickelt das WZU große interaktive Ausstellungen zu Wissenschafts- und Umweltthemen (bislang zu Staub, zu Stickstoff und zu CO2), die international gezeigt wurden.

**Korrespondenzadressen**

*G.IP – Gesundheitsforschung. Interdisziplinäre Perspektiven*
Ansprechpartnerin: Prof. Dr. Alexandra Manzei
Tel.: +49 821 598 4099
Email: g.ip@zig.uni-augsburg.de
Website: https://www.uni-augsburg.de/zig/gip

*ZIG – Zentrum für Interdisziplinäre Gesundheitsforschung*
Universität Augsburg
Ansprechpartnerin: Dr. Julia von Hayek
Tel.: +49 821 598 5490
Email: zig@zig.uni-augsburg.de
Website: https://www.uni-augsburg.de/zig/

*WZU – Wissenschaftszentrum Umwelt*
Universität Augsburg
Ansprechpartner: PD Dr. Jens Soentgen
Tel. +49 821 598 3561
Email: info@wzu.uni-augsburg.de
Website: https://www.uni-augsburg.de/de/forschung/einrichtungen/institute/wzu/